Alexander von Humboldt

Beiträge zur
Alexander-von-Humboldt-Forschung

Schriftenreihe
der Alexander-von-Humboldt-Forschungsstelle

Herausgegeben von
der Berlin-Brandenburgischen Akademie der Wissenschaften

45

Alexander von Humboldt

Gutachten und Briefwechsel zur Glasherstellung 1792–1797

Herausgegeben von Dagmar Hülsenberg und Ingo Schwarz

Mit einer Studie von Dagmar Hülsenberg

DE GRUYTER
AKADEMIE FORSCHUNG

Alexander-von-Humboldt-Forschungsstelle
in Zusammenarbeit mit dem Wissenschaftlichen Beirat
für die Alexander-von-Humboldt-Forschung

UNION
DER DEUTSCHEN AKADEMIEN
DER WISSENSCHAFTEN

berlin-brandenburgische
AKADEMIE DER WISSENSCHAFTEN

ISSN 0232-1556
ISBN 978-3-11-051668-5

Library of Congress Cataloging-in-Publication Data
A CIP catalog record for this book has been applied for at the Library of Congress.

Bibliografische Information der Deutschen Nationalbibliothek
Die Deutsche Nationalbibliothek verzeichnet diese Publikation in der Deutschen Nationalbibliografie; detaillierte bibliografische Daten sind im Internet über http://dnb.dnb.de abrufbar.

Einbandgestaltung: deblik, Berlin
Satz: SatzBild GbR, Sabine Taube, Kieve
Druck und Bindung: Hubert & Co. GmbH & Co. KG, Göttingen

♾ Gedruckt auf säurefreiem Papier
Printed in Germany

www.degruyter.com

Inhaltsverzeichnis

Vorbemerkung

Es hat den Anschein, als ob man nur ein Stichwort vorgeben müsste – und der Kenner des Wirkens von Alexander von Humboldt antwortet: Schlag nach bei Humboldt! So ging es den Herausgebern, als sie sich fragten, ob sich denn Alexander von Humboldt während seiner Tätigkeit im Dienst des Preußischen Staates auch mit Glas beschäftigt habe. Explizit bekannt war dazu bisher nahezu nichts. Der eine oder andere Leser, der Humboldts „*Bericht über den Zustand des Bergbaus und Hütten-Wesens in den Fürstenthümern Bayreuth und Ansbach nebst Beylagen über die Saline zu Gerabronn und Schwäbischhall, die Porzellan Fabrike zu Brukberg, das Vitriolwerk am Schwefelloch, die Natur des Eisens, der Schmalte und die Entstehung der Schwefel-Säure bey der Alaun- und Vitriol-Fabrication (von 12. Juli bis 5. August 1792)*“ (Humboldt 1959) durchgesehen hat, könnte sich an Darstellungen zur Produktion von Glasknöpfen erinnern. Oder er weiß sogar, dass es sich bei der im Titel genannten „*Schmalte*“ um ein kornblumenblaues, pulverisiertes Glas handelt.

Auf jeden Fall stand die Beschäftigung mit der Herstellung von Glas nicht im Mittelpunkt von Humboldts Wirken für den preußischen Staat. Da aber die Glasherstellung auch schon Ende des 18. Jahrhunderts eine wichtige Rolle in den Fürstentümern Bayreuth und Ansbach spielte, denn fast ein Viertel der mineralischen Produktion entfielen in dieser Zeit auf Glas, musste sich auch Alexander von Humboldt während seiner dortigen Tätigkeit hierzu äußern. Dem wird in dem vorliegenden Buch detailliert nachgegangen.

Den größeren Anteil machen Arbeiten Alexander von Humboldts zur Erkundung und Gewinnung von Glasrohstoffen aus, wobei die blaufärbenden Kobaltrohstoffe deutlich den Schwerpunkt bildeten. Zur Erschließung der diesbezüglichen Dokumente haben Ilse Jahn und Fritz Gustav Lange schon im Jahr 1973 mit der Herausgabe von „*Die Jugendbriefe Alexander von Humboldts 1787–1799*“ (Humboldt 1973) einen entscheidenden Beitrag geleistet. Da dort aber der außerordentlich umfangreiche und viele Themen berührende Briefwechsel Alexander von Humboldts chronologisch aufgeführt ist, gehen seine Aktivitäten zur Erkundung und Gewinnung von Kobaltrohstoffen nahezu unter. Man registriert vielleicht noch Humboldts Verdienste um Kobaltrohstoffe vom Roten Berg im Dreieck zwischen Kaulsdorf, Saalfeld und Kamsdorf (heute in Thüringen). Aber dass es auch um Kobaltrohstoffe bei Wunsiedel ging, wird meist übersehen. Die Situationen vor Ort haben den Einsatz von Humboldts ganzer Persönlichkeit gefordert.

Beim Studium der Unterlagen wird sehr deutlich, dass Alexander von Humboldt in den Jahren 1792 bis 1797 nicht nur seine bergmännischen und geologischen Fähigkeiten in der Praxis erprobte und entwickelte, er erwies sich auch als kompetenter Kameralist und Staatsbeamter, der stets die Gesamtvorgänge beachtete. Dabei sah er die Erfüllung seiner Aufgaben für den preußischen König Friedrich Wilhelm II. und sein Eintreten für wachsende Bildung sowie zunehmenden Wohlstand der arbeitenden Bevölkerung und deren Familien vor Ort als die zwei Seiten ein und derselben Medaille. Er entwickelt ein bewundernswertes diplomatisches Geschick.

In dem vorliegenden Band wurde u. a. ein umfangreiches Dokument vollständig transkribiert und bezogen auf Glas und Glasrohstoffe ausgewertet, das Alexander von Humboldt im Herbst 1794 anfertigte und in den Jahren 1795, 1796 sowie 1797 auf den neuesten Stand brachte. Es handelt sich um „*Eine Darstellung von dem Zustande des Bergbaues in den fränkischen Fürsten-*

thümern“ (Dok. 8). Dieser Text gibt eine komplexe Übersicht über alle Tätigkeiten Alexander von Humboldts in Franken und wartet immer noch auf eine vollständige fachliche Interpretation.

Den Hauptteil des Buches machen in Archiven gefundene Dokumente aus, bei denen es sich entweder um Originale von Humboldts Hand, durch ihn eigenhändig autorisierte Abschriften oder Kanzleiabschriften der Humboldt'schen Originalen handelt. Sie beziehen sich auf die Glasherstellung und vor allem das Geschehen um die Kobalterz-Vorkommen im Umfeld von Wunsiedel. Bezogen auf die Kobalterz-Vorkommen am Roten Berg wird ausschließlich auf die von Jahn und Lange in den „*Jugendbriefen*“ edierten Texte zurückgegriffen.

Den Dokumenten und Transkriptionen ist eine Studie vorangestellt, in der vor allem versucht wird, die teils komplizierte Situation bei der Herstellung von Spezialgläsern aus heutigem Verständnis zu erklären, und in der ausführlich das Verdienst Alexander von Humboldts zur Gewinnung von Kobalterzen gewürdigt wird. Seiner Profilierung als Kameralist wird hier speziell nachgegangen.

Das Buch enthält ein ausführliches Glossar, das vor allem Begriffe zu Glaswerkstoffen und ihrer Herstellung, zu Mineralogie, Geologie und Bergbau sowie zur Tätigkeit in Bergämtern vor rund 225 Jahren enthält. Es muss sich also niemand vor nicht verstandenem Fachvokabular fürchten. Natürlich fehlen ein Personenverzeichnis, das Literaturverzeichnis, die von den Herausgebern befolgten Regeln der Transkription und auch eine Übersicht über die Dokumente nicht.

Bei der Transkription schwer zu deutender Textstellen haben uns Eberhard Knobloch und Bärbel Holtz von der Berlin-Brandenburgischen Akademie der Wissenschaften sehr mit ihren Erfahrungen geholfen, wofür wir ihnen herzlich danken.

Die Untersuchungen waren nur durch Unterstützung von Constanze Krause vom Geheimen Staatsarchiv Preußischer Kulturbesitz Berlin, Stefan Nöth vom Staatsarchiv Bamberg, Eva-Maria Ansorg von der Forschungsbibliothek Gotha/Schloss Friedenstein, Angela Kugler-Kießling von der Bibliothek der TU Bergakademie Freiberg und den Mitarbeitern der Ausleihe der Bibliothek der TU Ilmenau möglich, wofür den Genannten ganz herzlich gedankt wird. Gleicher Dank gilt Mitarbeitern von Museen in Oberfranken, die bereitwillig und mit viel Zeitaufwand ihre Schätze zeigten und erläuterten. Die Herausgeber möchten hier stellvertretend Brigitte Hadlich vom Glas-Knopf-Museum in Weidenberg und Helmut Hempel vom Fichtelgebirgs-Glasmuseum in Warmensteinach nennen.

Ein ganz besonderer Dank gilt unserem Verlagslektor Peter Heyl, der sich, wie bereits bei den Vorgängerbüchern zu Alexander von Humboldts Wirken für die Herstellung von Steingut und von Porzellan, mit der nicht ganz einfachen Materie identifiziert und dem Buch ein dem anspruchsvollen Stoff adäquates Format verliehen hat.

Ilmenau und Berlin, August 2016 Die Herausgeber

Dagmar Hülsenberg

Alexander von Humboldts Engagement für spezielle Glaserzeugnisse und Glasrohstoffe in den Jahren 1792 bis 1797

1. Ausgangssituation

Bereits durch sein Elternhaus besaß Alexander von Humboldt Bezüge zur Glasherstellung. Sein Großvater mütterlicherseits, Johann Heinrich Colomb, betrieb in Neustadt an der Dosse eine Spiegelglasmanufaktur (Näheres dazu siehe in Hülsenberg 2013). Auch wenn Humboldt erst 10 Jahre nach dem Tod seines Großvaters zur Welt gekommen ist, kann man davon ausgehen, dass das häufig eher getadelte, strenge und rationale Regime Marie Elisabeth von Humboldts, mit dem sie ihre Kinder erzog, ihren Ursprung in der Unternehmerfamilie hatte.

Daraus resultiert wahrscheinlich auch, dass sich der Privatunterricht der Humboldt-Brüder nicht nur auf Geisteswissenschaften, Sprachen und Mathematik bezog, sondern dass Völkerkunde, Naturwissenschaften und Technik, auch aus der Antike, ebenfalls vermittelt wurden. Letzteres spielte insbesondere für Alexander von Humboldt eine wichtige Rolle. Es entsprach seinen persönlichen Neigungen. Er erhielt auf diesen Gebieten zusätzlichen Unterricht, z. B. durch Vorlesungen des Berliner Konsistorialrats Johann Friedrich Zöllner zum Thema „Technologie, auf das Fabrikwesen angewandt" (Beck 2010). Wir können vermuten, dass die Vorlesungen auch praxisbezogen ausgerichtet waren. Alexander von Humboldt erhielt die Möglichkeit, Berliner Unternehmen zu besuchen, was für seine berufliche Entwicklung wichtig werden sollte. Er erwähnte das in einem Brief vom Februar 1789 an Friedrich Ferdinand Alexander Burggraf und Graf zu Dohna-Schlobitten:

> *Da können wir ja im Sommer Botanik und im Winter Technologie zusammen studieren,* [...] *Dagegen bringe ich in einigen Fächern wenigstens mühsam ausgearbeitete Aufsätze über Technologie mit, die ein genaues Detail der Berlinischen Manufakturen enthalten.* (Humboldt 1973, S. 45)

Auf jeden Fall legten die privaten Vorlesungen einen Grundstein für sein Studium der Kameralistik. In der Literatur existieren für dieses Fachgebiet verschiedenste Definitionen. Wahrscheinlich trifft man den Sinn am besten, wenn man darunter das Zusammenspiel von Technologie, Betriebswirtschaft, Handel und Finanzen versteht (vgl. dazu Schwarz 2015).

Aber auch die mathematische Seite seiner Ausbildung war Alexander von Humboldt für das Studium der Kameralistik wichtig. Am 11. Mai 1789 führte er in einem Brief an den Helmstedter Mathematiker Johann Friedrich Pfaff aus, dass er das Studium der Mathematik, insbesondere der höheren Analysis, die einen stark praktischen Bezug aufweise, als besonders wichtig für den künftigen Kameralisten halte, der die Absicht habe, seinem Vaterlande im Fabrikfache zu dienen (vgl. Humboldt 1973, S. 58; auch Bruhns 1872, Bd. 1, S. 76–77). Gedanklich war Alexander von Humboldt bereits zu diesem Zeitpunkt auf eine Tätigkeit – wir würden heute sagen – in der Industrie fixiert, wobei keine Aussage zu speziellen Produktionszweigen bekannt ist. Als junger Mann sah er seine kameralistischen Studien in Frankfurt an der Oder (Herbst 1787 bis Frühjahr 1788), Göttingen (April 1789 bis März 1790) und Hamburg (August 1790 bis April 1791) durchaus positiv. Später hat er allerdings auf diese Zeit – vor allem die Monate in Frankfurt – mit kritischem Abstand zurückgeblickt (vgl. Humboldt 1959, S. 14–19; Humboldt 1987, S. 33).

Nachdem sich Alexander von Humboldt vom Juni 1791 bis Februar 1792 an der Bergakademie im Sächsischen Freiberg umfangreiche Kenntnisse zu Bergbau und Geologie, Wasserkünsten, Hüttenwesen und Maschinen angeeignet hatte, nahm er im März 1792 seine Tätigkeit im Bergbau- und Hüttendepartement in Berlin auf. Sein Patent zum Bergassessor cum voto wurde ihm am 6. März 1792 durch den Staatsminister Friedrich Anton Freiherr von Heinitz überreicht (Heinitz 1792).

Bereits an dieser Stelle sei vermerkt, dass – obwohl man auch damals von Glas*hütten* sprach – die Glashütten nur selten einbezogen wurden, wenn es um das *Hütten*wesen ging. Man konzentrierte diesen Begriff in erster Linie auf die Gewinnung verschiedenster Metalle aus den bergmännisch geförderten Erzen, was auch heute noch der Fall ist. Alexander von Humboldt hatte sich demzufolge an der Bergakademie in Freiberg nicht mit der Glasherstellung beschäftigt bzw. nicht beschäftigen können, da das Fach nicht gelehrt wurde. Eine besondere Auseinandersetzung mit dem Zustand der Glashütten gehörte auch nicht zu seinem expliziten Aufgabenbereich im Bergbau- und Hüttendepartement. Da aber die Glasherstellung schon etwa 6000 Jahre bis ins alte Assur zurückverfolgt werden kann und auch im Deutschland des 18. Jahrhunderts ihre Verbreitung hatte, lag es nahe, dass Humboldt zwangsläufig im späteren Berufsleben auch mit der Glasherstellung zu tun bekam. Dieses Interesse war allerdings weniger intensiv als das an der Porzellanherstellung (vgl. Humboldt 2014), es ist jedoch für die Zeit zwischen 1792 und 1797 immer wieder nachweisbar.

Zunächst machte sich aber Alexander von Humboldt in seinem ersten Brief an Dietrich Ludwig Gustav Karsten vom 7. September 1790 über die Vulkanisten lustig. Er selbst zählte sich zu den Neptunisten. Der Neptunismus war eine Interpretation der mineralischen Natur, nach der alle Gesteine durch Ablagerungen (Sedimente) aus dem Meer entstanden seien. Im Gegensatz dazu führten die Plutonisten oder Vulkanisten jede Gesteinsbildung auf vulkanische Prozesse zurück. Ende des 18. Jahrhunderts tobte ein erbitterter Streit zwischen beiden Anschauungen, über den Humboldt wie folgt lästerte:

> *Ich bin nun zur völligen Gewißheit gekommen, daß der D.* [Gottfried Wilhelm?] *Müller ganze Kisten poröser Mandelsteine im Ziegelofen bei Sachsenhausen* mala fide *verglasen läßt, die er dann als Laven, isländ*[isches] *Glas p. unter gläubigen und ungläubigen Vulkanisten verteilt.* (Humboldt 1973, S. 103)

Mandelstein ist ein gasblasenreiches, also poröses, basaltisches, vulkanisch entstandenes Material. In den Blasenhohlräumen haben sich sekundär, meist in *mandel*förmiger Gestalt, Karbonate, Silikate (häufig die Halbedelsteine Opal, Chalcedon, Achat oder Amethyst) oder Zeolithe abgeschieden. Die mandelförmigen Einsprenglinge geben dem Gestein seinen Namen. Da das basaltische Gestein reich an Flussmitteln (hier Oxide des Magnesiums, Kalziums und/oder Eisens) ist, schmelzen viele Mandelsteine schon bei relativ niedrigen Temperaturen. Das ist die Voraussetzung dafür, dass die in den damals weit verbreiteten Ziegelbrennöfen erreichbaren Temperaturen von etwa 1000 °C ausreichten, um das Material zu schmelzen und durch schnelles Abkühlen in ein schwarzes Glas, ähnlich einem natürlich entstandenen Obsidian, zu verwandeln. Einen Mandelstein mit Chalcedon und Achat als „Mandeln“ zeigt Abb. 1.

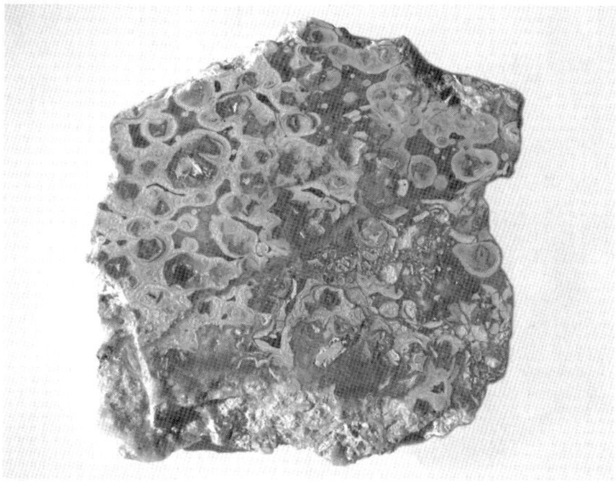

Abb. 1: Chalcedon-Mandelstein. Fundort: Geratal, untere Rainwegwiese, Thüringen (Foto: Dagmar Hülsenberg)

In seiner späteren praktischen Tätigkeit als Geologe und Bergmann kam Humboldt auf den Mandelstein immer wieder zurück, obwohl er als Glasrohstoff – vor allem wegen seines hohen Anteils an Eisenoxid – keine besondere Bedeutung hat. So erwähnte er ihn beispielsweise in einem Brief an Dietrich Ludwig Gustav Karsten vom 14. Juni 1793 (Humboldt 1973, S. 252) und nochmals am 4. August 1793:

> [...] *das Erz immer im Liegenden, der spezifisch leichtere derbe Flußspat und Lydische Stein aber im Hangenden vorkommen, daß des Alaunschiefers zu* Berneck *auf Mandelstein aufgesezt ist,* [...]. (Humboldt 1973, S. 265)

Aus der Vielzahl der Briefe kann man ableiten, dass Karsten nicht nur mit Alexander von Humboldt freundschaftlich verbunden, sondern auch eigentlicher Ansprechpartner für geologische und bergbauliche Fragen im Berliner Bergbau- und Hüttendepartement war.

2. Besuch in Bilin

In einem Brief an Dietrich Ludwig Gustav Karsten vom 25. August 1791, also während seiner Studentenzeit in Freiberg, berichtete Humboldt u. a. über seinen Tagesablauf Unter- und Über-Tage, von Mineralienfunden und über eine Reise durch das Erzgebirge und Böhmen:

> *Vor etwa 3 Wochen habe ich auf Werners Anrathen mit Freiesleben eine interessante Fußreise von fast 30 Meilen* [gemacht] *durch das Mittelgebürge über Frauenstein, Alteberg, Kl*[oster]*Graab, Töplitz, Dux, Osseg, die Steinkohlengruben von Ketterschüz, Bilin, die Granatgruben von Meronitz* [...]. (Humboldt 1973, S. 147)

Im böhmischen Bilin existierte zur damaligen Zeit eine Glasflaschenfabrik. Sie stellte in erster Linie auf der Basis der relativ eisenhaltigen Rohstoffe schwarzes Glas her. Biermanns chronologischer Übersicht kann man entnehmen, dass Alexander von Humboldt diese Fabrik besuchte (vgl. Biermann 1983, S. 91). In seinem Brief an Karsten erwähnte er jedoch nur die zur Glasherstellung notwendigen Rohstoffe:

> *Bei Bilin kommt Mergel in 6seitig säulenförmigen (äußerst regelmäßigen) abgesond*[erten] *Stükken vor.* (Humboldt 1973, S. 148)

Er sprach dann weiter vom „*blättrigen Olivin*“, den er von seiner Reise mitgebracht hatte. Mergel ist ein Sedimentgestein, dessen Zusammensetzung in breiten Grenzen variiert. Er enthält Kalk, kann aber auch mit erheblichen Mengen an Ton, Schluff, Sand und Kies gemischt sein. Olivin ist ein Magnesium-Eisen-Silikat. Alle Bestandteile tragen in unterschiedlicher Weise zur Glasbildung bei, so dass die Glasproduktion in Bilin auf den Rohstoffen der Umgebung basierte.

In einem Brief vom 1. Oktober 1796, also rund fünf Jahre später, an das Ober-Berg-Departement Bayreuth verwies Humboldt aber auch auf eine *Grünstein*formation im flachen Tal von Töplitz und Bilin (Humboldt 1973, S. 527). Wie in Kapitel 5.4 dargestellt wird, kann man durch Schmelzen allein dieses Minerals ebenfalls schwarzes Glas herstellen, was man wahrscheinlich in Bilin auch praktizierte. Alexander von Humboldt hatte – so ist anzunehmen – auch diesen Grünstein bei seinem Besuch im Jahr 1791, noch als Student, gesehen.

3. Aufgaben für den Bergassessor von Humboldt

Obwohl in den verschiedensten Arbeiten veröffentlicht und dem mit dem Lebenswerk Alexander von Humboldts beschäftigten Leser schon längst bekannt, sei hier nochmals an die Aufgaben erinnert, die ihm König Friedrich Wilhelm II. erteilte.

Am 29. Februar 1792 bestätigte Staatsminister von Heinitz ein sogenanntes Reskript, d. h. ein Antwortschreiben auf Humboldts Antrag aus dem Jahr 1791 (Humboldt 1791; Humboldt 1973, S. 137–138), in dem es u. a. heißt: Seine Majestät der König habe beschlossen,

> *die Kenntnisse, welche der Alexander von Humboldt in den Fächern der Mathematik, Physik, Naturgeschichte, Chemie, Technologie, Bergwerks-, Hütten und Handelskunde sich theoretisch und praktisch erworben, bei Allerhöchstihren Berg- und Hüttendiensten zu benutzen, und denselben zu dem Ende bei der Berg- und Hüttenadministration als Assessor cum voto an*[zu]*stellen.* (Bruhns 1872, Bd. 1, S. 134–135)

Im Mittelpunkt der im gleichen Dokument formulierten vorläufigen Aufgaben standen zunächst fachliche Probleme in Hüttenwerken und in den Rüdersdorfer Kalksteinbrüchen. Es folgten Anweisungen an den Oberbergrat Friedrich Wehling, wie Humboldt die Einarbeitungsphase erleichtert werden sollte. Dabei war zu diesem Zeitpunkt anscheinend nur an Unternehmen im preußischen Kernland gedacht.

Da aber im Januar 1791 die fränkischen Fürstentümer Ansbach und Bayreuth an die preußische Krone gefallen waren und dort erheblicher Handlungsbedarf bestand, weitete sich das Aufgabenfeld Alexander von Humboldts schnell aus. Staatsminister von Heinitz wollte die problematischen Bergbau- und Hüttenunternehmen in den beiden Fürstentümern inspizieren. Die Vorbereitung des Besuches war die erste große Aufgabe Alexander von Humboldts. Da der Schriftwechsel zwischen Minister von Heinitz und dem mit der Geschäftsführung in den Fürstentümern beauftragten Staatsminister Carl August Freiherr von Hardenberg schon geraume Zeit andauerte, wird Humboldt bald nach seinem Dienstantritt von seinen nächsten Aufgaben erfahren haben, deren Erfüllung vorzubereiten war. Dafür sprechen seine Inspektion in der Fayence- und Steingutmanufaktur Rheinsberg (Humboldt 1792a; Humboldt 2012) und sein „Praktikum" in der Königlichen Porzellanmanufaktur Berlin (Humboldt 2014, S. 11–13).

Erst relativ kurz vor seiner Abreise nach Franken erhielt er am 23. Juni 1792 offiziell das folgende persönliche Schreiben:

> *An den Assessor von Humboldt.*
>
> *Seine Königliche Maj*[estät] *von Preußen, unser* [Herr], *haben allergnädigst resolvirt, dem Assessor* von Humboldt, *wie hiermit geschiehet, den Auftrag zu geben, die in Höchstdero fränkischen Fürstenthümern* Bayreuth *u*[nd] *Anspach belegenen Berg-, Hütten- u*[nd] *Hammerwerke, das Salzwerk zu Gerabronn u*[nd] *die Porzellan-Manufactur in* Bruckberg *zu bereisen und deren gegenwärtigen Zustand zu untersuchen, um darüber dem Etats Minister Freiherrn v*[on] Heinitz, *welcher zu Anfang des Monats Augusti dahin kommen wird, Bericht abzustatten.*
> *Der p v*[on] Humboldt *hat sich daher baldigst auf den Weg zu machen, beÿ der Hauptbergwerks- und HüttenCasse eine gehörig zu berechnende Vorschuß Summe von 200 Rtlr. zu Bestreitung der Reise Kosten gegen Quittung in Empfang zu nehmen und in Erfurt eine offene Ordre des in besagten beiden Fürstentümern dirigirenden Etats Minister Freiherrn von* Hardenberg *an alle dortigen Bergwerks-, Hütten- und Hammerbesitzer, desgleichen eine Reiseroute zu erwarten. Übrigens hat der p von* Humboldt *sich auch aus den beÿ dem Bergw*[erks-] *und Salz Departement über diese Gegenstände bereits verhandelten Acten, so wie auch aus den in der Bibliothek des Bergw*[erks-] *Departements vorhandenen Schriften jene beiden Fürstentümer betreffend, die erforderlichen Auszüge zu seiner vorläufigen Information zu machen.*
>
> *Signat*[um] *Berlin p.*
> (Humboldt 1959, S. 28)

Bereits drei Tage später, am 26. Juni 1792 (Humboldt 1959, S. 29), brach Alexander von Humboldt zu seiner fast dreimonatigen Dienstreise nach Franken auf. Daraus folgte im Jahr 1793 eine Abordnung bis Januar 1797. In ungewohnt schneller Weise erklomm er die Beamtenleiter und machte sich seinen Vorgesetzten bald unentbehrlich. Man kann folgende Zeitschiene für seinen Aufstieg feststellen: Vom März bis September 1792 Assessor im Berliner Bergbau- und Hüttendepartement, vom September 1792 bis April 1795 Oberbergmeister in Bayreuth, vom Mai 1795 bis Januar 1797 Oberbergrat in Bayreuth (Humboldt-Dachroeden 2015).

In dieser Folge änderte sich auch der Charakter der Beschäftigung Alexander von Humboldts mit der Glasherstellung in Franken:

- Anfänglich, 1792, stand die Herstellung der Gläser im Mittelpunkt;
- 1793/1794 ging es vorwiegend um Rohstoffe, die das Glas färben (Erkundung, Gewinnung, Aufbereitung);
- im Zusammenhang mit Humboldts Bemühungen um Holz für die zu errichtende Porzellanfabrik Tettau (vgl. Humboldt 2014, S. 79–84) in den Jahren 1793 und 1794 setzte er sich auch für die Bereitstellung von Holz für die Glasschmelze ein, und
- in den Folgejahren, etwa 1795 bis 1797, als Oberbergrat, äußerte er sich beinahe ausschließlich zu geförderten Rohstoffen und Produktionsmengen der Glasmanufakturen, zu deren Kosten und Beschäftigten sowie zu Problemen des Absatzes der Produkte.

Seine persönliche Entwicklung erfolgte vom Bergmann und Sachverständigen für spezielle Fertigungsabläufe zum übergreifend denkenden Kameralisten.

Die wichtigsten Glasprodukte in Franken waren zur damaligen Zeit anorganische Blaufarben auf der Basis von blauem Farbglas (Schmalte oder Smalte genannt), farbige Glasperlen und -knöpfe, Flaschen, Trinkgefäße, Flachglas und Spiegel.

4. Probleme der Smalte- bzw. Blaufarbenherstellung

4.1. Entstehung von Humboldts Bericht aus dem Jahr 1792

Alexander von Humboldt reiste am 26. Juni 1792 von Berlin ab und beendete seine Dienstreise nach Franken am 22. September 1792 (Humboldt 1959, S. 29). Er verfasste dazu einen umfassenden Bericht mit mehreren Beilagen, der als Abschrift im Geheimen Staatsarchiv in Berlin vorliegt (Humboldt 1792b; über mit diesem Bericht zusammenhängende Vorgänge wird ausführlicher informiert in Humboldt 2014, S. 13–15).

An dieser Stelle interessiert die Beilage aus diesem Bericht mit der Überschrift „*Ueber die Schmalt Fabrication zu Saalfeld nebst allgemeinen Sägen über die Natur der Schmalte. Den 8ten July 1792* (Humboldt 1792b, Bl. 276r–280v); sie ist also 10 Seiten lang. Diesen Abschnitt hob er im Schreiben an den Staatsminister, Freiherrn von Heinitz, vom 17. April 1793 besonders hervor, indem er formulierte:

> *Ich habe derselben 1) eine Allgemeine Beschreibung der Fränkischen Gebirge, 2) Aufsäze über die chemischen und Technischen Ursachen des öfteren Mißrathens der Smalte, des Vitriols, Alauns und Eisens beigefügt.* (Humboldt 1973, S. 244)

Die Kopie der die Smalte betreffenden Seiten und die Transkription sind unter Dokument 1 zu finden. In Humboldts Unterlagen erschienen – manchmal sogar in ein und demselben Bericht – sowohl die Begriffe „Schmalte“ als auch „Smalte“. Da heute der Begriff „Smalte“ benutzt wird, wird dieser im folgenden Text generell verwendet.

Es verwundert zunächst, dass Alexander von Humboldt das Saalfelder Blaufarbenwerk besichtigte, da Saalfeld nicht zu Preußen gehörte. Wahrscheinlich hatte er über seinen offiziellen Inspektionsbefehl hinaus einen diesbezüglichen mündlichen „Hinweis“ des Staatsministers von

Heinitz erhalten, denn dieser war an Informationen zur Blaufarbenherstellung stark interessiert: Smalte wurde u. a. als Dekorfarbe in der Königlichen Porzellanmanufaktur in Berlin benötigt und in deren Anfangsjahren für viel Geld importiert. Unmittelbar nach dem Siebenjährigen Krieg war deshalb der königliche Auftrag ergangen, in Schlesien nach Kobalterzen als Basis für die blaue Farbe der Smalte zu suchen. In der Nähe des Dorfes Querbach fand man sie (Klein 2015, S. 96).

Im Jahr 1787 hatte Staatsminister von Heinitz weiterhin den Mineralogen Georg Friedrich Kapff mit der genauen Beschreibung des deutschen Kobaltbergbaus und der Blaufarbenherstellung beauftragt. Kapffs Bericht kann man dazu entnehmen:

> *Im Jahre 1787 wurde ich von des königl*[ich-] *preussischen wirklichen Staats- und Kriegs-Ministers, und Chefs des Bergwerks- und Hüttendepartements, Herrn Freyherrn von Heiniz Exzellenz des gnädigen Auftrages gewürdiget, eine genaue Beschreibung des Koboltbergbaues und des Blaufarbenwerks zu Querbach zu verfertigen, und erhielt, nachdem ich mich des hohen Befehls entlediget hatte, die Erlaubniß meinen Aufsatz drucken lassen zu dürfen.* (Kapff 1792, S. VI)

Alexander von Humboldt hatte das Wagner'sche Blaufarben- bzw. Smalte-Werk in Saalfeld am 7. Juli 1792 während seiner Anreise nach Franken besichtigt (Humboldt 1959, S. 30). Saalfeld gehörte – und das muss wegen der Brisanz der Situation nochmals betont werden – *nicht* zu den fränkischen Fürstentümern; es befand sich im „Ausland", im Herzogtum Sachsen-Coburg-Saalfeld (siehe dazu Lange 2008, S. 229). Die Grenze zu den im Jahr 1792 zu Preußen gehörenden fränkischen Fürstentümern Ansbach und Bayreuth verlief nur wenig südöstlich zwischen Saalfeld und Kaulsdorf (beide Orte gehören heute zu Thüringen) über den Roten Berg, eine relativ großflächige Erhebung, die wegen ihres Erzreichtums für die Tätigkeit Alexander von Humboldts eine wichtige Rolle spielen sollte.

Mit Smalte wurde viel Geld verdient. Deshalb breitete man – ähnlich wie bei der Herstellung von Porzellan – über die Rohstoffe und die genauen Vorgänge bei der Herstellung der Smalte den Mantel des Schweigens. Da Humboldt die Smalte-Herstellung, beginnend bei den Rohstoffen, selbst nicht richtig durchschaute, verwandte er in der Überschrift seines Berichts vom 8. Juli 1792 das Wort „*Sägen*" (vielleicht falsch abgeschrieben) bzw. im Text „*Sage*" im Sinne von „Hörensagen", „mündlicher Bericht".

4.2. Smalte-Herstellung im 18. Jahrhundert

Um Alexander von Humboldts Beschreibung der Vorgänge bei der Smalte-Herstellung nachvollziehen zu können, muss man sich den Kenntnisstand der damaligen Zeit vor Augen führen. Die Chemie stand noch in ihren Kinderschuhen, und die Hochtemperaturprozesse konnte man so gut wie gar nicht interpretieren. Es erscheint deshalb sinnvoll, zunächst Darstellungen der Smalte-Herstellung aus dem 18. Jahrhundert zu Rate zu ziehen.

Vergegenwärtigen wir uns eingangs: Smalte ist ein dunkel-kornblumenblaues, zu Pulver zerkleinertes Glas. Sie diente über Jahrhunderte hinweg vorrangig als Keramikfarbe, wurde zum Einfärben von Glasuren und für die Herstellung durchsichtig-blauer Glaserzeugnisse, aber auch zum Aufhellen von Textilien und Papier, für Wanddekorationen und die farbliche Gestaltung von Wappen verwendet. Noch heute kann man sich an den hochwertigen, mit blauer Glasur überzogenen Ziegeln des Ischtar-Tors, das König Nebukadnezar II. (um 575 v. Chr.) erbauen ließ, im Berliner Pergamon-Museum erfreuen.

Smalte wurde (auf Deutschland bezogen) zur damaligen Zeit im Erzgebirge, im Harz, im bereits genannten Querbach/Schlesien sowie in Thüringen und Oberfranken hergestellt. Die Darstellungen in der Fachliteratur aus der ersten Hälfte des 18. Jahrhunderts beziehen sich ausschließlich auf die formalen Abläufe ihrer Herstellung ohne Erklärung von Zusammenhängen, weshalb sie noch heute vom Prinzip her richtig sind. Zedlers *Großes Universallexikon*, das Alexander von Humboldt wahrscheinlich zugänglich war, enthält einschlägige Stichwörter, z. B.:

> ***Blaue Farbe***, *Blaue Stärcke, Bläue*, Smalta, *wird häuffig in Sachsen, sonderlich in Johann-Georgen-Stadt, von den abgerösteten Cobalt zubereitet, welcher mit einem gewissen Theil Sand und Pott-Asche wieder versetzet, und zu einem dunckeln und dicht-blauen Glaß geschmoltzen wird, welches gar zart gestossen, und auf einer gewissen Mühle zwischen zwey sonderlich harten Steinen zu Mehl gemahlen, alsdenn geschlämmet, und in unterschiedliche Sorten, da immer eine feiner als die andere ist, getheilet wird. Die beste muß schöne, an der Farbe trucken und zart seyn. Die andern sind gemeiniglich blaß, falb, grob, und theils sehr schlecht. Weil der Cobalt dabey der Grund ist, also ist denen Factoren auf denen Bergwercken sehr hoch verboten, den Cobalt roh wegzuschicken, damit die Smalta anderwärts nicht nachgemacht, und dem Lande der Nutz dadurch entzogen werde.* (Zedler 1731–1754, Bd. 4, Sp. 109)

Das Element Kobalt wurde 1735 von dem Chemiker Georg Brandt erstmals separiert. Man kannte natürlich schon früher, d. h. seit dem Altertum und erst recht in der ersten Hälfte des 18. Jahrhunderts, die Erze, die man nach entsprechender Aufbereitung und Rösten in geringen Mengen (etwa 0,5 bis 1,5 %) den anderen Rohstoffen zusetzen musste, um blaues Glas zu produzieren. Über Alexander von Humboldts Engagement für die Erkundung und Gewinnung dieser Erze im Fürstentum Bayreuth wird im Kapitel 4.5 und 4.6 ausführlich berichtet.

Zum Begriff „*Factor*", den wir heute mit ganz anderen Bedeutungen verwenden, erfährt man Folgendes:

> ***Blau-Farben-Wercks-Factor***, *ist eine beeydete Person, welche die Kobalde in sichern Empfang nimmet, dieselben nach denen Proben und der Berg-Amts-Taxe, dem er jedesmahl mit beyzuwohnen, richtig bezahlen soll, damit seinen Pflichten nach getreulich umgehen, und allen besorglichen Unterschleif vorbauen, auch die Haupt-Rechnung darüber führen soll.* (Zedler 1731–1754, Bd. 4, Sp. 113)

Der „*Factor*" war also ein Buchhalter, der gleichzeitig sichern sollte, dass kein Erz entwendet („*Unterschleif*") wird.

Speziell über die Fertigung in Johann-Georgen-Stadt im Erzgebirge kann man bei Zedler unter dem Stichwort „***Blau-Farben-Werck***" lesen:

> *Aus mehr gedachten Kobald nun wird der schönste Safflor oder blaue Farbe auf folgende Art gemacht: Der Kobald wird erstlich, weil er sehr giftig, geröstet, hernach in einem Pochwercke treuge mit etlichen Stempeln gepochet, durch einen Durchwurff geworffen, in den Calcinir-Ofen gestürtzet, und so lang gebrandt, biß kein Gestanck mehr an ihm zu spüren ist, hierauf wird er mit schönen weissen Quartz oder Kieselsteinen versetzet, und mit dem gebührenden Fluß von der gesottenen Pott-Asche vermischet. Diese Vermischung wird in die 6. Häfen in den grossen Schmeltz-Ofen gethan, fleißig umgerühret, und in 8. Stunden wieder ausgeschöpffet, und in ein Trog voll Wasser geschüttet, wo es als ein Glas gerinnet; hernach wird es mit 2. Stempeln gepocht, durchgeworffen, und in die Mühle gebracht, allwo es in grossen Fässern, und darzu gegossenen Wasser auf den grossen Boden-Steine so lange gemahlen wird, biß man solches wieder abzapffet, in der Wasch-Kammer in die Wasch-Fasse thut, wohl umrühret, damit aller Schlamm davon abgehen möge, und endlich stille stehen lässet, daß sich die Farbe unten setzen kan. Hierauf wird sie aus denen Fässern ausgeschlagen, in die starck eingeheitzte Dörre-Stube gebracht, wohl getrocknet, mit einem runden Holtze zerrieben, in der Bereite-Kammer in einen Beutel-Kasten durch-*

gesiebet, und letztlich in gewisse Fäßgen, deren eines gemeiniglich 3. Centner hält, eingepacket, und versendet. (Zedler 1731–1754, Bd. 4, Sp. 113)

Die hier verwendeten Fachbegriffe werden weiter unten erläutert. Aus den Angaben Kobalt, Quarz und Pottasche kann abgeleitet werden, dass sich in dem blauen Glas – theoretisch – nur Kobaltoxid (CoO / Co_2O_3), SiO_2 und K_2O befinden. Pottasche ist ein Kaliumkarbonat, aus dem sich während der Schmelze CO_2 verflüchtigt und K_2O im Glas verbleibt (siehe dazu auch Kapitel 5.3). Praktisch war die Zusammensetzung der blauen Gläser auf Grund der vielen in den Rohstoffen vorhandenen Verunreinigungen deutlich komplexer.

4.3. Grundlagen zur Herstellung von Farbglas

Für das weitere Verständnis der komplizierten Zusammenhänge bei der Smalte-Herstellung werden einige, zu Humboldts Lebzeiten nicht bekannte, sehr stark vereinfachte Zusammenhänge zur Struktur des Glases und der Entstehung von Ionenfarben genannt:

SiO_2 existiert in der Natur *nicht* als *einmolekulares* Gas (analog CO_2), sondern jedes vierfach positiv geladene Silizium-Kation umgibt sich mit 4 zweifach negativ geladenen Sauerstoff-Anionen. Dabei wird zwar die positive Ladung des Si^{4+}-Kations vollständig, aber nur je *eine* negative Ladung des O^{2-}-Anions gebunden. Die *zweite* negative Ladung des O^{2-}-Anions kompensiert sich durch Bindung an ein weiteres Si^{4+}-Kation. Das zweifach negative Sauerstoffanion stellt somit eine Brücke (Brückensauerstoff) zwischen zwei vierfach positiv geladenen Siliziumkationen dar. Der Vorgang wiederholt sich für alle vier Sauerstoffanionen unendlich oft, so dass eine räumliche, dreidimensionale Vernetzung stattfindet. Es entsteht ein Festkörper. Dieses Netz stellt die Grundstruktur der „klassischen" Gläser dar. Abb. 2 zeigt einen Versuch, diese räumliche Struktur in der Ebene darzustellen. Deshalb werden formal aus Tetraedern Dreiecke und aus Hohlräumen verschieden geformte Ringe. Da diese „Ringe" eine erhebliche Stabilität aufweisen und erst bei über 2000 °C eine Schmelze zulassen, konnte man Gläser aus reinem Quarz (heute das Hightech-Produkt Quarzglas) Ende des 18. Jahrhunderts noch nicht herstellen. In den mit Holz befeuerten Glasschmelzöfen wurden maximal 1300 °C erreicht.

Die bereits in der Antike erzeugten Gläser konnte man nur dadurch schmelzen, indem man dem Sand oder zerkleinertem Quarz ein sogenanntes Flussmittel zumischte. Bei den ältesten Gläsern aus Assur vor etwa 6000 Jahren wird diese Zumischung eher zufällig auf der Basis natürlicher Rohstoffe (siehe Kapitel 5.1) erfolgt sein. Die meist ein- oder zweifach positiv geladenen Kationen dieser Flussmittel brechen, stark vereinfacht gesagt, die Bindungen zwischen Sauerstoff und Silizium auf und kompensieren die nun frei werdende, negative Ladung der Sauerstoffanionen. Die entstehende Struktur zeigt Abb. 3. Das Glas erhält ein „offeneres" Netzwerk, das mit steigender Temperatur leichter in sich beweglich wird und sich dadurch bei deutlich tieferen Temperaturen schmelzen lässt als reiner Quarz.

Als Flussmittel wird für Gläser heute in der Regel Soda (Natriumkarbonat) eingesetzt. Im 18. Jahrhundert kam aber vielfach die bereits genannte Pottasche zur Anwendung. Die in ihr enthaltenen einwertigen Kaliumkationen sind erheblich größer als die ebenfalls einwertigen Natriumkationen. Sie weiten das Netzwerk somit stärker auf (die „Ringe" auf Abb. 3 öffnen sich stärker) und erniedrigen die Schmelztemperatur nochmals im Vergleich zu Natriumkationen. Wurde genügend Pottasche in die Rohstoffmischung gegeben, konnte man Gläser schon ab 1100 °C schmelzen. Gläser mit einem hohen Anteil an K_2O sind zwar einerseits auch gut schleifbar. Sie weisen aber andererseits eine geringe mechanische und chemische Stabilität auf. Deshalb gaben aus der Erfahrung heraus die Glashüttenmeister gerade so viel Pottasche in das Rohstoffgemenge, dass die mit Holz vor Ort maximal erreichbaren Temperaturen einerseits für die Schmelze ausreichten, die Festigkeit des Glases aber andererseits noch ausreichend hoch

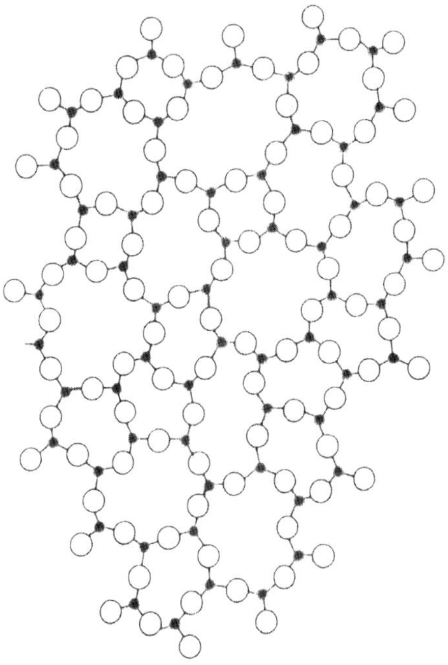

Abb. 2: Netzwerkstruktur von reinem Quarzglas; schwarz Punkte: Si^{4+}-Kationen, offene Kreise: O^{2}-Anionen, aus: Rawson 1980, Fig. 12

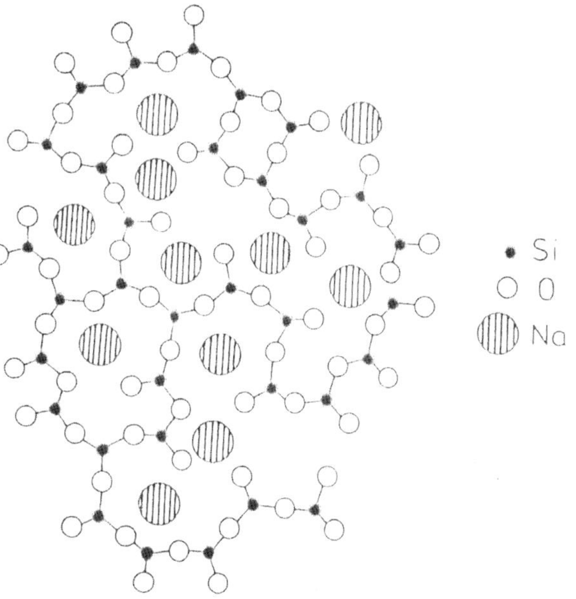

Abb. 3: Struktur von Natriumsilikatglas mit statistischer Verteilung der Natriumkationen (große, schraffierte Kreise), aus: Rawson 1980, Fig. 13

blieb. Heute würden wir sagen, dass sie die Zusammensetzung der Gläser auf der Basis der ihnen verfügbaren Rohstoffe und Schmelztechnik optimierten.

Heute ist Pottasche erheblich teurer als Soda. Im 18. Jahrhundert konnten die Glashüttenmeister notfalls Pottasche selbst herstellen, indem sie kaliumhaltiges Holz verbrannten – sie wussten nur, ob sich das Holz eines bestimmten Waldstücks zur Herstellung von Pottasche eignete oder nicht –, die Asche in einem „Pott" wässerten, wobei sich Kaliumkationen aus der Asche im Wasser lösen, dann die überstehende kaliumhaltige Lauge abzogen und eindampften. Die Herstellung von Pottasche erforderte große Mengen an Holz. Mit dem Problem der „nachhaltigen" Nutzung von Holz musste sich Alexander von Humboldt während seiner gesamten Dienstzeit in Franken auseinandersetzen.

Nur reiner Quarz und Pottasche gemeinsam geschmolzen sowie abgekühlt, ergeben ein *farbloses*, transparentes Glas. Smalte ist aber ein *blaues* Farbglas.

Man erhält ein Farbglas – ganz allgemein gesprochen – in den meisten Fällen dadurch, dass man den Rohstoffen eine relativ geringe Menge eines färbenden Oxids zumischt. Wenn die Rohstoffe solche Oxide schon als Verunreinigungen enthalten, treten unkontrollierte Verfärbungen auf, was zum Ende des 18. Jahrhunderts noch häufig der Fall war. Ein typisches Beispiel dafür stellt das grünliche „Thüringer Waldglas" dar.

Die färbenden Oxide entstehen auf der Basis der Kationen der im Periodischen System der Elemente (PSE) als Übergangsmetalle bezeichneten Elemente. Der Mechanismus der Wahrnehmung der Farbe eines Glases auf der Basis dieser Oxide ist – stark vereinfacht dargestellt – folgender: Die zugehörigen Elemente befinden sich in der 4. Reihe des Periodischen Systems der Elemente und weisen auf der 3. Elektronenschale sogenannte d-Elektronen auf (siehe hierzu Worch 2011, Abschnitt 2.1.5.1). Dazu gehören Titan (Ti), Vanadium (V), Chrom (Cr), Mangan (Mn), Eisen (Fe), Kobalt (Co), Nickel (Ni) und Kupfer (Cu). Jedes dieser Elemente besitzt eine andere Zahl an d-Elektronen mit sich unterscheidenden Energieniveaus. Das führt zu einem verschiedenen Verhalten der zugehörigen Kationen bei Lichtdurchgang: Jedes Kation absorbiert durch Wechselwirkung mit den d-Elektronen eine andere Wellenlänge aus der sichtbaren Strahlung. Der „Rest" der Strahlung tritt durch das Glas hindurch und bewirkt den Farbeindruck, den das menschliche Auge wahrnimmt. Wir sprechen in diesem Fall von einem Farbglas auf der Basis von Ionenfärbung. Da die Färbung von Smalte in erster Linie durch die eben genannten Kobalt-Kat*ionen* hervorgerufen wird, unterbleibt an dieser Stelle die Darstellung weiterer Farbmechanismen.

Der Herstellung eines definiert gefärbten Glases wird dadurch kompliziert, dass die Kationen der genannten Elemente mit verschiedenen elektrischen Ladungen, d. h. in verschiedenen Wertigkeitsstufen vorliegen können, z. B. Fe^{2+}/Fe^{3+}, $Mn^{2+}/Mn^{3+}/Mn^{4+}/Mn^{6+}/Mn^{7+}$ oder Co^{2+}/Co^{3+}. Jede dieser Wertigkeitsstufen führt bei ein und demselben Element zu unterschiedlichen Farbwirkungen. Ihre Existenz hängt vor allem von der Schmelztemperatur des Glases, der Verweilzeit im Schmelzaggregat und der Schmelzatmosphäre ab. Es bildet sich ein sog. thermisches Gleichgewicht zwischen den Kationen unterschiedlicher Wertigkeiten heraus, so dass ungewollte Mischfarben entstehen können. Aber als wäre das nicht schon genug der Unsicherheit, hängt die tatsächliche Farbwirkung der Kationen noch davon ab, ob als sogenannter Glasbildner das Siliziumdioxid oder beispielsweise Phosphorpentoxid P_2O_5, Bortrioxid B_2O_3, Arsenpentoxid As_2O_5 oder eine Mischung daraus auftritt. Auch Aluminiumoxid Al_2O_3 beeinflusst die Farbe. Es kann sogar das zweifach negative Schwefelanion S^{2-} in das Glasnetzwerk eingebaut werden. Dazu schreiben Hans-Heinz und Maria Emons:

> *So zeigt z. B. ein Na_2O-B_2O_3-CoO-Glas mit wenig CoO und einem Na_2O-Gehalt < 25 % eine rein blaue Farbe, bedingt durch den [$Co^{II}O_4$]-Komplex, wie auch ein SiO_2-Glas mit Co^{2+} dotiert.* [Co^{2+} wird in diesem silikatischen Glas vierfach durch O^{2-} koordiniert.] *Eine Veränderung der Koordinationszahl auf 6 z. B. in P_2O_5-Gläsern oder bei höheren Na_2O-Gehalten führt zu Farbänderungen* [häufig in rötliche Richtung]. (Emons 1999, S. 133)

Das Hauptproblem der Smalte-Herstellung bei Wagner in Saalfeld 1792 bestand aber in den eingesetzten Rohstoffen, die in wechselnden Verhältnissen neben dem gewünschten Kobalt auch Verbindungen der bereits genannten anderen Übergangsmetalle, wie Mangan, Eisen, Kupfer und Nickel, enthielten – alles färbende Substanzen –, aber auch von Wismut und Arsen sowie Schwefel. Letztere beide mussten durch Rösten im Kalzinierofen bei 600 bis 900 °C (siehe Emons 1999, S. 118) so weit wie möglich als die Dämpfe SO_3 und As_2O_5 entfernt und die Minerale in Oxide umgewandelt werden. Die entstehenden Dämpfe waren hochgiftig. Ein Teil des neu entstandenen Schwefel- und Arsenoxids verblieb aber in der Schmelze. Geringe Mengen an Arsenverbindungen in der Schmelze waren sogar in zweifacher Hinsicht hilfreich:

Das dreiwertige Arsenkation As^{3+} oxidiert mit steigender Temperatur zu fünfwertigem As^{5+} und bindet dadurch zusätzlichen Sauerstoff an sich. Erhöht man die Temperatur weiter, führt das temperaturabhängige Gleichgewicht zwischen beiden Wertigkeitsstufen des Arsens dazu, dass unter diesen Bedingungen der zunächst in der Schmelze gebundene Sauerstoff wieder als Gas abgegeben wird. Das nutzt man, um das Glas zu läutern, d. h. blasenarm zu schmelzen. Arsenik gehört zu den sogenannten Läutermitteln und wurde später gezielt der Schmelze zugesetzt.

Weiterhin bildet Arsen in der Form As^{2-} mit eventuell in den Mineralen vorhandenem Nickel die sogenannte „Nickelspeise", die aus der Glasschmelze durch Abziehen entfernt werden konnte und musste. Damit wurde eines der färbenden Oxide aus dem Glas eliminiert und führte nicht zu unkontrollierter Färbung. Kleinere Mengen an Arsen in der Schmelze waren also bei gleichzeitig als Verunreinigung vorhandenem Nickel wiederum erwünscht.

Mangan, Eisen und Kupfer konnte man aber nicht so einfach entfernen. Hier half den Smalte-Produzenten ein eher zufälliges Verhalten der färbenden Kationen: Die in einem unter oxidierenden Bedingungen geschmolzenen Glas enthaltenen Mn^{7+}-Kationen absorbieren genau die Komplementärfarbe zu Fe^{3+}-Kationen, so dass das entstehende Glas dann farblos erscheint. Man „bezahlt" das mit einem grauen Grundton aufgrund der kompletten Absorption von Anteilen jeder Wellenlänge. Voraussetzung ist, dass beide Oxide in genau definierten, aufeinander abgestimmten Mengen vorliegen. Dazu mehr im Kapitel 6 „Glasknöpfe und Glasperlen". Der graue Grundton stört in der Smalte nicht und wird durch die blaue, durch Co^{2+} hervorgerufene Farbe überdeckt.

Somit verblieb Kupfer als Hauptstörfaktor. Dieses führt in unterschiedlichen Mengen und in Abhängigkeit vom Schwefel- und Arsenanteil im Glas zu grünlichen, rötlichen oder gar schmutziggelb/braunen Farbtönen. Das in Abhängigkeit von den eher zufällig eingesetzten Rohstoffen entstandene, unkontrolliert farbige Glas konnte nicht mehr als Smalte verkauft werden und wurde *Ende* des 18. Jahrhunderts (im Unterschied zur Darstellung für den *Beginn* des 18. Jahrhunderts in Zedlers Lexikon) als Safflor bezeichnet.

Diese chemischen Zusammenhänge kannte man, wie schon gesagt, im Jahr 1792 noch nicht. Nur die Erfahrung der Glashüttenmeister im Umgang mit den vorhandenen Rohstoffen machte es überhaupt möglich, Smalte zu erzeugen. Daraus resultierten die Geheimniskrämerei und das Problem, dass beim Wegziehen oder Tod eines Glashüttenmeisters auch dessen Wissen verloren ging.

4.4. Alexander von Humboldts Bericht zur Smalte-Herstellung

4.4.1. Kobaltminerale

Zunächst ist zu beachten, dass es sich gerade bei diesem Teil des Humboldt'schen Gesamtberichts (Humboldt 1792b) um eine sehr fehlerhafte Abschrift handelt. Die Abschrift des Gesamtberichts wurde von verschiedenen Personen (wahrscheinlich gleichzeitig, denn der Bericht bestand ja aus losen Blättern, die man verteilen konnte) erstellt. Einige Wörter wurden anscheinend übersehen, manche Ausdrücke hat man völlig sinnentstellend abgeschrieben, und die dabei entstandene Grammatik entspricht vermutlich dem Kenntnisstand der Beamten. Um einige Zusammenhänge zu erfassen, werden die folgenden unverständlichen Zitate entsprechend ihres wahrscheinlich ursprünglich von Alexander von Humboldt beabsichtigten Sinns korrigiert.

Eine weitere Schwierigkeit beim Verständnis des Berichts zur Smalte-Herstellung in Saalfeld besteht darin, dass zum damaligen Zeitpunkt Ionen mit ihren elektrischen Ladungen nicht bekannt waren. Meist wurden nur die Namen der Elemente geschrieben, selten die der tatsächlich vorliegenden Verbindungen (Oxide, Sulfide, Arsenide, Hydrate usw.). Weiterhin konnte man nur in der Ausnahme zwischen chemisch und kristallografisch eindeutig definierten Mineralen sowie Erzen, die eine Vergesellschaftung verschiedener Minerale darstellen, unterscheiden. Sehr oft sprach auch Alexander von Humboldt von Erzen, wenn er wahrscheinlich Minerale meinte.

Sehr verschwommen gestaltete sich die Situation für Gesteine, die Kobalt-Verbindungen enthielten. Humboldt schrieb im gesamten Bericht stets nur *„Kobolt"* und bezeichnete damit nicht das Kobalt-Metall oder vielleicht Kobaltoxid bzw. -sulfid, sondern in der Regel eine Gruppe von Mineralen, ggf. auch Erzen, die Kobalt enthielten, aber durchaus unterschiedlich zusammengesetzt sein konnten.

Zur Bezeichnung des Metalls als „Kobalt" sei Folgendes bemerkt: Kobaltkationen enthaltende Erze lassen sich schwer verhütten. Entsprechende Mineraleinsprenglinge in Erzen treten häufig sporadisch, wie bösartige „Kobolde", auf. Das gab sowohl den Mineralen und dann später dem in ihnen enthaltenen Metall den Namen und erklärt wahrscheinlich die unexakte

Benennung. Weiterhin treten teilweise nebeneinander in ein und demselben Schriftstück diese Schreibweisen auf: Kobalt, Kobelt, Cobalt, Kobolt, Kobold und Cobold.

Die für die Smalte-Herstellung wichtigen Kobalt-Minerale können sulfidische (Schwefel als Anion), arsenidische (Arsen oder eine Mischung aus Arsen und Schwefel als Anion) oder oxidische (Sauerstoff als Anion) Verbindungen sein (Emons 1999, S. 116). In der Regel enthalten die oxidischen Minerale Kristallwasser. Während die sulfidischen und arsenidischen Kobaltminerale durchweg eine schwarze Farbe aufweisen, können die oxidischen Kobaltminerale – neben schwarz – durchaus auch rosafarben auftreten. Diese Minerale kommen vergesellschaftet mit taubem Gestein in Erzen vor, die bergmännisch gewonnen werden. Vor der Verarbeitung trennt man das taube Gestein ab. Auf die Methoden wird hier nicht eingegangen. Die aufbereiteten Erze, d. h. im Wesentlichen die separierten Minerale, egal in welcher konkreten Zusammensetzung, wurden häufig als „König" bezeichnet.

Alexander von Humboldt kannte die kobalthaltigen Erze und die in ihnen enthaltenen Kobaltminerale durch sein Studium bei Abraham Gottlob Werner an der Bergakademie Freiberg. Er nannte zu Beginn seines Berichts als färbende Rohstoffe Kobalterze vom Roten Berg im Dreieck zwischen Saalfeld, Kamsdorf und Kaulsdorf. Um den Besitz an diesen Erzen tobte zwischen 1792 und 1797 ein heftiger Streit zwischen dem Herzogtum Sachsen-Coburg-Saalfeld und dem preußischen König, auf den im Kapitel 4.5. eingegangen wird. Bei Humboldts erstem Besuch in dieser Gegend gehörte der Rote Berg noch komplett zu Sachsen-Coburg-Saalfeld.

Obwohl von ein und derselben Lagerstätte, enthielten die Erze teils schwarzen Erdkobalt, teils Glanzkobalt, häufig Kobaltglanz genannt, sowie auch Kobaltblüte (Dok. 1. Bl. 276r und 276v).

Alexander von Humboldt untergliederte den *Erdkobalt* nochmals in *„schwarzen Koboltmulm"* und *„verhärteten"* schwarzen Erdkobalt im engeren Sinne. In der den Herausgebern vorliegenden Abschrift steht *„Koboltmelen"*. Aus heutiger Sicht lässt sich nicht eindeutig feststellen, was in Humboldts Original anstelle von *„Koboltmelen"* tatsächlich gestanden hat: Richtig könnte es einerseits heißen „Kobaltmelan" bzw. „Kobaltmelanit", ein Kalzium-Eisen-Silikat mit Anteilen an Kobalt (Rösler 1987, S. 460). Andererseits berichtete aber Kapff über *„Koboltmulm"* als eine Varietät des schwarzen Erdkobalts (Kapff 1792, S. 47), so dass auf einen Abschreibfehler zu schließen ist. Unterstützt wird diese Annahme auch dadurch, dass Humboldt in später zitierten, noch im Original vorliegenden Briefen, auch über *„Koboltmulm"* berichtete.

Der Erdkobalt ist ein Verwitterungsprodukt primärer Kobalterze (Emons 1999, S. 116). Er entsteht durch Reaktionen mit Sauerstoff aus der Luft sowie Wasser und enthält als Kationen Mn^{4+}, Co^{2+} und Ni^{2+}. Das Kristallwasser entweicht beim Erhitzen. Die Nickelkationen beeinflussen die Farbe des entstehenden Glases weniger als die des Mangans und Kobalts. In der Glasschmelze entsteht aus Mn^{4+} das Mn^{7+}. Dieses verleiht dem Glas aber nicht eine blaue, sondern eine violette Farbe. Wie man bei Dr. Wagner mit diesem Rohstoff dennoch ein blaues Glas herstellte, erläuterte Alexander von Humboldt weiter unten in seinem Bericht.

Abb. 4: Rosa Kobaltblüthe bzw. Erythrin ($Co_3[AsO_4]_2 \cdot 8\ H_2O$); Fundort: Schneeberg/Erzgebirge (Foto: Dagmar Hülsenberg)

Kobaltglanz enthält nicht Sauerstoff-, sondern Schwefel- und Arsen-Anionen. Die chemische Formel lautet CoAsS. Die Zusammensetzung dieses Minerals wurde erstmals 1797 durch den Chemiker Martin Heinrich Klaproth genau analysiert, also fünf Jahre nachdem Alexander von Humboldt die

Smalte-Herstellung in Saalfeld beobachtete. Wird dieses Mineral in Luft erhitzt, spalten sich, wie schon erläutert, Arsen und Schwefel als Arsenoxid und Schwefeloxid nahezu vollständig ab. Gleichzeitig entsteht Kobaltoxid, das in das Glasnetzwerk eingebaut wird. Die Herstellung eines Metalloxids durch Rösten von Mineralen wurde Ende des 18. Jahrhunderts als „Verkalchen“, das entstehende Produkt als „Kalch“ bezeichnet.

Bei der *Kobaltblüte* handelt es sich um ein rosafarbenes, eine erhebliche Menge Kristallwasser enthaltendes Kobaltarsenat der Zusammensetzung $Co_3[AsO_4]_2 \cdot 8\ H_2O$ (Rösler 1987, S. 653), Abb. 4. In diesem Mineral liegen Kobalt und Arsen als Kationen vor.

4.4.2. Rösten der Sulfide und Arsenide

Würde man auf das Rösten als separaten technischen Prozess verzichten, entstünden während der Schmelze der Smalte die hochgiftigen Schwefel- und Arsenoxiddämpfe. Sie mussten unbedingt von den Glasöfen ferngehalten werden. Deshalb und auch um das Einschmelzen zu erleichtern, wurde Kobaltglanz geröstet. Darauf verwies bereits das *Universallexikon* (Zedler 1731–1754, Bd. 4, Sp. 113). Man röstete ihn so lange, bis kein *„Gestanck“* mehr entstand. Neben dem Kobalt enthält Kobaltglanz aber auch erhebliche Mengen an Eisen, das als Fe^{3+} zu einer, hier nicht gewünschten, grüngelben Farbe des Glases führt, und – in geringerer Menge – Nickel.

Bereits an dieser Stelle leitet sich ab, dass blaue Smalte aus den genannten, in Oxide überführten Mineralen nur dann hergestellt werden kann, wenn sich – bei richtigem Mischungsverhältnis – die optischen Absorptionen des Mn^{7+} aus dem Erdkobalt und des Fe^{3+}, das der Kobaltglanz mit sich führt, optisch kompensieren. Da man diese Zusammenhänge aber nicht kannte, grenzt die Herstellung von blauer Smalte an ein Wunder bzw. erforderte bezüglich der „richtigen“ Mischung von Erdkobalt und geröstetem Kobaltglanz einen hohen Erfahrungsschatz. Alexander von Humboldt fuhr fort:

> *Der schwarze Erd-Kobolt, welcher dem hiesigen* Revier *ganz vorzüglich eigen ist, wird nicht* g[e]*röstet /* calcinirt */ weil er dadurch sein färbendes Wesen verliehrt. Ob er gleich* [nicht] *sehr reich ist, so zieht man ihn doch dem Glanz* Kobolt *hier vor, weil dieser ein*[e]*r Röstung unterworfen werden kann und muß* […]. (Dok. 1, Bl. 276v)

Er stellte also richtig fest, dass Erdkobalt nicht geröstet wurde. Das machte sich, wie eben gezeigt, aufgrund seiner von Haus aus oxidischen Zusammensetzung tatsächlich nicht erforderlich. Da die Bedingungen beim Rösten damals nicht kontrollierbar waren, konnte sich auch während einer solchen Behandlung das Verhältnis von Co^{2+} zu Co^{3+} in ungünstiger Weise ändern (*„.. sein* [blau] *färbendes Wesen verliehrt.“*). Durch mehrfaches Rösten bei unterschiedlichen Bedingungen lässt sich bei allen Röstprodukten (*„Kalchen“*) das Gleichgewicht zwischen den verschiedenen Wertigkeitsstufen der Kobaltkationen gezielt einstellen. Das erlebte man in der täglichen Erfahrung, ohne die Vorgänge interpretieren zu können. Humboldts Fazit lautete:

> […] *daß iede Art des Kobolterzes beÿ gehörigen Behandlungen, eine gleich gute Farbe giebt.* (Dok. 1, Bl. 276v)

Das Wichtigste wäre die Dauer des Kalzinierens.

Humboldt erkannte sehr gut, dass die blaue Farbe der durch Schmelzen erzeugten Smalte ganz stark von der Zusammensetzung der Erze und dem Rösten (*„Verkalchen“*) der nach der Aufbereitung der Erze vorliegenden Minerale (Kobaltkönig) abhängt. Er konnte aber die Zusammenhänge nur aus der Beobachtung, nicht auf der Basis genauer chemischer Kenntnisse erfassen. Letztere lagen – wie schon gesagt – noch nicht vor. Er überlegte:

> *Die Veränderungen der Farbe des Koboltkalches scheinen aber nicht wie beÿm Bleÿ, Eisen p p von der Beÿmischung einer größeren, oder geringern Menge Sauerstoft* / oxygene / *im Koboltkönig, sondern vielmehr von deren Vermischung mit andern Metallen abzuhängen, denn, wenn man einen Koboltkönig durch anhaltendes Glühen und Rösten verkalgt, so geht er nicht nach Maasgabe der Zunahme an* oxygene *der* nuancen *der Farbe durch, welche dann mit andern Metallen verunreinigten Kobolterze, in ihren Kalchen und Gläßern zeigen.* (Dok. 1, Bl. 277r–277v)

Wir können demnach davon ausgehen, dass Alexander von Humboldt wusste: Verschiedene Konzentrationen an Sauerstoff beeinflussen beim Rösten die Reaktionen von eisen- und bleihaltigen Mineralen. Beim Kobaltkönig sei das aber anders. Wichtiger als der Anteil von Sauerstoff beim Rösten sei der Gehalt an anderen Metallen – neben dem Kobalt – im König. Wenn Sauerstoff (*oxygene*) die entscheidende Substanz wäre, müssten andere Farbnuancen der Glasschmelze entstehen. Humboldt folgerte richtig, dass mit unerwünschten Metallen verunreinigter Glanzkobalt zum Rösten eingesetzt wurde.

In seinen weiteren Überlegungen teilte er die für das Rösten eingesetzten Ausgangsstoffe (König) folgendermaßen ein:

> *Kobolterze Arsenikhaltige, sind als ein dreÿfaches Gemisch von KoboltKönig, Arsenikkönig und* Oxygene *zu betrachten.* (Dok. 1, Bl. 277v)

Unter Kobaltkönig verstand er wahrscheinlich Kobaltsulfid, unter Arsenikkönig Kobaltarsenid, und Oxygene ist der Sauerstoff der Luft. Nur so erklärt sich die folgende Aussage:

> *Die Abweichung der Farbe der arsenikhaltigen Koboltkalchen, von der der reinen, hängt also von den Umständen ab, daß* oxydirt*en Arsenik König eine andrer Farbe als* oxdirt*en Koboldtkönig hat.* (Dok. 1, Bl. 277v)

Diese richtige Beobachtung folgt daraus, dass weder aller Schwefel noch alles Arsen bei der Oxidation aus dem König entweicht, sondern, wie schon weiter vorne gesagt, ein – relativ geringer – Teil als Schwefeloxid oder Arsenoxid im oxidischen Reaktionsprodukt („*Kalch*") zurückbleibt. Humboldts Folgerung traf somit in etwa die Zusammenhänge:

> *Demnach ist vieleicht das* Oxygene *die mittelbare, indem von ihm die Farbe des Arsenikkalches mit abhängt, nicht die unmittelbare Ursache der unreinen Farbe* [des Safflors]. (Dok. 1, Bl. 277v)

Er fasste dann mit der nötigen Vorsicht richtig zusammen:

> *Wichtig ist diese Sage, weil wenn beÿde Ursachen / Grad der Verkalchung und Vermischung /: mit andern Metallen zugleich wirken man beÿm Prozeß nicht blos beÿ der Reinigung, sondern zugleich auf einen bestimmten Grad von* Oxygenation*en zu sehen hätte.* (Dok. 1, Bl. 277v–278r)

Humboldt beobachtete weiterhin, dass man aus der Farbe der beim Rösten entstehenden Oxide (er schrieb „*Kalche*") erkennen kann, ob sie sich für die Herstellung von Smalte eignen. Je weiter sich die Farbe von der reinen Kobaltoxids entferne, umso ungeeigneter seien sie. Ausgehend von der Überlegung, dass Eisen- und Arsenverbindungen nach unterschiedlich intensiver Oxidation verschiedene Farben im Glas verursachen können, folgerte er, dass das auch für mit diesen Substanzen in derselben Menge verunreinigte, aber verschieden stark oxidierte Kobalt„*kalche*" zuträfe. So kam er zu dem Schluss:

> […] *daß man auf verschiedenen Werken die Beÿmischung eines Metalls so ungleich fürchtet, weil es sich* vielleicht *in den Erzen verschiedentlich verkalgt, und also mehr oder weniger die Farbe verunreinigend / so wie auch leichter oder schwerer zu verflüchtigen / findet.* (Dok. 1, Bl. 278r–278v)

Alexander von Humboldt überlegte, wie man die Kobalt-Minerale besser, d. h. mit weniger Verunreinigungen durch andere Minerale, gewinnen könnte. Er nannte als wesentliche Beimischungen Arsenik, Eisen und Wismut (Dok. 1, Bl. 278v). Diese Aussagen darf man aus chemischer Sicht nicht überbewerten. Arsenik ist das Oxid des dreifach positiven Arsenkations (As^{3+}); in den im Blaufarbenwerk verwendeten Mineralen lag aber in erster Linie das zweifach negative Arsen (As^{2-}) vor, das als Anion wirkt. Auch Eisen und Wismut existierten in den in Saalfeld eingesetzten Mineralgemischen nicht metallisch, sondern als Oxide, Sulfide oder Arsenide. Wahrscheinlich lagen der Aufzählung Humboldts Eisen- und Wismutarsenide zugrunde.

> *Die Trennung von Eisen ist die schwierigste, denn der Wismuth kann abgeseigert, der Arsenik verflüchtigt werden.* (Dok. 1, Bl. 278v)

Dass beim Rösten flüchtiges Arsenik (As_2O_3) entsteht, wurde bereits mehrfach erwähnt. Wismut lässt sich tatsächlich abseigern – ein metallurgischer Vorgang, den Humboldt an der Bergakademie in Freiberg kennen gelernt hatte. Darauf verwies auch Kapff etwa zeitgleich zu Humboldts Bericht und beschrieb, dass es sich um eine zusätzliche Schmelze der Erze handelte:

> *Wenn man eine gewisse Quantität Speise in Vorrath hat, so schmelzt man solche in einem großen Glashafen zusammen; die hieraus kommende Könige werden hernach geseigert, um den Wismuth davon zu scheiden.* (Kapff 1792, S. 79)

Dass Humboldt das 1792 erschienene Buch von Kapff bereits im Juli desselben Jahres kannte, ist eher unwahrscheinlich. Beide, Kapff und Alexander von Humboldt, beobachteten demnach in unterschiedlichen Blaufarbenwerken die gleichen Vorgänge. Nach dem Abseigern von Wismut blieb also lediglich Eisen als Eisenoxid und damit als Verunreinigung im „*Kalch*“ zurück.

4.4.3. *Nutzung magnetischer Eigenschaften zur Bewertung der Erze*

Dem folgenden Gedankengang Humboldts ist vorauszuschicken, dass nicht nur metallisches Eisen, sondern auch spezielle Eisenoxide, z. B. Magnetit ($FeO \cdot Fe_2O_3$ bzw. Fe_3O_4), magnetisch sind. Magnetit konnte von Haus aus in den in Saalfeld verwendeten Erzen vorhanden sein. Nach entsprechender Zerkleinerung war es demnach möglich, diese Eisenoxid-Anteile mit einem Magneten zu separieren und damit den Kobaltkönig zu reinigen. Humboldt stellte jedoch fest:

> *Durch die Vererzung mit Arsenik ist das Eisen in vielen eisenhaltigen Kobolt Erzen seines Magnetismus beraubt.* (Dok. 1, Bl. 278v)

Dies bedeutet: Wenn das Eisen an Arsen gebunden vorliegt, geht sein Magnetismus und damit eine Möglichkeit zur Reinigung des Kobaltkönigs verloren. Aus der Abwesenheit von Magnetismus dürfe also nicht auf das Fehlen von Eisenverbindungen im Kobaltkönig geschlossen werden. Sie lassen sich nur nicht durch einen Magneten entfernen. Humboldt verwies aber auch darauf, dass der Kobaltkönig magnetisch sein könnte, ohne Eisenverbindungen zu enthalten:

> *Reiner Koboltkönig wird oft für eisenhaltig gehalten, weil er den Magnet anzieht, was in seiner und des Mittels Natur gegründet ist.* (Dok. 1, Bl. 278v)

Zieht man das Periodische System der Elemente zu Rate, findet man Co (Kobalt) neben Fe (Eisen) stehen. Kobalt und einzelne seiner Verbindungen weisen im Vergleich zu Eisen einen eher schwachen, aber durchaus nachweisbaren Magnetismus auf, worauf Humboldt wahrscheinlich anspielte.

Es war im Jahr 1792 bekannt, dass sich nicht alles Arsen durch Rösten aus dem „*Kalch*“ entfernen lässt und damit im zu schmelzenden Glas verbleibt. Humboldt führte das nicht auf die (damals nicht bekannten) thermisch beeinflussten Gleichgewichts- und Löslichkeitsprozesse zurück, sondern meinte, dass sich ein Teil des verdampften Arseniks mit Sauerstoff bzw. *„respirabler Luft"* (und zusätzlich mit in der Luft vorhandenem Wasserdampf) zu *„Arsenik-Säure"* und diese wiederum mit den Kobaltkationen verbindet (Dok. 1, Bl. 279r).

4.4.4. Farbprobleme durch die gleichzeitige Anwesenheit von Kobalt-, Mangan-, Eisen-, Kupfer-, Nickel- und Arsenverbindungen in den Rohstoffen

Mit einem Gedankensprung fuhr Humboldt fort:

> *Arsenik und Kupfernikkel färben die Schmalte bräunlich roth mit blau gemischt, der leztere auch wohl sich ins ge*[l]*blich ziehend.* (Dok. 1, Bl. 279r)

Unter Kupfernickel versteht man ein Kupfer, Nickel und Eisen enthaltendes Sulfid (Holleman 1960, S. 541), das, man kann es aus der Erwähnung entnehmen, ebenfalls in den im Wagner'schen Blaufarbenwerk verwendeten Rohstoffen vorhanden sein musste. Zu den bisher als Beimischung im Kobaltoxid genannten Kationen des Eisens, Mangans, Nickels, Wismuts und Arsens kamen noch die des Kupfers, die das Glas ebenfalls färben, hinzu. Humboldt schrieb deshalb weiter:

> *Völlige Trennung von Eisen und Kupfernikkel sind in großen unmöglich, wohl aber in kleinen* [möglich], *da man Eisen mit Salmiak* subblimirt. (Dok. 1, Bl. 279r)

Der Hintergrund für diese fachlich nicht ganz exakte Darstellung besteht darin, dass Eisenoxide aus dem *„Kalch"* mit Salmiak (NH_4Cl) chemisch reagieren, wobei Eisenchloride entstehen. Der konkrete Ablauf der Reaktion hängt u. a. davon ab, ob das Salz Salmiak in Wasser gelöst oder in fester Form gemeinsam mit den zerkleinerten Rohstoffen angewendet wird. In Abhängigkeit davon und von der Temperatur kann das Eisenchlorid $FeCl_3$ aus dem *„Kalch"* ausdampfen oder oberhalb 120 °C aus der festen Schüttung der Ausgangsstoffe sublimieren (Holleman 1960, S. 536). Darunter versteht man den direkten Übergang einer festen Substanz (hier Salmiak) in die Gasphase. Durch Eisenchlorid und stechend riechende Salmiakgase in der Atmosphäre war es unmöglich, diesen Vorgang in der realen Farbglasherstellung anzuwenden.

Der sich anschließende Passus enthält schwer interpretierbare Aussagen. Eine Deutung ist nur mit Hilfe von Annahmen möglich. Humboldt schrieb:

> *Die* Calcination *kann nun verlängert werden, um beÿde Metalle zu verglaßen. Als vollkommenes Glaß sind sie beÿde, vorzüglich das Eisen, weniger schädlich als man gewöhniglich glaubt, denn eine kleine* Quantitæt *KoboltKönig kann eine große Quantität Eisenglaß blau färben* […]. (Dok. 1, Bl. 279r)

Die Darstellung Humboldts setzt voraus, dass das Eisen, bzw. richtiger die Eisenkationen, *nicht* entfernt wurden. Um mit einem wahrscheinlich hohen Anteil an Eisenkationen trotzdem ein blaues Glas zu erzeugen, musste nach Humboldts Darstellung die Dauer des Röstens bzw. der *„Calcination"* verlängert werden, wobei nicht klar ist, warum er jetzt von zwei und nicht von drei *„Metallen"* (Kupfer, Nickel, Eisen) sprach. Dass es sich um mindestens drei (bei Anwesenheit von Kobalt um vier) Metalloxide handelte, kann man daraus ableiten, dass Alexander von Humboldt über *„verglaßen"* berichtete. Ein Verglasen beim Rösten kann nur dann erfolgen, wenn schon bei der Rösttemperatur nach entsprechend langer Verweildauer eine Schmelze vorlag, die dann schnell zu einem Glas abgekühlt werden konnte. So eine Schmelze entsteht bei den in den Röstöfen erreichbaren Temperaturen zwischen 600 und 900 °C nur dann, wenn möglichst viele Metalloxide eutektisch miteinander reagieren. Dadurch wird die Schmelztemperatur unter die des bei der niedrigsten Temperatur schmelzenden Oxids abgesenkt. Ein quaternäres Eutektikum der genannten Oxide des Kobalts, Kupfers, Nickels und Eisens könnte bei der im Röstofen erreichten Temperatur schmelzen.

Wenn schon beim Rösten der färbenden Minerale neben der Oxidbildung eine Schmelze entsteht, mischen sich die Bestandteile deutlich besser als bei einer alleinigen Oxidation. Es wird eine bessere Verteilung der Kationen erreicht als in dem Fall, wo ein krümliges, schlackeartiges Material den Röstofen verlässt und anschließend zerkleinert wird. Daraus folgt, dass anschließend im Glasschmelzofen nach dem Zumischen zu Quarz und Pottasche ein deutlich homogeneres Glas entsteht, wenn die färbenden Komponenten schon vorher miteinander verschmolzen sind. Das hatte man wahrscheinlich in Saalfeld beobachtet.

Dass eine größere Menge an Eisenoxid nicht schadet, gilt nur für den Fall, dass beim Rösten Erdkobalt zugemischt wurde, was Alexander von Humboldt aber anscheinend nicht wusste. Zumindest berichtete er an dieser Stelle nicht darüber. Wie schon gesagt, enthält Erdkobalt einen erheblichen Teil an Mangankationen, die die färbende Wirkung der Eisenkationen auslöschen. Eine „*kleine Quantität Kobolt König*" reicht dann tatsächlich für eine Blaufärbung des später zu schmelzenden Glases aus.

Im Umkehrschluss hätten dann aber seine Gesprächspartner Recht, dass für den Fall der alleinigen Anwendung von Erdkobalt, der zwar Mangan- aber keine Eisenkationen enthält, solche der Schmelze beigemischt werden müssen, damit das Glas nicht durch die alleinige Wirkung von Co^{2+} und Mn^{7+} rötlich-blau gefärbt wird. Im schlimmsten Fall könnte es lila werden. Wenn man diese Situation zugrunde legt, stimmte Humboldts folgende Aussage nicht:

> [...] *daß aber Eisen dem Kobolt beÿgemischt werden müßte, daß Kobolt ohne Eisen keine Schmalt gebe, wie man hier aus Versuchen gefunden haben will, ist Täuschung und beruht auf den Glauben an* Identitæt *des Eisens, Kobolts.* (Dok. 1, Bl. 279r–279v)

Nachdem sich Humboldt gerade negativ über eine Zugabe von Eisenverbindungen enthaltenden Mineralen in die Rohstoffmischung für die Glasschmelze geäußert hatte, folgte nun im nächsten Abschnitt die genau gegenteilige Aussage:

> *Eisen giebt für sich in einem bestimmten Grade der* oxygenation *eine Schmalte blauer Farbe. Die Untersuchung aller Glaßflüße zu*[sammen] *genommen hat dies gelehrt. Daher kann Eisen bisweilen der Schmalte zuträglich seÿn und sie mehren.* (Dok. 1, Bl. 279v)

Er berichtete weiter, dass sich auch Wismut enthaltende Rohstoffe günstig auf die Farbe der Smalte auswirkten.

Wenn man die bisherigen Aussagen – auch mit den getroffenen Annahmen für die Situation vor Ort – zusammenfasst, kann man der folgenden Aussage Alexander von Humboldts nur zustimmen:

> *Schmalt ist am leichtesten da zu bereiten, wo man mehr verschiedentlich mit Wismuth, Kupfernikkel und Arsenik gemischte Erze hat, denn dieses Gemisch erleichtert das* Calciniren *und macht Mannigfaltigkeit der* Procedur *möglich.* (Dok. 1, Bl. 279v)

4.4.5. Beschreibung des Kalzinierofens

Alexander von Humboldt beschrieb dann noch den Röst- bzw. Kalzinierofen. Die Schmelzanlage für die Smalte scheint er nicht gesehen zu haben, denn dazu fehlt jede Information. Er stellte fest, dass der für das Kalzinieren eingesetzte Ofen einem Glasschmelzofen ähnlich sei. Bei dem Ofen handelte es sich um eine etwa halbkugelige Anlage von knapp 2 m Durchmesser. Das Gewölbe stützte man durch eine zentrale Säule. Das Feuer wurde auf einem außerhalb des Ofens vorhandenen Rost gezündet. Die Flammen gelangten durch einen Kanal in den Kalzinierofen, wo sie über die aufbereiteten, geschütteten Erze hinwegstrichen und ihre Wärme an sie abgaben. Es scheint eine Art Nutzung der Abgaswärme gegeben zu haben, denn Alexander von Humboldt schrieb:

Das Feuer brennt auf einem Rost daneben, streicht über das Erz hin in den Fuchß, von wo es durch einen gekrümmten und mit Kammern versehenen gemauerten Canal bis über die Feuerstätt zurük, und von da in die Eße geführt wird. Weitere Auskunft über den Ofenbau wurde gänzlich versagt. (Dok. 1, Bl. 280r)

Die Wärme der Abgase wurde – so kann man es vielleicht Humboldts Darstellung entnehmen – zur Unterstützung der Verbrennung in der Feuerung genutzt. Abb. 5 zeigt, wie der Ofen ausgesehen haben könnte.

Interessanterweise wurde Arsenik, das als Verdampfungsprodukt im Abgas enthalten ist und an den kalten Stellen der Abgaskanäle kondensiert (nicht „*subblimirt*"), gesammelt. Wahrscheinlich wurde das Pulver in die sich anschließende Glasschmelze zur Eliminierung der Blasen gegeben. Auch heute noch verwendet man gelegentlich Arsenik zum Läutern von Glas, d. h. zur Entfernung von Gasblasen aus der Schmelze. In welchem Grad es sich auch auf die Farbe der Smalte auswirkte, lässt sich bei dem Gemisch vieler färbender Kationen schwer abschätzen. Humboldt führte dann weiter aus:

Das Calciniren *dauert gewöhnlich hier 12. Stunden.* (Dok. 1, Bl. 280r)

Der Wert stimmt mit Aussagen bei Emons für das Kalzinieren überein (Emons 1999, S. 119). Kapff berichtete, dass im Blaufarbenwerk Querbach in Niederschlesien 18 bis 24 Stunden geröstet wurde (Kapff 1792, S. 58). Er beschrieb auch sehr detailliert, wie man dort das blaue Glas schmolz und zum Farbpulver weiterverarbeitete (Kapff 1792, S. 55–81). Ähnlich könnte der Vorgang in Saalfeld abgelaufen sein.

4.4.6. Abschließende Bemerkungen Humboldts zum Wagner'schen Blaufarbenwerk

Ohne Übergang, d. h. ohne Aussage zur Mischung der gerösteten Minerale mit Quarz und Pottasche, ohne Beschreibung der Schmelze und ohne Erwähnung der Vermahlung des abgeschreckten, blauen Glases zu Pulver (Smalte), machte dann Humboldt Angaben zur hergestellten Menge an Smalte, wobei das Ausbringen an schlechter (farblich nicht eindeutiger) Smalte, dem sogenannten Safflor, überwog. Beide Erzeugnisse wurden aber verkauft. Wahrscheinlich fehlte Humboldt für eine intensive Beschäftigung mit dem Gesamtprozess die Zeit – oder man verweigerte ihm den Zutritt.

Humboldt kam dann in seinem Bericht noch einmal auf die Kobalterze zurück. Der Dr. Wagner habe kein „*Privilegium ex clusive*" für die Kobalterze des Roten Berges, sondern nur ein „*Vorkaufsrecht*". Die Auswahl der abzubauenden Erze erfolgte auf der Basis von Proben:

Man nimmt die Probe nach der Reichhaltigkeit und Schönheit, das ist nach der größern Reinigkeit zum Mahlen der Schmalte. (Dok. 1, Bl. 280v)

Die Proben durchliefen also den gesamten technischen Prozess bis hin zum Mahlen. Erst dann wurde über den Abbau der Erze entschieden.

4.5. Kobalterze vom Roten Berg bei Kaulsdorf

4.5.1. Gebietsansprüche des preußischen Königs

Nach Kühnert (Humboldt 1959, S. 30) lässt sich ableiten, dass er am gleichen Tag wie die Wagner'sche Blaufarbenfabrik, also am 7. Juli 1792, auch die Zeche „Pelikan" auf dem Roten Berg im Dreieck zwischen Saalfeld, Kamsdorf (beide im Jahr 1792 zum Herzogtum Sachsen-Coburg-

Abb. 5: Einfacher Ofen, wie er zur Kalzinierung von Kobaltglanz einsetzt worden sein könnte, aus: Kunckel 1977, nach S. 328

Saalfeld gehörig; siehe Lange 2008, S. 229) und Kaulsdorf (damals noch nicht sicher zum Fürstentum Bayreuth gehörig) befuhr, wo kobalthaltige Erze abgebaut wurden. Die Lage der drei Orte zueinander geht aus Abb. 6 hervor. Während die Zeche „Pelikan" auf der Informationstafel am Ortseingang von Kamsdorf im Jahr 2015 nicht mehr verzeichnet ist, findet man die weiter unten ausführlich behandelte „Königszeche" südlich des Weges von Saalfeld nach Kamsdorf.

In einem Brief vom 11. Juli 1792 aus Gräfental in der Nähe von Saalfeld schrieb Humboldt an seinen Freund Carl Freiesleben:

> [...] *in Einem Tage bin* [ich] *von Saalfeld zu Fuß hin- und hergelaufen und habe in der schreklichen Hize vom Morgen 4 Uhr bis Abends 6 Uhr befahren den Pelikan, Frisch-Glük, Unverhofte Freude, den Eisernen Johannes* [...].

Im selben Brief erwähnte er: „[...] *Koboldmulm fast immer als Besteg*". Unter „*Besteg*" versteht man eine wenig definierte lettige Masse auf Gesteinsklüften und Salbändern von Erzgängen (Humboldt 1973, S. 205, Anm. 6). Weiter unten in demselben Brief kam Humboldt nochmals im Zusammenhang mit Aufzählungen auf Kobaltminerale zurück:

> *8) In Saalfeld 2 Formazionen (die unbekannte von Haussachsen ungerechnet) eine: Quarz mit Erdpech und Silberhaltigem Bleiglanz auf schmalen Trümmern, eine aber: Koboldtmulm, Verhärteter schwarzer Erdkobolt, Fahlerz, Kupfernikkel, Kupferkies,* [...]. (Humboldt 1973, S. 204)

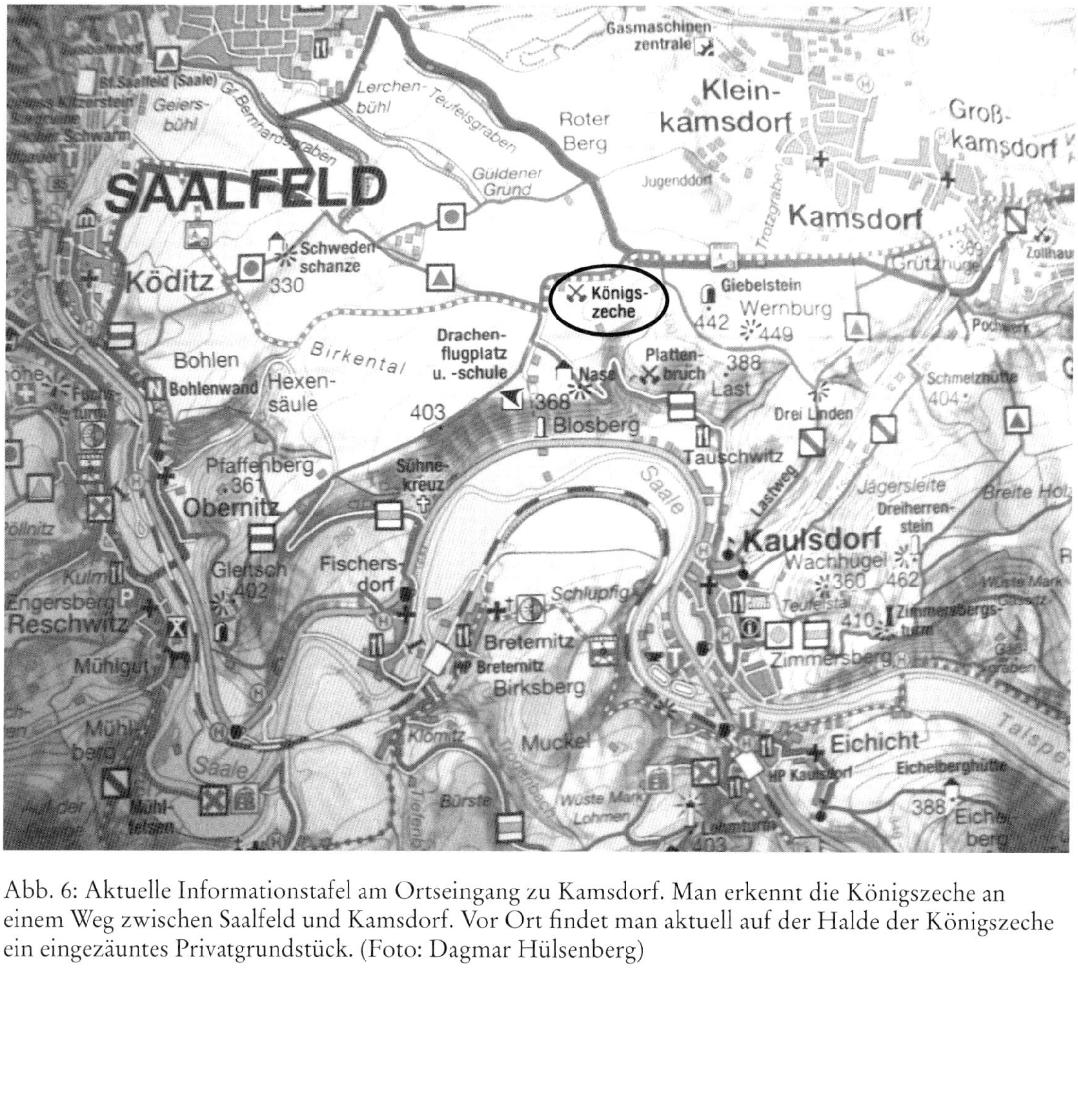

Abb. 6: Aktuelle Informationstafel am Ortseingang zu Kamsdorf. Man erkennt die Königszeche an einem Weg zwischen Saalfeld und Kamsdorf. Vor Ort findet man aktuell auf der Halde der Königszeche ein eingezäuntes Privatgrundstück. (Foto: Dagmar Hülsenberg)

In der Zeche „Pelikan“ standen also verschiedenste Erze an. Sie waren sowohl für die Herstellung von Smalte als auch für die Verhüttung zu Eisen, Kupfer und Blei von – wir würden heute sagen – strategischer Bedeutung.

Die Zeche „Pelikan“ verlief von Saalfelder, also sächsischer Seite aus in den Roten Berg hinein. Es lag nahe, dass sich auch auf Kaulsdorfer (bald preußisch werdender) Seite kobalthaltige Erzgänge befanden. Dort existierte die „Kurfürsten-Zeche“, die später „Getreue Freundschaft-Fundgrube“ und dann „Königs-Zeche“ hieß. Sie war jedoch, als Humboldt in Franken eintraf, verfallen. Der König von Preußen war daran interessiert, sowohl die Territorialrechte endgültig zu klären als auch die Bergregale (dem Landesherren zustehendes Recht, die in seinem Land anstehenden Minerale abzubauen) in seinen Besitz zu bekommen und die Zeche neu zu gewältigen. Weiterhin benötigte man in Bayreuth die Grubenzeichnungen, auch Risse genannt. In den Klärungsprozessen spielten Dr. Theodor Konrad Kretschmann aus Kaulsdorf und der Bergmeister Johann Gottlob Gläser aus Kamsdorf eine wichtige Rolle. Kretschmann besaß als Erbe väterlicherseits das Rittergut Kaulsdorf mit dem noch heute in einem ansehenswerten Zustand befindlichen Schloss, Abb. 7.

Als Alexander von Humboldt am 12. Juli 1792 fränkischen Boden betrat, schrieb er zu diesem Problem noch am selben Abend seine Überlegungen nieder:

Abb. 7: Schloss in Kaulsdorf im Jahr 2015 (Foto: Dagmar Hülsenberg)

IV. Eine sehr wichtige Aussicht für hiesigen Bergbau gewährt der bald zu hoffende Besitz der Dorfschaften

Kaulsdorf, dem Herrn Kretschmann gehörig
Weizendorf
Weischwitz
Lositz und
½ Arnskreiden

welche als Mansfeldische Lehen an Bayreuth gefallen sind, und über die man nun schon seit 1780 im Streit mit Saalfeld ist, obgleich durch ein Reichs-Hofrats-Conclusum bereits alles zum Vorteil des Königs ausgemacht ist.
Zwar ist gegen das Dekret nochmals ein Vertrag mit Saalfeld gemacht, wodurch zwar die Lehen an Bayreuth fallen, das Bergregal aber nicht exerziert werden solle.
Doch ist die Sache sehr dunkel und scheint jetzt eine sehr günstige Wendung zu nehmen, da der Dr. Kretschmann, Besitzer von Kaulsdorf, sich selbst für einen preußischen Versallen erklären wird. (Humboldt 1792b, zit. nach Humboldt 1959, S. 97)

Es folgt eine spätere Ergänzung Alexander von Humboldts:

(„Dies ist jetzt bereits geschehen, auch schon auf Kobalt, Silber und Kupfer beim Nailaer Bergamte für Kaulsdorf gemutet worden. Sept. 1792")
Zu diesen Dorfschaften gehört ein Teil des Roten Berges, und, wenn auch jetzt der Bergbau dort geflissentlich gestört ist, so sind nach der Versicherung des Bergmeisters Gläser doch die schönsten Anbrüche von Eisenstein und Kobalt dort zu erwarten.
Des Kurfürsten zu Sachsen Durchlaucht haben von dem Besitz ganz abstrahiert, ja selbst alle Archivnachrichten aus Eisleben zu extradieren geruht. Wie wichtig kann dieser Bergbau nicht für hiesige Hammerwerke, und besonders für die Penzelsche Fabrik in Schauberg werden, die bei dem Steiermärkischen und Sayn-Altenkirchischen Kobalt nicht bestehen kann, jetzt kalt liegt und doch einen königl. Vorschuß von 6000 rl. hat, der ohne jene Aussicht unwiederbringlich verloren ist.

Bei der Penzel'schen (in späteren Texten nach Übernahme durch seinen Sohn als Pensel geschrieben) Fabrik in Schauberg handelte es sich ebenfalls um eine Blaufarben- bzw. Smalteproduktion. Während das Wagner'sche Werk auf sächsischem Territorium lag, befand sich die Penzel'sche Fabrik auf preußischem, speziell zum Amt Lauenstein gehörig. Penzel hatte bislang keinen Zugriff zu den Kobalterzen des Roten Berges (siehe Wagners Vorkaufsrecht). Aufgrund des hohen Preises der aus dem „Ausland" zu beziehenden Kobalterze musste die Penzel'sche Fabrik ihre Produktion einstellen. Da der König Kredite ausgereicht hatte, bedeutete das auch für ihn einen finanziellen Verlust.

Durch die Erklärung Kretschmanns zum preußischen Vasallen scheint sich die rein territoriale Seite des Streits relativ schnell gelöst zu haben. Das geht aus einem leider nur noch fragmentarisch vorhandenen Brief Alexander von Humboldts vom 7. September 1792 an Carl Freiesleben hervor:

Der Streit über Kaulsdorf [...] *geschlichtet, Saalfeld muß dem Könige ein* [...] *rothen Berges ½ Stunde von Kammsdorf abtreten, es ist schon auf Kobelt und Fahlerz dort gemuthet worden.* (Humboldt 1973, S. 214)

Unter „Muten" versteht man einen Antrag von Interessenten zum Schürfen.

Es schlossen sich aber etwa drei Jahre erbitterter Streit um die Bergregale und bürokratisches Hin und Her bezüglich der Grubenzeichnungen (Risse) vom Roten Berg an. In der Praxis hieß das: Wer durfte die Erze im Roten Berg von der nun preußischen Seite her abbauen; nach wie vor die Saalfelder Bergleute oder jetzt die aus dem Amt Lauenstein? Weiterhin war es für das effektive Auffahren von Schächten und Stollen erforderlich zu wissen, wo bereits Bergbau mit welchem Ergebnis „umgegangen" war.

4.5.2. Alexander von Humboldts Initiative zur Beschaffung des Grubenrisses

Zum Problem der Beschaffung des Risses der Kaulsdorfer Reviere (Roter Berg) fragte Alexander von Humboldt am 18. April 1793 – wieder von Berlin aus – Johann Gottlob Gläser, mit dem er möglicherweise auch am 7. Juli 1792 in Kamsdorf gesprochen hatte:

> *Die nahen Verhältniße, in denen ich ehemals mit Ew. Hochedelgeboren gestanden und das besondere Vertrauen, welches ich in Ihre Gefälligkeit seze, läßt mich hoffen, daß Sie mir eine Bitte nicht versagen werden, welche den Bergbau in den Herrschaften* We[isch]witz *und* Kaulsdorf *betrift.*
> *Der Geschworne Herr* Lindig *zu* Kammsdorf *hat einen Riß über die* Kaulsdorfer *Reviere gefertigt, deßen* acquisition *uns bei dem noch obwaltenden Streite sehr intereßirt.*
> *Der Chursächsische Hof hat den rechtmäßige Besiz des Königs in jenen Herrschaften bisher so sehr unterstüzt, daß kein Zweifel wegen der* Communication *jenes Rißes obwalten kann. Da aber von* Bayreuth *aus hier angefragt wird, ob der darauf gesezte Preis von 70 rth. zu zalen sei, so wünschte ich mich selbst von der Sache näher zu unterrichten. Ich ersuche Ew. Hochedelgeboren daher, mir den Riß des Geschwornen Lindig unter meiner Adresse an den Kriegs- und* Etats-Ministre *Fr. von Heinitz baldmöglichst hieher zur Ansicht zu schiken.* (Humboldt 1973, S. 245)

Dies erfolgte nicht. Stattdessen reiste Alexander von Humboldt nach Kamsdorf, um dort den Riss persönlich in Augenschein zu nehmen. Über das Resultat informierte er von Steben aus am 4. August 1793 das Ober-Berg-Departement in Bayreuth. Da das Schreiben einen guten Einblick in die damalige Bürokratie und Humboldts Denkweise gibt, wird der Text hier ungekürzt übernommen:

> *Den Riß des Kursächs. Berggeschworenen Lindig über die* Kaulsdorfer *Refier betreffend.*
> *Dem mir gegebenen Auftrage gemäß, Einem Höchstpreißl*[ichen] *Ober-Berg-Departement der Kön*[iglichen] *Kammer über den, von dem Kursächs*[ischen] *Bergeschworenen zu* Kammsdorf *angefertigten Riß von der* Kaulsdorfer *Refier ganz gehorsamst zu berichten, habe ich (bei meiner lezten Anwesenheit zu* Kammsdorf*) nicht verfehlt, denselben in Augenschein zu nehmen und das Nöthige deshalb mit dem Kurf*[ürstlichen] *Bergamte Neustädtischen* [Neustadt an der Orla] *Kreises zu verhandeln.*
> *Gleich nach der, im vorigen Jahre glüklich erfolgten Besiznahme des* Kaulsdorfer territorii *fiel die Aufmerksamkeit (wie natürlich) auf jenen Riß, dessen Besiz für den Bergbau und die Kameral-Geschäfte gleich wichtig ist. Es wurden deshalb auf allerhöchsten Befehl zwischen dem Bergamt Nayla und dem Kurs*[ächsischen] *Bergmeister* Gläser *Unterhandlungen gepflogen, und des Staats-Ministers v. Heinitz Excell. veranlaßt, unter dem 18ten* Apr. h.a. *über den Kaufwerth des Risses an das Neustädtische Bergamt zu schreiben. Dieses Schreiben, und was der* p. Gläser *darauf,* d.d. *8. Mertz* a.c.*, geantwortet, ermangle ich nicht, ganz gehorsamst beizulegen.*
> *Der B*[erg]*meister* Gläser *hat sich zulezt, am 2ten Aug. gegen mich mündlich dahin erklärt, daß er den vorhergedachten Riß, sauber* copirt, *aufs wenigste für 65 Th.: dem Berg-Amt* Nayla *überlassen wolle, wovon doch nur 50 Th.: in die Kurfürstl*[iche] *Schurfkasse, die ohnedies beträchtlichen Schaden dabei leide, fließen. Dieser Preis, so hoch er in Hinsicht auf die kleine Feldmark und Bergrefier scheint, ist meines Erachtens dennoch sehr mäßig. Die Schwarzburgischen* [zum Herzogtum Schwarzburg-Rudolstadt gehörend]

> *Aekker sind mit den Mansfeldischen* [zum Mansfelder Lehen gehörend] *dergestalt vermengt, daß die Berichtigung der Grenzen die Anwesenheit der* Tauschwitzer *und* Kaulsdorfer *Grundbesitzer, sowie der Justiz- und Berg-Beamten zu* Leutenberg *und* Könitz *nothwendig machte. Eine neue Berichtigung, welche ohne Ankauf des* Lindig*schen Risses nicht zu vermeiden wäre, würde aber gewiß eine Ausgabe von mehr als 100 Th. machen. Für die Richtigkeit der ganzen Arbeit bürgt außer dem Zeugniß jener Behörden, auch die entschiedene Geschiklichkeit des* p. Lindig *selbst, da dieser das* Concept *in Händen und den Zug gethan hat, so wäre die* mundirung *auch ihm aufzutragen.*
> *Ich würde daher, nach meinem geringen Ermessen ganz gehorsamst dahin antragen, da die* acquisition *des Risses für das* Camerale *fast noch wichtiger, als für unseren Bergbau ist, daß Eine Höchstpreißl*[iche] *Konigl*[iche] *Kammer dem Bergamt* Nayla *Befehl zum Ankauf des* Lindig*schen Risses von der* Kaulsdorfer *Refier gebe und den Preis von Fünf und Sechzig Th. zur einen Hälfte aus der Königl*[ichen] *Renthey*-Casse *und zur anderen aus der neu errichteten Bergbauhülfs*-Casse *bestreite.* (Humboldt 1973, S. 266–267)

Bergmeister Gläser hatte also eine Lösung vorgeschlagen, die das Bergamt Neustadt (zum Herzogtum Sachsen-Weimar-Eisenach gehörig) im Besitz des Risses ließ und gleichzeitig die Bitte des Bayreuther Ober-Berg-Departements erfüllte. Humboldt identifizierte sich mit diesem Kompromiss, erläuterte die Glaubhaftigkeit der Kopie und unterbreitete seinen Vorgesetzten einen Finanzierungsvorschlag. Dass der Riss nicht nur für den Bergbau, sondern die gesamte Verwaltung einschließlich immer noch schwelender Gebietsstreitigkeiten wichtig war, vergaß er nicht zu erwähnen.

Der Vorschlag, die Grubenzeichnung zu kopieren und die Kopie zu kaufen, wurde durch das Oberbergdepartement akzeptiert. So konnte Humboldt mit einem Brief vom 7. Dezember 1793 den Riss an das Ober-Berg-Departement in Bayreuth senden. Die Bezahlung war bereits erfolgt. Da man den Riss im Winter wahrscheinlich nicht in Bayreuth, sondern besser im Nailaer Bergamt gebrauchen könne, schlug er vor:

> [...] *daß dieser Riß bis zum Frühjahr dem Bergamt Naila überlassen und daher baldmöglichst dahin abgeschickt werde. Er kann dann bei Vorrichtung des Grubenbaus von großem Nuzen sein.*
> *Ich wünschte besonders, Zeit zu gewinnen, mir das Stük des jetzt aufgeschlossenen Feldes daraus abzuzeichnen und es, da wir die Gänge wieder entblößen, vollständiger darzustellen.* (Humboldt 1973, S. 295)

Hier zeigt sich, dass sich Alexander von Humboldt nach seinem Studium an der Bergakademie in Freiberg durchaus selbst in der Lage sah, exakte Grubenrisse zu erstellen, was sich auch in den Aufzeichnungen seiner späteren Reisen nach Amerika und Sibirien nachweisen lässt.

Das Engagement und die Findigkeit des jungen Bergbeamten bei diesem nicht ganz alltäglichen Vorgang (Wer rückt schon gerne ansonsten geheime Dokumente heraus?) hatten sich also ausgezahlt.

4.5.3. Das Bergregal, kriminelle Handlungen und Humboldts „diplomatische" Missionen zur Lösung des Konflikts

Die Auseinandersetzungen wurden einerseits zwischen den Behörden ausgetragen, andererseits kam es zu Besetzungen der Königs-Zeche, zu Diebstählen von Grubenholz und Ausrüstungen, sogar zu Handgreiflichkeiten zwischen Saalfelder und Kaulsdorfer Bergleuten. Das Auf und Ab der kriminellen Handlungen kann hier nur zusammenfassend beschrieben werden. Alles spielte sich vor dem Hintergrund ab, dass die Ortschaft Kaulsdorf mit ihrer nördlichen Umgebung, die sich wie ein Keil in sächsisches Territorium schob, durch den Übertritt von Theodor Konrad Kretschmann in den preußischen Staatsdienst (ab 1793) aus damaliger Sicht endgültig zum Königreich Preußen gehörte. Auf einige der im Bamberger Staatsarchiv dazu im Original unter der Signatur „Oberbergdepartement Nr. 62" erhaltene Briefe Alexander von Humboldts wird im Folgenden eingegangen, wobei die Edition der Humboldt'schen Jugendbriefe (Humboldt 1973) zugrunde gelegt wird.

Die Streitigkeiten um die Nutzung der Bergregale eskalierten im Juli 1793. Zunächst versuchte Humboldt die Schlichtung auf diplomatischem Wege. Er schrieb an den Berg-Verwalter in Saalfeld, Laurentius Theodor Sommer, am 30. Juli 1793 von Falkenstein aus:

> *Ich eile Ew. Hochedelgeb*[oren] *um ein Verfahren zu befragen, von dem soeben hier Anzeige geschieht, welches aber eines Herzogl*[ichen] *Berg-Amtes zu wenig würdig ist, als daß ich glauben dürfte, es sei mit deßen Billigung, geschweige mit dessen Unterstützung geschehen. Das persönliche Vertrauen, welches ich in Ihren Charakter seze, veranlaßt mich besonders, bevor wir zu anderen rechtlichen Mitteln greifen, diesen Schritt an Sie zu thun, weil es beßer ist, sich offen und frei gegen einander zu erklären, und weil uns beiden, als Vorstehern zweier nahegelegener Bergrefiere, gleichviel an einem freundnachbarlichen Verhältniß gelegen sein muß.*

Dieser auf Ausgleich bedachte Briefbeginn beinhaltete gleichzeitig die Androhung rechtlicher Mittel auf höherer Ebene. Im weiteren Text erfahren wir, worum es eigentlich ging.

> *Zwölf oder mehrere Saalfelder Bergleute mit Kiekämmen bewafnet, sind in der Nacht vom 28ten zum 29ten Jul*[ius] *in unserer Kaulsdorfer Refier eingefallen und haben auf 3 Wagen, das Haspelgevier, 6 Stämme Holz, 3 Mandeln Schwarten und 4 Spundbretter weggeführet. Eine solche Gewaltthätigkeit kann hiesiger Seits nur als nächtliche Entwendung angesehen werden und ich muß daher Ew. Hochedelgeb*[oren] *um schleunige restitution des weggeführten königlichen Grubenholzes und um Genugthuung für die dadurch verlezten territorial-Rechte seiner Königl*[ichen] *Majestaet antragen.*

Humboldt konnte nicht ausschließen, dass Sommer auf höhere Anordnung gehandelt hatte, weshalb er in seinem Brief schrieb:

> *Sollten Sie hingegen, (wie von der Gerechtigkeitsliebe und den allgemein verehrten Grundsätzen Ihres Hofes nicht zu erwarten stehet,) sollten Sie auf hohen Befehl auch fernerhin via facti verfahren müßen, so ersuche ich Ew. Hochedelgeb*[oren] *um eine offene und freimüthige Erklärung hierüber.* (Humboldt 1973, S. 260)

Am gleichen Tag informierte Humboldt in einem ausführlichen Brief auch das Ober-Berg-Departement in Bayreuth über die Vorgänge. Man kann entnehmen, dass die Streitigkeiten bereits am 15. August 1792 begonnen hatten, als der Kaulsdorfer Schichtmeister Sturtz im Bergamt Naila die „Getreue Freundschaft-Fundgrube" mutete, also um Schürfrechte für die später als „Königszeche" bezeichnete Anlage nachsuchte. Sie wurden ihm genehmigt. Jedoch hatte Sturtz im Januar 1793, also etwa 5 Monate später, noch nicht mit der Gewältigung, d. h. mit dem Niederbringen eines neuen Schachtes, begonnen. Ihm wurde eine Frist bis Ende April 1793 gewährt, um die Arbeiten zu beginnen. Im Brief an das Ober-Berg-Departement in Bayreuth vom 30. Juli informierte Humboldt weiter:

> *Als der Berg-*commissär Knieling, *kurz vor Pfingsten, die Kaulsdorfer Bergrefier besuchte, fand er zwar arbeitende Bergleute beim Schachte, erfuhr aber zugleich auch,* [...] *daß der p.* Sturtz *bei dem* Saalfelder *Bergamte aufs neue gemuthet habe.* (Humboldt 1973, S. 261)

Der Schichtmeister Sturtz spielte also ein Doppelspiel. Zu seiner Rechtfertigung behauptete er, dass *„das Saalfelder Bergamt ihm das Aufziehen des Schachtes bei 5 Th. Strafe und gänzlicher* ‚demolirung' *aller Arbeit untersagt"* habe (Humboldt 1973, S. 261–262).

Da Sturtz in Saalfeld unrechtmäßig neu gemutet hatte, fiel die territorial zum Bergamt Naila gehörende „Getreue Freundschaft-Fundgrube" zunächst ins sogenannte „Bergfreie", konnte also neu durch andere Personen gemutet werden.

Bergkommissar Knieling vom Bergamt Naila setzte den Bergmann Klett zum Steiger in der Grube ein. Der Schacht wurde überrüstet und Grubenholz angeschafft. Humboldt begründete in seinem Schreiben vom 30. Juli 1793 diese Entscheidung als rechtmäßig und formulierte:

> *2) Die Muthung bei einem fremdherrschaftlichen Bergamte ist ein* Criminal-*Fall, durch den das König*[igliche] *Bergregal* aperte *verkannt wird und der, nach gemeinen Bergrechten, noch härtere Folgen, als Verlust der Zeche und das Bergfreie nach sich zieht.*
> *Wollte man aber hiebei nicht nach strengem Rechte verfahren, so würde (außer vielen andern Bedenklichkeiten) besonders die eintreten, daß der p. Sturtz genugsam gezeigt, wie sehr er sich von dem Saalfelder Bergamte leiten lasse und daß es zu bedauern sei, die schönen Anbrüche der Getreuen Freundschaft F*[un]*dgr*[ube] *unbenuzt zu lassen, da des Königs Maj*[estät] *doch wegen des Schauberger Blaufarbenwerks das wichtigste* Interesse *an der Production eines inländischen Kobelts haben.* (Humboldt 1973, S. 262)

Humboldt gab weiter zu bedenken, dass die Zeche auf Königliche Rechnung unter Einbeziehung der Bergbau-Hilfskasse besser zu betreiben wäre als durch Privatpersonen – hier die Gewerkschaften.

Humboldt wartete nun nicht geduldig auf eine Antwort des Bergverwalters Sommer, sondern ritt am Tag darauf, am 31. Juli 1793, nach Kaulsdorf, um dort die Antwort entgegenzunehmen.

Auf den Inhalt dieses Briefes kann man nur aus der neuerlichen Antwort Alexander von Humboldts vom 3. August 1793 schließen. Er schrieb, noch immer sehr diplomatisch und auf eine gütliche Einigung hoffend:

> *Es ist mir sehr angenehm gewesen, aus Ihrem geehrten Schreiben vom 31ten Jul*[ius] *zu ersehen, daß Ew: Hochedelgeb*[oren] *von der Wegführung des Koenigl*[ichen] *Grubenholzes den Hohen Herzogl*[ichen] *Hausen* [!] *durch einen Espreßen Anzeigen machen wollen. Ich schließe daraus, daß das Herzogl*[iche] *Berg-Amt zu jener Wegführung nicht specialiter authorisiret war und freue mich deßen um so mehr, als mir die allgemeinst verehrte Gerechtigkeitsliebe jener Höfe, das Gegentheil auch nur zu ahnden, verbot.* (Humboldt 1973, S. 263)

Sommer scheint in seinem Brief vom 31. Juli 1793 außerdem auf ältere Vorgänge auf der Grube Bezug genommen zu haben. Das erfährt man ebenfalls nur aus Humboldts Antwort vom 3. August 1793:

> *Ew: Hochedelgeb*[oren] *glauben, daß ich von der wahren Lage der Sachen in Hinsicht auf die Koenigs- (ehemals Kurfürsten-) Zeche nicht hinlänglich unterrichtet sei. Sie äußern sich dahin, daß jene Grube auf Veranlaßung des, wie man sagt, Königl*[ich] *Preuß*[ischen] *Herrn Regier*[ung]*-Raths Kretschmanns in Naila gemuthet worden sei. Aber ohne Veranlaßung des weislichen Koenigl*[ich] *Preußischen Regierungs-Raths, Herrn Kretschmanns, mußte jene Muthung nur beim Berg-Amt Naila geschehen, den*[n] *des Koenigs Majestaet sind längst im Besitze der völligen Hoheits-Rechte, und die Kaulsdorfer Bergrefier ist durch einen allerhöchsten Befehl der Höchst: Preißl*[ichen] *Koenigl*[ichen] *Regierung dem vorgenannten Berg-Amt förmlich zugeschlagen worden.* (Humboldt 1973, S. 263)

Hier ging es eindeutig um die Bergregale des preußischen Königs, für die sich Alexander von Humboldt einsetzte.

Einen Tag später, am 4. August 1793, informierte Humboldt seine Vorgesetzten im Ober-Berg-Departement in Bayreuth über den Fortgang der Dinge. Er schilderte die etwas skurrile Situation am 31. Juli auf der Königszeche, als er auf der dortigen Halde einen neuen Sachsen-Coburg-Saalfelder Freipfahl als sichtbares Zeichen dafür vorfand, dass das Bergamt Saalfeld das Kaulsdorfer Bergregal für sich beanspruchen wollte. Humboldt riss den Pfahl heraus. Kurz danach erhielt er den Brief des Bergverwalters Sommer, auf den bereits eingegangen wurde. Es sollte für Humboldt klar gewesen sein, dass ihn Sommer hinhalten wollte und ein doppeltes Spiel trieb. Der Bote überbrachte Humboldt auch eine Einladung Sommers:

> *Gedachter* p. Sommer *ließ mich sogleich höflichst einladen, ihm in Saalfeld zuzusprechen, weil er es wünsche, sich mündlich mit mir zu unterhalten. Ich nahm dies Anerbieten um so lieber an, weil es mir Gelegenheit gab, über die wahre Lage der Sachen näheren Aufschluß zu erhalten.* (Humboldt 1973, S. 267)

Vom Überbringer des Sommer-Briefes ist nichts bekannt. Er scheint jedoch in Sommers Gedankengänge eingeweiht gewesen zu sein und sollte Humboldt wahrscheinlich davon abbringen, weitere Maßnahmen einzuleiten, was Sommer aber nicht zu Papier bringen wollte. Dies folgt aus Humboldts Brief vom 4. August 1793 an das Ober-Berg-Departement in Bayreuth:

> *Ich erfuhr, wie auch aus dem Schreiben des* p. Sommer d. d. *31.* Jul[ius] *hervorleuchtet, daß das Herzogl*[iche] *Bergamt zu jenem Ausfall vom Hofe nicht* authorisirt *war, daß der Magistrat und alle Civilämter diesen Schritt sehr gemisbilligt hätten und daß er eine Folge des unruhigen Charakters des jezigen Berg*-actuarii *sei. Der* p. Sommer *schien über den Ernst, mit dem die Sache unserer Seits behandelt wurde, sehr betroffen, versicherte, daß er alles sogleich in Gotha und Coburg anzeigen wolle, aber sehr bäte, die Grube (bis die Antwort erfolge) unbelegt zu lassen.* (Humboldt 1973, S. 267–268)

Sommer wollte also nicht selbst Verantwortung übernehmen, sondern delegierte diese weiter. In Humboldts Brief vom 4. August hieß es außerdem:

> *Diese, von ihm* [dem Boten] *oft wiederholte Bitte glaubte ich ihm nicht gestatten zu können, weil die schnelleste Ausübung der König*[lichen] *Gerechtigkeit hier nothwendig ist, und weil jedes Zaudern eine Ungewißheit* in puncto iuris *ausdrükt. Ich kündigte daher dem* p. Sommer *selbst an, daß ich zur Wiederbelegung der Königs-Zeche sogleich Anstalt gemacht hätte* […]. *Die Königs-Zeche ist demnach gegenwärtig mit 4 Mann und zwar in 3 Drittheil, d. h. Tag und Nacht, belegt. Die Nachtschicht war um so nothwendiger, um gegen nächtliche Ausfälle mehr gesichert zu sein und schneller den alten Schacht aufziehen zu können.* (Humboldt 1973, S. 268)

Da Humboldt mit weiteren Überfällen durch Saalfelder Bergleute rechnete, erbat er sich im gleichen Brief vom Ober-Berg-Departement die Erlaubnis, in so einem Falle direkt bei den Herzoglich-Sächsischen Höfen intervenieren zu dürfen. Nur auf diesem Wege hielt er es für aussichtsreich, das entwendete Grubenholz zurückzuerhalten.

> *Aeußerliche Sicherheit und Ungestörtheit ist beim Bergbau schlechterdings erforderlich, und die Kaulsdorfer Refier verspicht zu viel, um nicht eine baldige Gewältigung der alten verlassenen Gruben zu wünschen.* (Humboldt 1973, S. 268)

Am 4. August 1793 verfasste Humboldt auch einen ausführlichen Brief an Bergrat Karsten im Berliner Ministerium. Das Schreiben enthielt vor allem geologisch-mineralogische Darlegungen wissenschaftlicher Art. Humboldt informierte aber auch darüber:

> […] *daß auf dem* Pelican *bei Saalfeld mit dem Fahlerz und Kobalten jetzt auf einmal Bleiglanz einbricht* […]. *Ich bin jezt mit Abteufen neuer Schächte am Rothen Berge bei Kaulsdorf auf Kobalt beschäftigt. Aber eheu! die Saalfelder sind in der Nacht am 29sten Jul*[ius]

> *ausgefallen und haben Haspelgeviere und Kön*[igliches] *Grubenholz p. weggeführt. Ich stehe jezt in hartem Briefwechsel darüber, habe neue Mannschaft hergeschikt und reite übermorgen herüber, wo es dann wohl zu Rauffereien kommen kann.* (Humboldt 1973, S. 265–266)

Aus diesen Zeilen kann man Entschlossenheit, beinahe auch eine gewisse Kampfeslust, des jungen Oberbergmeisters von Humboldt heraushören – und „Berlin" wusste ebenfalls Bescheid. Am 4. August 1793 kümmerte er sich aber auch um die Beschaffung des die Kaulsdorfer Reviere betreffenden Grubenrisses, worauf unter Kapitel 4.5.2 bereits eingegangen wurde.

Am 13. August 1793 – wahrscheinlich vormittags – informierte Humboldt von Kaulsdorf aus seinen Freund Carl Freiesleben sehr ausführlich über den Fortgang der Dinge. Es seien hier nur einige Passagen zitiert:

> […] *Doch jezt nur von dem, was mich hieher führte und mich jezt am meisten beschäftigt.* […] *Sie wissen, daß unser König jezt im Besiz von* Kaulsdorf *am* Rothen Berge *ist. Es ist Preuß*[isches] *Gericht, Preuß*[ischer] *Zoll da und schien, als wenn Gotha und Saalfeld keinen Widerspruch thäten. Nur das Bergregal war noch nicht ausgeübt. Man drang von* Baireuth *darauf. Die Refier ist prächtig, ein sänftiges, liebliches Gebirge, reiche Kobelt-Gänge, silberhaltige Fahlerze wie auf dem Pelikan* […]. *Noch liegt hart an Saalfeldt eine Zeche, die kein Stollen löst und die jezt unser Zankapfel ist, die ehemalige Kurfürsten-, jezt Königszeche. Hier kann man, so bald man mit dem Schacht nieder ist, 2–3 Mann bloß auf die Kobelte anlegen.* (Humboldt 1973, S. 269–270)

Wenn man die heute noch zugänglichen Grubenbaue in Goldkronach befährt, versteht man sehr gut, dass damals vor Ort nicht mehr als zwei bis drei Bergleute gleichzeitig arbeiten konnten.

Humboldt schilderte dann die bereits bekannten Vorgänge. Er beklagte, dass ihm aus Bayreuth bisher nicht geholfen worden wäre und rechnete jeden Tag mit einem weiteren bewaffneten Überfall durch die Saalfelder Bergleute – mit Laurentius Theodor Sommer an der Spitze. Das Gespräch mit ihm hatte wohl nicht zu einer einvernehmlichen Lösung geführt. Eine Notiz darüber ist bisher nicht bekannt geworden. Dessen ungeachtet, legte Humboldt Freiesleben seine Ideen dar, wie er bezüglich des Schachtbaus weiter vorgehen wollte:

> *Die Arbeit ging bei Tag und Nacht, mit ausgestellten Wachen. Sie haben gewiß noch keinen Schacht auf die Art niederbringen sehen.* (Humboldt 1973, S. 270)

Dieser Brief an Freiesleben wurde, wohl versehentlich, nicht sofort, sondern erst im Oktober 1793 abgeschickt.

Wahrscheinlich am Nachmittag des 13. August 1793 erschien der Steiger Otto Magnus Klett bei Humboldt in Kaulsdorf und gab folgende kriminelle Vorgänge zu Protokoll:

> […] *daß in der Nacht vom 9ten zum 10ten* Aug[ust] *die* Saalfelder *Bergleute bereits Mine gemacht hätten, das königl*[iche] *Grubenholz abermals wegzuführen, daß sie aber, da die* Kaulsdorfer *Bauern, durch den Richter aufgeboten, insgesamt Nachtwache bei der Königs-Zeche gehalten, wieder verscheucht worden wären; den 12ten* h. m. *Morgens gegen 9 Uhr habe er, der* p. Klett, *2 Wagen auf den Rothen Berg hinanfahren gesehen, und als er daraus die Verübung neuer Gewaltthätigkeit geschlossen, habe er den Frühschichten auf der Königszeche befohlen, schleunigst das Haspelgeviere und die Schwardten in die Knie des Schwarzburgischen Hanfstengels F*[un]*dgr*[ube] *zu verbergen, er selbst aber sei sogleich nach* Kaulsdorf *geeilt, um die Bauernschaft aufbieten zu lassen. Ohnerachtet des guten Willens der Bauern, die meist auf der Arbeit waren, und des rühmlichen Eifers, mit dem der Herr Rentsekretär* Kretschmann *alles beschleunigt, sei jene Hülfe doch zu spät herbeigekommen und als die 14 Mann Kaulsdorfer auf der Halde eintrafen, hatten die*

> Saalfelder *Bergleute, an 38 an der Zahl, angeführt von dem Bergverwalter* Sommer, *die fünf Stämme Königl*[iches] *Grubenholz bereits weggeführt.* (Humboldt 1973, S. 272)

Humboldt musste sich also mit Problemen auf einem „Schlachtfeld" auseinandersetzen, das er bisher nicht kennengelernt hatte. Als sich keine Lösung abzeichnete, wandte er sich am 16. August 1793 von Bayreuth aus an den für die fränkischen Fürstentümer Ansbach und Bayreuth zuständigen Minister Carl August Freiherr von Hardenberg. Zunächst setzte Humboldt den Minister über die Ereignisse zwischen dem 28. Juli und dem 12. August 1793 ins Bild, dann berichtete er weiter:

> *Ob der p. Sommer zu diesem zweiten Vorfall* authorisirt *war, weis ich nicht. Vielmehr erhielt ich Tages darauf ein Schreiben von ihm, worinn er erklärt, „er sei gemeint, auf Befehl seines Hofes, das weggefahrene Königl*[iche] *Grubenholz zu* restituiren, *falls ich rechtskräftig verspräche, die Grube so lange unbelegt zu lassen, bis die Antwort von Sr. Königl*[ichen] *Majestät v*[on] *Preußen, an den man im Begriff stehe, sich* immediate *zu wenden, erfolgte."* (Humboldt 1973, S. 273)

An dieser Stelle wird deutlich, dass der Saalfelder Bergverwalter Sommer sich so sehr im Recht fühlte, dass er sogar an den König von Preußen schreiben wollte (oder veranlassen wollte, an ihn zu schreiben), um die Kaulsdorfer Bergregale (auf preußischem Territorium gelegen) nach wie vor für das Bergamt Saalfeld zu sichern. Humboldt fuhr fort:

> *Nicht bloß alle Erwartungen, die der Regier*[ungs-]*Rath Kretschmann von dem Kaulsdorfer Bergbau bei mir erregt, sind eingetroffen – sondern ich kann Ew. Excellenz versichern, daß ich nicht leicht ein schöneres, höflicheres, hofnungsvolleres Refier gesehen. Unendlich schmerzen würde es mich daher,* [...] *wenn wir den Bergbau dasiger Gegend, an dem das Recht so unbestritten ist, einbüßen sollten.* [...] *Um nicht abermals lächerlich zu werden, da 40 Kaulsdorfer Bauern sich nicht gegen 80 Saalfelder Bergleute vertheidigen können, lasse ich den Schacht für jezt unbelegt, bitte aber Ew. Excellenz recht dringend um recht baldige gnädige* resolution,
> *ob sie vielleicht des Königs Majestät auf die Sache vorbereiten wollen oder*
> *ob zu hoffen ist, unsere Grenze mit 20 Mann Soldaten (mehr bedarf es wirklich nicht!) zu schüzen, oder ob ich, ohne Kosten zu scheuen, mich mit gemietheten Bauern und Schwarzburger Bergleuten zur Wehr sezen soll.*
> *Der lezte Vorschlag ist gewiß der unzwekmäßigste, denn er giebt zu Raufereien Anlaß, die ich so gern verhüte.* (Humboldt 1793, S. 273)

Alexander von Humboldt wusste sich also nicht mehr anders zu helfen. Man muss dabei berücksichtigen, dass er gerade 23 Jahre alt war, sich mit erfahrenen Bergbeamten auf der anderen Seite auseinandersetzen musste und auf solche Situationen in keiner Weise vorbereitet war.

Hardenberg informierte den König und wartete auf eine Entscheidung. Bis dahin sollte Humboldt die „Königs-Zeche" so, wie er es vorgeschlagen hatte, unbelegt lassen (Schreiben vom 19. August 1793, Regest in: Humboldt 1973, S. 275). Erst Anfang September 1793

> *wandte sich das Königlich preußische Ministerium in Berlin beschwerdeführend an die Saalfelder Landesregierung, die sofort von Sommer einen Rechenschaftsbericht anforderte. Sommer erstattete sogleich am 13. September 1793 Bericht. Hierauf verfügte die Landesregierung am 25. September, daß in Ansehung besagter Churfürstenzeche* [also noch die alte Bezeichnung] *bis auf weitere Anordnung alles in* „statu quo" *zu belassen sei. Am 1. Oktober 1793 ging beim Bergverwalter Sommer ein persönlich gehaltenes Schreiben Humboldts ein, daß er auf den Vorschlag, die Zeche bis zur Klärung der Streitigkeit ruhen zu lassen, nicht eingehen könne, da er von Berlin die Anweisung habe, die Zeche zu belegen.* (Humboldt 1973, S. 276)

Damit war eigentlich wieder alles offen, nur dass Alexander von Humboldt nun mit königlicher Rückendeckung das Abteufen des Schachtes zur Wiedergewältigung der „Königszeche" für die Kobaltgewinnung vorantrieb.

Da Humboldt seinen Brief an Freiesleben am 13. August nicht abgeschickt und wahrscheinlich durch die Brisanz der Ereignisse einfach vergessen hatte, bestand die Möglichkeit, dass er ihn im Oktober 1793 ergänzte:

> *Der Sommer war wieder ausgefallen, und hatte alles geraubt. Nun war ich der Sache müde, ritt eiligst auf* Bayreuth, *nachdem ich mit dem alten* Gläser consultirt, *und forderte* militär[ische] *Hülfe. Der Minister* [von Hardenberg] *wollte das nicht für sein Kopf thun, und schikte eine Stafette nach Berlin.* [...] *Vor 14 Tagen kam Antwort von Berlin. Der König habe ein drohendes* Manifest *an die Herzöge von* Coburg *und* Gotha *ergehen lassen und auf Bestrafung des frechen Sommer gedrungen. Mir ist befohlen, wieder zu belegen.* (Humboldt 1973, S. 271)

Was Humboldt dann auch tat, siehe den vorige Abschnitt.

In einem Bericht (der Verfasser ist nicht ermittelt) vom 28. November 1793, der an das Königliche Salzdepartement in Berlin adressiert ist, hieß es immer noch:

> [...] *daß die neuen Vorfälle zu Kaulsdorf, wo man angefangen habe, die schönsten Fahlerze und Kobalt zu fördern, noch immer gewaltsame Eingriffe von Seiten der Nachbarn befürchten ließen.* (Humboldt 1973, S. 287)

Humboldt sah aber die Probleme mittlerweile etwas entspannter. In einem Brief an Freiesleben vom 2. Dezember 1793 schrieb er:

> *Wir sind jezt im ruhigen Besiz von* Kaulsdorf *und haben prächtige Fahlerze und Kobelte dort. Ich habe auf der Königszeche einen Richtschacht abgeteuft und in Zimmerung gesezt, der mich unendlich freut.* (Humboldt 1973, S. 292)

Humboldt kann also wieder das tun, was er in Freiberg gelernt hat und immer machen wollte. Trotzdem waren die Probleme nicht endgültig gelöst. Am 7. Dezember 1793 berichtete er dem Ober-Berg-Department in Bayreuth von einem neuen Vorstoß von Sächsischer Seite aus:

> *Während der Territorialstreitigkeiten mit den Herzogl*[ich] *Sächsischen Häusern über den Besiz von Kaulsdorf, wurde es mit Recht für gefährlich gehalten, das neuerrungene Feld unbekannten Gewerkschaften zu überlassen. Die unangenehmen Vorfälle mit dem Schichtmeister Sturz und seinen Saalfelder Mitgewerken verdoppelten die Vorsicht des Bergamts Naila. Gegenwärtig, da günstigere Verhältnisse eintreten, da die Erz- und Kobeltförderung auf der Königszeche schwunghaft zu werden anfängt, wacht von neuem die Lust der Gewerken in der Nachbarschaft auf, und es entsteht die Frage, ob das Feld für geschlossen zu achten sei, oder nicht?* (Humboldt 1973, S. 293–294)

Es stand also die Frage, ob weitere Schürfrechte verkauft werden sollten.

Der Hintergrund für diesen Brief Humboldts bestand in dem Ansinnen des kursächsischen Steigers Preiß, eine Verbindung zwischen den Stollen auf Saalfelder und auf Kaulsdorfer Seite herzustellen. Das lag im Sinne einer Ausbeutemaximierung und Kostenminimierung nahe, barg aber die Gefahr, dass die deutlich erfahreneren Saalfelder Bergleute auch Fahlerz und Kobalt von preußischem Territorium förderten. Wer konnte „von außen" schon so genau sagen, wo gerade abgebaut wurde!

Humboldt unterbreitete deshalb im zitierten Brief vom 7. Dezember 1793 den Vorschlag,

> *daß dem Bergamt Naila die Bestätigung für den p. Preiß nachgelassen, nur (wegen der sich etwa einschleichen wollenden Saalfelder Gewerken) die nöthige Vorsicht empfohlen*

> *und den auf Kobelt muthenden Gewerken aufgegeben würde, dem Penselschen Werke zu Schauberg der Verkauf der geförderten Kobelte zu gönnen.* (Humboldt 1973, S. 294)

Es drohte neues Ungemach, diesmal von Seiten der Schwarzburger Bergleute. Da die Arbeiten in der Königs-Zeche schon weit vorangetrieben und recht kostspielig waren, wandte sich Humboldt am 20. Dezember 1793 direkt an den König Friedrich Wilhelm II. von Preußen. Da das Gesuch zum Gesamtgeschehen sehr aussagefähig ist und Humboldts hartnäckige und engagierte Vorgehensweise gut erkennen lässt, wird der erste Teil im vollen Wortlaut wiedergegeben:

> *Den Vorschuß für Kaulsdorf und die Herausgabe des entwandeten Grubenholzes betr*[effend]
> *Da ich von Befahrung des Kaulsdorfer Refier so eben zurükkomme, so verfehle ich nicht, Ew. König*[lichen] *Majestät allerunterthänigst anzuzeigen, daß der Bergbau auf der strittigen Königszeche jezt ungestöhrt betrieben wird. Sie ist als ein großes, weitverfahrenes Gebäude bereits mit 9 Mann belegt, und es zeigen sich die schönsten Anbrüche von Kobelt und Silber-Fahlerz. Da die Grube von jeher dem Raube ausgesezt gewesen ist, so wird allerdings ein gewisser Aufwand nöthig sein, um sie ganz aufzusaubern, ehe man die Kobelt- und Erzförderung schwunghaft betreiben kann. Doch sind bereits 3 Mann auf die Erze angelegt und wenn Ew. Kön*[igliche] *Majestät nicht Allerhöchst Selbst Vortheil hätten, diesen Grubenbau aus der Bergbauhülfskasse zu betreiben, so würden sich Gewerken genug finden, die gern beiträten.*
> *Da ich beobachtet, daß die angrenzenden Schwarzburger Bergleute noch in unserem Felde waren, so ist am 18ten Generalbefahrung mit dem Fürstl*[ich-]*Köhnitzischen Berg-Amte gehalten und jene glüklich vertrieben worden. Dazu habe ich einen geschikten Sächsischen Berakademist Haupt zum Schichtmeister verpflichten lassen und werde auch in der Folge durch fleißige Befahrungen gewiß nichts versäumen, was zur Aufnahme dieses wichtigen Zuwachses der Nailaer Berg-Amtsrefier nur einigermaaßen beitragen kann.*
> *Die höflichen Anbrüche auf der Königszeche haben auch bereits die Baulust so rege gemacht, daß eine zweite gewerkschaftliche Grube unter dem Namen Preußischer Zcepter gemuthet worden ist. Sollte, wie sehr zu wünschen, das Schauberger Blaufarbenwerk durch den jungen* Pensel, *einen überaus thätigen und erfahrenen Smaltefabrikanten, der der Unterstüzung Ew. Königl*[ichen] *Majestät wohl würdig wäre, bald wieder aufgenommen werden, so muß auch die Kaulsdorfer Refier, beim besseren Absaz der Kobelt, dann in größeren Flor kommen.* (Humboldt 1973, S. 302)

Humboldt erläuterte dann, dass das bisher von der Bergbauhilfskasse erhaltene Geld nicht zur Wiedergewältigung der Grube, sondern „*bloß zur Behauptung des Bergregals verwandt worden*" sei und listete dann auf, welche Gelder außerdem für den ordnungsgemäßen Grubenbetrieb angefallen waren. Er machte weiterhin darauf aufmerksam, dass sich das Grubenholz noch immer in Saalfelder Besitz befände und fragte an:

> *ob ich Namens des B*[erg] *A*[mtes] *Naila bei dem B*[erg-]*Verw*[alter] *Sommer auf* extradition *des Grubenholzes dringen dürfe, oder ob solches unmittelbar durch Ein Hochpreißl*[iches] *Geh*[eimes] *Landes*director[ium] *geschehen werde?* (Humboldt 1973, S. 303)

In Untersetzung dieses Briefes an den König wandte sich Humboldt zwei Tage später, also am 22. Dezember 1793, an das Ober-Berg-Departement (Humboldt 1973, S. 304–305) und listete noch einmal auf, welche Gelder aus der Bergbauhilfskasse wofür eingesetzt wurden und was noch benötigt wird, um die bereits getätigten Ausgaben zu finanzieren. Dabei waren auch Rechnungen des Wunsiedler Bergamtes (siehe Kapitel 4.6) enthalten. Die Rechnungswege waren sehr undurchsichtig, und der zur Neuordnung der Finanzen angeordnete Ökonomieplan befand sich gerade in Ausarbeitung. Dem Bergamt Naila sollten 150 Gulden und weitere, bereits verauslagte 50 Gulden zur Deckung der Ausgaben überwiesen werden.

Am 30. Dezember 1793 reagierte Minister von Hardenberg sehr großzügig auf Humboldts Anträge. Er schrieb im Auftrag von Friedrich Wilhelm II.:

> *Alles, was dazu dienen kann, seine lobenswürdigen Bemühungen, dieses bisher nur auf den Raub gebaute Werk in schwunghaften Betrieb zu setzen, zu unterstützen, wird man gern beitragen und den erforderlichen Aufwand nach seinem Vorschlage bewilligen.* (Regest in: Humboldt 1973, S. 305)

Mit gleichem Schreiben beauftragte er Humboldt, sofort an den Bergverwalter Sommer in Saalfeld zu schreiben und unter Bezug auf einen Brief des Fürstlich-Sächsischen Ministeriums an das Preußische Kabinettsministerium sofort die Herausgabe des Grubenholzes zu fordern.

Die Auseinandersetzungen dauerten aber auch noch im Jahr 1794 an. Alexander von Humboldt hatte auftragsgemäß am 18. Januar an den Bergverwalter Sommer wegen der Herausgabe des Grubenholzes geschrieben. Aus dessen Antwort vom 23. Januar 1794 ging hervor:

> *Er wolle jedoch diesem Verlangen nicht eher nachkommen, als bis er anderweitige höchste Befehle erhalten habe. Daß „Serenissimus"* [wohl Herzog Ernst II. von Sachsen-Coburg-Saalfeld] *sein Verhalten zur Besitznahme der „Kurfürstenzeche" mißbilligt habe, sei ihm noch nicht bekannt.* (Humboldt 1973, S. 317)

So nebenbei wird durch die Wahl der alten Bezeichnung „Kurfürstenzeche" deutlich, dass Sommer immer noch nicht bereit war, die neuen Besitzverhältnisse anzuerkennen. Wahrscheinlich war er – neben Humboldt – auch einer der wenigen, der um den Reichtum der Bodenschätze wusste.

Humboldt wandte sich am 29. Januar 1794 wieder an den preußischen König:

> *Es scheint mir mehr als zu deutlich, daß die Herzogl*[ich-]*Sächs*[ischen] *Höfe sich begnügt haben, das Verfahren des Saalfelder Berg-Amts bei Ew. Kön*[iglichen] *Maj*[estät] *Kabinetts-Ministerium zu entschuldigen, ohne den B*[erg-]*Verwalter Sommer irgend eine* legale *Weisung darüber zu geben.* [...] *Dagegen stelle ich es Ew. Kön*[iglichen] *Maj*[estät] *Allerhöchstem Ermessen allerunterthänigst anheim,*
> *ob Allerhöchst-Dieselben nicht unmittelbar bei dem Herzogl*[ich] *Koburger Geheimen-Raths-*Collegio *darauf dringen wollen, daß dem B*[erg-]*Verwalter* Sommer *die* retradition *des weggeführten Grubenholzes befohlen werde.*
> *Jede Acquiescenz in dieser Sache könnte der ruhigen Ausübung des übrigen Bergregals sehr gefährlich werden.* (Humboldt 1973, S. 318)

Eine Reaktion des Königs auf diese sehr eindeutige Bitte ist nicht belegt. Mitte Februar 1794 scheint die Welt aus Humboldts Sicht aber wieder einigermaßen in Ordnung gewesen zu sein. In einem Brief an Carl Freiesleben schrieb er:

> *Das Gebirge ist über alle meine Erwartung schön, und wir haben jezt seit dem Monath Jan*[uar] *die herrlichsten Anbrüche, nicht bloß von Eisenstein, sondern auch von Kupfererzen, Kobelt, Fahlerz, Zinn, und Golderzen.* (Humboldt 1973, S. 321)

Alexander von Humboldt hielt sich vom 26. Februar bis 13. März 1794 noch einmal über zwei Wochen in Kaulsdorf auf (vgl. Humboldt 1973, S. 334). In der Zeit von Mai bis Oktober 1794 befand er sich nicht in Franken (Humboldt-Dachroeden 2015, S. 10), sondern im Auftrag seines Königs „auf Dienstreise". Zum Fortgang der Auseinandersetzungen über das Bergregal des Königs in dieser Zeit sind bisher keine Belege gefunden worden. Die Informationen setzen erst mit Humboldts Wiederaufnahme seiner Amtsgeschäfte in Bayreuth ein. Noch von Altenstein aus berichtete er am 20. September 1794 an das Ober-Berg-Departement in Bayreuth über den Entwurf des bereits angekündigten Ökonomieplans für die Königs-Zeche in Kaulsdorf. Darin hieß es:

> [...] *so ist der Bestand der Kobelte bisher auch nur* circa *9 Ct. = 45 Th.: Ich habe, da dieselben für die Schauberger Hütte aufbewahrt werden, die Erz-Einnahme daher ganz weggelassen. Die Grube ist bei weitem noch zu wenig erlängt, alles noch zu wenig aufgeschlossen, um einen nur ohngefähren Ueberschlag zu machen.* (Humboldt 1973, S. 355)

Diese Aussage ist in zweierlei Hinsicht interessant. Einerseits werden die Kobalterze für die Wiederinbetriebnahme des Pensel'schen Blaufarbenwerks (hier erstmals als Hütte bezeichnet) aufgespart, andererseits scheint sich in Humboldts Abwesenheit nicht so sehr viel getan zu haben. Die Vorlage eines Ökonomieplans zeigt aber, dass nun endlich nach betriebswirtschaftlichen Regeln, wie sie Humboldt als Kameralisten geläufig waren, gearbeitet werden sollte.

Am gleichen Tag, also am 20. September 1794 von Altenkirchen aus, erbat Alexander von Humboldt einen weiteren Zuschuss für die Königs-Zeche in Kaulsdorf von 465 Gulden. Die einleitenden Worte zu diesem Gesuch sprechen wieder für Humboldts diplomatische Vorgehensweise, wenn es um Bitten ging:

> *Ew. Kön*[igliche] *Majestät haben geruht, mir, als ich in hiesige Fürstenthümer als Oberbergmeister versezt wurde, mir allergnädigst zu versprechen, daß der aus der Kön*[iglichen] *Obergeb*[irgischen] *Renthey*-Casse, *der Bergbau-Hülfs*-Casse *zufließende geringe Zuschuß mit der Zeit vermehrt werden sollte. In einem mit so viel Mineral-Produkten gesegneten Lande und bei so vielen seit Jahrhunderten unbergmännisch betriebenen Gruben, kann auch bei dem künstlichsten Haushalte mit einem* fond *von 4000* [Gulden], *von dem noch Besoldungen abgehen, wenig geleistet werden. So wichtig ich auch den indirekten Einfluß des Bergbaus auf die Kön*[iglichen] *Einkünfte hiesiger Lande halte, da ohne das Berg- und Hüttenwesen ganze Gegenden unbewohnt sein würden, so habe ich doch bisher nicht unbescheiden genug sein mögen, Ew. Kön*[igliche] *Maj*[estät] *um die Vermehrung des ganzen Berg*-fonds *allerunterthänigst anzusuchen.* (Humboldt 1973, S. 356)

Es folgten detaillierteste Auflistungen, wofür das Geld benötigt wurde. Hier fragt man sich, ob Behördenangestellte in Berlin das bergmännische Fachvokabular verstanden haben. Auf jeden Fall erzeugte Humboldt den Eindruck, dass für alles eine genaue und zuverlässige Begründung existierte. Auch an dieser Stelle fällt auf, dass der Oberbergmeister den Nutzen eines Vorhabens nicht nur an des Königs Kasse, sondern auch an dem Auskommen der einheimischen Bevölkerung maß. Über die Bergregale ist in diesem Bericht nichts zu lesen.

Im Herbst 1794 verfasste Humboldt einen im Original etwa 100-seitigen Bericht im Sinne einer Denkschrift: „*Eine Darstellung von dem Zustande des Bergbaues in den fränk*[ischen] *Fürstenthümern, v. Humboldt*" (vgl. Humboldt 1794b). Er liegt als Abschrift auf 33 Blättern vor, deren Vorder- und Rückseiten engzeilig über die ganze Seitenbreite beschrieben sind (Dok. 8). Die Denkschrift enthält neben Aussagen zum Bergbau auch solche zum Hüttenwesen und einen Überblick über die gesamte mineralische Produktion in Franken. Sie darf nicht mit den „Generalbefahrungsberichten" Alexander von Humboldts aus dem Jahr 1795 verwechselt werden, die von Hein, Arnold und Zürl veröffentlicht wurden (Hein 1992 und Hein 1993). Auf die Denkschrift vom Herbst 1794 wird in den folgenden Darstellungen häufiger Bezug genommen. Sie wurde durch Humboldt in den Jahren 1795, 1796 und 1797 handschriftlich aktualisiert. Der Text diente dem Minister von Hardenberg als Unterlage für seinen großen Rechenschaftsbericht vom 10. Juni 1997 über die Jahre seines Wirkens von 1792 bis 1797. Dieser Bericht wurde 1904 von Christian Meyer publiziert (Meyer 1965, S. 35–210).

Auf die Bedeutung der Humboldt'schen Denkschrift wurde bereits von Kühnert (Humboldt 1959, S. 62) und Schleucher (Schleucher 1986, S. 231) sowie jüngst von Klein (Klein 2015, S. 164) hingewiesen. Der Bericht enthält neben grundsätzlichen Aussagen zur Situation der Industrie und Verwaltung in Franken gesonderte Darlegungen zu den Verhältnissen im Fürstentum Bayreuth (sehr ausführlich) und im Fürstentum Ansbach (nur relativ kurz). Im Fürstentum

Bayreuth werden die Bergämter Goldkronach, Wunsiedel und Naila detailliert bewertet, wobei Alexander von Humboldt auf die Förderung und Weiterverarbeitung der Bodenschätze, einer nach dem anderen, einging.

Hier findet man auch folgende bemerkenswerte Passage zur Förderung von Kobalterz bei Kaulsdorf:

> *Der Kaulsdorfer Bergbau ist vielversprechend, aber erst neu erungen und durch die abentheuerlichen Ausfälle der Saalfelder Bergbeamten mannichfach gestöhrt worden. Des Königs Majestät sind dermalen Mitbesitzer des rothen Bergs geworden und werden alle die Vortheile des Kobelt- und Silberbergbaus genießen, deren das Churhauß Sachßen und die Herzoglichen Häußer sich längst erfreuen.*
> *Die Königszeche ist unter sonderbaren Verhältnißen noch im Jahr 93 an 28. L[achte]r tief glüklich gewältigt worden und die schönen Anbrüche von Kobelt und Fahlerz, die sich sogleich gezeigt, gaben reichen Ersatz für die vielen Hindernißе, mit denen bisher zu kämpfen war.*[q] (Dok. 8, Bl. 20v)

Der Verweis „*q*" bezicht sich auf eine handschriftliche Ergänzung Alexander von Humboldts aus dem Jahr 1796:

> *Im Herbst 95 wurde hier der reichste Anbruch an Kobelt und Silbererz gemacht, den die Geschichte des Bergbaus im Oberlande Erwähnung thut. Eine Mittl* 5/4 *L[achte]r hoch u*[nd] *kaum 4 L[achte]r lang schüttete für 13–1400 F Erz in wenigen Wochen. Die Grube ist dadurch in Verbau getreten u*[nd] *wenn das Projekt, einige Schwarzburg-Gruben mit der Königszeche zu verbinden ausgeführt wird, so kann diese jährlich für 4–5000 F Kobelte liefern.* (Dok. 8, Bl. 21r)

Am 15. Dezember 1794 hatte ein sehr optimistisch gestimmter Alexander von Humboldt von Kaulsdorf aus dem König Friedrich Wilhelm II. berichtet:

> *Als ich Allerhöchstdieselben um den allerhuldreichst bewilligten Vorschuß anflehte, konnte ich mich selbst kaum einer so schnellen Erwartung meiner Hofnungen schmeicheln. Das tiefe Feldort ist unablässig belegt geblieben, und auch mit ihm ist der reiche Anbruch von Fahlerz und Kobelten gemacht.* [...] *Ueberhaupt sind bereits an 17 Tonnen Silbererze und Kobelte zu 1–1½ Ct. gefördert, die unverpakten unberechnet.* (Humboldt 1973, S. 387)

Von Belästigungen durch Saalfelder Bergleute mit dem Bergverwalter Sommer an der Spitze berichtete Humboldt nicht mehr. Wahrscheinlich hatten sich die Auseinandersetzungen mittlerweile beruhigt.

Humboldt nannte in seinem Entlassungsgesuch an den König vom 26. März 1795 auch die Königs-Zeche, als er alle die Grubenbaue aufzählte, wo er erfolgreich gewirkt hatte:

> [...] *die nun dem Freiverbau nahe Königszeche zu Kaulsdorf und die erstrittene Refier am Rothen Berge* [...]. (Humboldt 1973, S. 413)

Diese Aussage lässt darauf schließen, dass nun auch das Bergregal dem preußischen König gehörte. Humboldt hatte also ein schwieriges Problem erfolgreich gelöst.

Er hatte angenommen, dass sein Entlassungsgesuch positiv entschieden wird. Um seinen potenziellen Nachfolger mit der Gesamtsituation vertraut zu machen, hat er – letztlich für diesen, aber adressiert an die Kriegs- und Domänenkammer in Bayreuth – am 28. April 1795 den bereits genannten Generalbefahrungsbericht über das Nailaer Bergamts-Revier (Hein 1992) vorgelegt. Er befindet sich im Staatsarchiv in Bamberg unter der Signatur Markgraftum Bayreuth, Kriegs- und Domänenkammer, Nr. 7108, und umfasst in der Gesamtakte die Blätter 16r–69v, also 108 Seiten. Mit dieser Angabe der Blätter wurde der Bericht auch von Hein, Arnold und Zürl transkribiert. Humboldts (noch nicht abgeheftetes) Original begann natürlich mit Bl. 1r.

Legt man diese Seitenangaben zugrunde, wird die 16-seitige Stellungnahme von Oberbergrat Tornesi vom 13. Oktober 1795 (Tornesi 1795) verständlich. Man erkennt, welche Antwort sich auf welche Bemerkung Alexander von Humboldts bezieht. Diese Stellungnahme befindet sich als Fotokopie ebenfalls im Staatsarchiv Bamberg, Markgraftum Bayreuth, Hofkammer, Nr. 9501.

In seinem Bericht von 1795 beschäftigte sich Humboldt über viele Seiten mit dem Kaulsdorfer Revier. Zunächst beschrieb er minutiös die vorgefundenen Grubenbaue und das von ihm Erreichte. Wichtig sind aber seine Gedanken zu einer möglichen generellen Weiterentwicklung. Er zielte auf einen Gebietsaustausch ab, um einerseits die Grenzen zu begradigen, aber um andererseits Preußen in den Besitz vielversprechender Kobalt- und Fahlerzlagerstätten zu bringen. Im Generalbefahrungsbericht kann man die Humboldt'schen Vorstellungen nachlesen:

> *Diesen Stollbetrieb würde nichts mehr erleichtern, als die Ausführung eines Planes, den ich mir lange schon für die Königszeche entworfen und welcher dieselbe zu einem der wichtigsten Berggebäude in Deutschland machen könnte. Gegen Mitternacht Abend von der Königszeche liegt auf Preuß*[ischem] territorium *das Blaue Lichtloch, welches vormals zur Rudelstädter Grube Franz Josias gehörte und in 20 Lr. Teufe die schönsten Kobalte anstehend hatte. Bei den unseligen Kaulsdorfer* territor(ialen) *Streitigkeiten blieb es liegen. Zwischen dem Blauen Lichtloch und der Königszeche aber ist ein Stück Schwarzburg Rudelstädt(er)* territorium *mit der Fleischerzeche und dem Hanfstengel F*[un]*dgr*[ube] *gleichsam eingeschoben. Die beiden lezteren Gruben werden von den Rudelstädtern elend genuzt,, und ich weiß bestimmt, daß der Hof gesonnen ist, wenn der Antrag mit einer gewissen Feinheit und Artigkeit geschieht, sie gegen ein Stük Kaulsdorfer* territorium *gegen Mitternacht Morgen umzutauschen. Lezteres ist ungemein spizig, schmal und so von Saalfelder Gebiet umschlossen, daß für solchen Preiß es leicht zu verschmerzen wäre. Auch käme es ja nur auf das Berg Regal, nicht auf Umtausch des GrundEigenthums selbst an.* (Hein 1992, S. 380)

Die Antwort von Tornesi darauf lautete:

> *In Rücksicht auf den Betrieb im Kaulsdorfer Refier, müssen wir Euer* Königl[iche] *Majestaet dasjenige allerunterthänigst empfehlen, das /Seite 38. u. 39./ wegen Behutsamkeit in Erweiterung der Grenzen der Kaulsdorfer Berg Refier von den p v.* Humbold *nach unsern Erachten sehr Sachgemäß und mit richtiger Beurtheilung des* Locale *angetragen worden incl. den Vorschlag /Seite 29 u. 30/ wegen des Austausches mit Rudolstadt, wovon wir demnach bey den* speziellen *Betriebs Sachen Erwähnung thun werden.* (Tornesi 1795, Bl. 2v)

Auch diese Vorschläge Humboldts schienen auf fruchtbaren Boden gefallen zu sein.

4.5.4. Kobaltförderung in Kaulsdorf und Wiederinbetriebnahme des Pensel'schen Smalte-Werkes in Schauberg

Im Herbst 1794 ahnte Alexander von Humboldt bereits, dass sich die Gewinnung von Kobalterz aus der Königszeche positiv auf die Wiederinbetriebnahme des Smalte-Werkes in Schauberg auswirken wird (Dok. 8). Er bezog dabei die in Kapitel 4.6 noch zu erläuternden Kobalterz-Funde von Wunsiedel mit ein und schrieb:

> *Das Schauberger Blau-Farbenwerk, welches aus Mangel an Kobelt längst kalt liegt und ansehnliche Landesherrliche Vorschüße hat, wird dem Kaulsdorfer und Wunsiedler Kobeltbergbau seine Aufnahme verdanken.*[r] (Dok. 8, Bl. 20v)

Aus dem Einschub *„r"* von 1796 kann man entnehmen:

> *„Man ist daneben mit dem Wiederaufbau beschäftigt* […]." (Dok. 8, Bl. 21r)

Humboldts Prognose wurde Realität. Bis dahin ging aber noch viel Papier hin und her.

Wieder sollte man Aussagen aus Humboldts Generalbefahrungsbericht über das Nailaer Bergamtsrevier vom 28. April 1795 heranziehen:

> *Für den Betrieb der Grube ist baldiger Absaz der Kobalte zu wünschen. Für das Pensel-sche Blaufarbenwerk ist der schon früher gefaßte Entschluß eines H*[ochlöblichen] *K*[öniglichen] O[ber-]*B*[erg-]*Departements, die Kobalte für dasselbe Aufzubewahren und ihm den Verkauf zu lassen, günstiger. Da der p* Wagener *zu* Saalfeld, *das* Sophienauer *Blauf*[arben] *Werk und andere die Königszecher jezt geförderten Kobalte* […] *für 8–900 Rthlr abnehmen, so sind dieselben der B*[erg] *B*[au] *Hülfs*Casse *bei Vorstrekkung neuer Betriebsgelder eine sichere Hypothek.* (Hein 1992, S. 381)

Es existierte also ein weiteres, bisher von Humboldt nicht erwähntes Blaufarbenwerk, nämlich in Sophienau. Der Ort lag an der Werra bei Eisfeld im Herzogtum Sachsen-Coburg-Saalfeld. Kapff erwähnte das Unternehmen in seinem Buch auf Seite XIII bei der Aufzählung der für von Heinitz interessanten Blaufarbenwerke und schrieb weiterhin:

> *Die hier* […] *vorkommenden Kobolte bestehen in Glanz- und Erdkobolten, nebst Koboltbeschlag und Koboltblüthe mit Kupfernickel, und werden zum Theil auf dem Salfeldischen Blaufarbenwerke zu Soffienau verarbeitet,* […]. (Kapff 1792, S. 8)

In seinem Bericht von 1795 äußerte sich Humboldt speziell zum Schauberger Blaufarbenwerk:

> *Seit Antritt der Reg*[ierung] *S*[eine]*r Maj*[estät] *war man mit Aufnahme des Schauberger Blaufarbenwerks beschäftigt, und die schönen Aussichten der Königszecher Kobalte verdoppelte den Wunsch zu seiner Wiederaufnahme. Es waren 2 Fälle möglich, entweder man eröfnete den* Concurs *und der König nahm die Fabrik an sich oder der König überließ seine* iura cessa *einem Dritten, der das Blaufarbenwerk in Gang sezte. Der junge* Pensel *aus* Pottenstein *sollte dieser dritte Mann sein, man ließ ihn kommen, gab ihm unbestimmte Versprechungen auf* iura cessa *und entwarf keinen Plan, wie die Sache anzugreifen sei. Ich habe kein Theil daran gehabt, daß der junge* Pensel, *den ich für einen ehrlichen, sparsamen und technisch geschickten Mann halte, ins Land gekommen ist, da das Blaufarbenwerk aber nun einmal durch ihn in Gang gesezt werden sollte, so halte ich es für* [meine] *Pflicht, die Sache sich nicht selbst zu überlassen, sondern alles anzuwenden, um zu jenem Zwekk zu gelangen.* (Hein 1992, S. 395)

Es folgen in Humboldts Original mehr als 3 Seiten Vorschläge zu den Finanzen. Sein Fazit lautete:

> *Da das Schauberger Blaufarben Werk jezt schöne Kobalte in der Nähe, hinlängliche Bewegkräfte und wohlfeiles Holz hat, so ist nicht abzusehen, warum es, unter* Pensels *geschikter Leitung, nicht wie sein Nachbar* [gemeint ist Wagner in Saalfeld] *gedeihen solle?* (Hein 1992, S. 396)

Mit *„hinlängliche Bewegkräfte"* ist ausreichend Wasserkraft gemeint. Auf das Holz, das dem „jungen" Pensel noch vom „alten" Penzel her zustand, wird in Kapitel 7 aus einer ganz anderen Sicht nochmals zurückgekommen. Wichtig ist auch Humboldts Darstellung, wie der „junge" Pensel seine Finanzsituation von sich aus verbesserte:

> *Eine wichtige Neben-Branche dieser Fabrikation kann des jungen* Pensel *Farbenbereitung werden. Er versteht das Geheimniß, Braunschweiger Grün den Ct à 80 F und Mineral-*

> *gelb (Mennige mit fixem Alkali niedergeschlagen) zu fabrizieren. Der Gewinn an diesen chem*[ischen] *Produkten ist sehr groß, fast an 40 p.C.* (Hein 1992, S. 396)

Beim „*Braunschweiger Grün*" handelte es sich um eine grüne Anstreichfarbe auf der Basis von Kupferoxid und bei „*Mineralgelb*" um eine gelbe Anstreichfarbe, die durch Zusammenschmelzen von Mennige (Bleioxid Pb_3O_4) mit Salmiak (NH_4Cl) entsteht. Aus dem Gesamtzusammenhang heraus ist es aber wahrscheinlicher, dass der bei der Smalte-Herstellung ungewollt anfallende, andersfarbige Safflor (vgl. Zedler 1731–1754, Bd. 4, Sp. 113) die Basis für die Farben bildete.

In Bayreuth sah man unterdessen die Situation nicht ganz so rosig wie Humboldt. In Tornesis Stellungnahme vom 13. Oktober 1795 zu Humboldts Generalbefahrungsbericht vom 28. April 1795 kann man nachlesen:

> *Daß den* Pensel*schen Blau-Farb-Werck zu Schauberg, ein Verkauf der Kobolte und Fahlerze, zugestanden werden solle, hat noch nicht beschlossen werden können.* (Tornesi 1795, Bl. 3r)

Im Anschluss werden die Gründe umständlich erläutert. Man war sich nicht sicher, ob die Qualität der in der Königszeche gebrochenen Kobalterze tatsächlich so gut wäre, wie durch Humboldt im Generalbefahrungsbericht dargelegt.

In einem im Zusammenhang mit seinem Entlassungsgesuch verfassten Brief an den Staatsminister von Heinitz vom 29. Mai 1795 erinnerte Humboldt nochmals an das aus seiner Sicht erfreuliche Kaulsdorfer Ergebnis:

> *La mine de Kaulsdorf nous a donné dans une espace de 4 toises (hauteur de gallérie à 5/4 toise) pour 900 écus de Kobalt et de mine d'argent cuivreuse.* (Humboldt 1973, S. 422; Übersetzung: Die Grube von Kaulsdorf hat uns in einem Raum [gemeint ist wahrscheinlich Länge] von 4 Toisen (Stollenhöhe 5/4 Toisen) für 900 Taler an Kobalt und von der Silberlagerstätte geliefert.)

Die geometrischen Angaben entsprechen den bereits genannten Angaben aus (Dok. 8, handschriftliche Ergänzung q). Der Erlös betrug also 900 Taler. Diese Zahl wiederholte Humboldt, inzwischen zum Oberbergrat befördert, auch in einem Brief vom 9. Juni 1795 an Karsten:

> *Da ich in 2 Monathen einige 100 Ct., davon auf der Königszeche für 900 Taler Erze (Kobalt und Silberfahlerz)* [...] *gewonnen* [...]. (Humboldt 1973, S. 430)

Und am 13. Juni 1795 berichtete er dem König:

> *Ew. Kön*[iglichen] *Maj*[estät] *verfehle ich nicht, allerunterthänigst anzuzeigen, wie reichlich die Gebirge hiesiger Fürstenthümer mit Metallen gesegnet sind, und wie sehr sie daher die landesväterliche Aufmerksamkeit verdienen. Es sind noch nicht 1½ Jahre, seitdem ich die Königszeche zu* Kaulsdorf *eröfnet, und in diesem Jahre schon, ohnerachtet wir nur zufällig Erze gewonnen, vorsezlich nicht abgebaut haben, ist sie in Ausbeuthe getreten. Der Anbruch ist 4 L*[achte]*r lang, mit Ortsstoßhöhe aufgefahren, und von Käufern auf*
>
> *8–900 Rthr. Kaulsd*[orfer] *Währ*[ung],
>
> *das ist auf*
>
> *1300–1500* [Gulden] *rhein.*
>
> taxiert. *Die Kobelte steigen im Centner bis 80 rth. und die, welche jezt in der Sole gewonnen werden, auf 100 rth. Wenige Gebirge werden in solchen Distanzen wohl solche Erze schütten, und da seit einem Jahrhunderte im Obergeb*[irgischen] *Fürstenthum kein ähnlicher Anbruch gewesen ist, so freut es mich um so lebhafter, daß diese Epoche noch zu meiner Zeit eingetreten ist. Der Aufwand auf die Königszeche im Jahr 1794/5 betrug dagegen nur 950* [Gulden], *und jene Erze wurden in 2–3 Monathen gewonnen. Darf ich diese*

Gelegenheit nuzen, um das Berg- und Hüttenwesen, an dessen Vervollkommnung ich seit 2 Jahren wenigstens mit gutem Willen gearbeitet, hiemit nochmals der landesväterlichen Huld zu empfehlen. (Humboldt 1973, S. 432)

Humboldt errechnete also eine Ausbeute bzw. einen Gewinn von 350 bis 550 Rheinischen Gulden für den König. Nochmals zum selben Gegenstand informierte Humboldt zwei Tage später auch das Ober-Berg-Departement in Bayreuth (Humboldt 1973, S. 434–435).

Am 5. Juli 1795 bedankte sich Friedrich Wilhelm II., übermittelt durch seinen Minister Graf von Hardenberg, für das erreichte Ergebnis und lobte Humboldts fachliche Kompetenz (Humboldt 1973, S. 443–444).

Im selben Monat, am 15. Juli 1795, sandte Humboldt an seinen Freund Karsten in Berlin verschiedene Mineralproben. Darunter befand sich auch:

[...] *der neue Anbruch von Kobalt, Fahlerz-Kupferkies, von der Königszeche bei Kaulsdorf, die ich 1793 aufgemacht. Der Anbruch ist nur 4 L*[achte]*r lang und ¾ L*[achte]*r hoch durchfahren und schon für 1000 Thaler Erze geschüttet!* (Humboldt 1973, S. 448)

Da nun Kobalterz aus einheimischer (nicht allzu teurer) Lagerstätte zur Verfügung stand, konnte auch Pensel seinen Farbglasbetrieb wieder eröffnen. Humboldt hatte durch sein Bemühen um die Königszeche letztlich auch hierfür die Basis gelegt.

Die Wiederinbetriebnahme des Glaswerkes im Jahre 1796 ging aber nicht reibungslos vonstatten, denn der „junge" Pensel benötigte Geld. Er hatte bei der Kriegs- und Domänenkammer in Bayreuth ein Gesuch um einen Vorschuss oder ein Gnadengeschenk eingereicht. Bevor es dem König zur Entscheidung weitergeleitet werden sollte, bat man Humboldt am 2. Dezember 1796, also kurz vor dem Ende seiner Tätigkeit in Franken, um ein Gutachten (Humboldt 1973, S. 554). Es lag schon ein positiver Bericht des Vize-Oberbergmeisters Killinger vor, der die Fortschritte bei der Wiederaufnahme des Betriebes bestätigte. Interessanterweise wollte Pensel nicht nur blaues Glas (Smalte), sondern *„die sieben Sorten Farben"* herstellen, also mehr als nur die bereits genannten Farben Braunschweiger Grün und Mineralgelb (vgl. Hein 1992, S. 396). Es sollte also neben Smalte nicht irgendein zufällig gefärbter Safflor sein, sondern ganz unterschiedlich, aber gezielt gefärbtes Glas. Ob sich Humboldt an seinen Besuch im Wagner'schen Blaufarbenwerk in Saalfeld vom 7. Juli 1792 und die damit im Zusammenhang stehenden Überlegungen erinnerte?

Schon am 11. Dezember 1796 lieferte Humboldt sein Gutachten ab (Dok. 11). Es war durchweg positiv. Es war also – und das ist an dieser Stelle besonders zu betonten – das Verdienst Alexander von Humboldts, dass das Pensel'sche Glaswerk durch finanzielle Unterstützung aus der Staatskasse wieder seinen Betrieb aufnehmen konnte. Er schrieb:

Wenn irgend eine Fabrik in hiesiger Provinz die Unterstüzung des Landesherrn verdient, so ist es ohnstreitig die des jüngeren Pensel im Amte Lauenstein. [...] *Bei dem Vorrath von Kobelt, welchen die Kaulsdorfer Refier verspricht, bei sehr mittelmäßigen Holzpreisen u*[nd] *Tagelohn, bei der großen Thätigkeit u*[nd] *den ausgebreiteten praktischen Kenntnissen des jungen Pensels, ist nicht abzusehen, warum diese Fabrik nicht gedeihen sollte.* [...] *In Holland ist man selbst mit der jezigen Beschaffenheit der Blaufarbe (u*[nd] *doch wird sie Pensel künftig in größerer Vollkommenheit liefern) so zufrieden, daß ich selbst Bestellungen von 600 Ct. gesehen habe. Die Bereitung der chemischen Farben, davon Proben ich bereits ehemals untersucht u*[nd] *mit ähnlichen Produkten (die ihnen an Güte weit nachstehen) verglichen habe, konnte allein ein Objekt einer eigenen Fabrik sein.* (Dok. 11, Bl. 16r–17r)

Humboldt erläuterte dann sehr ausführlich einen Finanzierungsvorschlag. Er plädierte für ein Geschenk des Königs.

Minister von Hardenberg schloss sich dem Vorschlag in einem Brief vom 21. Januar 1797 an (Dok. 12). Er begründete die Bewilligung des Antrags, wobei er das Engagement des jungen Pensel besonders hervorhob, und nannte für das Geschenk des Königs eine Summe von 2000 fränkischen Gulden. Unter dem Brief befindet sich der Vermerk „bewilligt".

In den Dezember des Jahres 1796 fiel ein weiteres interessantes Ereignis – nämlich die Berichtigung der Kaulsdorfer Grenzen. Am 10. Dezember 1796 legte Humboldt hierzu der Kriegs- und Domänenkammer in Bayreuth einen Vorschlag vor (Humboldt 1973, S. 555–556). Humboldt hatte den Auftrag einzuschätzen, ob ein Grenzstreit mit dem Hause Schwarzburg-Rudolstadt begonnen werden soll, da in Verträgen aus dem 17. Jahrhundert eine andere Grenzziehung als aktuell vorhanden beschlossen worden sei. Humboldt schlug den diplomatischen Weg vor, der einen Gebietsaustausch beinhaltete. Hierzu waren bereits Verhandlungen im Gange. Sie sollten auch auf die Zeche „Pelikan" auf der „anderen" Seite des Roten Berges ausgedehnt werden. Das Königreich Preußen würde sich dann im Besitz der reichsten Kobalt- und Silberfahlerzlagerstätten befinden. Der Gebietstausch könnte einen jährlichen Gewinn von 8.000–10.000 Gulden bringen. Er schätzte aber den Erfolg der letzteren Unternehmung eingedenk der Erfahrungen mit dem Saalfelder Bergamt als gering ein.

Damit endeten Alexander von Humboldts Aktivitäten für die Kobaltgewinnung im *Kaulsdorfer* Revier und die Blaufarbenwerke. Ende Januar 1797 quittierte er offiziell sein Dienstverhältnis beim preußischen König.

4.6. Kobalterze an der Hofer und Bayreuther Straße bei Wunsiedel

4.6.1. Erste Schürfarbeiten auf Humboldts Anweisung

Parallel zu den Bemühungen Alexander von Humboldts, die Kobalterze des *Roten Bergs* der Pensel'schen Smaltefabrik in Schauberg zugänglich zu machen, bemühte er sich aber auch um ein anderes Kobalterzvorkommen, nämlich das bei Wunsiedel, ebenfalls im Fürstentum Bayreuth gelegen. Er war im Jahr 1793 durch seinen Vorgesetzten Otto Heinrich Tornesi auf die Vorkommen „im Sorger" (ein Gebiet in der Nähe von Wunsiedel) und auf erste erfolgreiche Versuche zur Herstellung von blauem Glas hingewiesen worden.

Humboldt war Realist und wollte sich durch nichts überraschen lassen. Es hätte sein können, dass ihm die Übertragung der Bergregale im Kaulsdorfer Revier auf König Friedrich Wilhelm II. nicht gelingt. Dann wäre auch die lukrative Produktion von pulvriger, blauer Smalte und anderem, blauem Glas in Franken nicht möglich gewesen. Darum nutzte er ein zweites Standbein.

Da Humboldts Aktivitäten zur Gewinnung von Kobalterzen aus dem Wunsiedler Revier und deren Einsatz für die Schmelze von blauem Glas auch in fachlich interessierten Kreisen bisher kaum wahrgenommen wurden, obwohl sie – chronologisch geordnet, dadurch aber im Zusammenhang mit den parallel ablaufenden Vorgängen im Kaulsdorfer Revier nicht immer abgehoben erkennbar – auch in der Edition der Jugendbriefe berücksichtigt sind, werden die Originaldokumente und ihre Transkriptionen hier aufgenommen.

Humboldt ordnete Schürfarbeiten und Schmelzversuche an, um die Ausbeute und Qualität der Lagerstätte zu erkunden. Von Anfang an war ihm klar, dass der Gehalt an „*Kobelt*" geringer als in den Erzen vom Roten Berg war. Aber er überlegte wahrscheinlich im Sinne von „Spatz in der Hand versus Taube auf dem Dach", dass es günstiger sei, über eine schlechtere Lagerstätte sicher zu verfügen, als auf die 1793 noch nicht geklärten Bergregale für den Roten Berg angewiesen zu sein.

Was der Oberbergmeister von Humboldt zu diesem Zeitpunkt noch nicht beachtete, war die tatsächliche Zusammensetzung der Erze im Sorger. Sie enthielten neben Kobaltmineralen lokal unterschiedlich in einem solch hohen Maße Braunstein (Manganoxid), dass die durch Co^{2+}

hervorgerufene blaue Farbe der Gläser von der Violettfärbung durch Mn^{7+} überdeckt werden konnte. Überlegungen zum Umgang mit dem Problem hatte er bereits im Juli 1792 nach dem Besuch der Dr. Wagner'schen Blaufarbenfabrik in Saalfeld angestellt, siehe nochmals (Dok. 1).

Über einigen Schriftwechsel zu dem Problem „Kobalterze von Wunsiedel" aus den Jahren 1793 bis 1795 verfügt das Staatsarchiv Bamberg. Der erste bisher nachgewiesene Brief Alexander von Humboldts zu diesem Problem datiert vom 20. Dezember 1793 (Dok. 3). Er erinnerte daran, dass er bei seiner vorangegangenen Befahrung dem Bergamt Wunsiedel den Auftrag gegeben habe, weiter nach den als Geschiebe gefundenen „*Kobelten*" zu schürfen:

> [...] *man fand wieder viel Kobeltgeschiebe, aber nirgends etwas Anstehendes. Erstere so häufig, daß man 4 Ct. davon sammelte!* (Dok. 3, Bl. 3r)

Und weiter:

> *Die Hofnung, die Mittel anstehend zu finden, ist indeß noch gar nicht aufgegeben.* (Dok. 3, Bl. 3v)

Unter „*Mittel*" versteht man hier erzführende Gänge. Humboldt ordnete an, im nächsten Frühjahr einen „*Schurf nach Art einer aufgedekten Rösche, werfen* [zu] *lassen*". Eine Rösche ist ein Graben, der in erster Linie der Wasserführung dient.

Vom 29. März 1794 stammt ein Bericht, der in Kanzleischrift erstattet und von Humboldt persönlich unterschrieben wurde. Den Bericht und die Transkription enthält Dokument 4. Humboldt bezog sich hier auf Vorgänge im I. Quartal 1794:

> *Die so früh eintreffende günstige Witterung begünstigt die schon längst beschlossene Fortsezung der Schürf=Arbeit auf Kobelt ungemein, und es ist demnach kein Anstand, daß Ein Königliches Bergamt nicht mit nächster Woche sogleich damit von neuen anfange.* (Dok. 4, Bl. 6r)

Humboldt beschrieb dann bergmännisch exakt, wo zuvor im Jahr 1793 geschürft wurde. Er formulierte sehr vorsichtig:

> [...] *wo die Kobelt Erzte würcklich als Gang Nr. 6., 2. gegen Mitternacht fallend, anzustehen scheinen.* (Dok. 4, Bl. 6r)

Ob sich dahinter eine gewinnungswürdige Lagerstätte verbarg, sollten weitere Schürfarbeiten ergeben. Den Auftrag dafür hatte der Vize-Bergmeister Schubert übernommen, der dafür 6 Bergleute einsetzte:

> *1.) zweÿ auf einen Röschen längs der Chaussee St*[unde] *12.–1. gegen Mitternacht. Man durchschneidet dadurch alle St*[unde] *6. streichenden Lager. Das Unterkriechen möchte kaum erforderlich und Aufdecken möglicher seÿn.*
> *2.) zweÿ auf eine ähnliche Röschen in dem paralelen Thale gegen Abend, wo sich ebenfalls Kobeltgeschiebe zeigen.*
> *3.) zweÿ auf den Punct, wo die Kobelte anstehen, zur Abteufung eines Schachts. Der Schacht muß als Richtschacht vorgeschlagen werden.* (Dok. 4, Bl. 6v)

Humboldt benutzte den Begriff „Rösche" ganz allgemein für Graben. Im vorliegenden Fall hoffte er, an mehreren Stellen Kobalterz führende Gänge zu schneiden. Das Auffahren von Übertage verlaufenden Röschen ist in jedem Fall billiger als das von Stollen, die in den Berg hineinführen. Humboldt ließ zwei etwa parallele Röschen anlegen. Außerdem sollte ein Richtschacht niedergebracht werden. Er verläuft senkrecht von der Erdoberfläche aus nach unten und sollte auf tiefer liegende, Kobalterz haltige Gänge treffen sowie für die Erzförderung genutzt werden können.

Man kann sich Gedanken über „6“ Bergleute machen. Aus heutiger Sicht sind das sehr wenig. Für Zechen im Fürstentum Bayreuth handelte es sich aber um eine große Anzahl. An vielen Aufschlüssen arbeitete nur ein Bergmann. Humboldts weitere Überlegungen weisen ihn als Kameralisten aus:

> *Es ist nüzlicher, ein so wichtiges Unternehmen auf einmal schwunghaft anzugreifen* [als] *durch kleine Versuche Betriebs=Gelder zu versplittern.* (Dok. 4, Bl. 6v)

Er informierte weiter, dass der Berggeschworene Sievert in die praktische Durchführung des Vorhabens einbezogen sei.

Alexander von Humboldt war im März 1794 bereits Oberbergmeister (Humboldt-Dachroeden 2015, S. 10), musste sich also schon mehr um Verwaltungsarbeiten als 1792 und 1793 kümmern. Außerdem sei nochmals daran erinnert, dass sowohl in den Zechen als auch in den die Erze aufbereitenden Anlagen „*Factoren*“ angestellt waren, die darüber zu wachen hatten, dass keine Kobaltminerale entwendet wurden. Vor diesem Hintergrund ist zu verstehen, wenn Humboldt forderte:

> *Die Register über die Schurfarbeit hat das Königliche Bergamt zu* revidiren *und zur* Superrevision *nach* Baÿreuth *einzusenden. Beÿ dem ersten Register ist diese Verfügung, da sie beÿ einem ähnlichen Fall in* Kaulsdorf *gefordert wurde, mit beÿzulegen.* (Dok. 4, Bl. 7r)

Es wurden also Maßstäbe wie am Roten Berg bei Kaulsdorf angelegt.

4.6.2. Rückschläge beim Einschmelzen der Proben

Es wurden tatsächlich geringe Mengen an kobalthaltigen Erzen geschürft, nicht auf kompakten Gängen Anstehendes, sondern als Geschiebe, dessen Zusammensetzung stark wechselte und zu aufwändiger Gewinnung und Aufbereitung führte. Die Aufbereitungsprodukte wurden darauf geprüft, ob sie sich für die Herstellung blauer Gläser, speziell für Smalte, eigneten. Das Problem bestand darin, wie bereits berichtet, dass der potenzielle Nutzer, das Pensel'sche Blaufarbenwerk in Schauberg, wegen zu hoher Kosten für „ausländische“ Kobaltminerale und genereller Unrentabilität unter der Leitung des „alten“ Penzel gerade „*kalt lag*“.

Vize-Bergmeister Johann Christoph Schubert versuchte, für die Erprobung der kobalthaltigen Minerale andere Wege zu finden. Er formulierte am 1. Juni 1794:

> *Um von der Güte des erschürften Koboldts desto mehr vergewißert zu werden, habe ich dem Herrn Oberbergmeister von* Humboldt *den Vorschlag gemacht, daß ich sothanen Koboldt, da das im Lande befindliche Blau Farben Werck für jetzo nicht vorgerichtet seÿ, auf denen Böhmischen Farbwercken, denen es an Kobalten mangelt, zum Kauf anbieten will.* (Dok. 5, Bl. 11r)

Über den Stand der Schürfarbeiten und dabei auftretende Probleme erhielt Alexander von Humboldt vom Königlichen Bergamt Wunsiedel mit Schuberts Unterschrift am 11. Juni 1794 einen Bericht (Dok. 6). In ihm schilderte Schubert vor allem Probleme mit der Finanzierung der Schürfarbeiten durch die Bergbauhilfskasse. Unter ihr versteht man einen Fonds, in den die mit Gewinn abbauenden Betriebe Geld einzahlen müssen, und jene Geld erhalten können, die Verlust schreiben, oder um neue Lagerstätten zu erschließen. Schubert informierte, wie er nach Auswegen aus dieser Situation gesucht hatte. Weiterhin verwies er darauf, dass er

> [...] *beÿ dem Schurf ferner Geschwohrens und Schichtmeisters Dienste leiste.* (Dok. 6, Bl. 7r)

Als „Geschworener“ oblagen ihm die Aufgaben des „*Factors*“. Darauf und auf seine Bitte, von der Arbeit vor Ort entlastet zu werden, wird anschließend eingegangen.

Für das folgende Antwortschreiben Alexander von Humboldts ist aber die Aussage wichtig:

> *Was man inzwischen von unseren Kobolt haelt, besaget die Original-Anlage* [...]. (Dok. 6, Bl. 6r)

Diese Anlage wurde bisher nicht aufgefunden. Aus Schuberts Andeutung und Humboldts Antwortbrief kann man aber entnehmen, dass die Glasschmelze in den Böhmischen Blaufarbwerken nicht positiv verlaufen war.

Alexander von Humboldt antwortete schon am 14. Juni 1794 (Dok. 7) auf Schuberts Brief. Zunächst setzte er dem Bergamt in Wunsiedel auseinander, wie die Kosten für das Schürfen auf Kobalt abzurechnen seien. Er entschuldigte sich quasi, dass er aufgrund einer anderen dienstlichen Verpflichtung den mit Schubert gemeinsam erarbeiteten Etatvorschlag für die Jahre 1793/94 noch nicht im Bergamt eingereicht hatte. Für Humboldts Absicht, die Verantwortlichen vor Ort in die Entscheidungsfindung einzubeziehen, spricht, wenn er schrieb:

> *Künftig werden die Bergämter die Entwürfe gemeinschaftlich mit dem Oberbergmeister selbst einreichen u*[nd] quartaliter *vom* rendanten *der Gen*[annten] *Bergbauhülfs Casse den Vierten Theil der im Etat radicirten Bergbauhülfsgelder erhalten.* (Dok. 7, Bl. 2r)

Dann folgte Humboldts Überlegung, warum sich die aus dem Schurf gezogenen Proben nicht zur Herstellung von blauem Glas eigneten:

> *Die ungünstige Nachricht des p* Pohl, *dessen Brief d*[e] *d*[ato] *3 h*[uius] *m*[ensis] *zurükerfolgt, darf uns in der Schurf Arbeit (welche schwunghaft zu* continuieren*) nicht abschrekken, da aus Zufall mehr Braunstein als Kobelt Stuffen eingesandt sein mögen.* (Dok. 7, Bl. 2r)

Bedenkt man, dass die bergmännisch gewonnenen Schürf-Proben tatsächlich einen sehr hohen Anteil an Braunstein und wahrscheinlich sehr wenig Kobaltminerale enthielten, kann man folgern, dass die Bergleute aufgrund mangelnder mineralogischer Kenntnisse die „Kobaltstufen" nicht neben den Braunsteinstufen erkannten und ordentlich auslasen. Es spielte also nicht so sehr der „*Zufall*", sondern eher die von Humboldt stets bemängelte Unkenntnis der Bergleute (Humboldt 1794a, Bl. 2–3) eine Rolle.

4.6.3. Erste Erfolge

Der Misserfolg schreckte Humboldt aber nicht ab, denn die Proben, die – wie bereits gesagt – Tornesi 1793 zur Begutachtung weggegeben hatte, führten zu blau gefärbtem Glas. Die Schürfarbeit sei „*schwunghaft zu continuieren*", d. h. fortzusetzen. Neue Proben seien, genau gekennzeichnet, an das Königliche Oberberg-Departement zu senden, das dann Einschmelzversuche veranlassen würde.

Schuberts Antrag bezüglich Entlastung von seiner Tätigkeit als Berggeschworener bestätigte Humboldt. Er wusste sehr genau, dass Schubert keine praktische Erfahrung im Bergbau vor Ort hatte (vgl. Hein 1993, S. 161), so dass er festlegte:

> *Was aber Anordnungen beim prakt*[ischen] *Bergbau selbst, wie dem Kobolt-Schürfen, betrift, liegt dem p Sievert besonders ob.* (Dok. 7, Bl. 3r)

Im Herbst 1794 verfasste Alexander von Humboldt den bereits genannten ausführlichen Bericht über den Zustand des Bergbaus in den fränkischen Fürstentümern, den er in den Jahren 1795, 1796 und 1797 auf Hardenbergs Wunsch hin wegen sich ändernder Gegebenheiten korrigierte und durch Einschübe ergänzte (Dok. 8).

Zu den Kobaltmineralen bei Wunsiedel formulierte er im Herbst 1794 noch sehr optimistisch:

> *Kobelt, schlakkiger schwarzer Erdkobelt beÿ Wunsiedel, theils anstehend, theils Geschiebe so häufig, daß man in kurzer Zeit einige Centner sammeln kann – – – eine neue und vielversprechende Entdeckung des Bergraths Tornesi. Man hat noch im Spätherbst einige Schürfe darauf werfen laßen und wird im Frühjahr mit einem Schacht niedergehen. Die Gläßer / Smalte / welche in Freiberg, Schneeberg und Bayreuth davon gemacht, sind vorzüglich schön ausgefallen.* (Dok. 8, Bl. 18r)

Wir erfahren nun auch, wo die blauen Gläser auf der Basis der von Tornesi übergebenen Erzproben geschmolzen wurden; in dem Humboldt bestens bekannten chemischen Labor der Bergakademie in Freiberg, bei der Blaufarben-Konkurrenz in Schneeberg und in einem nicht näher beschriebenen Glaswerk im Fürstentum Bayreuth.

4.6.4. Weiterer Rückschlag

Am 20. Oktober 1794 informierte von Frankfurt am Main aus ein ziemlich enttäuschter Alexander von Humboldt das Königliche Ober-Bergdepartement über folgende Situation:

> *Ich habe die Ehre gehabt, Einem Hochlöblichen K*[öniglichen] O[ber] *B*[erg] *Dep*[artement] *bereits mehrmals mündlich und schriftlich den elenden Fortgang unserer Schürfen auf Kobelt bei Wunsiedel gehorsamst anzuzeigen. Das völlige Auskeilen des Ganges hat uns endlich veranlaßt die Grube und Röschen einzustellen, um so mehr da aus allen zu Berlin angefertigten Proben sich ergeben, daß das lezterzielte Fossil* reiner Braunstein *war. Zwar bin ich überzeugt, daß anfangs etwas Kobelt mit dem Braunstein zusammen brach, dennoch aber ist die Natur der Lagerstätte so, daß ich nicht auf Fortsezung des Schürfens auf Kön*[igliche] *Kosten antragen darf.* (Dok. 9, Bl. 39r; Humboldt 1973, S. 368)

Die bei dem neuerlichen Schürfen vorgefundenen und als „*Kobelt*" bezeichneten Minerale befanden sich – in geringer Menge – also nur im Geschiebe, nicht auf dem verfolgten Erzgang. Ein weiteres Auffahren des Erzganges wäre Geldverschwendung gewesen. Dass es sich bei den Proben um reinen Braunstein handelte, hatten Versuche in „*Berlin*" ergeben. Darunter ist das Labor der Königlichen Porzellanmanufaktur zu verstehen, in dem auch das Schmelzen von Glasuren für Porzellan – sie sind aus werkstofflicher Sicht ebenfalls ein Glas – erprobt wurde (in Humboldt 2014, in Kap. 8 ist von einem weiteren Kontakt Humboldts zu dieser Manufaktur die Rede).

Ganz aufgeben wollte Humboldt nicht. Im besagten Brief fuhr er fort:

> *Dennoch bezeigen noch immer andere Gewerken Lust fortzuschürfen, u*[nd] *ich wünschte daher, daß Ein Hochl*[öbliches] *K*[önigliches] O[ber] *B*[erg] *Dep*[artement] *dem B*[erg] *A*[mt] Wunsiedel *die Erlaubniß ertheilte, wieder freie Muthungen auf Kobelt anzunehmen.* (Dok. 9, Bl. 39r; Humboldt 1973, S. 369)

Da Kobaltminerale für das Färben von Gläsern und als Weißmacher vor allen Dingen von Papier und Textilien eine immense Bedeutung erlangt hatten, wandte sich Alexander von Humboldt ein halbes Jahr später, im Frühjahr 1795, doch wieder dem Schürfen auf Kobalt bei Wunsiedel zu. Wahrscheinlich war ihm auch nach wie vor die Situation auf der Königszeche bei Kaulsdorf zu unsicher. Tornesi – und auch er selbst – hatten, wie schon erwähnt, Proben untersuchen lassen, die zu einem blau gefärbten Glas führten. Es musste also – so überlegte er – an der Hofer Straße im Sorger bei Wunsiedel Kobaltminerale auf einem *Gang* geben. Denn jedes Geschiebe hat einen Ausgangspunkt. Man musste den Schurf nur an der richtigen Stelle ansetzen und ausreichend gute Mineralkenntnisse besitzen, um Kobalterze vom Braunstein zu unterscheiden.

4.6.5. Aussicht auf Erfolg

Am 18. März 1795 legte er seine neuerlichen Gedanken dem Königlichen Ober-Bergdepartement dar (Dok. 10). Er schrieb einleitend:

> *So reicher Seegen auch auf der einen Seite durch die Anbrüche der Kaulsdorfer Refier dem hiesigen Fürstenthum an Kobelt zugeflossen ist, so wenig glaube ich doch die Versuche auf eben dies Metall in den* Wunsiedler *Refier vernachlässigen zu dürfen. Ein Hochl*[öbliches] *K*[önigliches] O[ber] *B*[erg] *D*[epartement] *wird hochgefälligst aus meinen verschiedenen deshalb erstatteten Befahrungsberichten ersehen haben, daß ich die an der Hofer Straße erschürften Fossilien immer als ein Gemenge von Kobelt und Braunstein betrachtet habe. Unter diesem Namen habe ich dieselben auch in den von den B*[erg] *Geschworenen monatlich an mich erstatteten und von mir mit* marginalien *versehenen Betriebsberichten ausführen lassen.* (Dok. 10, Bl. 42r)

Humboldt stellte klar, dass er bei der Wunsiedler Lagerstätte nie von reinen Kobaltmineralen, sondern stets von einem „*Gemenge von Kobelt und Braunstein*" gesprochen habe. „*Gemenge*" bedeutet aber, dass die Mineralanteile in wechselnden Verhältnissen zueinander vorliegen können – im Extremfall einerseits nur Braunstein, andererseits nur Kobaltminerale. Das würde auch erklären, warum Tornesis Proben blaues Glas ergeben hatten und andere violettes. Ein bisschen Glück gehörte also auch dazu.

Humboldt konnte aber das Ergebnis der Versuche in Berlin nicht negieren:

> *Die mehrmaligen Versuche in dem* laboratorium *der Kön*[iglichen] *Porzellanmanufaktur in Berlin, eine Anstalt deren gründlich-chemisches Verfahren ich genau kenne da ich ehemals selbst darinn arbeitete, die Versuche welche der V*[ize]*bergm*[eister] Ullmann *anstellte entschieden bloß für Braunstein u*[nd] *gaben die violetten Gläser der Kotigen Bibersbacher Erze.* (Dok. 10, Bl. 42v)

Dabei handelte es sich, wie es die Farbumschreibung sagt, um Braunstein. Er versuchte nun, zum wiederholten Male zu erklären, weshalb anstelle von Kobalterz haltigen Stufen solche aus Braunstein nach Berlin geliefert wurden:

> *Sonderbar bleibt es immer daß die Stuffen, welche den Kobelt unwiderleglich gegeben hatten, mit diesen (denn es war ein Haufwerk von allen Sorten) in den äußeren Kennzeichen vollkommen übereinstimmten.* (Dok. 10, Bl. 42v)

Humboldt bemerkte also etwa ein Jahr nach Versendung der Proben nach Berlin, dass man mangan- und kobalthaltige Proben visuell nicht unterschieden hatte. Wenn man aber die Methoden der bergmännischen Scheidekunst (die er an der Bergakademie in Freiberg erlernt hatte) anwenden würde, müsste man beide Komponenten sicher voneinander trennen können. Er war somit wieder optimistisch, dass man bei Wunsiedel doch kobalthaltige Minerale gewinnen könne.

Zunächst kümmerte sich Alexander von Humboldt persönlich vor Ort um die Lagerstätte. Als Bergmann befuhr er eine wasserführende Rösche und stellte fest, dass die Anbrüche „*des zweifelhaften Fossils*" bald aufhörten. Er fand aber Trümmer vor, die vielleicht Kobaltminerale enthielten. Sie sollten aufgelesen werden, wobei es nach „*jedem Regengusse*" leichter möglich wäre, die verschiedenen Minerale rein optisch voneinander zu unterscheiden. Das entspricht einer alten bergmännischen Erfahrung. In der Bischofsgrüner Knopfglashütte, die auf der Basis von Grünstein produzierte (siehe Kapitel 6.1), hatte man mit solcher Art der „Rohstoffgewinnung" positive Erfahrungen gemacht (Dok. 10, Bl. 43r).

Der erwähnte Vize-Bergmeister Schubert beauftragte auf Weisung Humboldts daraufhin den Knopfglashüttenmeister Johann Häfner aus Fröbershammer bei Bischofsgrün mit der Durchführung entsprechender Versuche. Sie verliefen positiv.

Zu dem parallelen Auftreten von Kobalterzen und Braunstein im Sorger bei Wunsiedel findet man folgende Aussage:

> *Diese Ungewißheit entstand indeßen daher, weil wirklich Braunstein unterm Kobolde, und wie der H*[err] *Ober-Bergrath* Tornesi *bemerkte, auf dem einen Saalband des Ganges Kobold, auf dem anderen aber Braunstein vorkommt, welches Vorkommen bei Wegschickung der Proben nicht wahrgenommen, sondern, die Erze ohne Ausscheidung, wie sie brechen, eingepakt wurden. Die lezte Probe wurde mit einer ansehnlichen Quantität auf der Bischofsgrüner Hütte vorgenommen, welche sehr schön blaue und nicht violette Gläser gab.* (Anonym 1796, ohne Pag.)

Humboldt wollte aber sicher gehen:

> *Ich habe die Ehre anbei 2 Proben* Wunsiedler *Kobelt Gläser N. I u*[nd] *II e[i]nzureichen, bei denen die Mischung und die Schmelzzeit genau angegeben ist. Da diese unwiderleglich blau und nicht violett wie die* Ullmann*ischen u*[nd] *Berliner Proben sind, so habe ich zugleich die Fossile N III vom ersten Schurf N. IIII* dito *aber bessere Sorte u*[nd] *N. V vom neu (1794) erschürften einliefern lassen u*[nd] *sie dem* Häfner *gezeigt, der sie für gleichartig mit denen erkennt, aus denen er die Proben geliefert.* (Dok. 10, Bl. 43v)

Häfner war es also gelungen, aus den im Sorger vorgefundenen Trümmern kobalthaltige Minerale zu separieren. Interessant ist, dass wir erstmalig hören, dass für die Glas-Proben I und II eine Rohstoffmischung und die Schmelzzeit verzeichnet waren. Auf die Angabe der extrem wichtigen Schmelztemperatur musste man verzichten, da man sie noch nicht messen konnte – also ein Unsicherheitsfaktor.

4.6.6. Offener Ausgang der Gewinnung von Kobalterzen bei Wunsiedel

Um sicher zu gehen, ließ Alexander von Humboldt nochmals die Rohstoff-Proben III, IIII und V zur Königlichen Porzellanmanufaktur nach Berlin schicken. Es gab anscheinend in jedem Fall Rückstellproben. Probe III war die Braunsteinprobe; Probe IIII aus demselben Schurf, aber nun besser sortiert; und Probe V die neue Kobalt-Probe. Das Berliner Labor sollte die Ergebnisse reproduzieren. Dass hohe Gehalte entweder an Kobaltmineralen oder an Braunstein ein entweder blaues oder violettes Glas lieferten, konnte wahrscheinlich bestätigt werden. Ein schriftlicher Nachweis des Sachverhaltes fehlt bisher.

Zum Problem, dass bei Wunsiedel gefundene Erze nicht nur die gewünschten Kobaltminerale, sondern auch den an dieser Stelle störenden, für die Entfärbung von Eisenoxid haltigen Gläsern aber wichtigen Braunstein (Genaueres dazu in Kapitel 5.2) enthielten, äußerte sich Alexander von Humboldt noch einmal 1796. In der bereits zitierten Passage strich er persönlich den auf 1794/95 bezogenen Satz:

> *Man hat noch im Spätherbst einige Schürfe darauf werfen laßen und wird im Frühjahr mit einem Schacht niedergehen.* (Dok. 8, Bl. 18r)

Er ergänzte handschriftlich einen Nachtrag „*l)*“:

> *Die im Jahr 1794 darauf geworfenen Schürfen haben indeß nur noch sich bald auskeilende* Mittel *entblößt. Auch ist der Kobolt so mit Braunstein verunreinigt, daß einzelne Proben gar keine Smalte ergeben. Eine neuere Untersuchung dieses Gegenstandes, der troz der herrlichen Kaulsdorfer Ausbrüche nicht zu vernachlässigen ist, wird bald entscheiden, ob die frühgefaßten Hofnungen erfüllt werden können.* (Dok. 8, Bl. 17v)

Während in einer dem Dokument 8 beiliegenden Übersicht zum Nailaer Revier (dazu gehört der Rote Berg bei Kaulsdorf) eine Gewinnung von „*5. Kobelt und Fahlerz – – – – 1.300 f.*" (Dok. 8, Bl. 27r) angeführt ist, hatte Alexander von Humboldt, wahrscheinlich im Jahr 1795, für das Wunsiedler Revier (Dok. 8, Bl. 28r) die Angabe „*5. Kobelt – – – – 50 f.*" wieder gestrichen. Die großen Hoffnungen auf das Wunsiedler Revier hatten sich bis zur Abreise Humboldts aus Franken nicht bestätigt.

5. Weitere spezielle Glasrohstoffe in den Berichten Humboldts

5.1. Aussagen zu Glasrohstoffen allgemein

Alexander von Humboldt verstand sich in erster Linie als Geologe und Bergmann im weitesten Sinne, der die Rohstoffe erkundete und ihren Abbau, ggf. auch ihre Aufbereitung organisierte. Erst in zweiter Linie sah er sich als Nutzer derselben. Er untersuchte vor allem Erzlagerstätten (wie die des Kobalts), gelegentlich auch die von Steinen und Erden. Die *Hauptrohstoffe* für die Herstellung von Gläsern gehören zu Letzteren. Ihnen galt also *nicht* das *vordergründige* Interesse Humboldts. Ergebnisse fielen quasi „nebenbei" ab.

Zu den Hauptrohstoffen zählen vor allem Sand/Quarzit, Alkalikarbonate (Soda und Pottasche), Albit (ein Natriumfeldspat) sowie Kalk. Im 18. Jahrhundert bestanden die Gläser in der Regel aus 60–75 % SiO_2, 6–10 % CaO und 10–20 % (Na_2O + K_2O). Eine repräsentative Zusammensetzung für ein Gebrauchsglas war beispielsweise 70 % SiO_2, 7,5 % CaO und 17,5 % (Na_2O + K_2O). Der Rest zu 100 % konnten Al_2O_3, MgO und die hier interessierenden färbenden Oxide sein.

SiO_2 in Form von Sand und zerkleinertem Quarzit war zur damaligen Zeit der einzig genutzte Netzwerkbildner (vgl. Abb. 2). Je mehr SiO_2 ein Glas enthält, desto stabiler ist es chemisch und thermisch, da von der Anzahl der Brückensauerstoffe die Stabilität der Vernetzung der Glasstruktur abhängt. Diese Aspekte spielten aber zu Humboldts Zeiten nur eine ganz untergeordnete Rolle. Viel wichtiger war es, dass sich das Glas bei den mit Holz erreichbaren Temperaturen von maximal 1300 °C überhaupt einigermaßen frei von Schlieren und Blasen schmelzen ließ. Man wusste aus der Erfahrung: Jede Zumischung anderer Rohstoffe führte zu einer Absenkung der Schmelztemperatur und verringerte die Zähigkeit (Viskosität) der Schmelze bei der Verarbeitung. Trotzdem eignen sich nur wenige Rohstoffe für die tatsächliche Anwendung.

Eine Ursache besteht darin, dass die entscheidende Eigenschaft beliebiger Glaserzeugnisse ihre Transparenz war (und weitgehend auch noch ist). Dabei können sie entweder farblos, ungewollt gefärbt oder gezielt farbig sein. Ein definiert farbiges Glas erhielt man zu Humboldts Zeit ausschließlich durch Zugabe geringer Mengen (unter 2 %) an färbenden Oxiden (Ionenfärbung) zu einem farblosen Ausgangsglas, wie es in Kapitel 4.3 bereits für die Smalte erläutert ist.

Aber die Wahrscheinlichkeit, ungewollt ein grünlich gefärbtes Glas – das sogenannte Waldglas – zu produzieren, war extrem hoch, weil die meisten für die Glasherstellung notwendigen Rohstoffe von Haus aus eine geringe Menge an färbenden Oxiden, meist Eisenoxide, enthalten.

Es galt also, Lagerstätten vor allen Dingen für Sand und Quarzit mit einem möglichst geringen Gehalt an Eisenoxid zu finden. Solche Lagerstätten gab es z. B. im Fichtelgebirge. Alexander von Humboldt schrieb, auf die Porzellanherstellung in Bruckberg bezogen:

Der milchweiße Quarz wird aus dem Fichtelgebürge geliefert. (Humboldt 1792b, Bl. 188v)

Auch wenn sich Humboldt an dieser Stelle explizit auf die Eignung für die Porzellanherstellung bezog, so nutzte man diesen Quarz wahrscheinlich – zerkleinert – auch für die Glasschmelze.

Ein tatsächlich farbloses Glas erhielt man – basierend auf jahrhundertelanger Erfahrung – nur durch Zumischung ebenfalls färbender Oxide, die die Komplementärfarbe zu der durch Eisenoxid hervorgerufenen Färbung erzeugen und so zu einem – damals nicht störenden – Graustich führten. Das wichtigste hierfür eingesetzte Mineral war Braunstein. Im Kapitel 5.2 wird darauf eingegangen.

Man wusste: Kalk senkt die Schmelztemperatur ab. Hier besagte die Erfahrung, dass mehr als 10 % CaO zu einer Kristallisation der Glasschmelze bei der Abkühlung führen, also kein transparentes Glas ergaben. Deshalb konnte die Kalkmenge zur Absenkung der Schmelztemperatur nicht beliebig erhöht werden.

Auch die Wirkung von Karbonaten des Natriums und Kaliums auf die Schmelztemperatur war den Praktikern aus der Erfahrung bekannt. Dabei wirkt das Kaliumkation K^+ stärker als das Na^+. Während man heute in erster Linie Soda (Na_2CO_3) einsetzt, stand dieser Rohstoff im 18. Jahrhundert kaum zur Verfügung bzw. war sehr teuer. Anders war es mit einem Material, das in den Glashütten selbst erzeugt werden konnte, der Pottasche. Da für deren Herstellung große Mengen Holz erforderlich waren, kümmerte sich Humboldt auch darum (vgl. Kapitel 7).

Ein weiterer Rohstoff war für ihn interessant, der Grünstein. So wie es für die Porzellanherstellung Rohstoffe gab, die der gewünschten Zusammensetzung des Produktes schon weitgehend nahe kamen, etwa Passauer oder auch Göpfersgrüner Porzellanerde (Humboldt 1792b, Bl. 199v), entsprach die Ist-Zusammensetzung verschiedener Grünsteine bereits der Zusammensetzung einer bei relativ niedrigen Temperaturen entstehenden, schwarzen Glasschmelze. Da auf dieser Basis verschiedene Glashütten im fränkischen Fürstentum Bayreuth produzierten, interessierte sich Humboldt auch für diesen Rohstoff (vgl. Kapitel 5.4).

5.2. Braunstein

Das Mineral Braunstein oder Pyrolusit kommt in der Natur sowohl auf eigenständigen Lagerstätten als auch vergesellschaftet mit anderen Mineralen als Erz vor. Seine chemische Zusammensetzung lautet MnO_2 mit Mn^{4+}. Wird der Braunstein direkt in die Glasschmelze eingeführt, ändert das Mangan-Kation seine Wertigkeit. In Gläsern findet man vor allem Mn^{2+} und Mn^{7+}. Welche Wertigkeit vorherrscht, hängt u. a. vom Sauerstoffpartialdruck in der Schmelze und der Anwesenheit weiterer Übergangsmetallkationen ab. Tritt bei Sauerstoffmangel in ansonsten farblosen Gläsern überwiegend Mn^{2+} auf, wird das Glas schwachgelb, beim Vorherrschen von Mn^{7+} in Sauerstoff reicher Atmosphäre violett gefärbt (Vogel 1992, S. 263). Es besteht immer ein Gleichgewicht zwischen den verschiedenen Wertigkeitsstufen, das sich in Abhängigkeit von der Atmosphäre (und auch der Temperatur) in die eine oder andere Richtung verschiebt. Da in der Regel mit einem Luft- bzw. Sauerstoffüberschuss geschmolzen wurde, um die Verbrennungswärme des – damals – Holzes vollständig zu nutzen, war es relativ leicht, violett gefärbte Gläser zu erzeugen.

Das war aber nicht die wichtigste Aufgabe des Braunsteins. Das in den natürlich gewonnenen Rohstoffen nahezu immer präsente Eisenoxid Fe_2O_3 verleiht dem Glas, wie schon gesagt, eine gelbbraune, das FeO eine bläuliche Farbe. Die Kombination ergibt je nach Mengenanteilen einen gelbgrünen oder blaugrünen Farbton. Das stört. Anteile an Eisenoxid von etwa 0,01 % können bereits eine Farbwirkung hervorrufen (Beyersdorfer 1964, S. 148).

Enthält aber ein Glas nicht mehr als 0,1 % Eisenoxid, kann man es durch Beimischung von Braunstein unter Nutzung der entstehenden Komplementärfarbe entfärben. Darauf wurde bereits mehrfach verwiesen. Natürlich muss die Zumischung von Braunstein dem im Glas vorhandenen Eisenoxidanteil entsprechen. Andernfalls bleibt ein leicht grünblauer oder violetter Farbeindruck zurück. Die „richtige" Menge fand man durch Probieren – also auch hier ein Geheimnis der Zusammensetzung und damit der Glashüttenmeister.

Sehr anschaulich beschrieb schon Georg Ludewig Hochgesang die Probleme bei der Zugabe von Braunstein in die Glasschmelze:

> *Der Braunstein, welcher zum Abstossen der grünen Farbe gebrauchet wird, findet sich häufig in unsern Gebürgen.* [...] *Dieser muß gestossen, gesiebet, gewaschen, getrocknet und dadurch von allen Erdtheilen gereiniget werden. Wird er verhältnißmäßig zum Glase gesetzet, so wird es schön helle, wie ein klares Brunnenwasser; greifet aber der Glasmacher zu tief* [in die Rohstoffkiste], *so wird das Glas kirschbraun, und das nennen die Glasarbeiter einen Bär.* (Hochgesang 1780, S. 22–23)

Diese Zusammenhänge waren Alexander von Humboldt nicht bekannt, als er die Vorgänge bei der Smalte-Herstellung beschrieb (siehe Kapitel 4.4.4), denn umgekehrt kann man natürlich eine Glasschmelze, in die Manganoxid eingeschleppt wurde, durch Zugabe genau der notwendigen Eisenoxidmenge ebenfalls entfärben.

Für Humboldt war also Braunstein einerseits bei der Smalte-Herstellung störend, andererseits wirkt Braunstein zur Herstellung farbloser Gläser als „Seife". Er sprach immer nur im Zusammenhang mit anderen Erzlagerstätten auch über Braunstein und erwähnte ihn vor allem gemeinsam mit Eisen- und Kobalterzlagerstätten.

In seinem Bericht im Jahr 1794 formulierte er beispielsweise:

> *Braunstein ---- bricht in beträchtlicher Menge mit den Eisenerzen. Da derselbe in verschiedenen Zuständen der Oxidation violette, oft bläuliche Gläser giebt; so ist mit diesem Foßile von Zeit zu Zeit ein beträchtlicher Handel, als Kobelterz, getrieben worden. Man wird versuchen, dem eisenfreiern Braunsteinkalch künftig als solchen zur Kaufwaare zu machen.* (Dok. 8, Bl. 14v)

Der erste Satz dieser Passage bezieht sich auf das gemeinsame Auftreten mit Eisenerzen; der zweite Satz auf das mit Kobalterzen. Man erkennt die damals nicht verstandenen Zusammenhänge (siehe Kapitel 4.4.4) der Farbwirkung von Eisen-, Kobalt- und Manganverbindungen. Wenn Humboldt schrieb, dass man versuchen wird, „*dem eisenfreiern Braunsteinkalch künftig als solchen zur Kaufwaare zu machen*", dann kann sich das eigentlich nur auf die Verwendung als Glasseife beziehen.

Es sei an dieser Stelle auch noch einmal an die Aussage erinnert, dass im Sorger bei Wunsiedel neben Kobalterzen auch Braunstein ansteht (in Anonym 1796, ohne Pag.).

5.3. Pottasche

In Kapitel 4.3 wurde bereits ausgeführt, dass einwertige Kaliumkationen K^+ während der Glasschmelze als Flussmittel wirken, d. h. die Schmelztemperatur absenken. Sie verringern aber nicht nur diese, sondern der gesamte sich anschließende technische Prozess kann bei tieferen Temperaturen stattfinden – eine Voraussetzung dafür, dass man seit etwa 6000 Jahren mit den zur Verfügung stehenden technischen Möglichkeiten Glas herstellen konnte.

Zur Zeit Alexander von Humboldts nutzte man vor allen Dingen die Möglichkeit, das Flussmittel „Pottasche" (K_2CO_3) relativ leicht selbst in den Glashütten herstellen zu können. Verschiedene Pflanzen nehmen aus dem Boden, auf dem sie wachsen, über die Wurzeln mit dem Wasser auch Kaliumkationen auf. Das setzt natürlich voraus, dass die den Boden bildenden Gesteine auch Kaliumkationen enthalten, z. B. im reinen Orthoklas (ein Kalium-Feldspat der Zusammensetzung $K_2O \cdot Al_2O_3 \cdot 6\,SiO_2$) und Porphyr. So eignet sich auf entsprechendem Boden wachsendes Ahornholz (Kapff 1792, S. 49) oder auch Tannen- und Kiefernholz (Kapff 1792, S. 50) sehr gut zur Herstellung von Pottasche. Im Fichtelgebirge waren es vor allen Dingen die dort vorherrschenden Fichten, die eingesetzt wurden. Wenn man das kaliumhaltige Holz verbrannte, verblieben die Kaliumkationen in der Asche. Diese „Holzasche" war ein relativ billiger Kaliumlieferant.

Die Holzasche enthielt aber neben dem gewünschten K_2O auch störende Beimengungen, wie färbende Oxide und nicht verbrannte pflanzliche Reste mit einem deutlichen Anteil an Kohlenstoff. Das führte häufig zu grünlichem, sehr blasenreichem Glas.

Schon in der Antike fanden Glashüttenmeister, wahrscheinlich eher zufällig, dass sich dann, wenn man die Holzasche in Wasser gibt, ein Auslaugvorgang abspielt. Das gewünschte Produkt, das man nicht näher beschreiben konnte, verblieb im Wasser. Gab man die entstandene Lauge in ein feuerbeständiges Gefäß, z. B. in einen Eisenkessel oder -pott (Hochgesang 1780, S. 2), so konnte durch Verdampfen des Wassers ein Bodensatz gewonnen werden, der – so wissen wir es heute – die Zusammensetzung K_2CO_3 mit wechselnden Mengen an eingelagertem Wasser aufwies. Dieser Bodensatz wurde als Pottasche bezeichnet. Seine Zugabe zu Glas erleichterte den gesamten Fertigungsprozess.

Bei Beyersdorfer kann man dazu lesen:

> *Durch die unmittelbare Verwendung von Pflanzenaschen kam das Kali in die antiken und mittelalterlichen Gläser. Schon zu Kunckels Zeit wurden Holzaschen mit Wasser ausgelaugt und die Laugen in Töpfen (Pott!) zu einem festen Salz, der Pottasche, eingedampft.* (Beyersdorfer 1964, S. 144–145)

Die sehr ausführliche Beschreibung dieses Vorgangs findet sich bei Kunckel auf der Basis von eingeäscherten „Kräutlein" im antiken Syrien (Assur) (Kunckel 1977, S. 245–259).

Die Pottasche war aber nicht nur die „Butter vom Glas", die die Schmelze für die Formgebung „geschmeidig" machte (Beyersdorfer 1964, S. 145), sie wurde auch für die Herstellung von Alaun verwendet. Farbloser Alaun ist ein Kalium-Aluminium-Sulfat mit einem erheblichen Anteil an Kristallwasser ($KAl[SO_4]_2 \cdot 12\ H_2O$). Sind statt des Aluminiums auch Chrom, Mangan, Eisen oder Kobalt vorhanden, können Alaune kräftig gefärbt sein. Alexander von Humboldt hat sich während seiner Tätigkeit in Franken sehr intensiv mit der Alaunherstellung beschäftigt, worauf hier aber nicht näher eingegangen werden soll. Wichtig ist aber, dass für die Herstellung von Alaun ebenfalls Kaliumverbindungen benötigt werden. Damals verwendete man auch dafür Pottasche. Die Glashütten und die Alaunfabriken konkurrierten also um Pottasche. Und da Pottasche durch Verbrennen geeigneter Bäume erzeugt wurde, konkurrierten die Betriebe letztlich um das ohnehin schon knappe Holz.

Humboldt äußerte sich zum Einsatz der nicht unbegrenzt verfügbaren und durch den Auslaug- und Eindampfprozess relativ teuren Pottasche für die Alaunherstellung folgendermaßen:

> *Das Fällen des Alaun Meels geschieht durch Potasche, das Bedürfniß derselben ist sehr vermindert worden, seitdem man sie mit Holzasche versezt.* (Humboldt 1792b, Bl. 165r)

Für die Alaunherstellung eignete sich also auch die nicht ausgelaugte Holzasche. Weiter schrieb er:

> *Man wird versuchen sich statt der Potasche, deren Preiß mit zunehmendem Holz-Mangel natürlich steigt, künftig Glas Galle zu verschaffen.* (Humboldt 1792b, Bl. 165v)

Glasgalle ist ein bei der Glasherstellung aufschwimmender Schaum aus Alkalisulfaten. Die vorherrschende Silikatglasschmelze kann in der Regel bis 1,8 % Schwefeloxid (SO_3) lösen (Illig 1991, S. 97). Gelangen durch die Verbrennungsgase und die Rohstoffe – meist ungewollt – mehr Schwefeloxide in die Schmelze, bindet sich der überschüssige Anteil an die in der Schmelze vorhandenen Alkalikationen und schwimmt als unlösliches Alkalisulfat auf. Die Galle wird von der Schmelzoberfläche abgezogen. Man spricht vom Abfeimen. Da zu Humboldts Zeiten die Gläser als Flussmittel vor allem K_2O enthielten, bestand der Schaum vor allem aus K_2SO_4. Da Alaun ebenfalls ein Sulfat ist, sollte sich Glasgalle nach Humboldts Meinung hervorragend für seine Herstellung eignen und Pottasche an dieser Stelle nicht benötigt werden. Heute besteht Glasgalle aufgrund der Anwendung von Soda als Flussmittel hauptsächlich aus Na_2SO_4. Sie tritt aber aufgrund von weitgehend schwefelfreien Verbrennungsgasen und Rohstoffen nur noch sehr selten auf.

Die Situation für die Beschaffung von Pottasche sollte sich also für die Glashüttenmeister Ende des 18. Jahrhunderts durch die Verwendung von Glasgalle für die Alaunherstellung entschärft haben. Dem war aber nicht so. Am 7. November 1796 beklagten sich die Glashüttenmeister von Kleintettau und Alexandershütte in einer Bittschrift an den König darüber, dass sie zu wenig Holz zum Veraschen erhielten. Der Streit mit dem Forstdepartement und dem Amt Lauenstein zog sich bis 1799 hin, also einem Zeitpunkt, zu dem sich Alexander von Humboldt schon nicht mehr in Franken befand. Im Bericht von Freudel und Lammers findet sich folgende Aussage in Beantwortung der Beschwerden drei Jahre zuvor:

> [...] *ad g, in Ansehung der gebethenen Erlaubniß in allen Forsten aeschern zu dürfen, haben die Supplicanten ihr Suchen selbst fallen laßen und sind jetzt die Zeiten nicht mehr, wo in den Waldungen etwas zu veraeschern übrig bleibt.* (Freudel 1799, Bl. 16v)

Wie die Glashüttenmeister das Problem der Beschaffung von Pottasche lösten, blieb offen. Die dem Bericht beigelegte Original-Bittschrift wurde bisher nicht gefunden. Auf den Vorgang wird in Kapitel 7 näher eingegangen.

5.4. Grünstein

Grünstein ist kein einheitliches Mineral, sondern, wie es der Name sagt, ein Gestein. In Analogie zum Porphyr besteht er aus einer magmatischen Grundsubstanz (Diabas) mit verschiedensten Einschlüssen. Das im polierten Zustand schwarz-grünlich schimmernde Ganggestein weist helle Einsprenglinge auf. Es trägt auch den Namen Proterobas. An eingeschlossenen Mineralen findet man in dem schwarzen Matrixgestein hauptsächlich schwarz-grünen Augit und gelblich-roten Feldspat.

Augit ist ein Alumosilikat der allgemeinen Zusammensetzung $(Ca, Mg, Fe^{2+}, Fe^{3+}, Ti, Al)_2 [(Si, Al)_2O_6]$ (Rösler 1987, S. 526). Man erkennt, dass in der Praxis deutliche Schwankungen der Zusammensetzung möglich sind. Ohne auf die Funktion und Plätze der Kationen im Augit-Gitter näher eingehen zu können, sei hier nur gesagt: Augit enthält das für die Glasbildung notwendige SiO_2. Weiterhin weist er das ebenfalls in der Zusammensetzung klassischer Gläser vorhandene CaO auf, das partiell durch MgO ersetzt werden kann, was die Neigung der abkühlenden Schmelze zur Kristallisation verringert. In der Augit-Formel steht Aluminium (Al) an zwei Stellen. Das bedeutet, dass es in der Glasschmelze einerseits ähnlich dem SiO_2, andererseits ähnlich dem CaO wirkt. Weiterhin fällt der Gehalt an Fe^{2+}, Fe^{3+} und Ti (Titan) auf. Die zugehörigen Oxide ergeben – in reiner Form – tiefschwarzen Ilmenit. Sie färben auch den Augit schwarz. Augit, für sich allein geschmolzen, kristallisiert beim Abkühlen wieder, ohne ein Glas zu bilden.

Anders verhält es sich bei der Anwesenheit von Feldspat, wie es im Grünstein häufig der Fall ist. Reiner Natriumfeldspat Albit besitzt die Zusammensetzung $Na_2O \cdot Al_2O_3 \cdot 6\,SiO_2$ mit einem sehr hohen Anteil an SiO_2. Ein Teil des Alkalioxids Na_2O kann aber auch durch das Erdalkalioxid CaO ersetzt sein. Man spricht dann von Plagioklas. Enthält eine Mischung der Glasrohstoffe eine größere Menge Feldspat, kann man auf Pottasche verzichten. Im vorliegenden Fall musste man aber den Feldspat gar nicht erst zumischen, sondern er war schon im Grünstein vorhanden.

Wenn man den Grünstein zerkleinert und wie ein Glas schmilzt, erstarrt er zu einem tiefschwarzen Glas. Grünstein ist – in Analogie zur Porzellanerde – im zerkleinerten Zustand eine Art Erde für schwarzes Glas. Es spielen sich beim Aufschmelzen und Erstarren ähnliche Vorgänge wie bei der Entstehung des natürlichen, schwarzbraunen, vulkanischen Glases Obsidian ab. Wer über Grünstein als Ausgangsstoff verfügt, sollte ohne sonderlichen Aufwand schwarzes

Glas herstellen können. Das Problem besteht in der Undurchsichtigkeit wegen der tiefschwarzen Farbe, weshalb Grünstein nur für wenige Glaserzeugnisse, etwa für schwarze Flaschen, Knöpfe oder Perlen, in Betracht kam. Die schwarzen Perlen nannte man *Patterle* (im Dialekt auch *Batterle).* Das Wort leitet sich von *Paternoster* ab, da die Perlen zu Rosenkränzen verarbeitet werden konnten. Der Grünstein wurde deshalb im Fichtelgebirge – er steht am südlichen Hang des Ochsenkopfes an – auch Batterlestein genannt. Heute setzt man ihn nicht mehr ein.

In seinem großen Befahrungsbericht aus dem Jahr 1792 berichtete Alexander von Humboldt über verschiedene Gesteinsformationen. Hier interessiert folgende Aussage:

> *Diese dritte* [Formation] *hat sich auf dem östlichen und südöstlichen Abfall des Fichtelgebürges nieder geschlagen. Sie besteht aus Basalt und Grünstein (Batterlestein, Knopfstein) die theils auf Gneis, theils unmittelbar – auf Granit aufgesezt sind,* [...]. (Humboldt 1792b, Bl. 14r)

Eingedenk der Verwendung direkt für die Schmelze von schwarzem Glas beobachtete Humboldt in der Folgezeit sehr genau, wo er Grünstein fand. In einem Brief vom 23. Juli 1792 an Christian August Siegfried Hoffmann teilte er über Funde am Fichtelberg mit:

> [...] *ein Beweis also daß selbst der Granit wie der Porphyr, und die spätern Basalte, Grünsteine und Mergel die Fähigkeit haben* [...]. (Humboldt 1973, S. 208)

In demselben Brief diskutierte er dann Abraham Gottlob Werners Ansichten zur mineralogischen Entstehungsgeschichte des Grünsteins.

Schon zu Alexander von Humboldts Zeiten tauschten interessierte Fachleute bedeutungsvolle Mineralstufen für ihre privaten Sammlungen aus. So informierte Humboldt am 4. Oktober 1792 Carl Freiesleben, dass er ihm am 23. oder 24. September Grünsteinproben geschickt habe (Humboldt 1973, S. 217). Auch Dietrich Ludwig Gustav Karsten erhielt Grünsteinstufen. Dazu schrieb Humboldt am 14. Juni 1793:

> *Grünstein habe ich schon für Sie gesamlet, Suiten, wo der Feldspat immer feiner und feiner sich verliert. Wenn jemand über Grünstein schreiben will, muß er unsere Kuppen, unsere Uebergänge von Grünstein in Basalt, Grünsteinporphyre und Mandelstein mit Grünsteinartiger Grundmasse sehen.* (Humboldt 1973, S. 252)

Alexander von Humboldt stellte also zwei Jahre später einen Zusammenhang zu dem im Kapitel 1 beschriebenen Mandelstein her, diesmal auf der Basis einer Grünsteinmatrix. Er schickte nochmals im Juli 1795 eine Grünsteinprobe an Karsten (vgl. Humboldt 1973, S. 447).

Zum Grünstein findet sich auch ein Abschnitt in Humboldts „*Eine Darstellung von dem Zustande des Bergbaues in den fränk. Fürstenthümern*" aus dem Jahr 1794. Dort wurde zwar zunächst (wahrscheinlich beim Abschreiben verwechselt) „Braunstein" geschrieben. Der folgende Text bezog sich aber auf „Grünstein":

> *Die Geschiebe von Grünstein, welche am Fuß des Fichtelgebirgs liegen, veranlaßen aus dem Innern von Deutschland ein sonderbares indirektes Verkehr mit Guinea, ein Verkehr welches seit Jahrhunderten besteht. Der Grünstein schmilzt von selbst und die flüßige Maße wird gleich den Münzen zu Glasknöpfen ausgeprägt, von denen 240. Stück der wohlfeilsten 6. Kr. kostete.* (Dok. 8, Bl. 12r–12v)

Die Perlen und Knöpfe wurden also bis nach Afrika exportiert. Zur Herstellung der Perlen und Knöpfe enthält das Kapitel 6 nähere Informationen.

Humboldt hatte sich auch mit der Möglichkeit beschäftigt, in Franken Steinkohle zu finden. Die angefahrenen Flöze eigneten sich aber nicht für einen Abbau. Im Zusammenhang mit diesen Untersuchungen informierte er am 1. Oktober 1796 das Ober-Berg-Departement in Bayreuth:

Abb. 8: Geschliffener grünlich schimmernder, schwarzer Kolben aus Grünstein vom Fichtelberg im Museum Wunsiedel (Foto: Dagmar Hülsenberg)

> *Allerdings ist die Basalt- und Grünsteinformazion, welche den morgendlichen Abhang des Fichtelgebirgs und den nordwestlichen des Böhmer-Waldgebirges bedekt, wie an vielen anderen Gegenden der Erde mit den Grabstätten einer alten Vegetation begleitet.* (Humboldt 1973, S. 527)

Also auch hier die Beobachtung von Grünstein im Umfeld von Steinkohle („*Grabstätten einer alten Vegetation*").

Es folgt, dass Grünstein in der für die Herstellung von Erzeugnissen aus schwarzem Glas „richtigen" Zusammensetzung an verschiedensten Stellen am Fichtelgebirge (z. B. Bischofsgrün) und dem Böhmer Wald (z. B. Bilin) vorkam. Die Glashüttenmeister mussten ihn „nur" einsammeln lassen.

Grünstein wurde auch für Skulpturen verarbeitet. Abb. 8 zeigt einen polierten runden Kolben.

6. Glasknöpfe und Glasperlen (Patterle)

6.1. Vorbemerkungen

Da bei der Herstellung von Glasknöpfen und Glasperlen ähnliche technische Prozesse ablaufen und die für die Herstellung beider Erzeugnisse verwendete Glasschmelze teilweise aus demselben Ofen entnommen wurde, erfolgt die Erläuterung gemeinsam. In den verschiedenen von Humboldt verfassten Dokumenten berichtete er in der Regel nur über die Herstellung von Glasknöpfen und erwähnte die Glasperlen lediglich. Da die von ihm für die Herstellung von Glasknöpfen beschriebene Ofentechnik ein interessantes Bild der damals verwendeten Glasschmelzöfen vermittelt, findet man dazu in diesem Kapitel ebenfalls Ausführungen.

6.2. Glasknöpfe

Während seiner Inspektion der Bergbau- und Hüttenbetriebe in den fränkischen Fürstentümern im Jahr 1792 besuchte Alexander von Humboldt am 21. Juli auch die Knopfglashütte in Bischofsgrün. Darüber fertigte er einen Bericht an, der in Dokument 2 nachzulesen ist.

Zunächst informierte er seine Vorgesetzten darüber, dass man die Hütte nur in den fünf Wintermonaten betrieb, da im Sommer die Arbeiter zum Holzhauen (u. a. Scheitholz für die Schmelzöfen in der Glashütte und Äste sowie Schwarten zur Herstellung von Pottasche) und auch zur Feldarbeit benötig wurden. Humboldt beschrieb in erster Linie die Herstellung schwarzer

Glasknöpfe, erwähnte aber am Rande auch die Fertigung farbiger Knöpfe (Dok. 2, Bl. 158r). Über den für die Herstellung schwarzer Glasknöpfe eingesetzten Rohstoff führte er aus:

> *Das* Material, *Batterlestein, wird von Schneeberg und Ochsenkopf geholt. Es ist ein ächter Grünstein, mit wenig Feldspat, und mit vieler innig beigemengter Horn=Blende, der dort in Butzen umher liegt, und den ich noch nirgends im Lande anstehend gefunden habe.* (Dok. 2, Bl. 157r)

Für die schwarze Schmelze verwendete man ausschließlich in geeigneter Weise zusammengesetzten Grünstein ohne weitere Rohstoffzumischungen. Er lag in Butzen, also als Geröll und Geschiebe, umher und konnte durch Sammeln relativ einfach gewonnen werden.

Humboldt erwähnte weiterhin, dass in dem in Bischofsgrün eingesetzten Grünstein nur wenig Feldspat, dafür aber mehr Hornblende enthalten sei. Hornblende ist ein kompliziert zusammengesetztes Alkali-Erdalkali-Alumosilikat, enthält also – analog dem Feldspat – auch das für die Glasschmelze wichtige Natrium- und Kaliumoxid. Rösler unternahm den Versuch, eine allgemein gültige Zusammensetzung zu formulieren: $Ca_2(Na, K)_{0,5 \text{ bis } 1}(Mg, Fe^{2+})_{3 \text{ bis } 4}(Fe^{3+},Al)_{2 \text{ bis } 1}[(O,OH,F)_2/Al_2Si_6O_{22}]$ (Rösler 1987, S. 535). Man erkennt, dass die Hornblende ebenfalls Eisenoxid in die Glasschmelze einbringt. Der Grünstein darf aber auch nicht zu viel Hornblende enthalten. Dazu äußerte sich Flurl:

> [...] *denn ist zu viele Hornblende im Gemenge, so wird das Glas schaumig,* [...]. (Flurl 1792, S. 473)

Die Grünsteintrümmer mussten, damit die Schmelze bei möglichst niedriger Temperatur in vernünftigen Zeiten mit ausreichender Qualität erfolgen konnte, zerkleinert werden. Grünstein ist ein sehr hartes Material. Um das Mahlen zu erleichtern, wurde er zuvor kalziniert. Es entstanden mürbe Brocken, die sich leichter zerkleinern lassen. Eine Kalzinieranlage als gesonderten Ofen hatte Humboldt bereits beim Rösten (Kalzinieren) des Kobaltglanzes für die Herstellung von Smalte beschrieben (Kapitel 4.4.5), dort allerdings mit dem Ziel der Oxidation des Schwefels und Arsens aus den aufbereiteten Erzen. Der in Bischofsgrün verwendete Kalzinierofen war in die Glasschmelzanlage direkt integriert, wozu sich Humboldt in seinem Bericht später äußerte. An der hier interessierenden Stelle schrieb er lediglich:

> *Der Stein wird in einem calcinir-Ofen 2 Stunden* calcinirt, *wobeÿ er weißlich wird, dann in Stükken zu 3–4 Zoll geschlagen,* [...]. (Dok. 2, Bl. 157r)

Von einer weiteren Zerkleinerung sprach Humboldt nicht. Er fuhr dann fort:

> [...] *und in gewöhnlichen Häfen 2–3. Stunden lang ohne allen Zusatz geschmolzen. In dieser Zeit ist er* [gemeint ist der Grünstein] *völlig im Fluß.* (Dok. 2, Bl. 157r)

Unter „*Häfen*" verstand man Ende des 18. Jahrhunderts meist bauchige (heute eher leicht konische oder zylindrische) runde oder auch rechteckige (trogförmige) Gefäße aus Schamotte mit einem Fassungsvermögen bis 80 l, von denen 4 bis 12 Stück in einem Glasschmelzofen standen. Außerdem verwendete man sogenannte Sätzel, die nur etwa bis 20 l Schmelze aufnahmen.

Im Fall, dass farblose oder farbig-durchsichtige Gebrauchsgläser (auch partiell kristallisierte Knöpfe und Perlen) aus den Rohstoffen Sand, Pottasche und Kalk (damals häufig auch Gips) hergestellt wurden, fand die Schmelze der Gläser über Nacht statt, also etwa 8–10 Stunden lang. Das war notwendig für das homogene Durchmischen der Rohstoffe und das Entfernen der beim Schmelzen entstehenden Blasen durch Läutern. Häufig wurde das Glas aber auch, um die Homogenität zu verbessern, nach einer ersten Schmelze zerkleinert, durchmischt und nochmals aufgeschmolzen.

Etwas kürzer gestaltete sich der Schmelzvorgang in der Bischofsgrüner Knopfglashütte, weil der dort in erster Linie verwendete Grünstein bereits eine „innige" Mischung der Rohstoffe darstellte. Wegen der undurchsichtig-schwarzen Farbe des entstehenden Glases konnte man weder Schlieren noch Blasen sehen. Humboldts Aussage, dass nur zwei bis drei Stunden geschmolzen wurde, zeigt diese Situation. Die Schmelztemperatur könnte bei 1200–1300 °C gelegen haben. Als Problem nannte der Berichterstatter:

> *Schädlich ist ihm der hier oft beÿgemengte Schwefelkies und Quarz, welcher Schaum verursacht.* (Dok. 2, Bl. 157r–157v)

Der verwendete Grünstein enthielt also mehr oder weniger große Mengen an Schwefelkies bzw. Pyrit FeS_2 und auch Quarz SiO_2. Beide verhalten sich in der Schmelze auf unterschiedliche Weise.

Schwefelkies wird während der Schmelze zu Schwefeloxid und Eisenoxid oxidiert. Da die Schmelze, wie schon weiter vorne gesagt, nicht mehr als 1,8 % SO_3 in sich lösen kann (Illig 1991, S. 97), bildet das überschüssige SO_3 mit Alkali-Kationen Glasgalle, die aufschwimmt und abgefeimt werden muss. Sehr anschaulich beschrieb Hochgesang im Jahr 1780 die Wirkung der Glasgalle:

> *Das aber, was eigentlich im Hafen in die Höhe kochet, ist ein Salz, welches sich mit dem Glase nicht vereiniget, und Glasgalle genennet wird. Wird solches Salz nicht von dem Glase abgesondert, so bleibet kein Glas ganz, sondern zerspringet.* (Hochgesang 1780, S. 21)

In den Grünstein eingeschlossener Quarz erhöht die für die Schmelze notwendige Temperatur. Flurl schrieb dazu:

> [...] *und ist des Quarzes zu viel, so wird es* [das Glas bzw. die Glasschmelze] *nicht flüßig genug.* (Flurl 1792, S. 473)

Er wirkt sich aber beim Kalzinieren positiv aus, da Quarz durch mit Volumenänderungen verbundene Modifikationswechsel dazu beiträgt, dass der Grünstein von Mikrorissen durchzogen wird, die die Zerkleinerung erleichtern. Diese Mikrorisse bewirken auch eine starke, oberflächliche Lichtstreuung, was zu der zuvor von Humboldt beschriebenen, scheinbar „*weißlichen*" Farbe führt.

Humboldt erläuterte auch kurz die Konstruktion des Bischofsgrüner Ofens:

> *Der Knopf=Ofen, ist ein gewöhnlicher Glaß Ofen. Das Feuer brennt auf einer Roste, schlägt unter dem* Calcinir-*Ofen und Holzdörr Ofen, / welche aneinander stoßend / in einer Fläche liegen, weg, über die Häfen in die 2*^te^ Concameration. (Dok. 2, Bl. 157v)

Man erfährt, dass der Kalzinierofen für den Grünstein und der Trockenofen für das meist extrem nass angelieferte Holz in die Glasschmelzanlage integriert waren. Die Verbrennungswärme wurde also schon damals mehrfach genutzt. Welches Gewölbe er unter „*2*^te^ Concameration" verstand, erläuterte Alexander von Humboldt nicht.

An dieser Stelle bietet es sich an, einige Erläuterungen zu den damals verwendeten Glasschmelzöfen einzufügen. Natürlich hatte jede Glasfabrik ihren eigenen Ofentyp. Letztlich lassen sich aber viele Gemeinsamkeiten der verschiedenen Öfen, vor allem der für die Herstellung von Glasknöpfen und Glasperlen eingesetzten, erkennen. Diese Erzeugnisse wurden nicht nur in Bischofsgrün, sondern auch in Warmensteinach, ebenfalls im Fürstentum Bayreuth unweit von Bischofsgrün gelegen, hergestellt.

Sie bestanden grundsätzlich aus den Anlagenbereichen

- Feuerung,
- Schmelzraum, in dem die Häfen auf der Ofensohle standen und wo die Arbeiter das geschmolzene Glas durch Öffnungen in der Ofenwandung entnahmen, und
- separaten, bei etwas tieferen Temperaturen betriebenen Anlagenbereichen, die für die
  - Kalzinierung von Rohstoffen als Vorstufe der Zerkleinerung und/oder
  - die Pottasche-Herstellung,

- das Kühlen der Erzeugnisse und/oder
- die Holztrocknung und die
- Abgasführung

benötigt wurden. Zu diesen Anlagenbereichen könnte auch die von Humboldt genannte „*2te Concameration*" gehört haben. Das Kühlen der Erzeugnisse und das Trocknen des Holzes erfolgten vor allem durch die Wärme der Abgase. Das stellte eine frühe Form der möglichst kompletten Nutzung des Heizwertes der Brennstoffe dar und war nicht etwa einem besonderen Umweltbewusstsein der Glashüttenmeister, sondern der extremen Holzknappheit geschuldet.

Die folgenden Erläuterungen basieren auf Abb. 9, die dem Werk von Flurl entnommen wurde (Flurl 1792, Tafel III). In diesem Buch beschrieb der Autor nicht nur mit hoher Sachkenntnis beispielsweise die technischen Vorgänge in der Porzellanmanufaktur Nymphenburg, sondern auch die Fertigung von Glasknöpfen und -perlen. Flurl hatte für sein Buch im Jahr 1791 Imprimatur erteilt, d. h. nur ein Jahr vor Humboldts Besuch im Glaswerk Bischofsgrün. Die Darstellung erfolgte also sehr zeitnah zu Humboldts Schilderungen. Flurl beschrieb in seinem Buch einen Glasschmelzofen zur Herstellung von Glasknöpfen und -perlen in Warmensteinach, den auch Humboldt an anderer Stelle erwähnte. In Warmensteinach wurden nicht nur schwarze Knöpfe und Perlen auf der Basis von Grünstein, sondern vor allem farbige auf der Basis eines einheitlichen, farblosen Ausgangsglases mit Zugabe verschiedener Farboxide je nach gewünschtem Farbton produziert. Auf jeden Fall dürften sich die Schmelzaggregate in Bischofsgrün und Warmensteinach geähnelt haben.

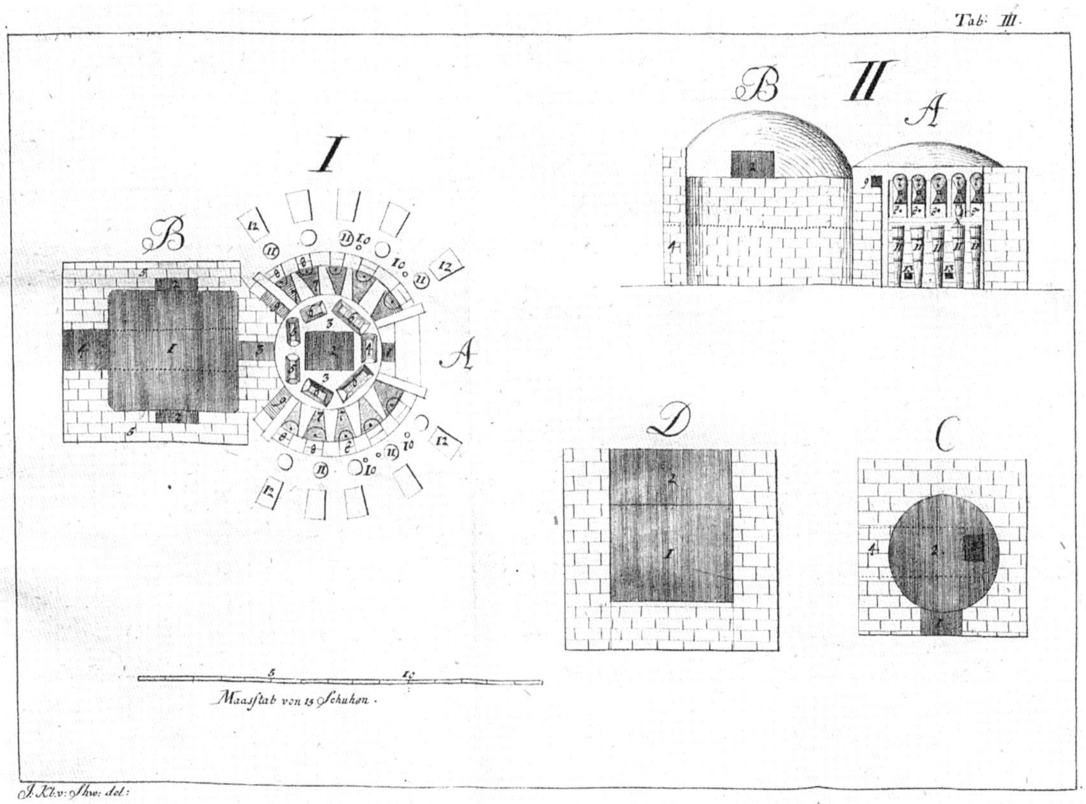

Abb. 9: Glasschmelzanlage um 1791 für die Herstellung von Glasknöpfen und -perlen mit Darstellung des eigentlichen Glasschmelzofens (I A und II A), eines Asch- oder Einbrennofens (I B und II B), eines Aufwärmofens (C) und eines Holzdörrofens (D); die Erläuterung der detaillierten Bezifferung erfolgt im Text; aus: Flurl 1792, Tafel III

Bei Abb. 9 handelt es sich um einen Kupferstich am Ende des 642 Seiten umfassenden Werkes. Die Beschreibung der Kupfertafel befindet sich allerdings am Anfang des Buches direkt hinter dem Inhaltsverzeichnis ohne Seitenangabe. Flurl hat die verschiedenen Baugruppen der Anlage auf dem Kupferstich sehr detailliert beziffert. Leider sind die häufig in die Schraffur hineingeschriebenen Zahlen nur schwer zu erkennen. In dem Nachdruck des Buches aus dem Jahr 1992 verschwinden sie völlig (Lehrberger 1992). Im Folgenden wird daher auf die Originalausgabe mit der *„Tafel III"* und ihrer *„Erklärung der Kupfer"* von Flurl zurückgegriffen.

Die Skizzen I (Grundriss) und II (Aufriss) beziehen sich auf die Ofeneinheit, die aus Schmelzofen A sowie dem direkt angeschlossenen Asch- (genauer Pottasche-) und Einbrennofen B besteht. Die verwendeten Ziffern für die Bezeichnung der Details sind im Grund- und Aufriss identisch. Die Skizze D zeigt den Grundriss eines separat aufgestellten Holzdörrofens (in diesem Beispiel also nicht direkt an den Glasschmelzofen angeschlossen) und die Skizze C den Grundriss des – ebenfalls einzeln stehenden – Aufwärmofens.

Flurl beschrieb einen Schmelzofen A, in dem in Sätzeln sowohl der Grünstein als auch das Farbglas für die Knöpfe vorgeschmolzen wurden. Man schöpfte die Schmelze zunächst aus den Sätzeln heraus (an anderer Stelle steht auch geschrieben, dass die Schmelze ausgegossen wurde), schreckte sie ab, zerkleinerte sie zur besseren Durchmischung und füllte diese Körnung dann in die Häfen. In den Häfen fand – nach Wiederaufschmelzen – die endgültige Läuterung und Homogenisierung der Schmelze statt.

Die Feuerung, d. h. das rechts unter dem großen Eingang gezeigte Schürloch (1) und der rechteckige, für den Eintritt der Flammen in den Schmelzraum nach oben offene Feuerherd (2), befand sich direkt unter dem Ofen. Auf diesen scheinbaren Widerspruch zur Schilderung Alexander von Humboldts (Dok. 2, Bl. 157v) wird noch eingegangen.

Auf der Ofensohle, einer runden Bank (3) aus Schamottesteinen, saßen die Schmelzgefäße auf. Sie sind als trogförmige Mulden gezeichnet, hier also nicht die sonst übliche runde Form. Im rechten Sätzel (4) wurde der Grünstein vorgeschmolzen, in den beiden linken Sätzeln (5) die Farbgläser. Die Rohstoffe legte man durch die beiden Öffnungen (9) in der Ofenwandung in die Sätzel (5) ein. Durch diese Öffnungen erfolgte auch die Entleerung der Sätzel. Weiterhin standen auf der Ofenbank vier größere Schmelztiegel bzw. Häfen (6), in denen je nach Bedarf das schwarze Grünsteinglas oder die Farbgläser wieder aufgeschmolzen und zur Verarbeitung vorbereitet wurden.

In der Ofenwandung befanden sich zehn (schraffierte – so würden wir es heute nicht mehr zeichnen) Öffnungen (7), durch die die Glasmacher das Glas aus den Häfen entnahmen. Vor jeder Öffnung befand sich ein Wasserkübel (11), in dem die Glasmacher die für die Glasentnahme verwendeten, nunmehr erhitzten Eisenstäbe abkühlten. Als kleine Kreise (10) sind die auf Unterlagen befindlichen Formen (Model) für die Herstellung der Knöpfe dargestellt. Vor jedem Glasmacherstuhl (12) (so heißt der Arbeitsplatz der Glasmacher) befand sich in der Ofenwand eine schräg nach unten verlaufende, kleine halbrunde Öffnung (8), auf deren Boden bauchige Schamottegefäße (im Aufriss ganz klein an der zweiten Öffnung von rechts mit (X) bezeichnet) standen. Durch ihre Anordnung in der Ofenwand wurden sie etwa 300–400 °C warm. In diese Gefäße ließen die Glasmacher die fertigen, noch heißen Knöpfe fallen, damit sie langsam spannungsfrei abkühlen konnten.

Der Aufriss A zeigt unten außerdem zwei Öffnungen (13), wo die Verbrennungsrückstände aus dem Aschenherd entnommen wurden.

Der an das Schmelzaggregat A angebaute Ofen B wurde von Flurl als Asch- oder Einbrennofen bezeichnet. In seiner *„Erklärung der Kupfer"* schrieb er dazu:

> *Dieser Ofen ist theils zum Calciniren der Pottasche, theils zum Einbrennen der Knöpfe bestimmt.* (Flurl 1792)

Hier wäre zu ergänzen, dass dieser Ofen entsprechend Humboldts Schilderung auch zum Kalzinieren des Grünsteins verwendet wurde.

Worum handelt es sich beim „*Einbrennen der Knöpfe*"? Dieser Vorgang wurde bisher nicht behandelt. Flurl erläuterte dazu:

> *Diese Verfahrungsart* [die in Flurls Text bis dahin beschriebene Herstellung der Glasknöpfe] *liefert aber nur diejenige Art von Knöpfen, welche vollkommen durchsichtig und glasartig aussehen, und die auch weit weniger gesucht werden, als wenn selbe wie Schmelzglas* (Email) *undurchsichtig oder nur sehr wenig durchscheinend sind. Um also dieses zu bewerkstelligen, müssen die auf diese Weise verfertigten blauen Knöpfe noch besonders eingebrennt werden; welches auf folgende Art geschieht. Man legt nämlich die schon ganz fertigen Knöpfe auf eine viereckige Tafel von Thon, welche man auf eisernen Stäben zur Seite in den besonders daran erbauten Einbrennofen einträgt, wo selbe dann bey der aus dem Schmelzofen herüberschlagende Flamme so lange ausgeglüht werden, bis sie von selbst wieder trübe, undurchsichtig und milchweiß werden, welches aber vorzüglich die dem blauen Glase in einem gewissen Verhältnisse beygesetzte Knochenasche bewirket.* (Flurl 1792, S. 472)

Bei dem von Flurl sehr gut beschriebenen Vorgang des Einbrennens (heute Keramisierung genannt) handelte es sich um die partielle Kristallisation von Gläsern. In einem entsprechend zusammengesetzten Glas entstehen, wenn man es längere Zeit bei Temperaturen wenig über dem Transformationsbereich lagert (hier vielleicht bei etwa 550 °C), Kristallkeime, auf die Kristalle in der Größenordnung von (im vorliegenden Fall) etwa 0,3 bis 0,5 µm aufwachsen. Durch Effekte der Lichtstreuung wird ein farbloses Ausgangsglas undurchsichtig weiß. Solche Kristalle können Apatitkristalle (Kalziumphosphathydrat) sein. Die Glashauptrohstoffe enthalten das Kalziumoxid CaO, das P_2O_5 liefert die von Flurl genannte Knochenasche. Besitzt das Ausgangsglas eine definierte Farbe, wird diese durch die Mikrokristalle optisch verstärkt. Zu diesem Vorgang kann man sich ausführlich in Hülsenberg 2008, Kapitel 2.3 (Enthalpy of Partial Crystallisation) informieren.

Die Erläuterung des Aufbaus des Asch- und Einbrennofens folgt wieder Flurls Erklärung der Kupfer. Er ist unter I B im Grund- und unter II B im Aufriss skizziert. Seine äußeren Wände (5) (im Grundriss) und (4) (im Aufriss) überragen noch den Glasschmelzofen. Position (1) im Grundriss zeigt den Einbrenn- oder Kalzinierherd. Durch die linke Öffnung (4) werden Schamottetiegel auf diesen Herd geschoben. In ihnen können sich befinden entweder die partiell zu kristallisierenden Glasknöpfe oder der grob zerkleinerte Grünstein oder die einzudampfende Kaliumkarbonatlösung zur Herstellung der Pottasche.

Durch die kleinere Öffnung (3) (rechts in der Wandung etwas höher gelegen) gelangen die heißen Abgase (vielleicht auch noch die von Flurl erwähnten Flammen) aus dem Schmelzofen in den Asch- und Einbrennofen, um diesen zu erwärmen. Gleichzeitig verfügt diese Ofeneinheit aber auch noch über eine eigenständige Rost-Feuerung (2). Sie kann parallel zur Feuerung im Schmelzofen betrieben werden. Sie ist aber vor allem nützlich, um schon im Herbst vorbereitende Arbeiten (Kalzinieren der Rohstoffe, Herstellen der Pottasche) durchzuführen, wenn der eigentliche Glasofen noch nicht in Betrieb ist. Diese „doppelte Beheizung" hat Alexander von Humboldt zu der bereits zitierten, nicht eindeutigen Aussage verleitet:

> *Das Feuer brennt auf einer Roste, schlägt unter dem* Calcinir-*Ofen und Holzdörr Ofen, / welche aneinander stoßend / in einer Fläche liegen, weg, über die Häfen in die* 2te Concameration. (Dok. 2, Bl. 157v)

Er hatte bei seinem kurzen Besuch in Bischofsgrün wahrscheinlich nicht die Möglichkeit, sich mit dem komplizierten Flammen- und Gasverlauf genau zu beschäftigen.

Nachdem die Abgase den Asch- und Einbrennofen passiert hatten, war ihre Temperatur so niedrig, dass sie durch eine mit Ziegelsteinen gemauerte Esse ohne große Wärmeverluste ins Freie gelangen konnten.

Auf die Besonderheit, dass in Bischofsgrün auch der Holzdörrofen direkt mit dem eigentlichen Schmelzaggregat verbunden war, ist schon verwiesen worden. Flurl dagegen zeigte einen in Warmensteinach separat aufgestellten, sehr einfach aufgebauten Ofen D für die Holztrocknung. Auf der Skizze kann man lediglich den Dörreherd (1) und das Vorgewölbe (2) für die Feuerung (Schürung) erkennen.

Ein weiteres wichtiges Aggregat, das Humboldt nicht beschrieb, wahrscheinlich aber auch in Bischofsgrün vorhanden war, ist der Aufwärmofen C (heute als Temperofen bezeichnet) für die Häfen und Sätzel. Sie unterliegen durch den direkten chemischen Kontakt mit der Glasschmelze, die hohe Temperatur und die ständigen (thermisch bedingt und durch die Glasentnahme) Strömungen der Glasschmelze einem erheblichen Verschleiß und müssen häufig bei vollem Betrieb des Glasschmelzofens ausgewechselt werden. Würde man sie im kalten Zustand in den heißen Ofen einsetzen, entstünden in ihren Wänden erhebliche Thermospannungen, die zu Rissen und damit zur Zerstörung der Häfen und Sätzel führen. Sie müssen also auf die nahezu gleiche Temperatur vorgewärmt werden, wie sie im Schmelzofen herrscht. Ihre Umsetzung aus dem Aufwärmofen in den Schmelzofen erfolgt bei etwa 1000 °C, was immer wieder ein optisches Spektakel auch noch heute in Glaswerken, die mit Häfen arbeiten, darstellt.

Auf der Skizze C kann man erkennen: Die Öffnung (1), durch die die Tiegel (Häfen und Sätzel) in den Aufwärmofen eingesetzt und entnommen werden, den Herd (2), auf dem die Häfen und Sätzel stehen, das nach rechts verschobene, fast quadratische Loch (3), durch das die Flammen von unten aus dem Feuerherd nach oben in den runden Aufwärmraum gelangen, und das Schürloch (4) mit dem Feuerherd (beides nur punktiert angedeutet).

Flurls Erläuterungen vermitteln eine recht genaue Vorstellung darüber, wie nicht nur in Warmensteinach, sondern auch in Bischofsgrün sowohl das schwarze als auch das farbige Glas geschmolzen wurden.

Im Fichtelgebirgs-Glasmuseum in Warmensteinach kann man einen trogförmigen Glashafen bestaunen, wie er dort noch im 20. Jahrhundert zur Schmelze von Glasperlen verwendet wurde (Abb. 10). Für die Museums-Besucher wurde der Hafen mit farbigen Glasperlen gefüllt. Den Fachmann interessiert die Form des Hafens und die farbig verglaste Schamottewand.

Humboldts Beschreibung der Formgebung der Glasknöpfe war nur kurz. Er sah anscheinend die Herstellung von schwarzen Vierlochknöpfen:

Abb. 10: Trogförmiger Hafen für die Schmelze von Glasknöpfen oder -perlen im Fichtelgebirgs-Glasmuseum Warmensteinach (Foto: Dagmar Hülsenberg)

> *Um den Knopf=Ofen arbeiten 25. Mann, die die flüßge Masse mit Klüften heraus ziehen, und auf einer Art Klipl-Werk* [Klippwerk] *welches durch den Fuß bewegt wird, modeln.* (Dok. 2, Bl. 157v–158r)

Mit einem Klippwerk wurden früher Münzen geprägt, womit sich Humboldt ebenfalls beschäftigte. „*Klüfte*" sind Eisenstäbe, auf die die Glasschmelze durch Eintauchen in die Schmelze, Drehen und Herausziehen aufgewickelt wurde und anschließend portionsweise in den Model – die Knopfform – abtropfte. Dann folgte das Prägen der Knöpfe durch Schließen der Form unter Druck. Es entstand eine Taktfolge: Entleeren des Models und Eintropfen der neuen Glasschmelze – Pressen des Knopfes und Halten des Drucks bei gleichzeitiger Abkühlung der heißen Schmelze durch die Modelwandung – Entleeren des Models und Eintropfen usw. Lautmalerisch wurde die Anlage Klippwerk (klipp-klapp) genannt.

Neuere Werkzeuge zum manuellen Prägen von individuell geformten Knöpfen sind Zangen, auf deren Backen kleine Presswerkzeuge montiert sind. Abb. 11 zeigt ein solches Werkzeug für Vierlochknöpfe, wie es im Glasknopfmuseum Weidenberg ausgestellt ist. Die heiße Glasschmelze wird auch hier als kleine Portion von einem Eisenstab herab auf eine Pressbacke getropft. Dann schließt man beide Backen, übt einen geringen Druck aus und hält ihn eine kurze Zeit, damit das Glas in der geschlossenen Form abkühlen und gleichzeitig erstarren kann. Die vier Drähte halten die Löcher frei von Glasschmelze.

Eine andere Art, Knöpfe zu produzieren, bestand in der Herstellung von Ösen-Knöpfen. Man tauchte vorgebogene kleine Metallschlingen mit einem Metallgreifer in die Glasschmelze und zog sie – mit einer kleinen Glasmenge bedeckt – wieder heraus. Die noch viskose Glasmasse wurde durch ihre Oberflächenspannung frei zu einer Art Halbkugel geformt oder in einen Model gestaucht, um Knöpfe von etwa gleicher Größe herzustellen. Auch hierzu äußerte sich Flurl:

Abb. 11: Werkzeug für das manuelle Prägen von runden Vierlochknöpfen im Glasknopf-Museum Weidenberg (Foto: Dagmar Hülsenberg)

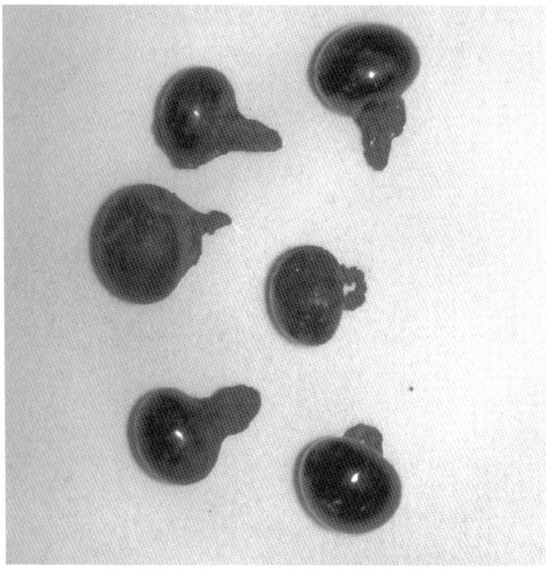

Abb. 12: Etwa 300 Jahre alte, schwarze Ösenknöpfe, hergestellt aus Grünstein bzw. Proterobas im Fichtelgebirgs-Glasmuseum Warmensteinach (Foto: Dagmar Hülsenberg)

So bald das Glas im zweyten Tiegel vollkommen flüßig ist, stoßt jeder Arbeiter, der Knöpfe machen soll, ein Stückchen umgebogenen Eisendrat oder sogenannten Steft an eine Zange, fährt damit in den Tiegel, und wendet die beyden Spitze desselben einigemal hin und wieder, damit sich das Benöthigte anhänge. Bey dem Herausnehmen streicht er das Glaskügelchen mit einem Messer glatt ab, und läßt es dann zum Ausglühen in einen irdenen Tiegel fallen, welcher vor ihm in den Ofen eingemacht ist. (Flurl 1792, S. 471)

Bei dem Tiegel handelt es sich um Position (X) auf Abb. 10, II A.

Es war von Vorteil, wenn der Draht leicht verrostet war (damals wohl die übliche Situation), da eine ganz dünne Rostschicht die Haftung von Glasschmelze und Eisen verbessert. Auf Abb. 12 kann man die Form der aus Grünstein bzw. Proterobas hergestellten Ösenknöpfe erkennen. Die hier gezeigten Exemplare wurden bei Grabungen am aufgegebenen Standort der Glashütte in der Wolfslohe am Südosthang des Ochsenkopfes gefunden. Die zahlreichen Funde sind in den lokalen Museen in Bischofsgrün, Weidenberg und Warmensteinach ausgestellt. Häufig sind die Drahtösen komplett abgerostet, manchmal als eine Art Stiel erkennbar, sehr selten noch als deutlich sichtbare Metallösen erhalten.

Humboldt erwähnte auch die Produktion von „farbigen" Knöpfen. Hier war Braunstein (siehe Kapitel 5.2) für die Entfärbung wichtig. Dazu schrieb er:

Weiße Knöpfe werden durch braun Stein, etwas Arsenik Kalk, gelbe durch Birken Kohlen, blaue durch Knochen-Asche, und Schmalte gefärbt. (Dok. 2, Bl. 158r)

Bei der Angabe „*weiß*" dürfte es sich eher um „hellgrau" gehandelt haben. Mit „*braun Stein*" ist mit Sicherheit „Braunstein" gemeint. Solche Ungenauigkeiten können Humboldt in der Eile des Schreibens unterlaufen oder beim Kopieren der Originalschrift entstanden sein. Arsenik könnte für die Entfärbung unterstützend gewirkt haben. Die Anwendung der Glasseife Braunstein war aber bei der gegebenen Zusammensetzung der Hauptrohstoffe auch für die Schmelze aller anderen Farbgläser notwendig.

Bei den „*gelben*" Gläsern handelte es sich wahrscheinlich um braungelbes, sogenanntes Kohlegelb-Glas, das heute noch für Bierflaschen und einige medizinische Ampullen Anwendung findet. Die Farbe wird durch einen Schwefelchromophor hervorgerufen (Römpp 2009, Stichwort Chromophore). Seine Entstehung erfordert die Anwesenheit von Schwefel sowie Eisen (beides in den Rohstoffen vorhanden) und geringfügig reduzierende Schmelzbedingungen, was man früher durch Zugabe von Holzmehl oder Ruß (im vorliegenden Fall „*Birken Kohle*") in die Schmelze erreichte.

Die Blaufärbung durch Smalte wurde bereits hinlänglich behandelt, ebenso die Bedeutung von Knochenasche im Gemenge für die partielle Kristallisation der Gläser beim „*Einbrennen*".

Abschließend sei auch zur Herstellung der Farbgläser zitiert:

Ist dieses Gemeng einmal vollkommen im Fluße, und so rein und weiß, als es erfordert wird: so wird in einem jeden Tiegel [Hafen] *das Material eingetragen, welches dem Glase die gehörige Farbe geben soll. Zur Gelben bedient man sich der Birkenrinde, zur Blauen der Schmalte und zum Rubinfarbigen des Braunsteines.* (Flurl 1792, S. 470)

Humboldts Aussagen für den Betrieb in Bischofsgrün findet man also bei Flurl für Warmensteinach wieder. Beide Aussagen unterschieden (nicht widersprachen) sich nur darin, dass man in Humboldts Bericht gerade so viel Braunstein in die Glasschmelze gab, dass das Glas entfärbt („*weiß*") wurde, während im Bericht von Flurl durch eine größere Menge Braunstein violettes („*rubinfarbig*") Glas entstand.

6.3. Glasperlen

Die genannten Farbgläser stellten aber vor allem die Grundlage für die Herstellung von Glasperlen, die schon erwähnten Patterle oder Batterle (bei Flurl „*Paterl*“), dar. Man konnte aus ein und demselben mit einer Farbglasschmelze gefüllten Hafen sowohl Knöpfe als auch Perlen herstellen.

Die Formgebung unterschied sich von der für Knöpfe, da die Perlen in etwa eiförmig oder kugelig, manchmal auch dreidimensional kantig waren und ein relativ großes, mittiges Loch erhielten. Für die Herstellung von Perlen sind mehrere Verfahrenswege bekannt. Einer besitzt eine geringe Produktivität, gestattet aber eine sehr exakte Formung einer gewünschten beliebigen Perlengeometrie – er bietet sich noch heute vor allem für Künstler an –, andere setzen auf Menge und geringe Kosten. Im ersten Fall heftet man an die Spitze eines Eisenstabs eine kleine Menge Glas und formt es auf einer Unterlage durch Drehen und Stauchen. Jede Perle wird einzeln, d. h. individuell, gefertigt und kann ein Kunstwerk werden. Geld konnte man damit nicht verdienen.

Am Ochsenkopf kam ein für die Massenproduktion geeignetes Verfahren zur Anwendung. Man benutzte ein etwa 1,5 m langes, dünnes Batterle-Eisen (ein Stab unterschiedlicher Dicke), tauchte seine verjüngte Seite in die Schmelze, drehte den Stab und wickelte dadurch über eine Länge von 20 bis 30 cm Glasschmelze auf. Dann hob man den Stab – immer in einem schrägen Winkel gehalten – ganz kurz am hinteren Ende an und senkte ihn wieder ab. Dadurch verjüngte sich der aufgewickelte Schmelzfaden an der aus der Schmelze gerade auftauchenden Stelle, und die Perle schnürte ein. Durch schrittweises Herausziehen des Batterle-Eisens aus dem Hafen, Drehen, Heben und Senken fertigte man Perle für Perle, bis etwa 30 bis 60 Perlen auf dem Stab durch die Wirkung der Oberflächenspannung geformt waren.

Die Perlen hingen noch an einer Art „Sollbruchstelle“ (an der Einschnürung) zusammen. Das Loch entstand automatisch durch das Aufwickeln der Schmelze auf den Stab. Er war mit Kaolin (oder feuerfestem Ton), einem erst bei Temperaturen über 1700 °C schmelzenden, vor allem für die Porzellanherstellung eingesetzten, Pulver bedeckt. Das erleichterte die Ablösung der noch zusammenhängenden Perlen vom Stab. Die Perlen„schnüre“ wurden abgestreift, gekühlt und in einem bewegten Behälter an den „Sollbruchstellen“ durch Nutzung der Sprödigkeit des erkalteten Glases voneinander getrennt. Einen solchen Stab mit nachträglich aufgefädelten, bunten Perlen (sie stammen also nicht aus *einem* Arbeitsgang) zeigt Abb. 13. An der Universität

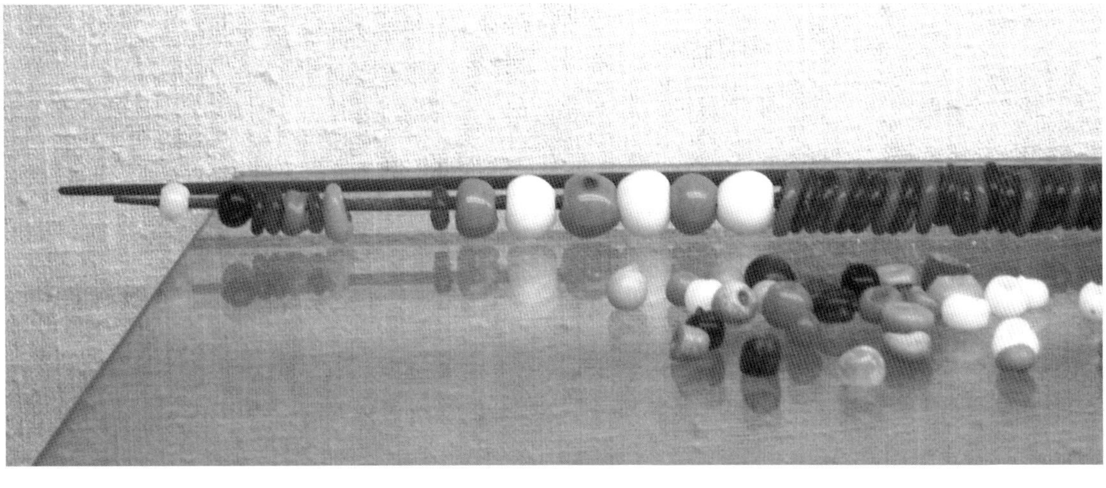

Abb. 13: Auf einen zur Formgebung verwendeten Eisenstab aufgefädelte Glasperlen im Fichtelbergs-Glasmuseum Warmensteinach (Foto: Dagmar Hülsenberg)

Abb. 14: An der Universität Bayreuth nachgeschmolzene Batterle aus Grünstein im Fichtelgebirgs-Glasmuseum Warmensteinach (Foto: Dagmar Hülsenberg)

Abb. 15: Glasperlen, wie sie im 18. Jahrhundert handwerklich produziert wurden (Foto: Dagmar Hülsenberg)

Bayreuth aus Proterobas bzw. Grünstein nach der damaligen Technologie für einen Rosenkranz geschmolzene Perlen stellt ebenfalls das Fichtelgebirgs-Glasmuseum in Warmensteinach aus, Abb. 14.

Im 18. Jahrhundert wurden aber auch schon die als Einzelstücke hergestellten, farbigen Perlen nochmals verziert. Aus einem andersfarbigen Glas wurde beispielsweise ein Faden gezogen und im noch heißen Zustand, ein Muster bildend, auf die Perle geheftet. Durch Auftragen kleiner Tröpfchen entstand ein weiteres Dekorelement. Abb. 15 zeigt Beispiele von besonders schönen, manuell gefertigten Perlen. Dass Humboldt solche aufwändig verzierten Perlen gesehen hat, als er 1792 die Knopfglashütte in Bischofsgrün (Dok. 2) am Fichtelgebirge besichtigte, ist nicht sehr wahrscheinlich.

6.4. Kameralistische Aussagen

In seinem Bericht vom 21. Juli 1792 wandte sich Humboldt nach der Beschreibung der Herstellung der Glasknöpfe vor allem kameralistischen Fragen zu:

> *Jede Woche braucht man 7. Klaftern* [Holz] *dazu* [...]. (Dok. 2, Bl. 158r)

Flurl gab für die von ihm beschriebene Glashütte in Warmensteinach einen Verbrauch von 6 Klaftern Holz pro Woche an (Flurl 1792, S. 474). Also auch hier ging es um das leidige Holz.

Humboldt informierte auf demselben Blatt weiter:

> *Während der Zeit* producirt *er dem* Commerzien *Rath* Loevel *als Eigenthümer für 4–5000 f. Knöpfe.*

Die Angabe der 4000–5000 Gulden bezog sich wahrscheinlich auf den genannten zusammenhängenden Produktionszeitraum von 5 Monaten. Wenn Humboldt in (Dok. 8, Bl. 26r) informierte, dass im Goldkronacher Revier im Jahr 1794 für 10500 Gulden Knöpfe aus Grünstein hergestellt wurden, dann meinte er wahrscheinlich sowohl Knöpfe als auch Perlen und beides auf der Basis von Grünstein und Farbglas. Das würde zunächst die Folgerung erlauben, dass zum Zeitpunkt der Analyse sowohl in Bischofsgrün als auch in Warmensteinach je ein großer Glasschmelzofen existierte.

Humboldt widersprach sich jedoch zur Produktionsmenge in Bischofsgrün auf der folgenden Seite seines Berichts aus dem Jahr 1792:

> *Jezt sind im Bayreuthischen 5. Fabriken, welche zusammen für 200 f.* fabriciren, [...]. (Dok. 2, Bl. 158v)

Der Betrag erscheint extrem niedrig und liegt deutlich unter den zuvor allein für Bischofsgrün genannten 4000–5000 Gulden. Der Widerspruch ließ sich nicht aufklären. Wahrscheinlich wurde diese Zahl aus Humboldts Original falsch abgeschrieben. Außerdem könnte man schließen, dass in Warmensteinach vier sehr kleine Glasöfen arbeiteten. Liest man bei Flurl nach, so findet man die Erwähnung von zwei Glashütten in Warmensteinach:

> [...] *Die sogenannten Paterlhütten, wovon in der nur eine Stunde von Gottesgab entfernten Warmensteinach zwey vorhanden sind.* (Flurl 1792, S. 469–470)

Sie könnten weniger als halb so groß wie die in Bischofsgrün gewesen sein, denn Flurl erwähnte 10 Arbeiter in der von ihm beschriebenen Glashütte (Flurl 1792, S. 471), Humboldt dagegen sprach von mehr als doppelt so vielen – 25 Arbeitern (Dok. 2, Bl. 157v). Man könnte aus Humboldts Angabe von 5 Knopfhütten schließen, dass sich an anderer Stelle noch zwei weitere, sehr kleine Hütten befanden.

Interessant ist die Aussage, in welchen Losen die Knöpfe verkauft wurden und was die Arbeiter dafür an Lohn erhielten:

> *Eine Schnur* [, das sind] *20 Dutzend schwarze d. i. ohne Zusatz geschmelzte Knöpfe*[,] *kosten 6 Kr. Arbeits Lohn ist für 1. Schnur 6. leichte Pfennig.* [...] *Die theuresten Knöpfe / blos Größe bestimmt den Preiß, nicht die Farbe / kosten 18. Kr.* (Dok. 2, Bl. 158r–158v)

Die Arbeiter mussten also 40 einzelne Knöpfe herstellen, um 1 Kreuzer Lohn zu erhalten. Die Angabe von 18 Kreuzern Erlös wird sich wohl auf eine Schnur bezogen haben. Andernfalls wäre der Unterschied zwischen Arbeitslohn und Verkaufserlös extrem hoch. Humboldt schätzte richtig ein, dass es wohl besser wäre, die Kompliziertheit der Herstellung farbiger Knöpfe und nicht ihre Größe für den Preis zugrunde zu legen.

Er erwähnte, dass im Bayreuthischen schon seit 200 bis 300 Jahren Glasknöpfe hergestellt wurden, wobei die „200" eher der Realität entsprechen dürfte:

> *Ihr Ursprung ist in der warmen Steinach.* (Dok. 2, Bl. 158v)

Es handelte sich um den Fluss gleichen Namens, an dem sich der heutige Ort Warmensteinach südwestlich des Ochsenkopfes befindet.

Humboldt schloss den Bericht mit einigen bedenkenswerten Bemerkungen:

> *Bayreuthische Arbeiter sind in die obere Pfalz, und nach Böhmen übergelauffen, und die* Concurrenz *der dort neu angelegten* Fabriquen, *die wohlfeileres Holz haben, hat den Absatz vermindert, und die Waare wohlfeiler gemacht.* (Dok. 2, Bl. 158v–159r)

Wieder ging es um Holz!

In seinem ausführlichen Bericht vom Herbst des Jahres 1794 ging Alexander von Humboldt zusammenfassend (einige Textpassagen wiederholen sich aus früheren Schriften) auf die Gewinnung von Grünstein und die Produktion von Glasknöpfen ein:

> *Die Geschiebe von Grünstein, welche am Fuß des Fichtelgebirgs liegen, veranlaßen aus dem Innern von Deutschland ein sonderbares indirektes Verkehr mit Guinea, ein Verkehr welches seit Jahrhunderten besteht. Der Grünstein schmelzt von selbst und die flüßige Maße* [gemeint ist Masse] *wird gleich den Münzen zu Glasknöpfen ausgeprägt, von denen 240. Stück der wohlfeilsten 6 Kr. kostete. Fünf Knopfhütten im Obergebirge fabriziren*

> *jährlich für 9–10000. f. – Patterle – das ist an 800,000. Duzend Knöpfe. Sie gehen meist nach Hamburg, Amsterdam, Frankfurth und L[e]ipzig und von da nach England und Frankreich zum afrikanischen Sklavenhandel. Neun ähnliche Fabriken in der oberen Pfalz und Böhmen haben durch wohlfeiles Brennmaterial den großen Vortheil, den die inländischen Besitzer bisher (trotz der unendlichen Wohlfeilheit der Waar) dabei hatten, sehr verringert.* (Dok. 8, Bl. 12r–12v)

Interessant ist die Aufzählung der Absatzorte im – aus preußischer Sicht – Ausland.

Wahrscheinlich aus Bequemlichkeit, oder weil die Produktion von Patterle und Knöpfen nicht getrennt erfasst wurde, addierte Alexander von Humboldt in diesem Text beide Erzeugnisse. Er sprach wieder von „*Fünf Knopfhütten im Obergebirge*".

7. Humboldts Einfluss auf die Bereitstellung von Brennholz für die Glasschmelz-Öfen

Während beispielsweise in England, in Frankreich und auch in einigen deutschen Ländern bereits mit Steinkohle gefeuert wurde, nutzte man in Preußen für die Hochtemperaturprozesse nur Holz. Die Abholzung überstieg die Wiederaufforstung, so dass dieses Material sehr bald knapp wurde.

Da Steinkohle eine im Vergleich zu Holz sehr kurze Flamme erzeugt, musste man das Brennregime bei Nutzung von Steinkohle gegenüber dem herkömmlichen Holz stark umstellen. Das wusste Alexander von Humboldt bereits, als er am 17. Juni 1792 sein Gutachten über die Steingutfertigung in Rheinsberg erstellte. Er schrieb dort:

> *Feuerte man doch in Frankreich, auf den Glashütten, auch ehemals nur so lange mit Steinkohlen, bis die Fritte abgeschäumt war, und vollendete, weil das Glas sonst flekkig würde, den Brand mit Holz bis* Sir Robert Mansell *mit bloßen Steinkohlen zu feuern lehrte.* (Humboldt 1792a, Bl. 18r; Humboldt 2012, S. 131)

Humboldt kritisierte an verschiedenen Stellen seines Gutachtens zur Steingutfertigung in Rheinsberg, dass wegen des Holzmangels keine Zeit für das Trocknen der Scheite blieb. Das hätte lediglich eine Darre mit guter Durchlüftung erfordert. Stattdessen musste die Steingutfabrik das angelieferte, nasse Holz sofort einsetzen. Während des Brennens wurde also Verbrennungswärme völlig unnötig für das Verdampfen des Wassers eingesetzt. Eine ähnliche Situation fand Humboldt in den fränkischen Glasbetrieben vor, wo man allerdings die Abwärme aus den Schmelzöfen für das „Dörren" des Holzes nutzte (siehe Dok. 2, Bl. 157v).

Holz musste natürlich auch für die Adelshäuser bereitgestellt werden, was Humboldt in seinem Gutachten über die Steingutherstellung in Rheinsberg kritisch anmerkte, und auch die dortigen Glashütten verlangten ihren Anteil:

> *Es wird um so wichtiger sein, wenigstens mit dem künftigen Jahre einen Torfstich bei* Rheinsberg *anzulegen, da der Holzmangel durch 3 benachbarte Glashütten, den Hofstaat des Prinzen Heinrich (dessen Bedürfniß auf 3000 Klafter steigt und dessen Forsten erschöpft sind) den Zehdeniker Hohen Ofen etc. mächtig einreißt.* (Humboldt 1792a, Bl. 18r; Humboldt 2012, S. 131)

Alexander von Humboldt musste sich mit der Holzproblematik auch in den fränkischen Fürstentümern auseinandersetzen. So hatte er im Jahr 1794 als Voraussetzung für die Errichtung der Porzellanfabrik in Tettau zu klären, ob der Forst überhaupt genügend Brennholz bereitstellen konnte (vgl. Humboldt 2014, Kapitel 9.2). Es galt, neben den Forderungen der Porzellanmanufakturen nach Holz auch gleichzeitig die der Glasbetriebe zu berücksichtigen.

Gewaltige Holzmengen verschlang auch die Verhüttung von Erzen zu Metallen, insbesondere Eisen und Stahl (nicht mit dem heutigen vergleichbar) sowie Kupfer. Metalle stellten einen erheblichen Anteil der Produktion und damit der Erlöse der Fürstentümer für den preußischen König dar. Hier durfte es nicht zur Einschränkung der Versorgung mit Holz kommen. Am 22. Februar 1795 berichtete Alexander von Humboldt an das Ober-Berg-Departement u. a. über die Holzprobleme im Zusammenhang mit der Errichtung einer neuen Stahlfabrik.

Vor der Entscheidung zu diesem Antrag hatte Alexander von Humboldt den Antragsteller, einen Stahlfabrikanten aus Karlsruhe mit Namen Christian Renner, gebeten, als Basis für eine „Investitionsentscheidung" vor allen Dingen den zukünftigen Standort vorzuschlagen, die in den fränkischen Fürstentümern produzierten Stahlsorten qualitativ zu bewerten und den Aufwand für die Herstellung abzuschätzen. Die zur Stahlschmelze benötigte Holzmenge war ein wichtiges Entscheidungskriterium. Renner fand heraus:

> *daß das Lauensteiner Stabeisen den besten, das Wunsiedeler schlechteren, das Nailaer den schlechtesten Cementstahl gebe.* (Humboldt 1973, S. 396)

Er rechnete weiterhin:

> *Ein Ct. Stahl bedarf zur Verwandlung von Geschmeidigem Eisen in Stahl 1/5 Kl. Holz, oder 20 Kl. Holz geben 100 Ct. Stahl. Dazu rechne ich auf 10 Ct. Stahl noch 1 Kub. Kohlen.*

Natürlich erforderte die Herstellung von „*Geschmeidigem Eisen*" ebenfalls Holz, das Renner nicht anführte. Obwohl im Amt Lauenstein der beste Stahl hergestellt wurde, schlug Renner wegen des größeren Holzvorrats vor, sein Stahlwerk in der Nähe von Arzberg zu errichten.

Trotzdem bevorzugte Alexander von Humboldt für die Errichtung einer Stahlfabrik den Ort Schauberg im Amt Lauenstein. Er begründete das nicht nur mit der Qualität des dort bereits hergestellten Stahls, was wohl auch in der Qualität der Erze begründet war, sondern er erinnerte an das armselige Leben der Bürger im Amt Lauenstein, wo jedes neue Unternehmen zur Verbesserung des Lebensstandards der Bevölkerung beitrug. Die Frage nach der Bereitstellung des Holzes blieb aber bestehen. Humboldts Lösung war originell:

> *Da ich, durch vielfältige Vorstellungen, den* p. Renner *dahin gebracht, seine Anlage auf eine Fabrikation von 4–500 Ct. Stahl einschränken zu wollen, so wird sein Holzbedürfen kaum 80–90 Klafter jährlich betragen. Ich weiß nicht, ob die ohngefähren* detaxationen *der K*[öniglichen] *Hauptforst-Kommission ein so genaues Resultat liefern können, um anzugeben, ob ein District von mehreren Quadratmeilen 80 Kl. mehr oder weniger zu liefern im Stande sei. Die Schwierigkeit, mit der die neu angelegte* Tettauer *Fayencefabrik* [gemeint ist die Porzellanfabrik] *ihren Holzbedarf erhielt, läßt mich manches besorgen. Doch möchten jene 80 Kl. noch am ehesten in* Schauberg *vom Blaufarben Werke selbst zu erhalten sein. Der* p. Pensel *ist geneigt, mit dem* p. Renner *in Verbindung zu treten und wird, auch bei starkem Betriebe, besonders seit Anlage seiner neuen Holzsparenden Oefen, wohl schwerlich die 500 Kl. Scheidholz brauchen, welche ihm (laut Prot*[okoll] *der H*[aupt] *Forst*-Commission *d*[e] *d*[ati] *4. Jan*[uar] a[nni] p[assati]*) ausgeworfen sind. Auch das rechtmäßige Bedürfen der Hammerbesizer im A*[mt] *Lauenstgein ist noch nicht ganz ausgemacht, und eine Vertheilung von 80 Kl. auf so viele Hütten kann wohl kaum das neue Werk gehässig machen.* (Humboldt 1973, S. 397)

Humboldt war im Zusammenhang mit den Bemühungen um Bereitstellung von Holz für das Tettauer Porzellanwerk zu der Überzeugung gekommen, dass die Königliche Forst-Kommission gar nicht so genau über ihre Holzvorräte Bescheid wusste und diese erst einmal überprüfen sollte, bevor man Anträge ablehnte. Gleichzeitig war ihm aber bewusst, dass Holz auf jeden Fall eine Mangelware war und man nach anderen Lösungsmöglichkeiten suchen musste. Er erinnerte sich aber auch, dass die Antragsteller für die Errichtung des Tettauer Porzellanwerks, Schmidt und Greiner, den Holzbedarf stark überhöht angegeben hatten. Das machten wohl auch andere Fabrikanten, so dass gar nicht alles angeforderte Holz benötigt wurde.

Humboldts wesentlicher Trumpf bestand nun darin, dass das wieder arbeitende Smaltewerk in Schauberg durch Errichtung holzsparender Öfen weniger als die bewilligte Holzmenge benötigte. Der Antragsteller Renner sollte sich also mit dem Besitzer des Smaltewerkes Pensel in Verbindung setzen. Dieser hatte vom König Vorschüsse erhalten, befand sich also auch in dessen Schuld und war damit moralisch zum Entgegenkommen verpflichtet. Alexander von Humboldt formulierte zu diesem Fakt bereits 1794:

> *Das Schauberger Blau-Farbenwerk, welches aus Mangel an Kobelt längst kalt liegt und ansehnliche Landesherrliche Vorschüße hat* [...]. (Dok. 8, Bl. 20v)

Der Antragsteller Renner erhielt also seinen Holzanteil durch Umverteilung der für den Farbglas-Betrieb bewilligten Menge.

In Dokument 8 folgt (Bl. 26r) eine Zusammenfassung des insgesamt gewaltigen Bedarfs an *„Kohlholz"* für die Betriebe mit Hochtemperaturprozessen (Metallhütten, aber auch Glashütten, Porzellanbetriebe). Alexander von Humboldt gab 5400 Klafter an.

Nicht enthalten waren in diesem Betrag die Holzmengen für die Herstellung der Pottasche. Die Glasbetriebe benötigten, wie schon mehrfach erwähnt, Holz nicht nur für die Schmelze, sondern auch für die Herstellung der Pottasche. Die dafür erforderlichen speziellen Hölzer (sie mussten Kalium enthalten) konnten bis zur zehnfachen Menge des für die Hochtemperaturprozesse benötigten Brennholzes betragen, wobei in diesem Fall aber dünne Äste und Schwarten neben Stämmen gleichermaßen geeignet waren. Das entschärfte das Problem in gewissem Umfang.

8. Allgemeine Aussagen Alexander von Humboldts zur fränkischen Glasindustrie

8.1. Glasproduktion im Fürstentum Bayreuth

Die ersten zusammenfassenden Angaben zur fränkischen mineralischen Industrie legte Alexander von Humboldt 1794 mit dem als Dokument 8 abgedruckten Bericht vor. Bezogen auf die Glasherstellung im Fürstentum Bayreuth findet man dort:

> [...] *Nimmt man dazu die Glashütten von Tettau und Bischoffsgrün zu 60,800 f. – die Spiegel-Fabricken zu Erlang, Osternohe und Wüstenstein zu 46600 f.* [...] *so erhält man für das Obergebürgische Fürstenthum eine Produktion von 399,000 f. – wovon über 272,000 f. ins Ausland gehen.* (Dok. 8, Bl. 22r)

Das bedeutet, dass unter Einbeziehung der bereits genannten Erlöse für Glasknöpfe und Patterle von etwa 10.000 Gulden über ein Viertel (29 %) der Erlöse aus mineralischer Produktion im Fürstentum Bayreuth ihren Ursprung in der Glasindustrie hatten. Die damalige Bedeutung dieses Industriezweigs wird in der Geschichtsschreibung über die Region kaum gewürdigt. Die geographische Lage der von Humboldt genannten Glasfabriken im Fürstentum Bayreuth zeigt Abb. 16.

Alexander von Humboldt fügte seinem Bericht auch tabellarische Übersichten bei. Dort findet man unter Einbeziehung der Glasknöpfe und -perlen dieselben Angaben:

> *17. Knöpfe von Grünstein – 10,500 f., 18. Glaß – 60,800 f., 19. Spiegel – 46,500 f.* (Dok. 8, Bl. 29r)

Aus den Angaben geht nicht hervor, ob die spiegelherstellenden Unternehmen das benötigte Flachglas selbst produzierten oder von anderen Betrieben bezogen. Aus einem erstmalig 1788

Abb. 16: Lage der Glaserzeugnisse produzierenden Orte im Fürstentum Bayreuth Ende des 18. Jahrhunderts: Sophienau (im Herzogtum Sachsen-Coburg-Saalfeld gelegen), Kleintettau, Alexandershütte, Schauberg, Sophienreuth, Bischofsgrün, Warmensteinach, Wüstenstein, Osternohe, Erlangen (bei Alexander von Humboldt Erlang geschrieben), Zeichner: Peter Palm

erschienenen Buch kann man lediglich bezüglich des Schleifens des Spiegelglases und Belegens mit einer Zinnfolie in einem Unternehmen in der Nähe von Erlangen entnehmen:

> *Eine Spiegelschleife mit 8 Wasserschleifständen, 3 Polirtischen und 2 Gips- und Schmergelstämpfen. Sie schleift wöchentlich 800 Spiegelgläser, das Stück zu 11 Zoll. Eine Foliefabrik war uns etwas neues. Es werden hier jährlich mehr als 100 Centner Staniol zum Spiegelbelegen geschlagen.* (Füssel 1976, S. 264–265)

Die Spiegelschleiferei befand sich an der Baiersdorfer Straße am Zusammenfluss der Schwabach und der Rednitz (Regnitz).

Die Herstellung des für die Spiegelproduktion benötigten Flachglases war aufwändig und problematisch (siehe dazu Hülsenberg 2013). Alexander von Humboldts Großeltern mütterlicherseits besaßen in Neustadt an der Dosse eine Spiegelfabrik. Zwischen 1733 und 1741 änderte man dort das Verfahren für die Herstellung von Spiegelglas. Bis dahin wurden die für Spiegel benötigten Flachgläser zunächst zu großvolumigen, heißen Glashohlzylindern geblasen, dann aufgeschnitten und schließlich verstreckt. Die neue Technologie bestand im Ausgießen der Schmelze auf eine hitzebeständige Unterlage und anschließendem Walzen. Dieses Verfahren wurde Ende des 18. Jahrhunderts sehr wahrscheinlich auch in Franken angewendet.

Aus einem umfangreichen Schriftwechsel, der im Bamberger Staatsarchiv und vor allem im Geheimen Staatsarchiv zu Berlin aufbewahrt wird und verschiedenste Vorgänge in den fränkischen Glashütten in der Zeit von 1796 bis 1799 umfasst (z. B. GStA PK, II. HA, GD, Abt. 36, Fränk. Dpt. VII), kann man schließen, dass um 1794 in den Glashütten von Kleintettau und Alexandershütte Flachglas hergestellt wurde. Mit Sicherheit wurde zu dieser Zeit in Sophienreuth bei Schönwald Flachglas produziert. Vielleicht bezog die Spiegelglasschleiferei bei Erlangen um 1788 von dort ihr Flachglas.

Die Fertigung des sogenannten „weißen“ Flachglases war jedoch eingestellt worden. Das Unternehmen in Sophienreuth existierte 1796 nicht mehr. Die Hauptproduktion der Unternehmen in Kleintettau und Alexandershütte war die Herstellung von Hohlglas. Dabei handelt sich um geblasene Gefäße beliebiger Art. Beide Unternehmen produzierten jährlich für *„31050 Rthl.“* Hohlglas, worüber der Amtmann Fränckel informierte (Fränckel 1797b, Bl. 4r).

Anscheinend gab es in Franken im Jahr 1796 keinen Produzenten von Flachglas, dem Ausgangsmaterial für die Spiegel, mehr. Darum und auch für den „Export“ unterbreitete Minister von Hardenberg am 12. Dezember 1796 der Kriegs- und Domänenkammer in Bayreuth das folgende Anliegen:

> *Aus dem abschriftlich anhengenden Schreiben Unsers combinirten General Fabricken- und Commercial- wie auch Accise- und Zoll-Departements werdet Ihr ersehen, daß derselbe Nachricht zu haben wünscht, ob aus dem Bayreuthischen wiederum wie ehemals weißes Tafel Glas in die Provinzen Magdeburg und Halberstadt eingeführt werden könne.* (Hardenberg 1796, Bl. 2r)

Am 9. Januar 1797 (Humboldt weilte zu dieser Zeit bereits nicht mehr in Franken, war aber noch offiziell dortiger Oberbergrat) fand dazu in Lauenstein mit den Glasmeistern aus Kleintettau und Alexandershütte eine Beratung statt. Dazu muss man wissen, dass sich an beiden Standorten eine „Glashüttenmeister-Dynastie“ der Brüder Heinz und ihrer Familien gebildet hatte. Noch heute existiert in Kleintettau ein weltweit agierendes Hohlglasunternehmen mit besonderer Spezialisierung auf Döschen und Flakons (Kosmetik- und Parfümerieglas), dessen Ursprung auf das Jahr 1622 zurückgeht. Abb. 17 zeigt den Stammbaum der Glasmeisterdynastie. Es ist das älteste, ununterbrochen produzierende und im Familienbesitz befindliche Glasunternehmen deutschlandweit.

Über die Beratung am 9. Januar 1797 fertigte der Amtmann Fränckel ein Protokoll an. Es heißt dort:

> *In Gemäßheit erlaßener Verfügung an die Besizern der Alexandershütte wegen zu fertigenden Tafelglaß, erscheinen Adam Siegmund Heinz, Andreas Wilhelm Heinz, Johann Adam Heinz, Johann Jacob Heinz und bringen an, daß da ihnen nach ihrem* Privilegio *auch die* Concession *zur Fertigung des Tafel-Glaßes in der Alexandershütte mitgetheilt worden, sie auch nicht gemeinet seyen, durch jemand anders eine Tafelglaß-Fabrick errichten zu laßen, vielmehr entschloßen, eine solche Arbeit selbsten zu unternehmen und auch längstens unternommen haben würden, wenn es die bisherige schlechte Beschaffenheit des erhaltenen Holzes verstattet hätte; da zu Tafelglaßarbeit schlechterdings dörre Hölzer und während der Arbeit hartes Holz dazu erforderlich seyn.* (Fränckel 1797a, Bl. 8r–v)

Das Protokoll führt anschließend genau die geforderte Qualität und Menge der benötigten Hölzer auf. Bei Bewilligung derselben würden die Glasmeister die Vorbereitungen zur Wiederaufnahme der Tafelglasproduktion treffen. Holz war also wieder ein wesentliches Entscheidungskriterium! Ob Alexander von Humboldt hier noch einmal Einfluss genommen hatte, geht aus den bisher aufgefundenen Unterlagen nicht hervor.

Abb. 17: Stammbaum der Glasmeister-Dynastie der Familie Heinz aus Kleintettau auf dem Rolltor einer Einfahrt zu Heinz-Glas in Kleintettau (Foto: Dagmar Hülsenberg)

Bevor die Königlich-Preußische Obergebirgische Kriegs- und Domänenkammer eine Entscheidung traf, vergewisserte sie sich jedoch über die fachlichen Voraussetzungen, in Kleintettau und Alexandershütte Flachglas herzustellen.

Einen ersten Bericht legte die Königlich-Preußische Obergebirgische Kriegs- und Domänenkammer mit Tornesis Abzeichnung am 15. Februar 1797 vor. Darin heißt es:

> [...] *zeigen wir devotest an, daß die Tafelglas Fabrike zu Sophienreuth beÿ Schönwald, seit dem Ableben des Besizers, Kammerjunkers von Schmidt, liegen geblieben und auch zu bezweifeln seÿe, ob sie je wieder in Betrieb kommen werde.* (Dok. 13, Bl. 3r)

Das war also die Ausgangssituation. In dem Brief hießt es weiter:

> *Die beÿden Glashütten zu Thettau und Alexandershütte im Amte Lauenstein, fertigen zur Zeit nur noch Rundgläser, sie sind aber, wie anschlüßiger Bericht des Amts Lauenstein besaget, auch bereit, Tafelglas zu machen, welches ihnen auch leicht seÿn mus[s], da sie neben den schon habenden Schmelz Oefen, nur noch einen Glätt= und Streck= dann einen Kühlofen bauen und sich mit einigen auf Tafelglas gelernten Arbeitern versehen dürfen.* (Dok. 13, Bl. 3r)

Aus den folgenden Angaben zur jährlichen Produktion geht hervor, dass sich diese von 1792 bis 1796 verdoppelt habe, was eine gute Voraussetzung zur Aufnahme der Fertigung neuer Erzeugnisse war.

Hardenberg wies daraufhin die Kriegs- und Domänenkammer in Bayreuth am 9. März 1797 an, beide Glasbetriebe in Kleintettau und Alexandershütte zu beauftragen, die Produktion von Flachglas vorzubereiten:

> *Ihr habt solche zur Fabrikation des weisen Tafel Glases aufzumuntern, wozu Wir den größern Holzbedarf, wenn solcher gehörig aus gemittelt ist, und in sofern es geschehen kann, aus Unsern Forsten gern anweisen lassen werden. An Absaz wird es denselben, wenn sie gute Waaren liefern, nicht fehlen.* (Dok. 14)

Er teilte am gleichen Tag seine Entscheidung auch dem Königlichen Hochlöblichen „Combinirten General Fabriken- und Commercial-Departement wie auch Accise- und Zoll-Departement“, adressiert an Carl August von Struensee, mit. Hier ergänzte er, um ganz sicher zu gehen:

> *Übrigens wird über den Zustand, den Verschluß und die Mängel dieser Glaß Fabriken nächstens eine genaue Local Recherche angestellt werden, nach deren Beendigung ich Euer Excellenz weitere Nachricht zu ertheilen mir vorbehalte.* (Hardenberg 1797, Bl. 10r)

Was unter „*nächstens*“ zu verstehen ist, folgt daraus, dass der Abschlussbericht (Freudel 1799) zum Gesamtvorgang erst am 13. November 1799 vorgelegt wurde. Er umfasst 19 Seiten und gibt über die Situation der Glasherstellung in beiden Betrieben ausführlich Auskunft, was aber hier, ebenso wie viele weitere Dokumente zu dem Gesamtvorgang, nicht Gegenstand ist.

8.2. Glasproduktion im Fürstentum Ansbach

Alexander von Humboldt listete in seinem Bericht vom Herbst 1794 auch auf, was im Fürstentum Ansbach hergestellt wurde. Es fällt auf, dass das sehr knapp erfolgt; wahrscheinlich auch deshalb, weil diese Produktion weniger mit Bergbau zu tun hatte und seine Kenntnis zu Details dort geringer waren. Er schrieb lediglich:

> *Der einzige, jetzt betriebene Bergbau im ganzen Fürstenthum ist der auf Alaunschiefer an der Heldenmühle bey Crailsheim.* (Dok. 8, Bl. 22v)

Die Produktion des Salzwerks zu Gerabronn, über das Humboldt auftragsgemäß Bericht (Humboldt 1792b) erstattet hatte, „*welches in der Geschichte neuerer Finanzprojekte immer denkwürdig bleiben wird, ist eingestellt* [...]“ (Dok. 8, Bl. 23r).

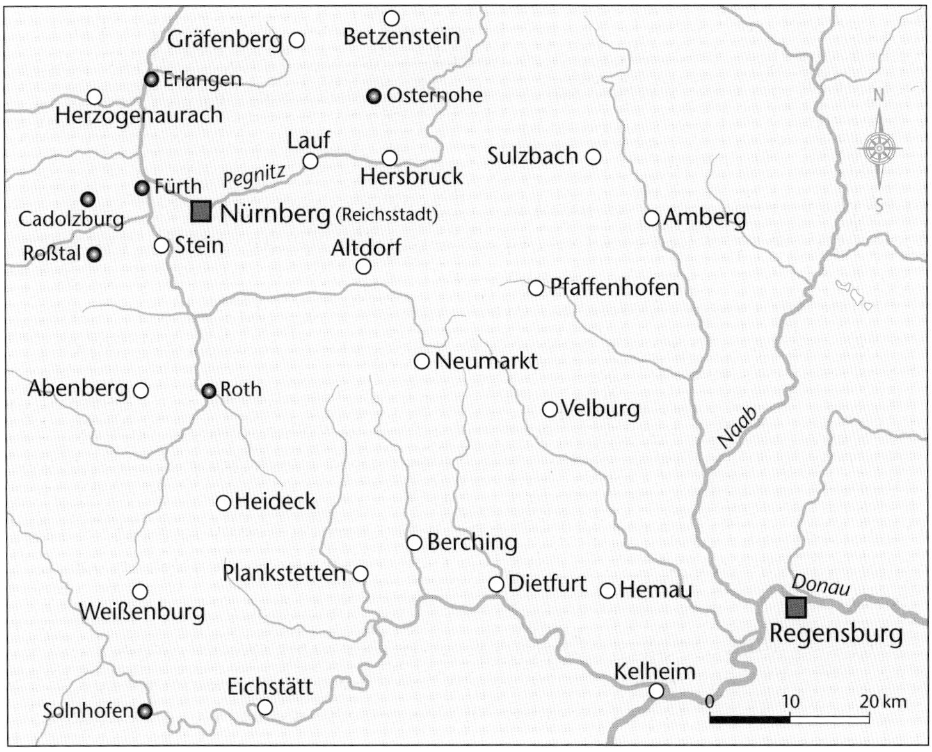

Abb. 18: Lage der Glaserzeugnisse produzierenden Orte im Fürstentum Ansbach Ende des 18. Jahrhunderts: Fürth, Cadolzburg, Roßtal (bei Alexander von Humboldt Rostall geschrieben), Roth, Solnhofen (bei Alexander von Humboldt Solenhofen geschrieben), Zeichner: Peter Palm

Humboldt erläuterte dann die verschiedenen Finanzmanipulationen mit Bezug auf die daran beteiligten Personen. Er lobte aber die metallverarbeitende Industrie und zählte deren Produktionsumfang auf.

Zur Herstellung von Glaserzeugnissen im Fürstentum Ansbach schrieb Humboldt, sie produzieren in „[...] *Roth, Cadolzburg und* [Roßtal], *Fürth und* [Solnhofen] *für 131,000 f. Spiegel und Glas* [...]" (Dok. 8, Bl. 23v). Abb. 18 zeigt, wo sich die von Humboldt genannten Orte befanden.

Die Herstellung von Glaserzeugnissen im Fürstentum Ansbach übertraf also noch die im Fürstentum Bayreuth. Die Zahl von 131.000 Gulden nannte Humboldt auch in seinem Übersichts-Tableau über das Fürstentum Ansbach (Dok. 8, Bl. 30r). Dort kann man auch entnehmen, dass in diesem Fürstentum die mineralische Gesamtproduktion einen Umfang von 688.500 Gulden hatte. Die Herstellung von Glaserzeugnissen betrug hier 19 % der Gesamterlöse der mineralischen Produktion.

Addiert man die Werte für die Glasherstellung beider Fürstentümer und setzt sie zur mineralischen Gesamtproduktion ins Verhältnis, entfielen 23 % der Einnahmen auf den Verkauf von Glaserzeugnissen. Alexander von Humboldt hatte – neben all seinen anderen Verpflichtungen – einen spürbaren Beitrag zur Existenz dieser Industrie geleistet.

Editionsprinzipien

Die im Dokumenten- und im Textteil transkribierten Passagen werden entsprechend den Handschriften wiedergegeben. Die Seitenangaben folgen nach Möglichkeit den Foliierungen bzw. Blattzählungen, die auf den Handschriften vermerkt sind. Sie werden in den Kolumnentiteln wiederholt; z. B. für das erste Blatt einer Handschrift 1r (Blatt 1 recto = Vorderseite) und 1v (Blatt 1 verso = Rückseite).

Die Schreibeigentümlichkeiten, z. B. „nüzlich" für „nützlich", „entdeken" statt „entdecken", die Schreibweise von Eigennamen sowie die Interpunktion und Textgliederung bleiben erhalten. Die Korrektur von Schreibfehlern wird kenntlich gemacht.

Textkritische Fußnoten sind durch Kleinbuchstaben gekennzeichnet und stehen am unteren Rand der Seite:

- Sprachliche Fehler werden wie folgt verbessert:
  Im Originaltext steht irrtümlich „Gesichte"; das falsche Wort wird im edierten Text in eckigen Klammern durch das richtige ersetzt: „[Geschichte]"; dazu die Fußnote: Gesichte *Schreiber, ändert Hrsg.*; dies ist zu lesen: Im Text steht das Wort „Gesichte", was vom Herausgeber durch das Wort „Geschichte" ersetzt wurde.
- Streichungen durch den Schreiber sind wie folgt in den Fußnoten kenntlich gemacht:
  Originaltext: „der ~~ihnen~~ im"
  Fußnote: „der | ihnen *gestr.* | im *Humboldt*"
- Vom Schreiber ergänzte Textteile werden vollständig wiederholt:
  Fußnote: „sehr zu *ergänzt Humboldt*"
- Während des Schreibens vorgenommene Änderungen werden so wiedergegeben:
  Fußnote: „(1) werden (2) scheint *Humboldt*". Dies ist zu lesen: Humboldt schrieb zunächst „werden", hat sich dann aber für „scheint" entschieden. Der ursprüngliche Text könnte in der Handschrift gestrichen oder überschrieben sein.

Zwischen den verschiedenen Formen des „s" (langes „s", rundes „s", „Schluss-s" etc.) wird nicht unterschieden; „ß" erscheint, wenn es in der Handschrift klar erkennbar ist.

Abkürzungen sind, sofern sie nicht im entsprechenden Verzeichnis stehen, in eckigen Kl[ammern] ergänzt. Bearbeitungsvermerke auf den amtlichen Schriftstücken erscheinen nach Möglichkeit in einer transkribierten und ergänzten Form. Kürzel aus der handschriftlichen Tradition, auch Maßeinheiten etc., werden ohne Kennzeichnung ausgeschrieben. Unterstreichungen erscheinen im Druck entsprechend der Vorlage unterstrichen.

Zitate im Einführungsessay werden der Übersichtlichkeit wegen kursiviert; dies schließt auch Ergänzungen in [eckigen Klammern] ein, die sich in der Vorlage finden. Ergänzungen, die die Verfasserin in den Zitaten vornimmt, erscheinen ebenfalls in [eckigen Klammern], sind aber nicht kursiviert. Im Original in lateinischen Buchstaben geschriebene Wörter erscheinen in der Transkription kursiv, in den kursiv geschriebenen Zitaten der einführenden Studie aber recte (gerade).

Nachträglich auf den Originalen zur Paginierung oder sonstigen Kennzeichnung angegebene Zahlen, Stempel etc. werden nicht übernommen, ebenso wenig Randnotizen, die nicht eindeutig oder nur unvollständig entziffert werden konnten.

Das Glossar dient der Erläuterung von bergbaulichen, wissenschaftlichen und technischen Fachbegriffen sowie heute veralteten Ausdrücken, die sich nicht unmittelbar erschließen.

Verzeichnis der Dokumente

Dok. 1: Humboldt, Alexander von: Ueber die Schmalt Fabrication zu Saalfeld nebst allgemeinen Sägen über die Natur der Schmalte, den 8ten July 1792. In: Bericht. Über den Zustand des Bergbaus und Hütten-Wesens in den Fürstenthümern Bayreuth und Ansbach nebst Beylagen über die Saline zu Gerabronn und Schwäbischhall, die Porzellan Fabrike zu Brukberg, das Vitriolwerk am Schwefelloch, die Natur des Eisens, der Schmalte und die Entstehung der Schwefel-Säure bey der Alaun- und Vitriol-Fabrication (vom 12. Juli bis 5. August 1792). Eingereicht von dem Ober-Bergmeister A. v. Humboldt mittelst Berichts vom 17. April 1793. Quelle: Berlin, GStA PK, I. HA, Rep. 121, Ministerium für Handel und Gewerbe, Berg-, Hütten- und Salinenverwaltung, Nr. 6970, Bl. 276r–280v.

Dok. 2: Humboldt, Alexander von: Ueber die Knopf=Hütte zu Bischofsgrün, den 21ten July 1792. In: Bericht. Über den Zustand des Bergbaus und Hütten-Wesens in den Fürstenthümern Bayreuth und Ansbach nebst Beylagen über die Saline zu Gerabronn und Schwäbischhall, die Porzellan Fabrike zu Brukberg, das Vitriolwerk am Schwefelloch, die Natur des Eisens, der Schmalte und die Entstehung der Schwefel-Säure bey der Alaun- und Vitriol-Fabrication (vom 12. Juli bis 5. August 1792). Eingereicht von dem Ober-Bergmeister A. v. Humboldt mittelst Berichts vom 17. April 1793. Quelle: Berlin, GStA PK, I. HA, Rep. 121, Ministerium für Handel und Gewerbe, Berg-, Hütten- und Salinenverwaltung, Nr. 6970, Bl. 156v–159r.

Dok. 3: Humboldt, Alexander von: Das Schürfen auf Kobelt in der Wunsiedler B. A. Refier betreffend. Bericht an das Ober-Bergdepartement vom 20. Dezember 1793. Quelle: Bamberg, StABa, Kriegs- und Domänenkammer, Nr. 7111, Bl. 3r–v.

Dok. 4: Humboldt, Alexander von: Das Schürfen auf Kobelt unfern der Stadt Wunsiedel betreffend, Arzberg auf Wunsiedler Refier, den 29. März 1794. Quelle: Bamberg, StABa, Kriegs- und Domänenkammer, Nr. 7111, Bl. 6r–7r.

Dok. 5: Schubert, Johann Christoph: Das Schürfen auf Koboldt im Sorger an der Bayreuth= und Höfer Straße dahier in specie den Verkauf des erschurften Kobolds betreffend, Wunsiedel, den 1. Juni 1794. Quelle: Bamberg, StABa, Kriegs- und Domänenkammer, Nr. 7111, Bl. 11r–12r.

Dok. 6: Schubert, Johann Christoph: Unterthaeniger Bericht, das Schürfen auf Kobolt im Sorger an der Hoefer und Bayreuther Straße dahier betreffend, Wunsiedel, den 11. Juni 1794. Quelle: Bamberg, StABa, Neuverzeichnis, Bayreuth, Nr. 15675, Bl. 5r–8r.

Dok. 7: Humboldt, Alexander von: Das Schürfen auf Kobelt betreffend, Bayreuth, den 14. Juni 1794. Quelle: Bamberg, StABa, Neuverzeichnis, Bayreuth, Nr. 15675, Bl. 1r–3r.

Dok. 8: Humboldt, Alexander von: Acta – Eine Darstellung von dem Zustande des Bergbaues in den fränkischen Fürstenthümern 1797; erstellt im Herbst 1794; mit eigenhändigen Ergänzungen Humboldts von 1795 und auf gesonderten Blättern von 1796 und 1797. Quelle: Berlin, GStA PK, II. HA, GD, Abt. 36, Fränk. Dpt. VII, 34a, Deckblatt und Bl. 1r–30r.

Dok. 9: Humboldt, Alexander von: Die Schürfen auf Braunstein und Kobelt bei Wunsiedel betreffend, Frankfurt am Main, den 20. Oktober 1794. Quelle: Bamberg, StABa, Kriegs- und Domänenkammer, Nr. 7111, Bl. 39.

Dok. 10: Humboldt, Alexander von: Die Existenz des Kobelts bei Wunsiedel betreffend, Bayreuth, den 18. März 1795. Quelle: Bamberg, StABa, Kriegs- und Domänenkammer, Nr. 7111, Bl. 42r–43v.

Dok. 11: Humboldt, Alexander von: Die Unterstüzung des Penselschen Blaufarbenwerks im Amt Lauenstein betreffend, Bayreuth, den 11. Dezember 1796. Quelle: Bamberg: StABa, Kriegs- und Domänenkammer, Nr. 4131, Bl. 16r–17v.

Dok. 12: Hardenberg, Carl August Graf von: Die Bewilligung eines Geschenks von 2000 f. fränkisch für den Besitzer des Blaufarbenwerks zu Schauberg betreffend, Ansbach, den 21. Januar 1797. Quelle: Berlin, GStA PK, I. HA, Rep. 96, Nr. 254A, Bd. 2, Bl. 1r–2r.

Dok. 13: Erster Bericht der Königlich Preußischen Obergebirgischen Kriegs- und Domänenkammer, den Zustand der Glasfabriken zu Thettau und Alexandershütte dann deren auswärts gehenden Verschluß betreffend, Bayreuth, den 15. Februar 1797. Quelle: Berlin, GStA PK, II. HA, GD, Abt. 36, Fränk. Dpt. VII, Nr. 182, Bl. 3r–v.

Dok. 14: Hardenberg, Carl August Graf von: Weisung an die Königlich-Preußische Kriegs- und Domänenkammer über die Flachglasherstellung in Thettau und Alexandershütte, Ansbach, den 9. März 1797. Quelle: Bamberg, StABa, Kriegs- und Domänenkammer, Nr. 4158, nicht nummeriertes Blatt.

Gutachten und Briefwechsel zur Glasherstellung 1792–1797

Ofen, der blos für den Frischheerd arbeitet, 2 Frischfeuer mit Stabhämmern und 1. Stahlofen. Aus Mangel an Aufschlagewasser sahe ich blos die Stabhämmer im Umtrieb, das Stahlfeuer hat der Baron von Fischer durch Schmalkalder anlegen lassen. Man verfertigt Stahl mit Steyermärkischen Griffen 12. Wagen auf. 1. Centner.

Ueber die Schmalt Fabrication zu Saalfeld, nebst allgemeinen Sätzen über die Natur der Schmalte. den 8ten July 1792.

Das hiesige Blaufarbe-Werk gehört dem Dr: Wagner. Es liegt ½ Stunde von der Stadt entfernt, Die Fabrication ist hier, so wie in ganz Sachsen ein Geheimniß. Ich konnte daher nur einiges ziemlich unwichtiges davon ersehen.

Die Kobolt-Erze des Rothlauges sind izt theils schwarzer Erd-Kobolt, und

Dokument 1
Alexander von Humboldt: Über die Smalte-Fabrikation in Saalfeld
8.7.1792

h: Berlin, GStA PK, I. HA, Rep. 121, Nr. 6970, Bl. 276r–280v.
D: Humboldt 1959, S. 208–210.

Ueber die Schmalt *Fabrication* zu *Saalfeld* nebst allgemeinen Sägen über die *Natur* der Schmalte.
den 8ten July 1792.

Das hiesige Blaufarben-Werk gehöret dem *Dr: Wagner*. Es liegt ½ Stunde von der Stadt entfernt. Die *Fabrication* ist hier, so wie in ganz Sachßen ein Geheimniß. Ich konnte daher nur einiges ziemlich unwichtiges davon erfahren.
Die *Kobolt*-Erze des Rothberges sind iezt theils schwarzer Erd=Kobolt, und

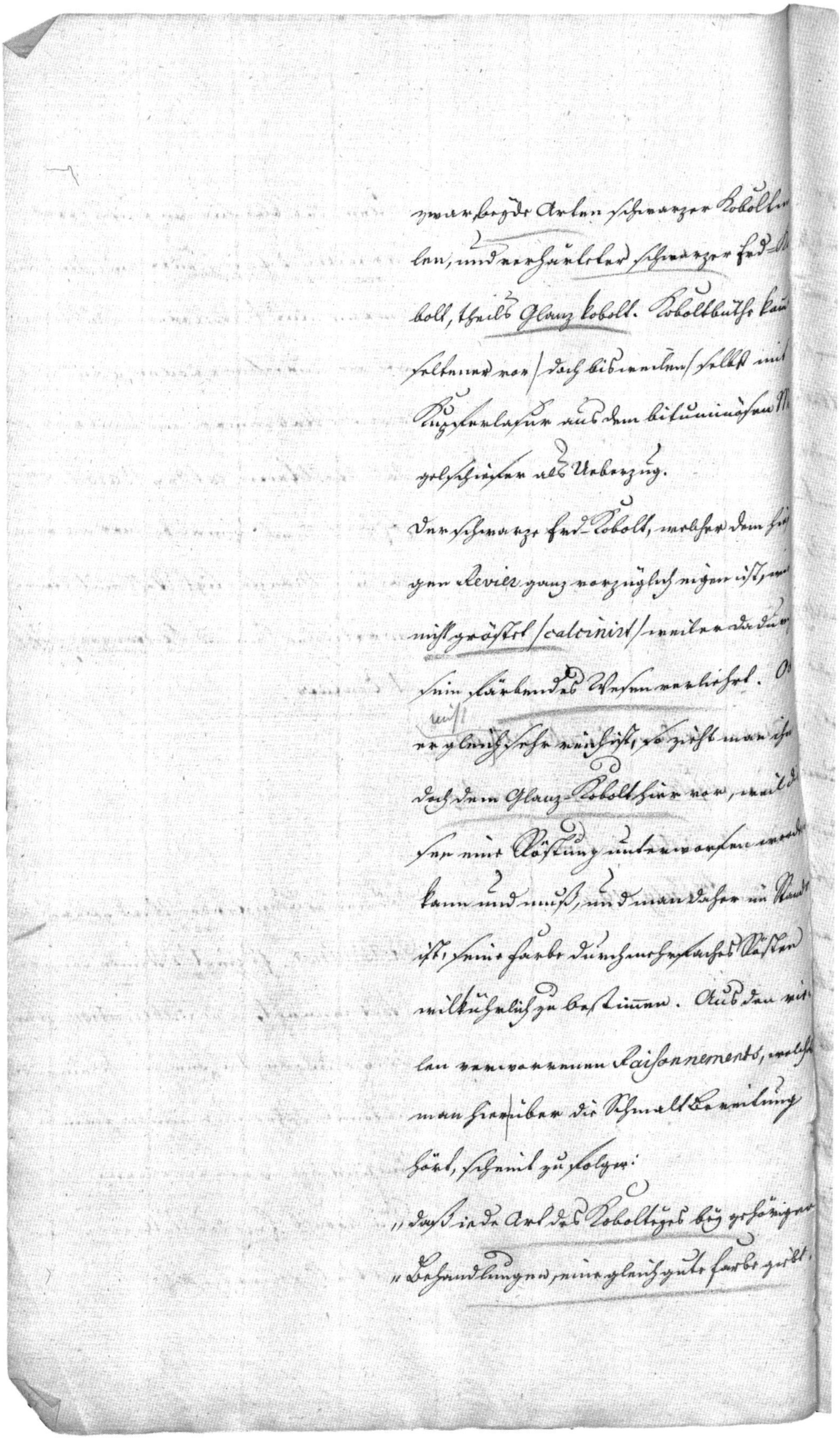

zwar beyde Arten schwarzer Koboltmul-
len, und verhärteter schwarzer Erd-Ko-
bolt, theils Glanz kobolt. Koboltblüthe kam
selten nur vor / doch bisweilen / selbst im
Kupferletten aus dem bituminösen Mer-
gelschiefern als Ueberzug.
Der schwarze Erd-Kobolt, welcher dem hiesi-
gen Revier ganz vorzüglich eigen ist, muss
nicht geröstet (calcinirt) werden, da durch
sein färbendes Wesen verliehrt. Ob
er gleich sicher nicht ist, so zieht man ihn
doch dem Glanz-Kobolt hier vor, weil die-
ser einer Röstung unterworfen werden
kann und muss, und man daher im Stande
ist, seine Farbe durch mehrfaches Rösten
willkührlich zu bestimmen. Aus den vie-
len vernommenen Raisonnements, welche
man hierüber die Schmeltz-Verwaltung
hört, scheint zu folgen:
„dass jede Art des Koboltzes bey gehöriger
„Behandlung eine gleich gute Farbe giebt.

zwar beÿd[e]r Arten schwarzer [Kobolt-
mulm][a], und verhärteter schwarzer Erd-Ko-
bolt, theils Glanzkobolt. Koboltblüthe kommt
seltener vor / doch bisweilen / selbst mit
Kupferlasur aus dem bituminösen Mer-
gelschiefer als Ueberzug.
Der schwarze Erd-Kobolt, welcher dem hiesi-
gen *Revier* ganz vorzüglich eigen ist, wird
nicht g[e]röstet / *calcinirt* / weil er dadurch
sein färbendes Wesen verliehrt. Ob
er gleich nicht[b] sehr reich ist, so zieht man ihn
doch dem Glanz-Kobolt hier vor, weil die-
ser ein[e]r Röstung unterworfen werden
kann und muß, und man daher im Stande
ist, seine Farbe durch mehrfaches Rösten
wilkührlich zu bestimmen. Aus den vie-
len verworrenen *Raisonnements,* welche
man hier|über die Schmalt Bereitung
hört, scheint zu folgen:
„daß iede Art des [Kobolterzes][c] beÿ gehörigen
„Behandlungen, eine gleich gute Farbe giebt.

---

[a] Koboltmelen *Schreiber, ändert Hrsg.* [b] nicht *von fremder Hand mit Bleistift ergänzt* [c] Koboltäzes *Schreiber, ändert Hrsg.*

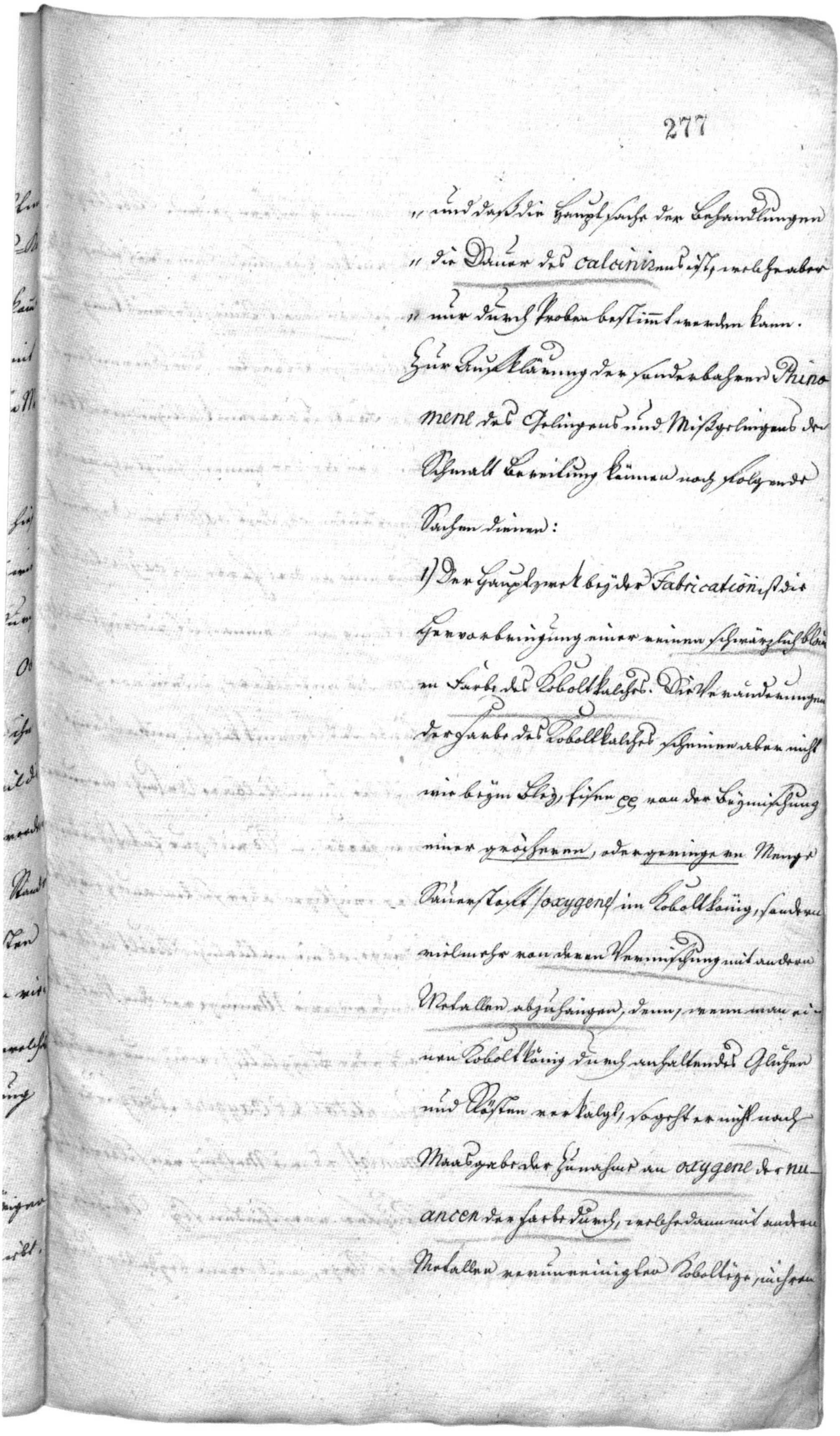

277

„ und daß die Hauptsache der Behandlungen
„ die Dauer des calcinirens ist, welche aber
„ nur durch Proben bestimt werden kann.
Zur Aufklärung der sonderbaren Pheno-
mene des Gelingens und Mißgelingens der
Schmalt Bereitung können noch folgende
Sachen dienen:
1) Der Hauptzweck bey der Fabrication ist die
Hervorbringung einer reinen schwärzlich blau-
en Farbe des Koboltkalchs. Die Veränderungen
der Farbe des Koboltkalchs scheinen aber nicht
wie beym Bley, Eisen etc. von der Beymischung
einer größeren oder geringeren Menge
Säurenstoff (oxygene) im Koboltkönig, sondern
vielmehr von deren Vermischung mit andern
Metallen abzuhängen, denn, wenn man ei-
nen Koboltkönig durch anhaltendes Glühen
und Rösten verkalcht, so geht er nicht nach
Maaßgabe der Zunahme an oxygene die Nu-
ancen der Farbe durch, welche dann mit andern
Metallen verunreinigter Koboltkönige, [illegible]

„und daß die Hauptsache der Behandlungen
„die Dauer des *calcinir*ens ist, welche aber
„nur durch Proben bestimmt werden kann.
Zur Aufklärung der sonderbahren *Phinomene* des Gelingens und Mißgelingens der Schmalt Bereitung können noch folgende Sachen dienen:
1) Der Hauptzwek beÿ der *Fabrication* ist die Hervorbringung einer reinen schwärzlich blauen Farbe des Koboltkalches. Die Veränderungen der Farbe des Koboltkalches scheinen aber nicht wie beÿm Bley, Eisen pp von der Beÿmischung einer größeren, oder geringern Menge Sauerstoft / *oxygene* / im Koboltkönig, sondern vielmehr von deren Vermischung mit andern Metallen abzuhängen, denn, wenn man einen Koboltkönig durch anhaltendes Glühen und Rösten verkalgt, so geht er nicht nach Maasgabe der Zunahme an *oxygene* der[a] *nuancen* der Farbe durch, welche dann mit andern Metallen verunreinigten [Kobolterze][b], in ihren

---

[a] *In D:* die [b] Koboltäze *Schreiber, ändert Hrsg.*

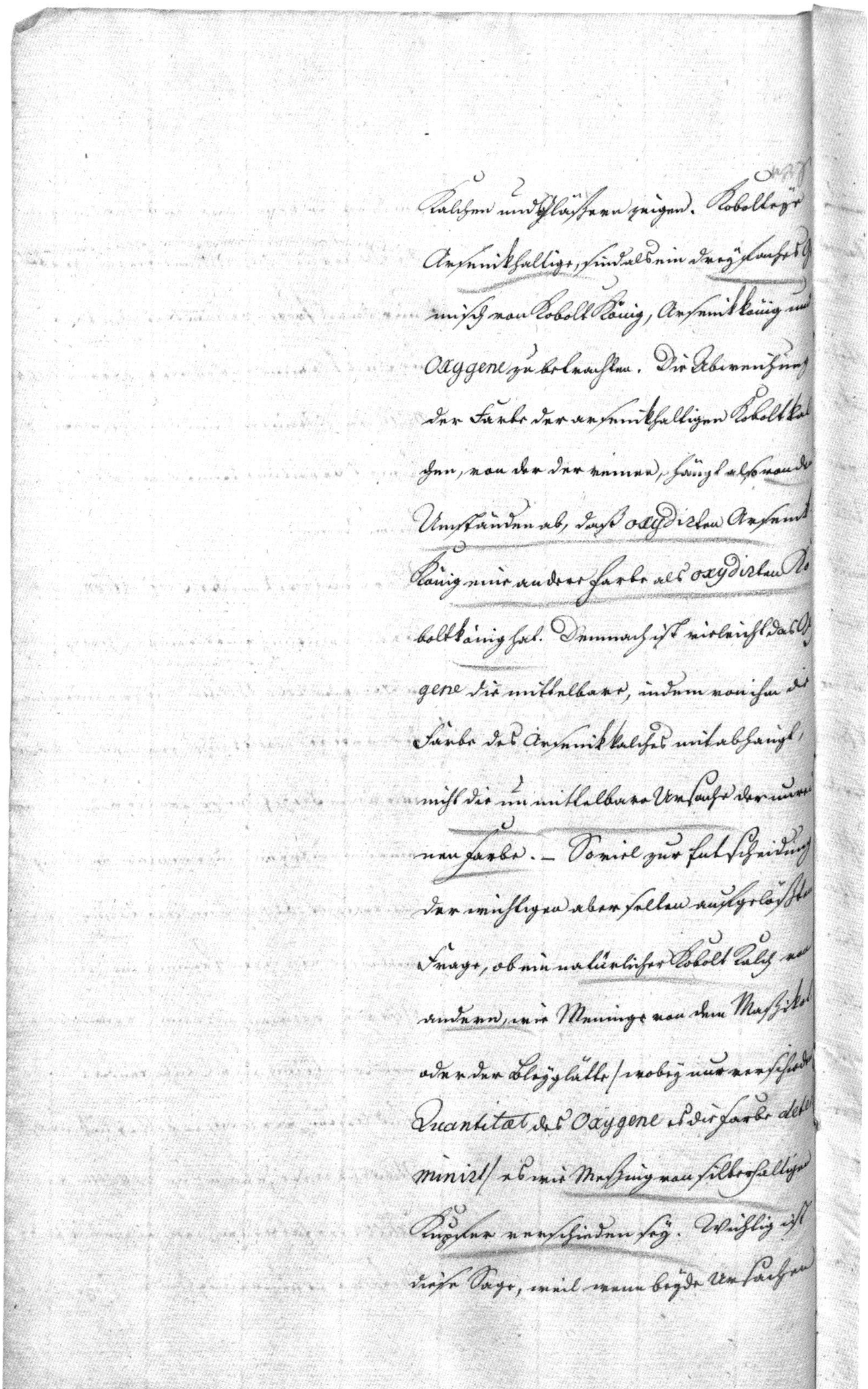
Kalchen entschlossen zeigen. Koboltge-
Arsenikhaltige, sind also ein dreyfaches Ge-
mische von Koboltkönig, Arsenikkönig und
Oxygene zu betrachten. Die Abweichung
der Farbe der arsenikhaltigen Koboltkal-
chen, von der der reinen, hängt also von dem
Umstande ab, daß oxydirter Arsenik-
könig eine andere Farbe als oxydirter Ko-
boltkönig hat. Demnach ist vielleicht das Oxy-
gene die mittelbare, indem von ihm die
Farbe des Arsenikkalchs mit abhängt,
nicht die unmittelbare Ursache der grü-
nen Farbe. – Soviel zur Entscheidung
der wichtigen aber selten aufgelösten
Frage, ob ein natürlicher Koboltkalch von
andern, wie Mennige von dem Massicot
oder der Bleyglätte (wobey nur verschiede-
Quantität des Oxygene die Farbe deter-
minirt) oder wie Messing von silberhaltigem
Kupfer verschieden sey. Wichtig ist
diese Frage, weil man beyde Ursachen

Kalchen und Gläßern zeigen. [Kobolterze][a]
Arsenikhaltige, sind als ein dreÿfaches Gemisch von KoboltKönig, Arsenikkönig und *Oxygene* zu betrachten. Die Abweichung der Farbe der arsenikhaltigen Koboltkalchen, von der der reinen, hängt also von den Umständen ab, daß *oxydirt*en Arsenik König eine andere Farbe als *oxydirt*en Koboltkönig hat. Demnach ist vieleicht das *Oxygene* die mittelbare, indem von ihm die Farbe des Arsenikkalches mit abhängt, nicht die unmittelbare Ursache der unreinen Farbe. – So viel zur Entscheidung der wichtigen aber selten aufgelößten Frage, ob ein natürlicher Kobolt Kalch von andern, wie Mennige von dem Maßikot oder der Bleÿglätte /wobeÿ nur verschiedene *Quantitæt* der *Oxÿgene* es die Farbe *determinirt* / es wie Meßing von silberhaltigen Kupfer verschieden seÿ. Wichtig ist diese Sage, weil wenn beÿde Ursachen

[a] Koboltäze *Schreiber, ändert Hrsg. Darüber von fremder Hand mit Bleistift*: erz.

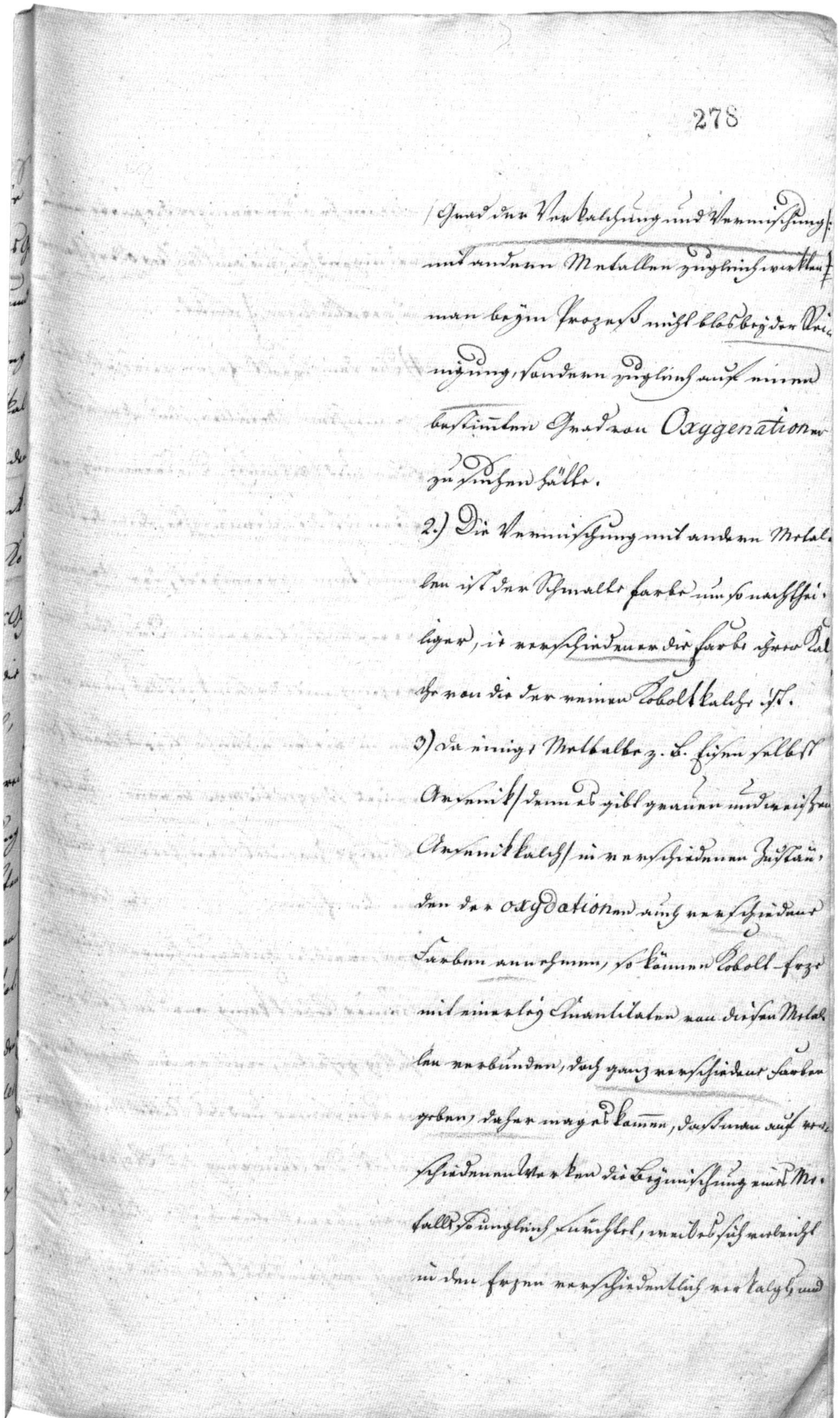

278

schen der Verkalchung und Vermischung mit andern Metallen zugleich erhalten, so müßte man beym Prozeß nicht blos bey der Reinigung, sondern zugleich auch einen bestimmten Grad von Oxygenation zu suchen hätte.

2.) Die Vermischung mit andern Metallen ist der Schmaltefarbe um so nachtheiliger, je verschiedener die Farbe ihrer Kalche von die der reinen Koboltkalche ist.

3) Da einige Metalle z. B. Eisen selbst Arsenik, denn es gibt grauen und weissen Arsenikkalch, in verschiedenen Zuständen der Oxydation auch verschiedene Farben annehmen, so können Kobolt-Erze mit einerley Quantitaeten von diesen Metallen verbunden, doch ganz verschiedene Farben geben, daher mag es kommen, daß man aus verschiedenen Werken die Beymischung and. Metalle, sämtlich schlechter, und bis sich vielleicht in den Erzen verschiedentlich verhalten und

/ Grad der Verkalchung und Vermischung /:
mit andern Metallen zugleich wirkten ≠
man beÿm Prozeß nicht blos beÿ der Reinigung, sondern zugleich auf einen bestimmten Grad von *Oxygenation*en zu sehen hätte.
2.) Die Vermischung mit andern Metallen ist der Schmalte farbe um so nachtheiliger, ie verschiedener die Farbe ihrer Kalche von [der][a] der reinen Koboltkalche ist.
3) Da einige Metalle z. B. Eisen selbst Arsenik / denn es gibt grauen und weißen Arsenikkalch / in verschiedenen Zuständen der *oxydation*en auch verschiedene Farben annehmen, so können Kobolt-Erze mit einerleÿ Quantitäten von diesen Metallen verbunden, doch ganz verschiedene Farben geben, daher mag es kommen, daß man auf verschiedenen Werken die Beÿmischung eines Metalls so ungleich fürchtet, weil es sich [vielleicht][b] in den Erzen verschiedentlich verkalgt, und

[a] die *Schreiber, ändert Hrsg.* [b] verleicht *Schreiber, ändert Hrsg.*

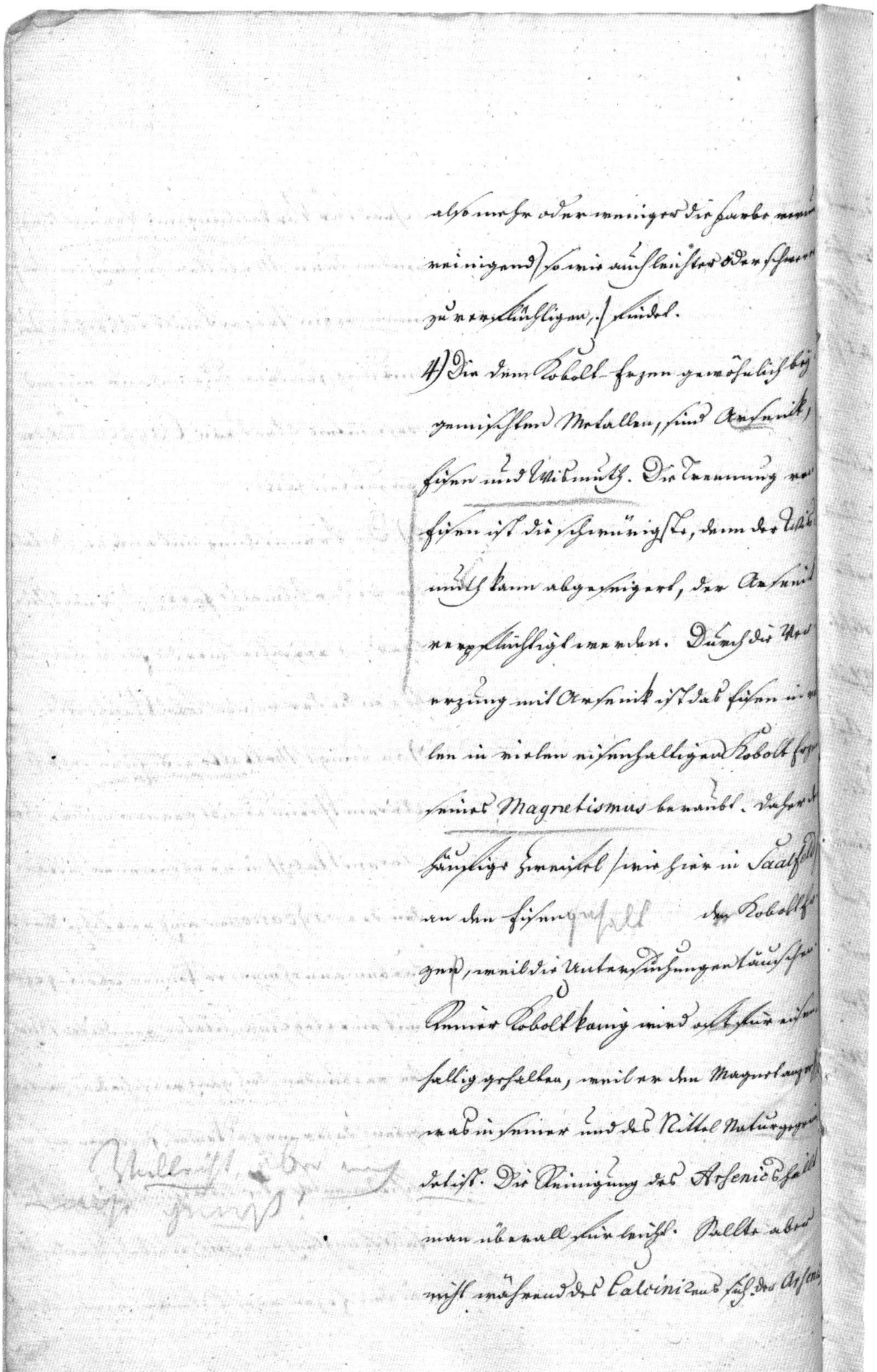
also mehr oder weniger die Farbe ver-
unreinigend) so wie auch leichter der Schwe-
zu verflüchtigen, schmelzt.
4) Die dem Kobolt-Erzen gewöhnlich bey-
gemischten Metallen, sind Arsenik,
Eisen und Wißmuth. Die Trennung von
Eisen ist die schwürigste, denn der Wis-
muth kann abgeseigert, der Arsenik
weggeflüchtigt werden. Durch die Ver-
erzung mit Arsenik ist das Eisen in vie-
len in vielen eisenhaltigen Kobolt Erzen
seines Magnetismus beraubt. daher d[ie]
häufige Zweifel jener hier in Saalfeld
an den Eisengehalt der Kobolter-
ze, weil die Untersuchungen täusch-
Reiner Kobolt König wird oft für eisen-
haltig gehalten, weil er den Magnet anzieht
was ihm seiner und des Nickel Natur gemä-
ß ist. Die Reinigung des Arsenicks hält
man überall für leicht. Sollte aber
nicht während der Calcination sich der Arsenik

also mehr oder weniger die Farbe verunreinigend / so wie auch leichter oder schwerer zu verflüchtigen / findet.
4) Die dem Kobolt-Erzen gewöhnlich beÿgemischten Metallen, sind Arsenik, Eisen und Wismuth. Die Trennung von Eisen ist die schwierigste, denn der Wismuth kann abgeseigert, der Arsenik verflüchtigt werden. Durch die Vererzung mit Arsenik ist das Eisen [in vielen][a] eisenhaltigen Kobolt Erzen seines *Magnetismus* beraubt. Daher der häufige Zweifel /wie hier in *Saalfeld* / an dem Eisengehalt[b] der KoboltErze[c], weil die Untersuchungen täuschen. Reiner Koboltkönig wird oft für eisenhaltig gehalten, weil er den Magnet anzieht, was in seiner und des [Mittels][d] Natur gegründet ist. Die Reinigung des *Arsenics* hällt man überall für leicht. Sollte aber nicht während des *Calcinir*ens sich der *Arsenic-*

[a] in vielen in vielen *Schreiber, ändert Hrsg.* [b] gehalt *von fremder Hand mit Bleistift ergänzt* [c] (1) den KoboltErzen (2) der KoboltErze *von fremder Hand mit Bleistift korrigiert* [d] Nittel *Schreiber, ändert Hrsg.; in der Humboldt'schen Vorlage hat wahrscheinlich „Mittels“ gestanden, was so viel wie „Erzes“ bedeutet.*

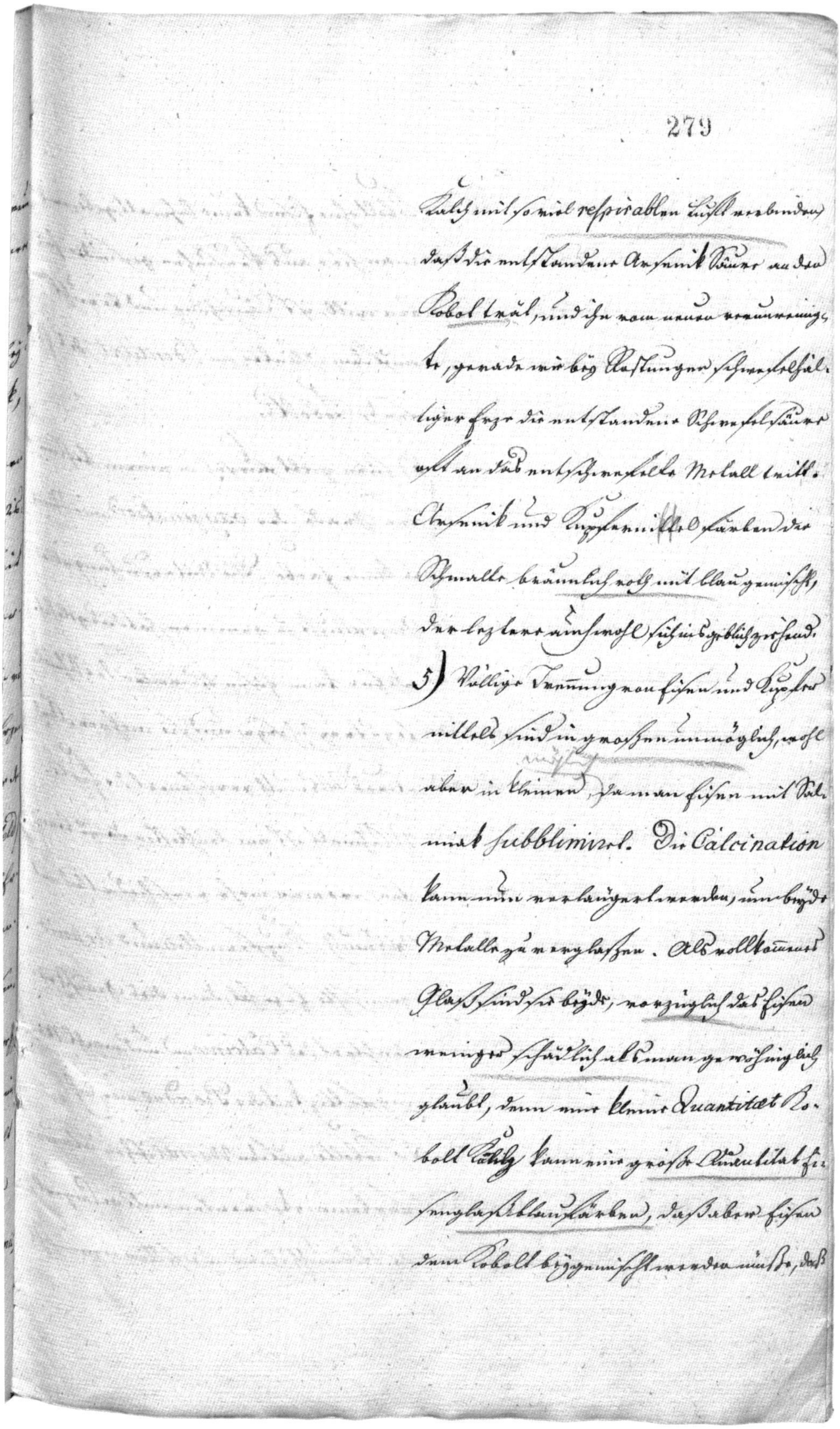

279

Kalch mit so viel respirablen Luft verbinden
daß die entstandene Arsenik Säure an den
Kobalt trät, und ihn vom neuen verunreinig-
te, gerade wie bey Röstungen schwefelhal-
tiger Erze die entstandene Schwefelsäure
oft an das entschwefelte Metall tritt.
Arsenik und Kupfernikkel färben die
Schmelte bräunlich roth mit blau gemischt,
der leztere auch wohl schmuzig gelblichgrün.
5) Völlige Trennung von Eisen und Kupfer-
nikkel sind im grossen unmöglich, wohl
aber in kleinen, da man Eisen mit Sal-
miak sublimirt. Die Calcination
kann nur verlängert werden, um beyde
Metalle zu verglasen. Als vollkommen
Glas sind sie beyde, vorzüglich das Eisen
weniger schädlich als man gewöhnlich
glaubt, denn eine kleine Quantitaet Ko-
balt kalch kann eine grosse Quantitaet Ei-
senglas blau färben, daß aber Eisen
dem Kobalt beygemischt werden müsse, daß

Kalch mit so viel *respirabler* Luft verbinden, daß die entstandene ArsenikSäure an den Kobol[t] trät, und ihn vom neuen verunreinigte, gerade wie beÿ Röstungen[a] schwefelhältiger Erze die entstandene Schwefelsäure oft an das entschwefelte Metall tritt. Arsenik und Kupfernikkel[b] färben die Schmalte bräunlich roth mit blau gemischt, der leztere auch wohl sich ins ge[l]blich ziehend.
5) Völlige Trennung von Eisen und Kupfer [nikkel][c] sind in großen unmöglich, wohl aber in kleinen möglich[d], da man Eisen mit Salmiak *subblimirt.* Die *Calcination* kann nun verlängert werden, um beÿde Metalle zu verglaßen. Als vollkommenes Glaß sind sie beÿde, vorzüglich das Eisen[,] weniger schädlich als man gewöhniglich glaubt, denn eine kleine *Quantitæt* KoboltKönig kann eine große [Quantität][e] Eisenglaß blau färben, daß aber Eisen dem Kobolt beÿgemischt werden müße, daß

[a] Rostungen *Schreiber, ändert Hrsg.* [b] (1) Kupfernittel (2) Kupfernikkel *von fremder Hand mit Bleistift korrigiert* [c] nittels *Schreiber, ändert Hrsg.* [d] möglich *von fremder Hand mit Bleistift ergänzt* [e] Quantitat *Schreiber, ändert Hrsg.*

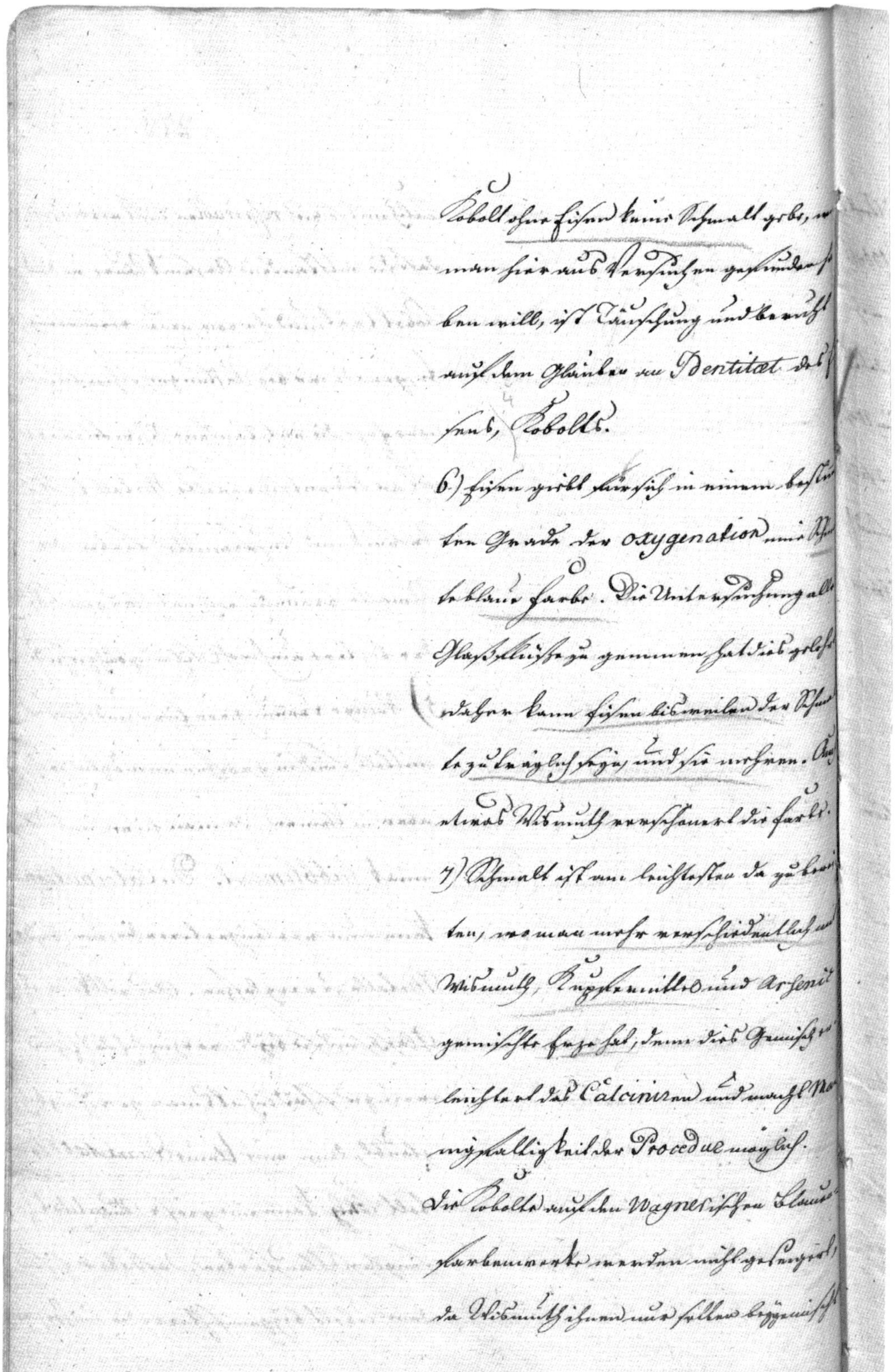
Kobolt ohne Eisen keine Schmalt gebe, w[enn]
man hier aus Versuchen geschlossen ha-
ben will, ist Täuschung und beruht
auf dem Glauben an Identität des Ei-
sens, Kobolts.
6) Eisen giebt für sich in einem bestim-
ten Grade der oxygenation eine Schmal-
teblaue Farbe. Die Untersuchung aller
Glasflüsse zu gemeinen hat dies gelehrt
daher kann Eisen bei weitem der Schmal-
te zuträglich seyn, und sie erhöhen. Auch
etwas Wismuth verschönert die Farbe.
7) Schmalt ist am leichtesten da zu berei-
ten, wo man mehr verschiedentlich mit
Wismuth, Kupfernickel und Arsenik
gemischte Erze hat, denn diese Gemische er-
leichtert das Calciniren und macht Man-
nigfaltigkeit der Procedur möglich.
Die Kobolte aus den Wagnerschen Blau-
farbenwerke werden nicht gelingen,
da Wismuth ihnen nur selten beygemischt

Kobolt ohne Eisen keine Schmalt gebe, wie
man hier aus Versuchen gefunden ha-
ben will, ist Täuschung und beruht
auf dem Glauben an *Identitæt* des Ei-
sens, Kobolts.
6.) Eisen giebt für sich in einem bestimm-
ten Grade der *oxygenation* eine Schmal-
te blaue Farbe. Die Untersuchung aller
Glaßflüße zu[sammen] genommen, hat dies gelehrt.
Daher kann Eisen bisweilen der Schmal-
te zuträglich seÿn, und sie mehren. Auch
etwas Wismuth verschönert die Farbe.
7) Schmalt ist am leichtesten da zu berei-
ten, wo man mehr verschiedentlich mit
Wismuth, [Kupfernikkel][a] und Arsenik
gemischte Erze hat, denn dieses Gemisch er-
leichtert das *Calcinir*en und macht Man-
nigfaltigkeit der *Procedur* möglich.
Die Kobolte auf den *Wagner*ischen Blauen-
farbenwerk werden nicht geseigert,
da Wismuth ihnen nur selten beÿgemischt

[a] Kupfernittel *Schreiber*, *ändert Hrsg.*

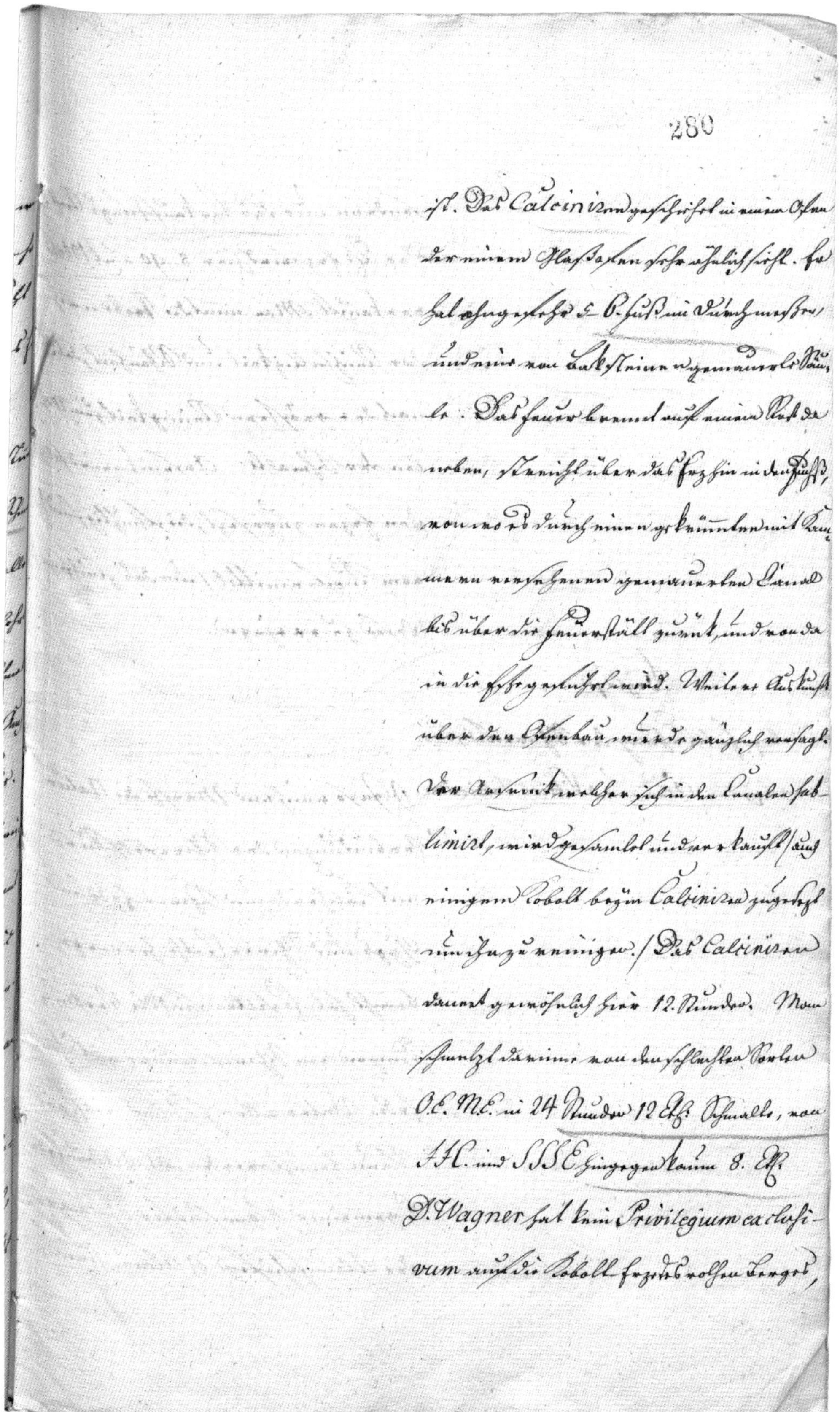

280

ist. Das Calciniren geschiehet in einem Ofen
der einem Hafenofen sehr ähnlich sieht. Er
hat ohngefehr 5–6 Fuß im Durchmesser,
und eine von Backsteinen gemauerte Gewöl-
be. Das Feuer brennt auf einem Rost da-
neben, streicht über das Erz hin in den Schlott,
von wo es durch einen gekrümmten mit Kla-
pen versehenen gemauerten Canal-
les über die Feuerstelle zurück, und von da
in die Esse geleitet wird. Weitere Auskunft
über den Ofenbau wurde gänzlich versagt.
Der Arsenik welcher sich in den Canälen sub-
limirt, wird gesammelt und verkauft (auch
einigem Kobalt beym Calciniren zugesetzt
um ihn zu reinigen.) Das Calciniren
dauert gewöhnlich hier 12. Stunden. Man
schmelzt darinne von der schlechten Sorte
O.C. M.E. in 24 Stunden 12 Ctr. Schmalte, von
FFC. und SSSE hingegen kaum 8. Ctr.
D. Wagner hat kein Privilegium exclusi-
vum auf die Kobalt hiesiger Gegend,

ist. Das *Calcinir*en geschieht in einem Ofen
der einem Glaßofen sehr ähnlich sieht. Er
hat ohngefehr 5–6. Fuß im Durchmeßer,
und eine von Baksteinen gemauerte Säu-
le. Das Feuer brennt auf einem Rost da-
neben, streicht über das Erz hin in den Fuchß,
von wo es durch einen gekrümmten und mit Kam-
mern versehenen gemauerten Canal
bis über die Feuerstätt zurük, und von da
in die Eße geführt wird. Weitere Auskunft
über den Ofenbau wurde gänzlich versagt.
Der Arsenik welcher sich in den Canalen *sub-
limirt,* wird gesamlet und verkauft /auch
einigem Kobolt beÿm *Calcinir*en zugesezt
um ihn zu reinigen. / Das *Calcinir*en
dauert gewöhnlich hier 12. Stunden. Man
schmelzt darinne von den schlechten Sorten
O. E. M. E. in 24 Stunden 12 Ctr: Schmalte, von
JJC und *SSSE* hingegen kaum 8. Ctr:
D. Wagner hat kein *Privilegium ex clusi-
vum* auf die Kobolt-Erze des rothen Berges,

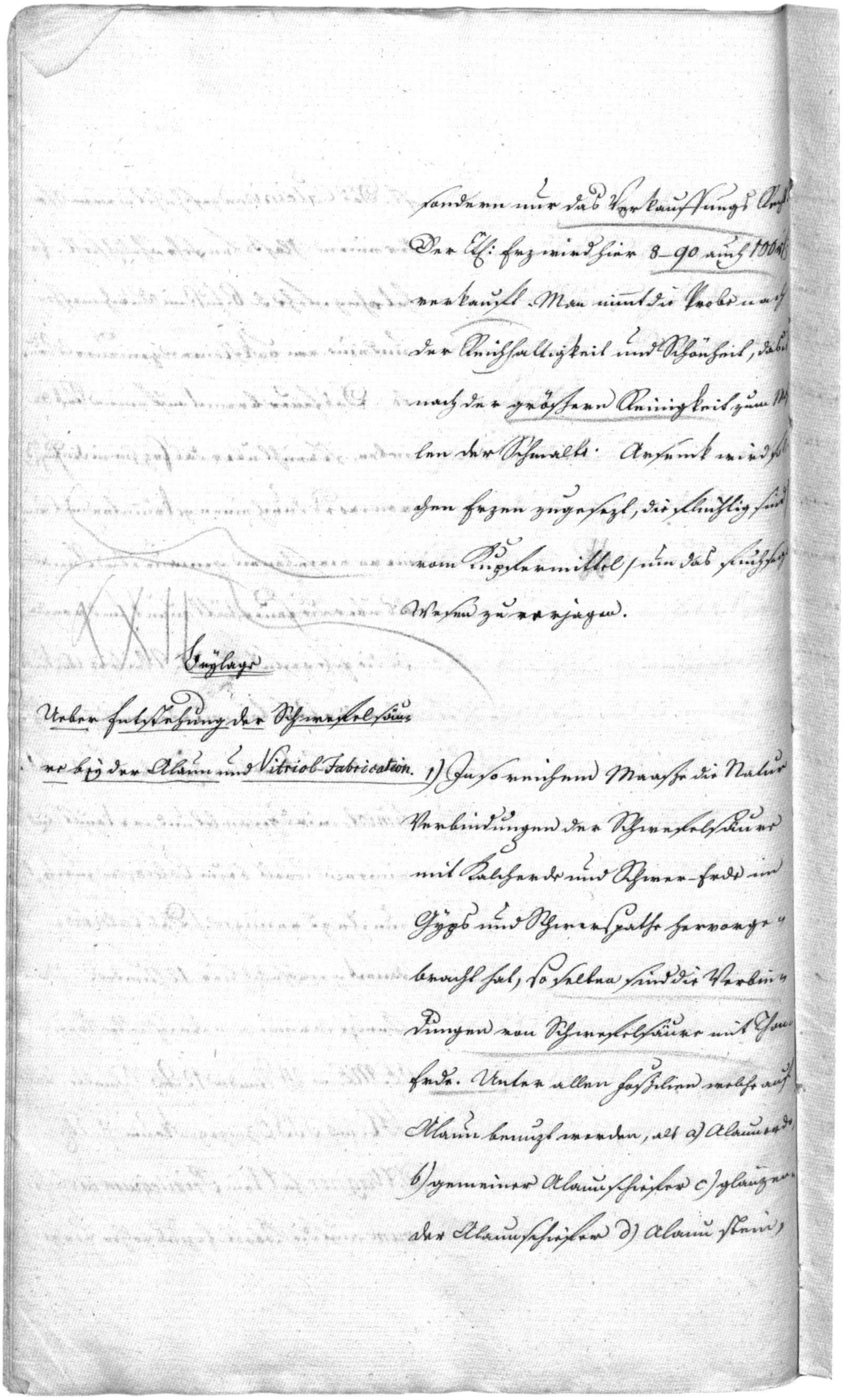

sondern nur das Verkaufsungs Urs[...]
Der Ctr: Erz wird hier 8–90 auch 100 [...]
verkauft. Man nimt die Proben nach
der Reichhaltigkeit und Schönheit, dabei
nach der größten Reinigkeit zum W[...]
len der Schmelz. Ansonst wird sol-
chen Erzen zugesetzt, die flüchtig sind
vom Bußlermittel um das flüchtige
Wesen zu verjagen.

XXII

Beylage

Ueber Entstehung der Schwefelsäu-
re bey der Alaun und Vitriol-Fabrication.

1) In so weichem Maaße die Natur
Verbindungen der Schwefelsäure
mit Kalcherde und Schwer-Erde in
Gyps und Schwerspathe hervorge-
bracht hat, so selten sind die Verbin-
dungen von Schwefelsäure mit Thon-
erde. Unter allen Fossilien welche auf
Alaun benuzt werden, als a) Alaunerde,
b) gemeiner Alaunschiefer c) glänzen-
der Alaunschiefer d) Alaun stein,

sondern nur das Vorkauffungs Recht. Der Ctr: Erz wird hier 8–90 auch 100 f. verkauft. Man nimmt die Probe nach der Reichhaltigkeit und Schönheit, das ist nach der größern Reinigkeit zum Mahlen der Schmalte. Arsenik wird solchen Erzen zugesezt, die flüchtig sind / vom Kupfernikkel[a] / um das fuchsige Wesen zu verjagen.

---

[a] (1) Kupfernittel (2) Kupfernikkel *von fremder Hand mit Bleistift korrigiert*

zulegen; welche vielleicht sogar
brauchlich (als Rost-Heerde)
wirken könnten. Für einige
Sorten des Eisensteins wäre
es, glaube ich, zuträglich, sie erst
in einer Läuter-Trommel
von Drath durchzuschütteln,
und dann auf Heerden weiter
zu behandeln.

Ueber die Knopf-Hütte
zu Bischofsgrün.
den 21t July 1792.

Hier sind zwey Frischfeuer,
und Zain-Hammer (für die
Nagelschmiede) und eine
Knopf-Hütte.
diese wird nur sechs Winter-
Monate hindurch betrieben, da
man im Sommer die Arbeiter

Dokument 2
Alexander von Humboldt: Über die Knopfhütte zu Bischofsgrün
21.7.1792

h: Berlin, GStA PK, I. HA, Rep. 121, Nr. 6970, Bl. 156v–159r.
D: Humboldt 1959, S. 146.

Ueber die Knopf=Hütte
zu Bischofsgrün.
den *21ten July 1792.*

Hier sind zweÿ Frischfeuer,
und Zain=Hammer / für die
Nagelschmidte / und eine
Knopf=Hütte.
Diese wird nur fünf Winter=
Monate hindurch betrieben, da
man im Sommer die Arbeiter

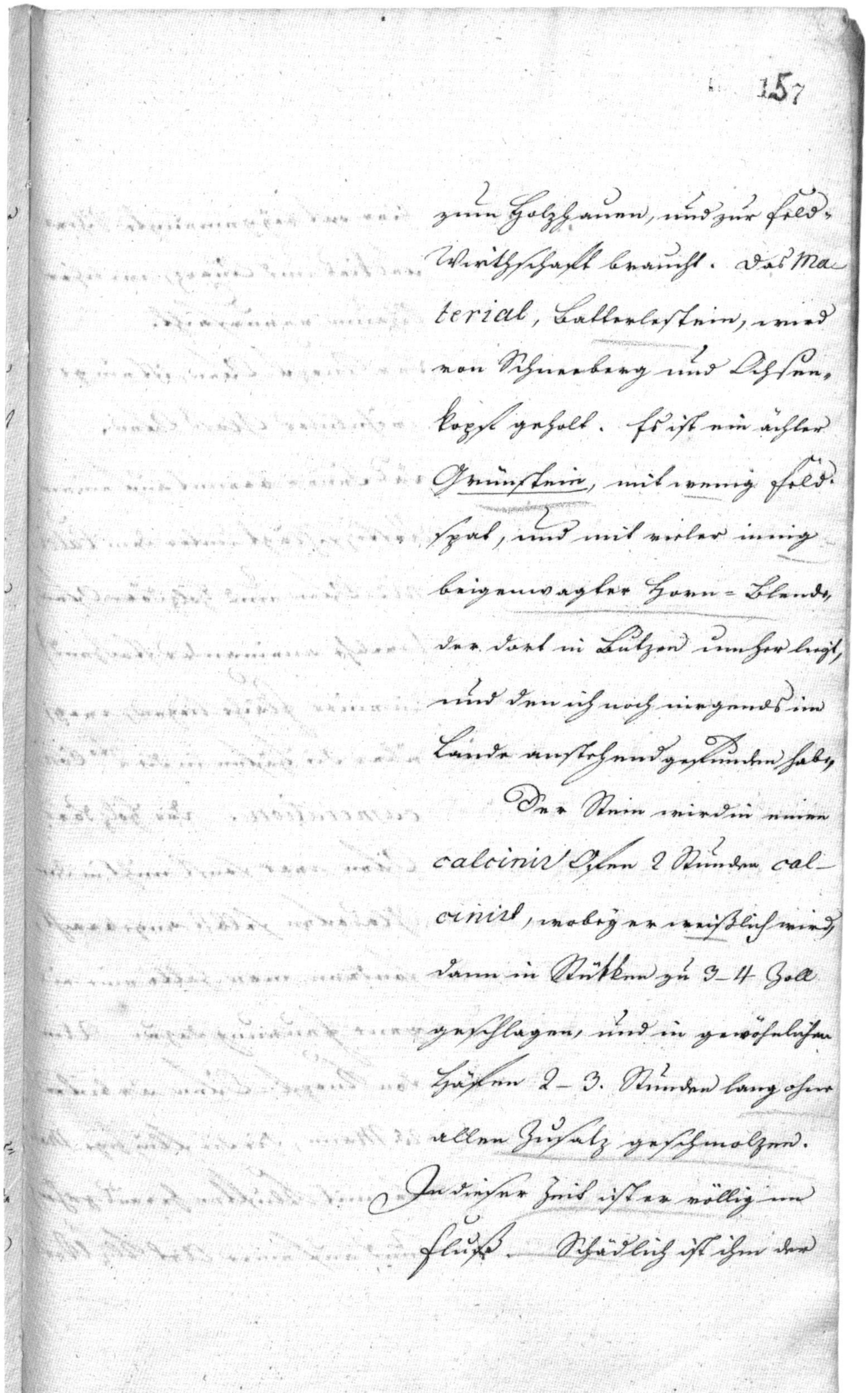
157

zum Holzhauen, und zur Feld-
Wirthschaft braucht. Das Ma-
terial, Latterlestein, wird
von Schneeberg und Lichten-
bogen geholt. Es ist ein ächter
Grünstein, mit wenig Feld-
spat, und mit vieler innig
beigemengter Horn-Blende,
der dort in Lutzen umherliegt,
und den ich noch nirgends im
Lande anstehend gefunden habe.
Der Stein wird in einem
calcinir Ofen 2 Stunden cal-
cinirt, wobey er weißlich wird,
dann in Stücken zu 3–4 Zoll
geschlagen, und in gewöhnlichen
Öfen 2–3. Stunden lang ohne
allen Zusatz geschmolzen.
In dieser Zeit ist er völlig im
Fluße. Schädlich ist ihm der

zum Holzhauen, und zur Feld=
Wirthschaft braucht. Das *Ma-
terial,* Batterlestein, wird
von Schneeberg und Ochsen=
kopf geholt. Es ist ein ächter
Grünstein, mit wenig Feld-
spat, und mit vieler innig
[beigemengter][a] Horn=Blende,
der dort in Butzen umher liegt,
und den ich noch nirgends im
Lande anstehend gefunden habe.
Der Stein wird in einem
calcinir Ofen 2 Stunden *cal-
cinirt,* wobeÿ er weißlich wird,
dann in Stükken zu 3–4 Zoll
geschlagen, und in gewöhnlichen
Häfen 2–3. Stunden lang ohne
allen Zusatz geschmolzen.
In dieser Zeit ist er völlig im
Fluß. Schädlich ist ihm der

[a] beigemvagter *Schreiber, ändert Hrsg.*

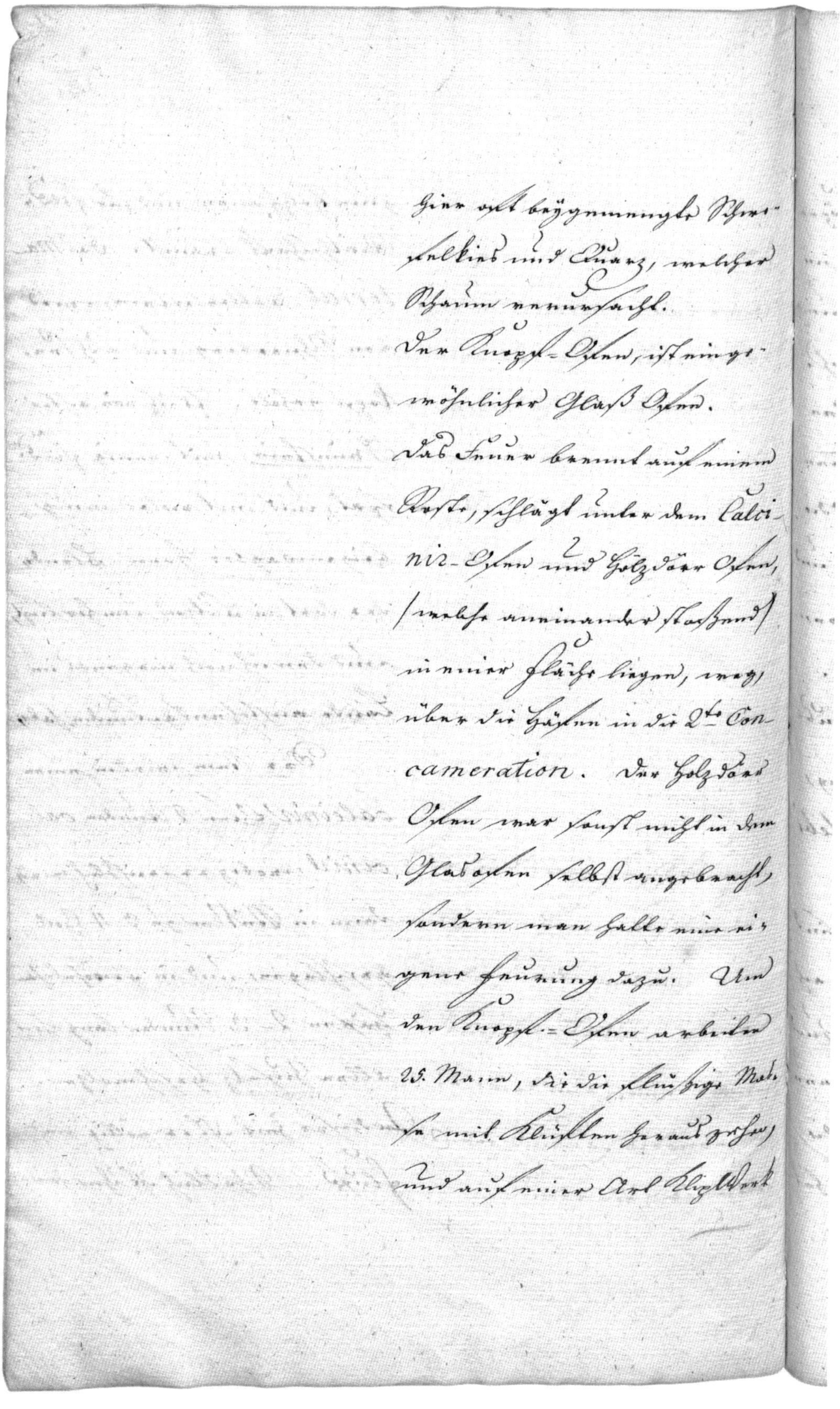
hier erst beygemengte Schwefelkies und Quarz, welcher Schaum verursacht.
Der Knopf-Ofen, ist ein gewöhnlicher Glaß Ofen.
Das Feuer brennt auf einem Roste, schlägt unter dem Calcinir-Ofen und Holzdörr Ofen, (welche aneinander stoßend) in einer fläche liegen, weg, über die Häfen in die 2te Concameration. Der Holzdörr Ofen war sonst nicht in dem Glasofen selbst angebracht, sondern man hatte nur eigene Feuerung dazu. Um den Knopf=Ofen arbeiten 25. Mann, die die flüßige Masse mit Kellen heraus schöpfen, und auf einer Art [illegible]

hier oft beÿgemengte Schwefelkies und Quarz, welcher Schaum verursacht.
Der Knopf=Ofen, ist ein gewöhnlicher Glaß Ofen.
Das Feuer brennt auf einer Roste, schlägt unter dem *Calcinir*-Ofen und Holzdörr Ofen, / welche aneinander stoßend / in einer Fläche liegen, weg, über die Häfen in die 2te *Concameration.* Der Holzdörr Ofen war sonst nicht in dem Glasofen selbst angebracht, sondern man hatte eine ei=gene Feurung dazu. Um den Knopf=Ofen arbeiten 25. Mann, die die flüßige Mas=se mit Klüften heraus ziehen, und auf einer Art KliplWerk,

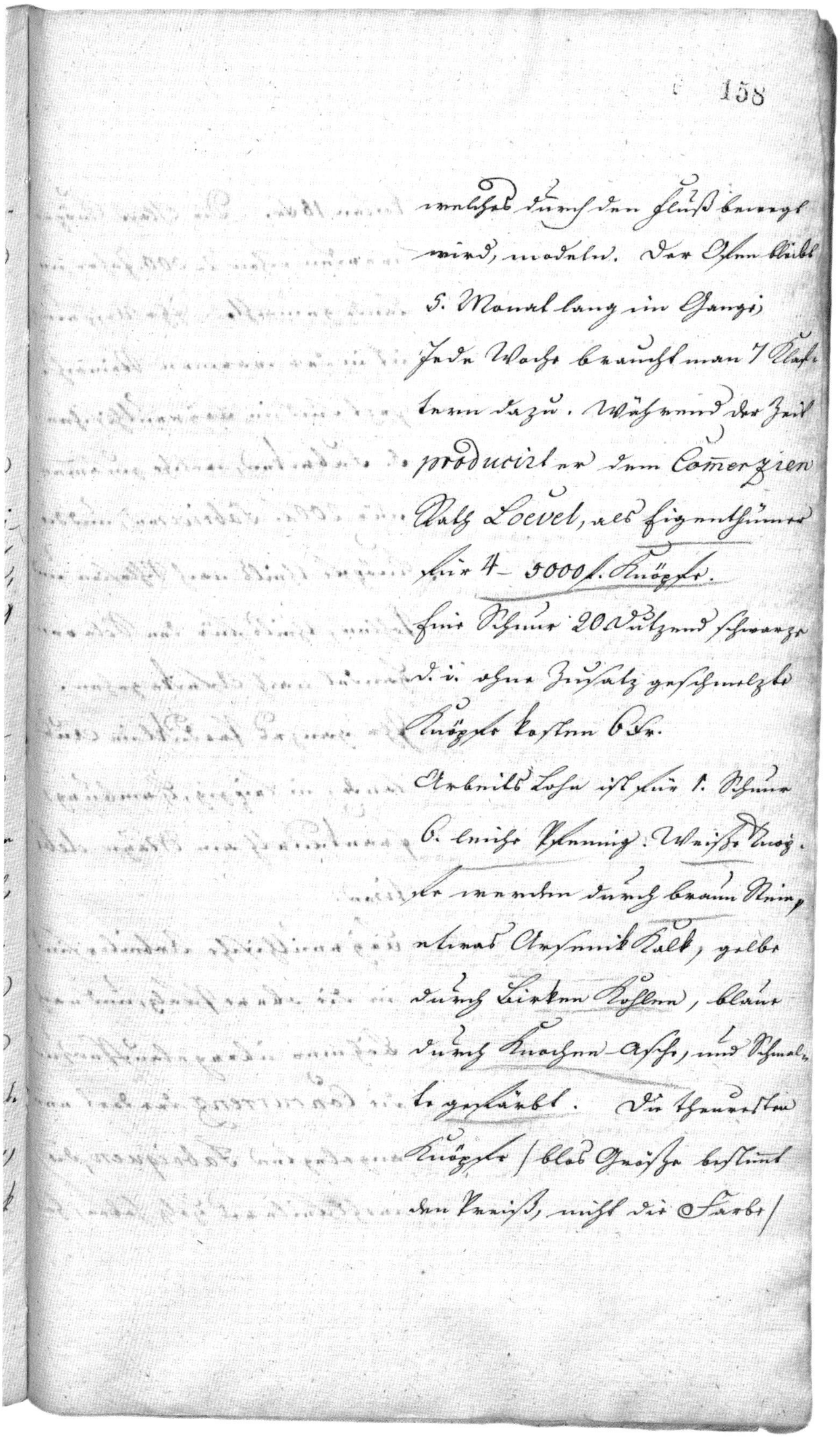
158
welches durch den Fluß bewegt
wird, wechselt. Der Ofen bleibt
5. Monat lang im Gange;
jede Woche braucht man 7 Klaf-
tern dazu. Während der Zeit
producirt er dem Comerzien
Rath Loevel, als Eigenthümer
für 4– 5000 f. Knöpfe.
Eine Schnur 20 Dutzend schwarze
d. i. ohne Zusatz geschmelzte
Knöpfe kosten 6 kr.
Arbeitslohn ist für 1. Schnur
6. bis 7 Pfennig. Weiße Knöp-
fe werden durch braun Stein,
etwas Arsenik Kalk, gelbe
durch Birken Kohlen, blaue
durch Knochen Asche, und Schmal-
te gefärbt. Die schwarzen
Knöpfe (blos Größe bestimmt
den Preis, nicht die Farbe)

welches durch den [Fuß][a] bewegt
wird, modeln. Der Ofen bleibt
5. Monat lang im Gange.
Jede Woche braucht man 7. Klaf=
tern [Holz] dazu. Während der Zeit
producirt er dem *Commerzien*
Rath *Loevel,* als Eigenthümer
für 4–5000 f. Knöpfe.
Eine Schnur [, das sind] 20 Dutzend schwarze
d.i. ohne Zusatz geschmelzte
Knöpfe[,] kosten 6 Kr.
Arbeits Lohn ist für 1. Schnur
6. leichte Pfennig. Weiße Knöp=
fe werden durch braun Stein,
etwas Arsenik Kalk, gelbe
durch Birken Kohlen, blaue
durch Knochen-Asche, und Schmal=
te gefärbt. Die theuresten
Knöpfe / blos Größe bestimmt
den Preiß, nicht die Farbe /

[a] Fluß *Schreiber, ändert Hrsg.*

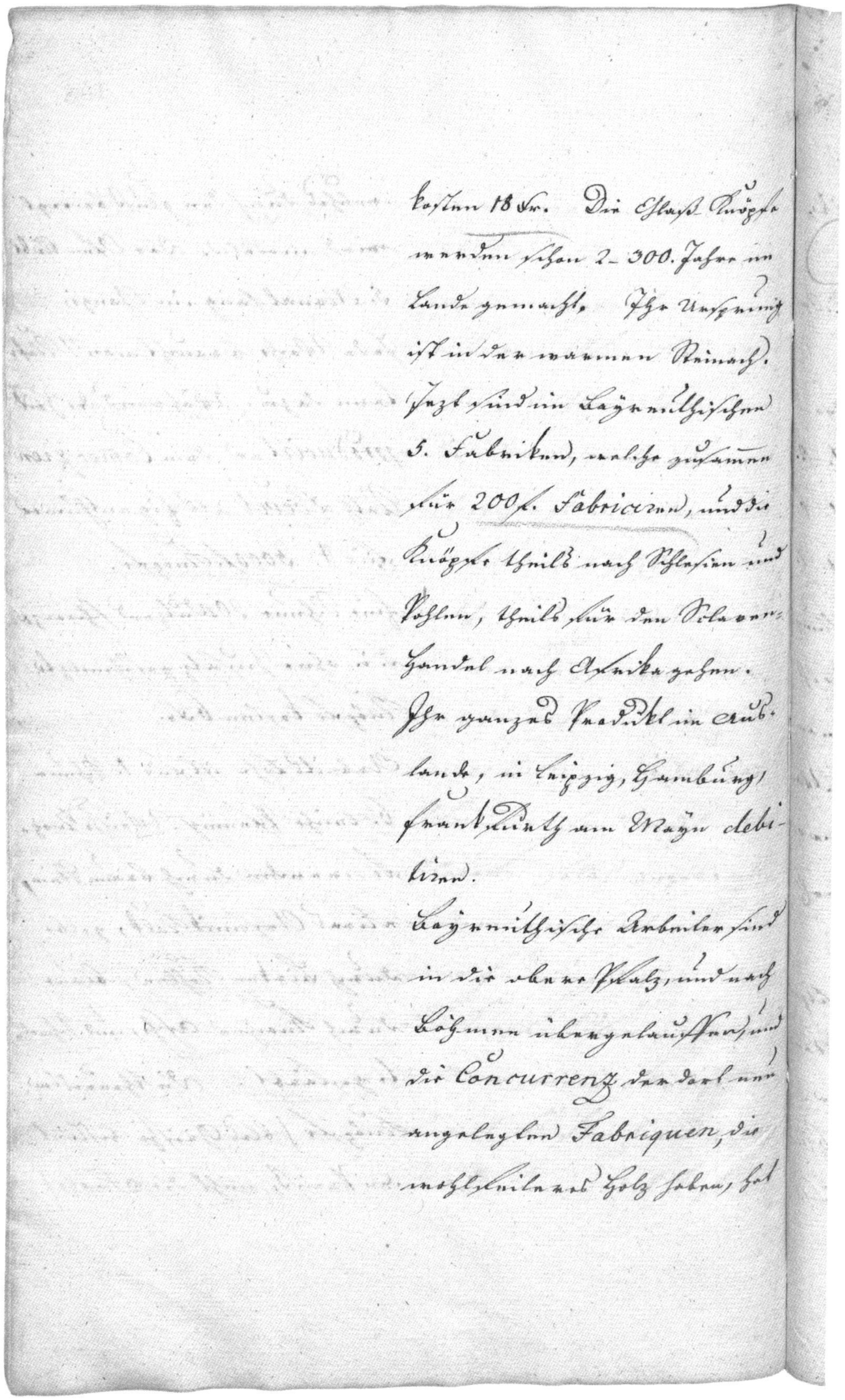
kosten 18 kr. Die Glaß-Knöpfe
werden schon 2–300. Jahre im
Lande gemacht. Ihr Ursprung
ist in der warmen Steinach.
Jezt sind im Bayreuthischen
5. Fabriken, welche zusammen
für 200 fl. fabriciren, und die
Knöpfe theils nach Schlesien und
Pohlen, theils für den Sclaven-
handel nach Africa gehen.
Ihr ganzes Produkt im Aus-
lande, in Leipzig, Hamburg,
Frankfurth am Mayn debi-
tiren.
Bayreuthische Arbeiter sind
in die obere Pfalz, und nach
Böhmen übergelauffen, und
die Concurrenz der dort neu-
angelegten Fabriquen, die
wohlfeileres Holz haben, hat

kosten 18 Kr. Die Glaß Knöpfe
werden schon 2–300. Jahre im
Lande gemacht. Ihr Ursprung
ist in der warmen Steinach.
Jezt sind im Baÿreuthischen
5. Fabriken, welche zusammen
für 200 f. *fabriciren*, und die
Knöpfe theils nach Schlesien und
Pohlen, theis für den Sclaven=
Handel nach Afrika gehen.
Ihr ganzes Produkt in Aus=
lande, in Leipzig, Hamburg,
Frankfurth am Maÿn *debi-
tiren.*
Baÿreuthische Arbeiter sind
in die obere Pfalz, und nach
Böhmen übergelauffen, und
die *Concurrenz* der dort neu
angelegten *Fabriquen,* die
wohlfeileres Holz haben, hat

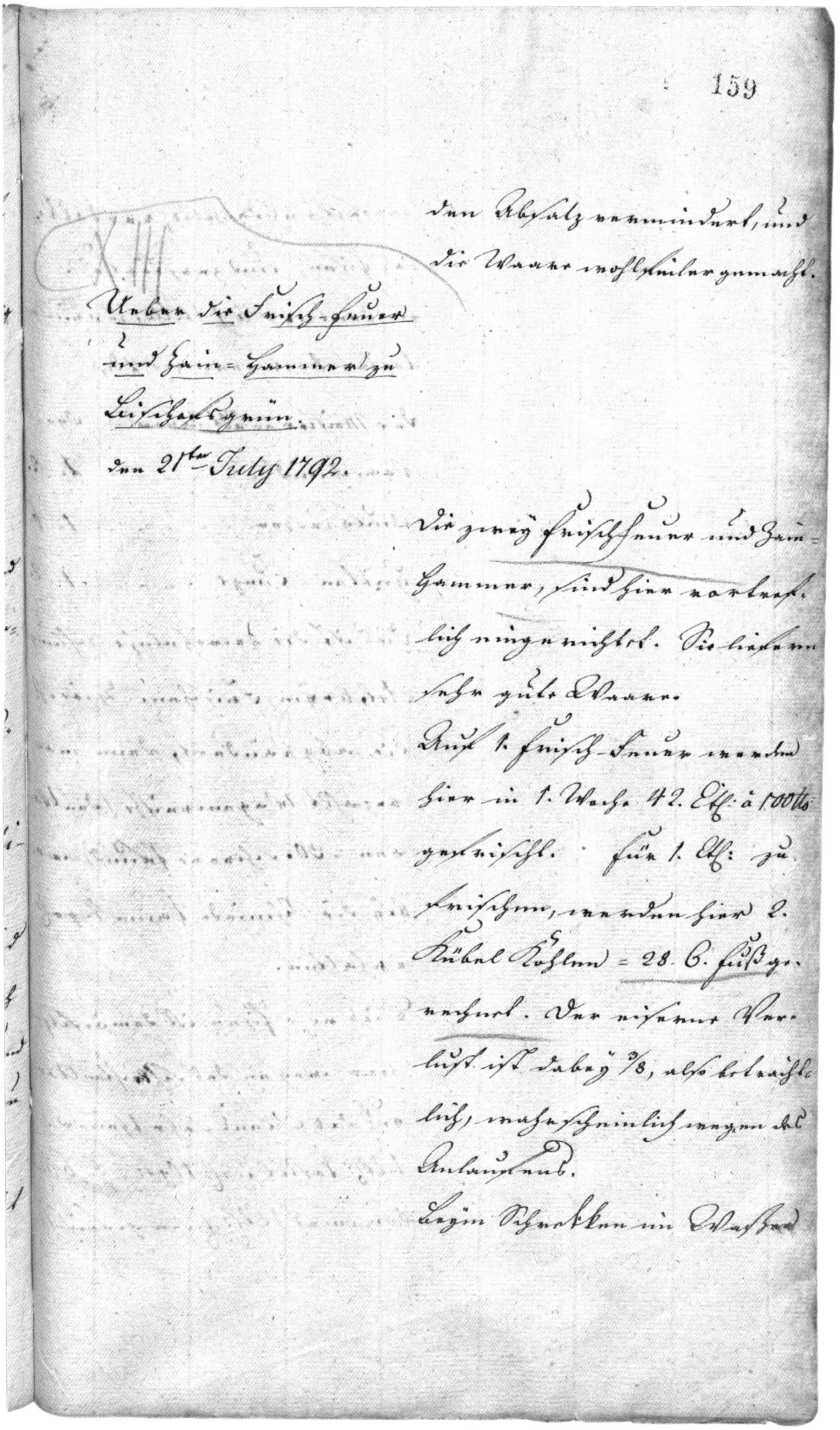
159
den Absatz vermindert, und
die Waare wohlfeiler gemacht.
Ueber die Frisch-feuer
und Zain-Hammer zu
Leupoldsgrün.
den 21ten July 1792.
Die zwey Frischfeuer und Zain-
Hammer, sind hier vortreflich
eingerichtet. Sie liefern
sehr gute Waare.
Auf 1. Frisch-Feuer werden
hier in 1. Woche 42. Ctr: à 100 lb
gefrischt. Für 1. Ctr: zu
frischen, werden hier 2.
Kübel Kohlen = 28. C. Fuß ge-
braucht. Der eiserne Ver-
lust ist dabey 3/8, also beträcht-
lich, wahrscheinlich wegen des
Anlaufens.
Beym Schrecken im Wasser

den Absatz vermindert, und
die Waare wohlfeiler gemacht.

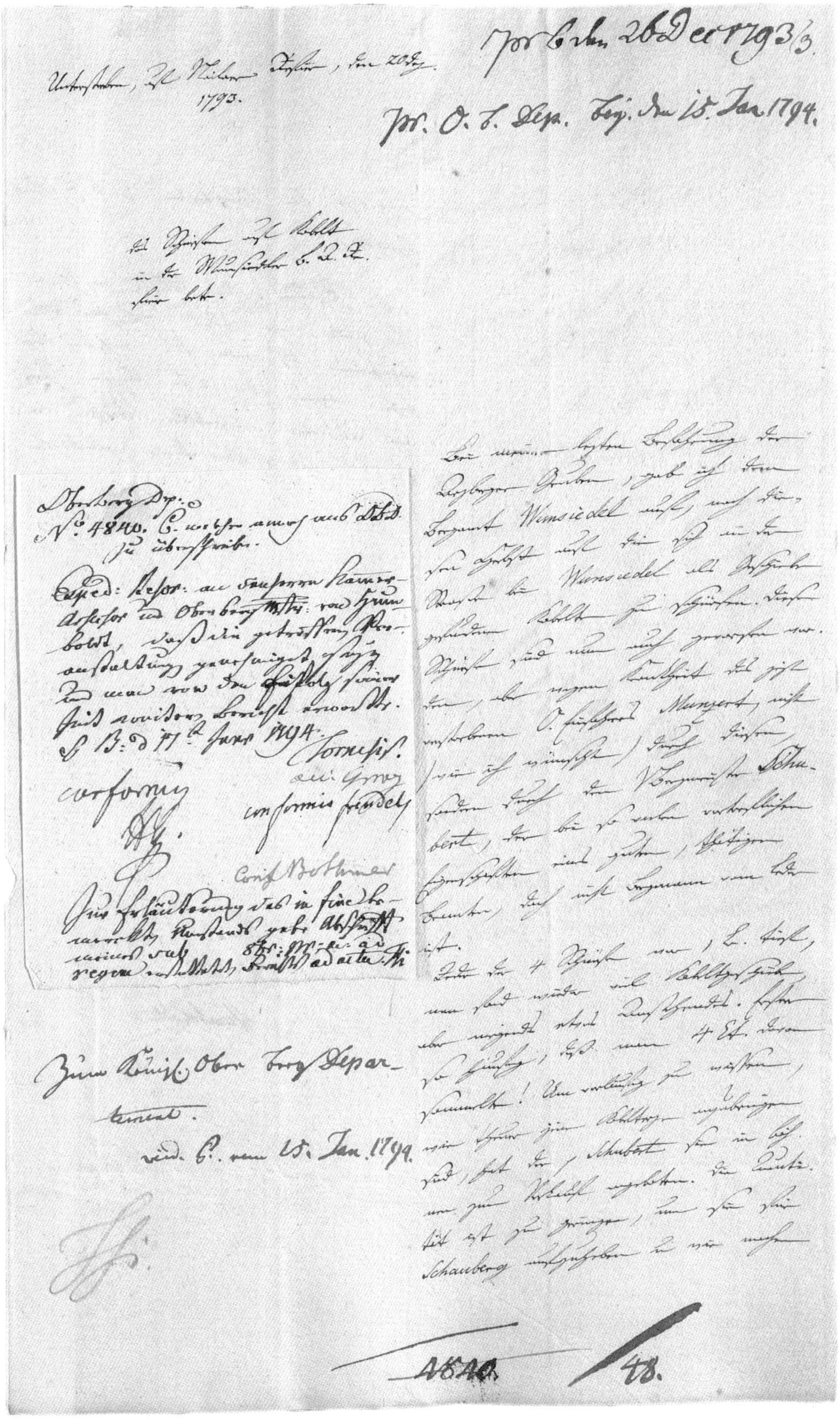
pr. O. B. Dep. d. 15. Jan. 1794.

Zum Königl. Ober berg Departement.

pr. b. am 15. Jan. 1794.

Dokument 3
Alexander von Humboldt: Über das Schürfen auf Kobalt im Wunsiedler Bergamtsrevier

Bericht an das Ober-Bergdepartement in Bayreuth
Steben, 20.12.1793

H: Bamberg: StABa, Kriegs- und Domänenkammer, Nr. 7111, Bl. 3r–v.
D: Humboldt 1973, S. 303–304.

Untersteeben, auf Nailaer Refier, den 20 Dez[ember]
1793.

pr[aesentatum] B[ayreuth] den 26 Dec[ember] 1793
pr[aesentatum] O[ber] B[erg] Dep[artement] Baÿ[reuth] den 15. Jan[uar] 1794.

Das Schürfen auf Kobelt
in der Wunsiedler B[erg] A[mts] Refier betr[effend]

Ober Berg Dep[artement]
Nr. 4840 C[opie] welche annoch ans O[ber] B[erg] D[epartement]
zu überschreiben.

Exped[irt] Rescr[ipt] an den Herrn Kammer-Assessor und Oberberg M[ei]st[e]r von Humboldt, daß die getroffenen Veranstaltungen genehmiget seÿn und man von dem Erfolg seiner Zeit weiteren Bericht erwartte.
O[ber] B[ergdepartment] d[en] 17ten Jan[ua]r 1794.
Tornesi.

Conformis Hg.[1] an: [nicht ermittelt]
conformis Freudel
Conf[formis] Bothmer[2]

Zur Erläuterung des in fine bemerckten Umstands gebe Abschrift meines sub 8br: Mem[?] ad *regem* erstatteter Bericht ad *acta*. Tsi[3]

Zum Königl[ichen] Ober Berg *Departement*

vid. C[opie] vom 25. Jan[uar] 1794.

Tsi.

Bei meiner lezten Befahrung der Arzberger Gruben, gab ich dem Bergamt *Wunsiedel* auf, noch diesen Herbst auf die sich an der Straße bei *Wunsiedel* als Geschiebe gefundenen Kobelte zu schürfen. Diese Schürfe sind nun auch geworfen worden, aber wegen Krankheit des jezt verstorbenen O[ber] Einfahrers *Munzert*, nicht / wie ich wünschte / durch diesen, sondern durch den V[ize]Bergmeister *Schubert*, der bei so vielen vortreflichen Eigenschaften eines guten thätigen Beamten, doch nicht Bergmann vom Leder ist.

Jeder der 4 Schürfe war 1 L[achte]r tief, man fand wieder viel Kobeltgeschiebe, aber nirgends etwas Anstehendes. Erstere so häufig, daß man 4 Ct. davon sammelte! Um vorläufig zu wissen, wie theuer jene Kobelterze anzubringen sind, hat der p *Schubert* sie in Böhmen zum Verkauf angeboten. Die Quantität ist zu geringe, um sie für *Schauberg* aufzuheben u[nd] wir machen

1 Möglicherweise Georg Adolph Gottlieb Freiherr von Hardenberg.
2 Wohl Carl Freiherr von Bothmer.
3 Wohl Tornesi.

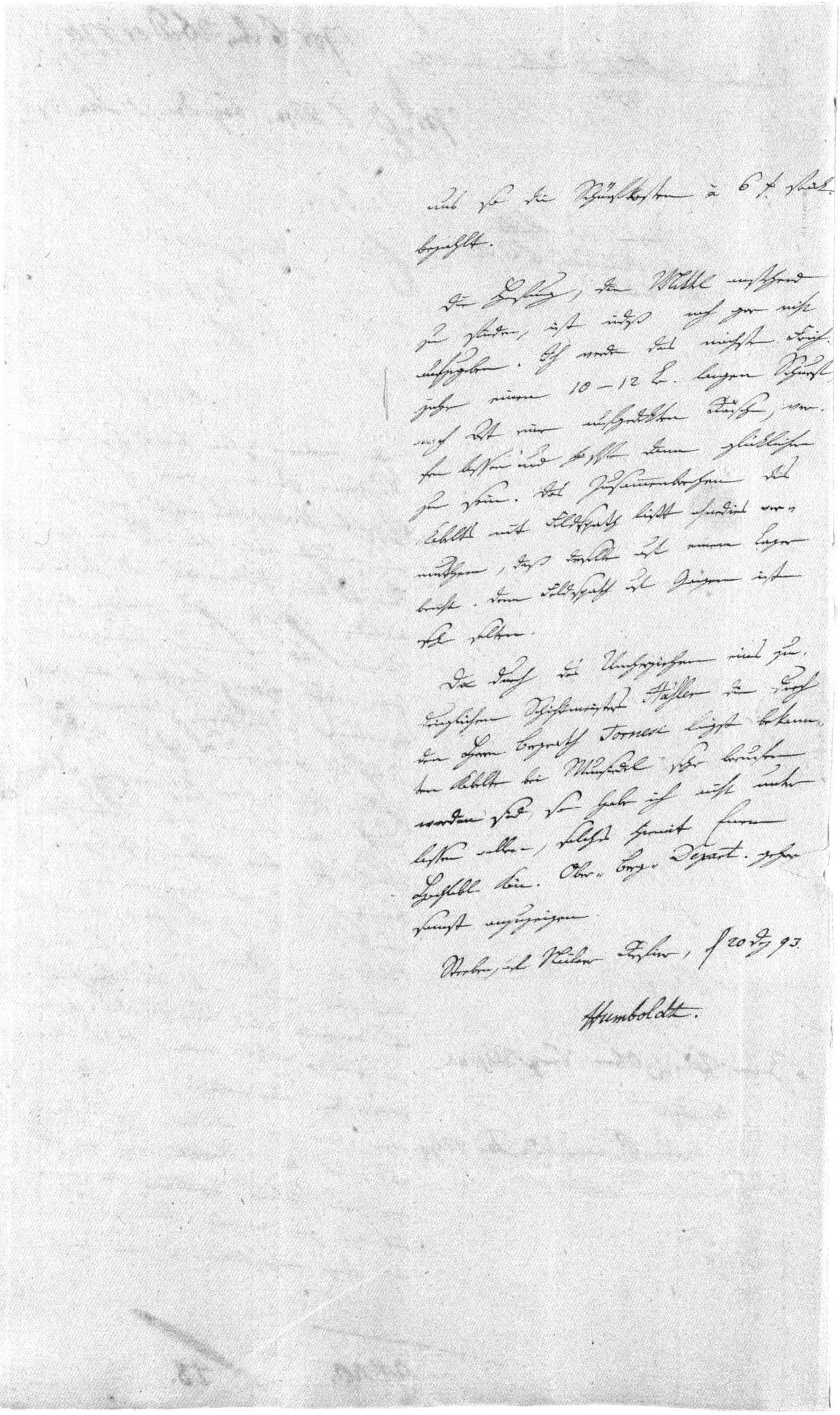
Humboldt.

uns so die Schürfkosten à 6 f. fränk. bezahlt.

Die Hofnung, die Mittel anstehend zu finden, ist indeß noch gar nicht aufzugeben. Ich werde das nächste Frühjahr einen 10–12 L[achte]r langen Schurf nach Art einer aufgedekten Rösche, werfen lassen und hoffe dann glüklicher zu sein. Das Zusammenbrechen des Kobelts mit Feldspath läßt ohnedies vermuthen, daß derselbe auf einem Lager bricht. Denn Feldspath auf Gängen ist sehr selten.

Da durch das Umherziehen eines zudringlichen Schichtmeisters *Hähler*[a] die durch Herrn Bergrath *Tornesi* längst bekannten Kobelte bei Wunsiedel sehr berufen worden sind, so habe ich nicht unterlassen wollen, solches hiemit Einem Hochlöbl[ichen] König[lichen] Ober=Berg=Depart[ement] gehorsamst anzuzeigen.

Steeben, auf Nailaer Refier, den 20 Dez[ember] [17]93.

Humboldt.

---

[a] *In D*: Schichtmeister Haßler

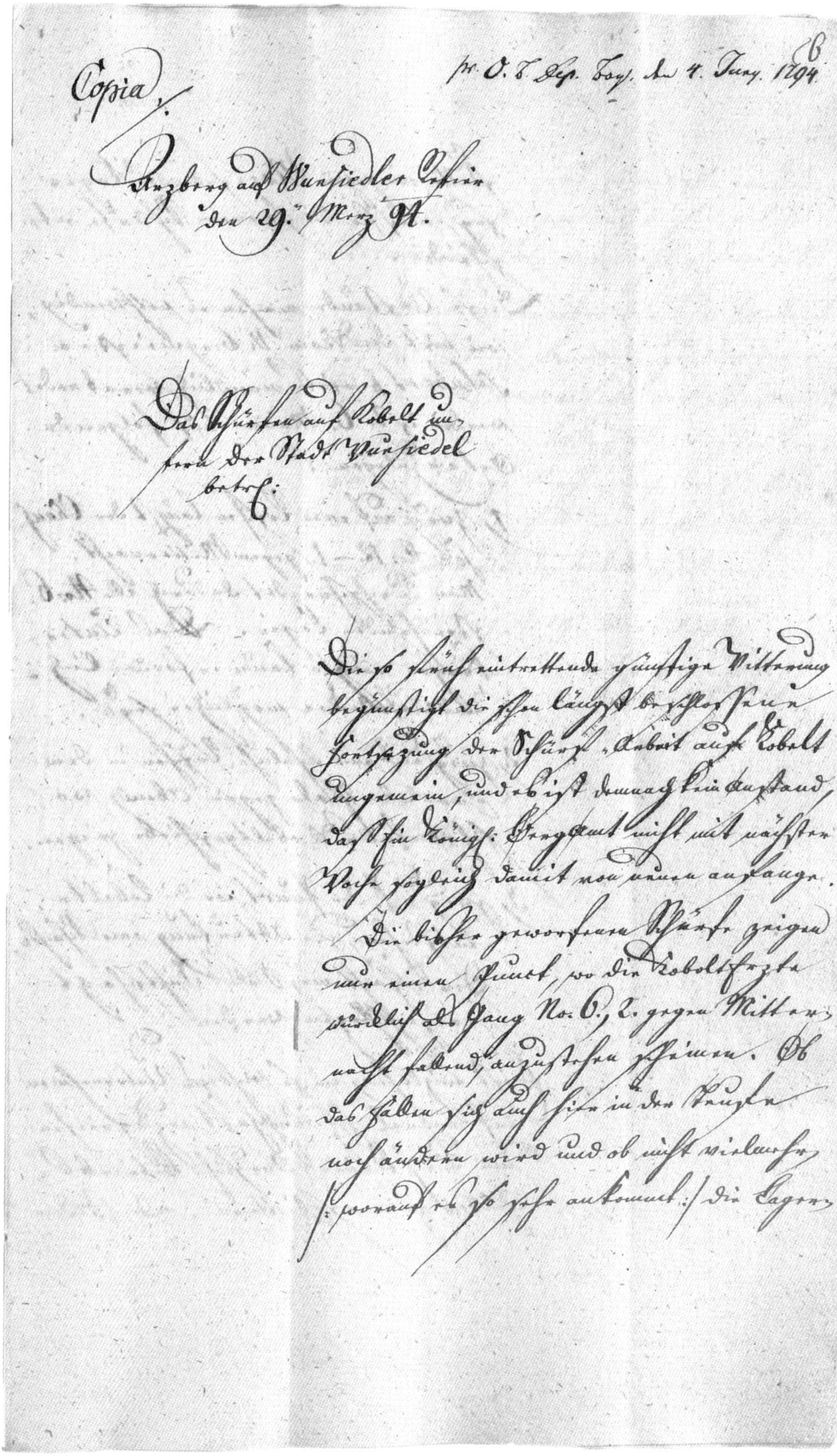
Copia.

pr. d. 5. Sep. Bay. den 4. Juny 1794. 6

Arzberg auf Wunsiedler Schen den 29.ten Merz 94.

Das Schürfen auf Kobalt um ferne der Stadt Wunsiedel betr.

Die so früh eintrettende günstige Witterung begünstigt die schon längst beschlossene Fortsetzung der Schurff-Arbeit auf Kobalt ungemein, und es ist demnach kein Anstand, daß sie Königl. Bergamt nicht mit nächster Woche sogleich damit von neuem anfange.

Die bisher geworfenen Schürfe zeigen nur einen Punkt, wo die Kobalterzte würklich als Gang No. 6., 2. gegen Mitternacht fallend, anzustehen scheinen. Ob das Fallen sich auch hier in der Teufe noch ändern wird und ob nicht vielmehr (worauf es so sehr ankommt:) die Lager-

Dokument 4
Alexander von Humboldt: Über das Schürfen auf Kobalt bei Wunsiedel
Bericht an das Oberbergdepartement in Bayreuth
Arzberg, 29. 3. 1794

h: Bamberg, StABa, Kriegs- und Domänenkammer, Nr. 7111, Bl. 6r–7r.
D: Humboldt 1973, S. 331–332.

pr[aesentatum] O[ber] B[erg] *Dep[artement]* Bay[reuth] den 4. Juny 1794.

Copia.
Arzberg auf *Wunsiedler* Refier
den 29. Merz [17]94.

Das Schürfen auf Kobelt unfern der Stadt *Wunsiedel* betreffend

Die so früh eintreffende günstige Witterung begünstigt die schon längst beschlossene Fortsezung der Schürf=Arbeit auf Kobelt ungemein, und es ist demnach kein Anstand, daß Ein Königliches Bergamt nicht mit nächster Woche sogleich damit von neuen anfange.

Die bisher geworfenen Schürfe zeigen nur einen Punct, wo die Kobelt Erzte würcklich als Gang No. 6., 2. gegen Mitternacht fallend, anzustehen scheinen. Ob das Fallen sich auch hier in der Teufe noch ändern wird und ob nicht vielmehr /: worauf es so sehr ankommt :/ die Lager-

statt sie gegen Mer: fallender Lager
seyn, müssen sie die ferneren Schürfe ent-
scheiden.

Diese Umstände machen es nothwendig,
wie mit dem Kön. V. bergmeister
Schubert bereits mündlich verabredet
worden ist, 6. Mann auf folgende
Art anzulegen:

1, zwey auf einen Stollen längst der Chaus-
sée No. 12.–1. gegen Mitternacht.
Man durchschneidet dadurch alle No. 6.
streichenden Lager. Das Unter-
suchen möchte kaum erforderlich
und Aufsuchen möglicher seyn.

2, zwey auf ein ähnliches Stollen in dem
parallelen Thale gegen Abend, wo
sich ebenfalls Kobeltgeschiebe zeigen.

3, zwey auf den Punct, wo die Kobelte
entstehen, zur Abteufung eines Schachts.
Der Schacht muß das Luftschagt
vorgeschlagen werden.

Es ist unzulässig, ein so wichtiges Unternehmen
auf einmal schwunghaft anzugreifen
um durch kleine Versuche Betriebs-
gelder zu verzplittern. Daß der

stätte ein gegen Mer[idies] fallendes Lager
seÿ, müssen die ferneren Schürfe ent=
scheiden.
Diese Umstände machen es nothwendig,
wie mit dem Kön[iglichen] V[ize] Bergmeister
Schubert bereits mündlich verabredet
worden ist, 6. Mann auf folgende
Art anzulegen:
1.) zweÿ auf einen Röschen längs der Chaus-
see St[unde] 12.–1. gegen Mitternacht.
Man durchschneidet dadurch alle St[unde] 6.
streichenden Lager. Das Unter-
kriechen möchte kaum erforderlich
und Aufdecken möglicher seÿn.
2.) zweÿ auf eine ähnliche Röschen in dem
paralelen Thale gegen Abend, wo
sich ebenfalls Kobeltgeschiebe zeigen.
3.) zweÿ auf den Punct, wo die Kobelte
[anstehen][a], zur Abteufung eines Schachts.
Der Schacht muß als Richtschacht
vorgeschlagen werden.
Es ist nüzlicher, ein so wichtiges Unternehmen
auf einmal schwunghaft anzugreifen
[als][b] durch kleine Versuche Betriebs=
Gelder zu versplittern. Daß der

[a] entstehen *Schreiber, ändert Hrsg.* [b] um *Schreiber, ändert Hrsg.*

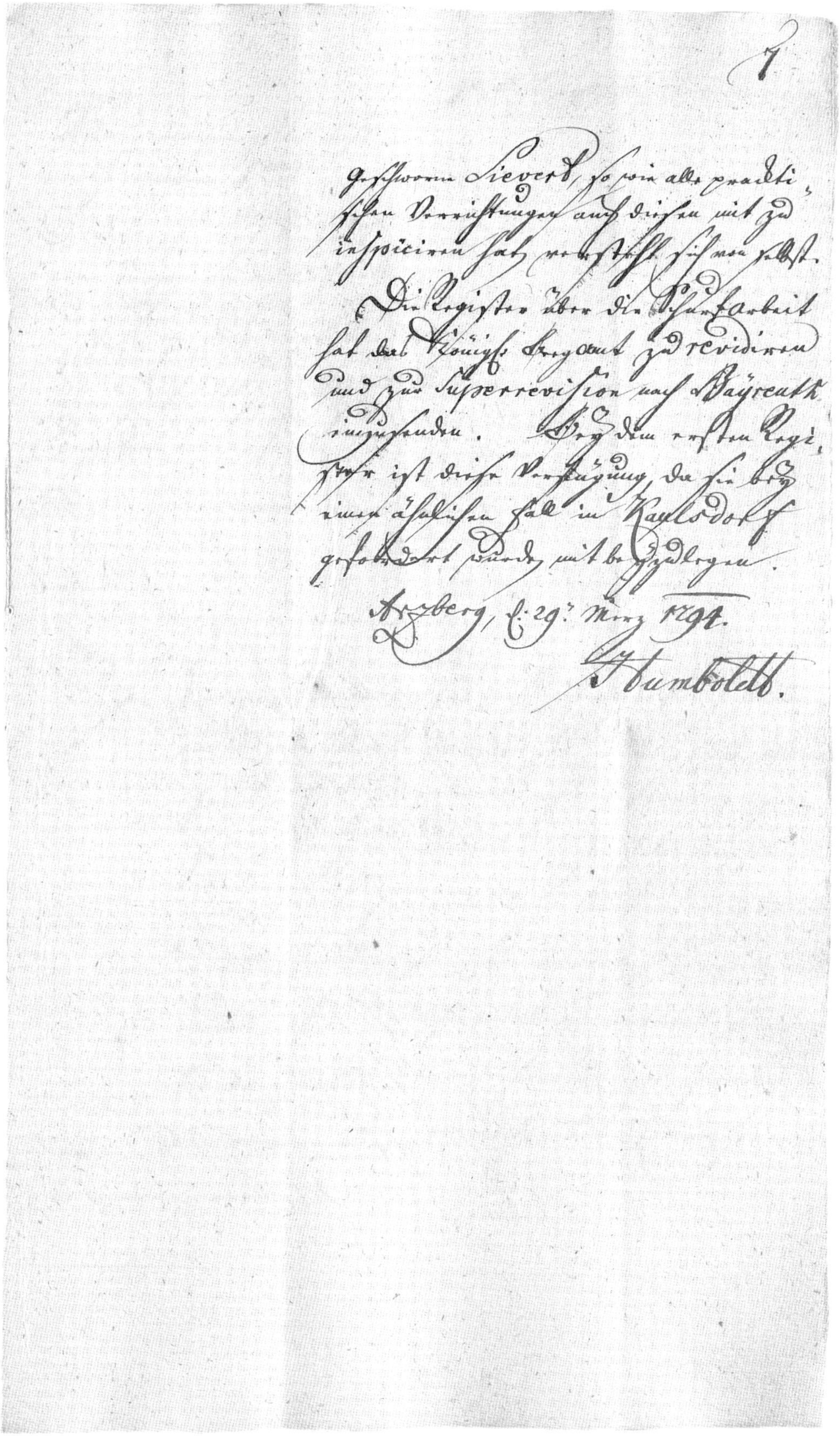
7

geschwornen Sievert, so wie alle practi-
schen Verrichtungen auch diesen mit zu
inspiciren hat, versteht sich von selbst.

Die Register über die Schurfarbeit
hat das Königl. Bergamt zu revidiren
und zur Superrevision nach Bayreuth
einzusenden. Bey dem ersten Regi-
ster ist diese Verfügung, da sie bey
einem ähnlichen Fall in Kaulsdorf
gefordert wurde, mit beyzulegen.

Arzberg, d. 29t. März 1794.

Humboldt.

Geschworene *Sievert*, so wie alle prakti=
schen Verrichtungen auch diesen mit zu
inspiciren hat versteht sich von selbst.
Die Register über die Schurfarbeit
hat das Königliche Bergamt zu *revidiren*
und zur *Superrevision* nach *Baÿreuth*
einzusenden. Beÿ dem ersten Regi=
ster ist diese Verfügung, da sie beÿ
einem ähnlichen Fall in *Kaulsdorf*
gefordert wurde, mit beÿzulegen.
Arzberg, den 29 Merz 1794.
Humboldt.[a]

---

[a] *Wahrscheinlich nicht Alexander von Humboldts eigenhändige Unterschrift*

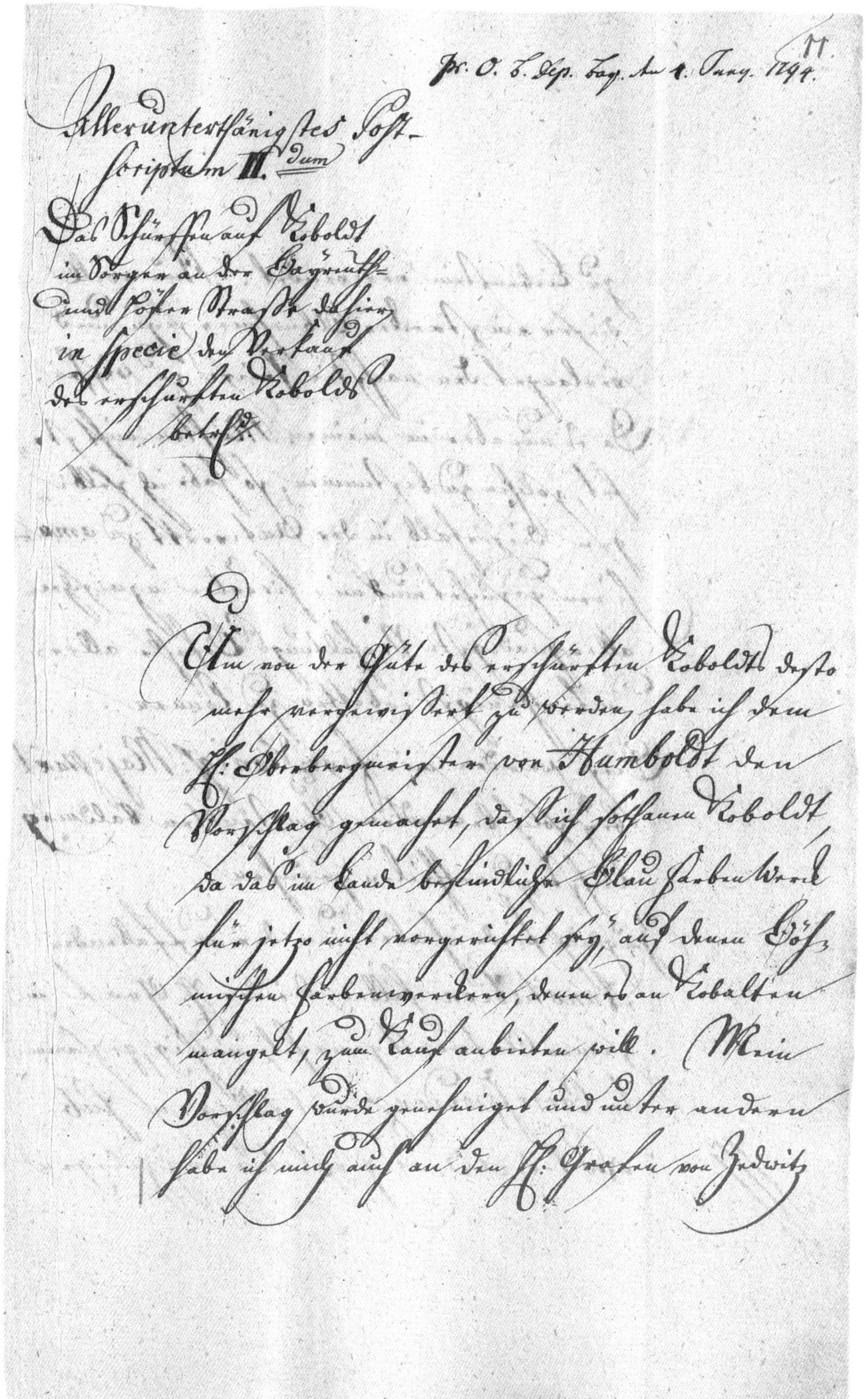

pr. O. B. Dep. Bay. den 1. Aug. 1794.

11

Allerunterthänigstes Post-scriptum II. dum

Das Schürfen auf Kobold im Vorgen an der Bayreuth- und Hofer Strasse dahier in specie den Verkauf des erschürften Kobolds betr.

Um von der Güte des erschürften Kobolds desto mehr vergewissert zu werden, habe ich dem H. Oberbergmeister von Humboldt den Vorschlag gemacht, daß ich sothanen Kobold, da das im Lande befindliche Blaufarbenwerk für jetzo nicht vorgerichtet sey, auch denen Böhmischen Farbenwerken, denen es an Kobalten mangelt, zum Kauf anbieten will. Mein Vorschlag wurde genehmiget und unter andern habe ich mich auch an den H. Grafen von Zedwitz

d.

Dokument 5
Johann Christoph Schubert: Über das Schürfen auf Kobalt im Sorger an der Bayreuther und Hofer Straße

Bericht an das Bergamt in Wunsiedel
Wunsiedel, 1.6.1794

h: (mit eigenhändiger Unterschrift), Bamberg, StABa, Kriegs- und Domänenkammer, Nr. 7111, Bl. 11r–12r.

pr[aesentatum] O[ber] B[erg] Dep[artement] Bay[reuth] den 1. Juny. 1794.

Allerunterthänigstes Postscriptum II.dum
Das Schürfen auf Koboldt im Sorger an der Bayreuth= und Höfer Straße dahier *in specie* den Verkauf des erschurften Kobolds betreffend

Um von der Güte des erschürften Koboldts desto mehr vergewißert zu werden, habe ich dem Herrn Oberbergmeister von *Humboldt* den Vorschlag gemacht, daß ich sothanen Koboldt, da das im Lande befindliche Blau Farben Werck für jetzo nicht vorgerichtet seÿ, auf denen Böh=mischen Farbenwercken, denen es an Kobalten mangelt, zum Kauf anbieten will. Mein Vorschlag wurde genehmigt und unter andren habe ich mich auch an den Herrn Grafen von Zedwitz

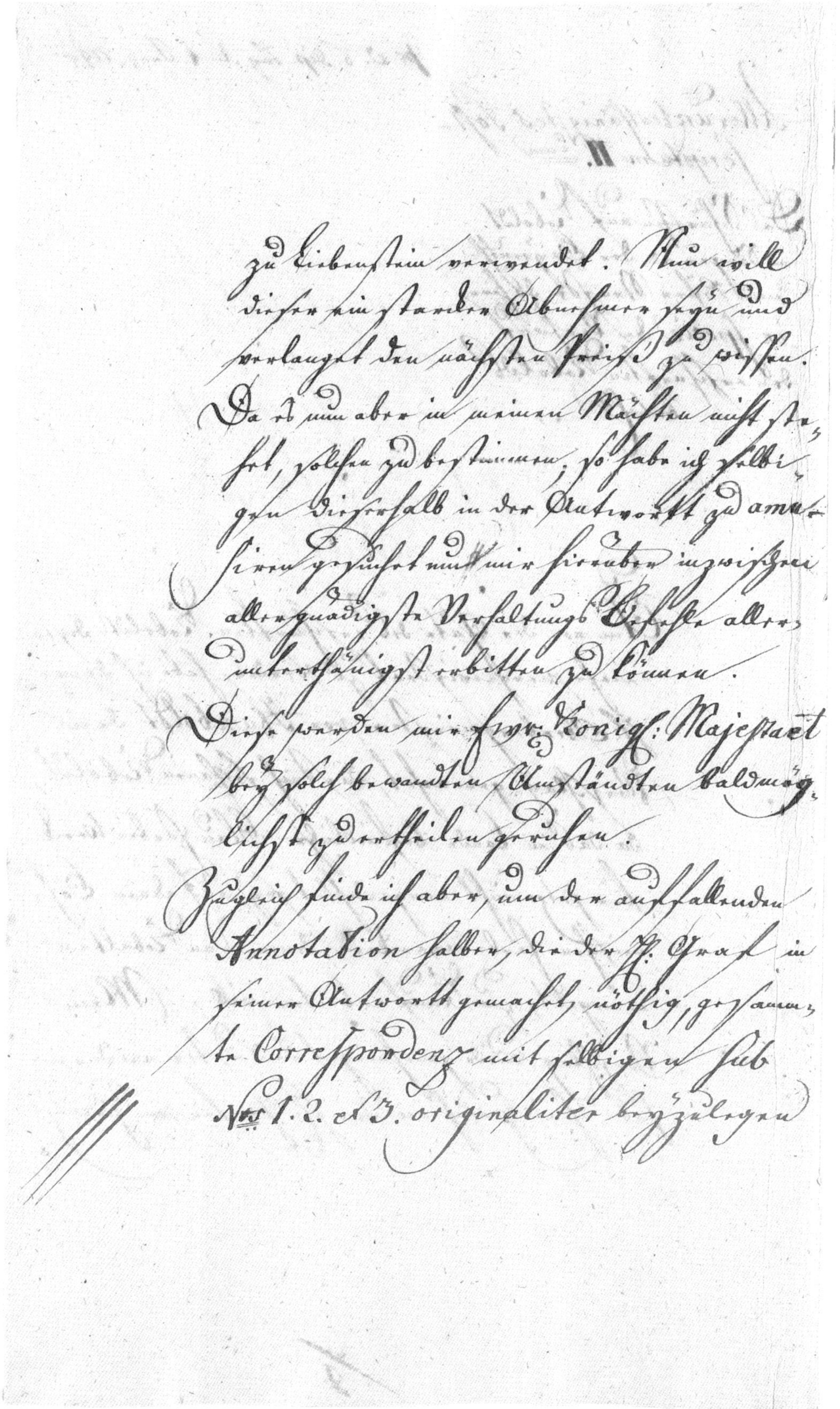

zu Liebenstein verwendet. Nun will
dieser ein starcker Abnehmer seyn und
verlanget den nächsten Preiß zu wissen.
Da es nun aber in meinen Mächten nicht ste-
het, solchen zu bestimmen, so habe ich selbi-
gen dieserhalb in der Antwortt zu amu-
siren gesuchet und mir hierüber inzwischen
allergnädigste Verhaltungs Befehle aller-
unterthänigst erbitten zu können.
Diese werden mir Ihro Königl: Majestaet
bey solch bewandten Umständen baldmög-
lichst zu ertheilen geruhen.
Zugleich finde ich aber, um der auffallenden
Annotation halber, die der H. Graf in
seiner Antwortt gemachet, nöthig, gesamm-
te Correspondenz mit selbigen sub
Nris 1. 2. et 3. originaliter beyzulegen

zu Liebenstein verwendet. Nun will
dieser ein starker Abnehmer seÿn und
verlangt den nächsten Preiß zu wissen.
Da es nun aber in meinen Mächten nicht ste=
het, solchen zu bestimmen; so habe ich selbi=
gen dieserhalb in der Antwortt zu *amu-
siren* gesuchet um mir hierrüber inzwischen
allergnädigste Verhaltungs Befehle aller=
unterthänigst erbitten zu können.
Diese werden mir Ewr: Königliche *Majestaet*
beÿ solch bewandten Umständten baldmög=
lichst zu ertheilen geruhen.
Zugleich finde ich aber, um der auffallenden
Annotation halber, die der Herr Graf in
seiner Antwortt gemachet, nöthig, gesamm=
te *Correspodenz* mit selbigen *Sub
N*$^{\underline{rs}}$ 1. 2. *et* 3. *originaliter* beÿzulegen

12

und mir solche una cum resolutione clemendissima in allertiefst schuldigster Submission zurück zu erbitten.

Wunsiedel den 1sten Juny 1794.

Königl. Preussisch: Berg Amt
daselbst.

Johann Christoph Schubert.

und mir solche *una cum resolutione clementissima* in allertiefstschuldigster *Submission* zurück zu erbitten.

Wunsiedel den 1.ten Junÿ 1794.

Königlich Preußisches BergAmt
daselbst.

Johann Christoph Schubert

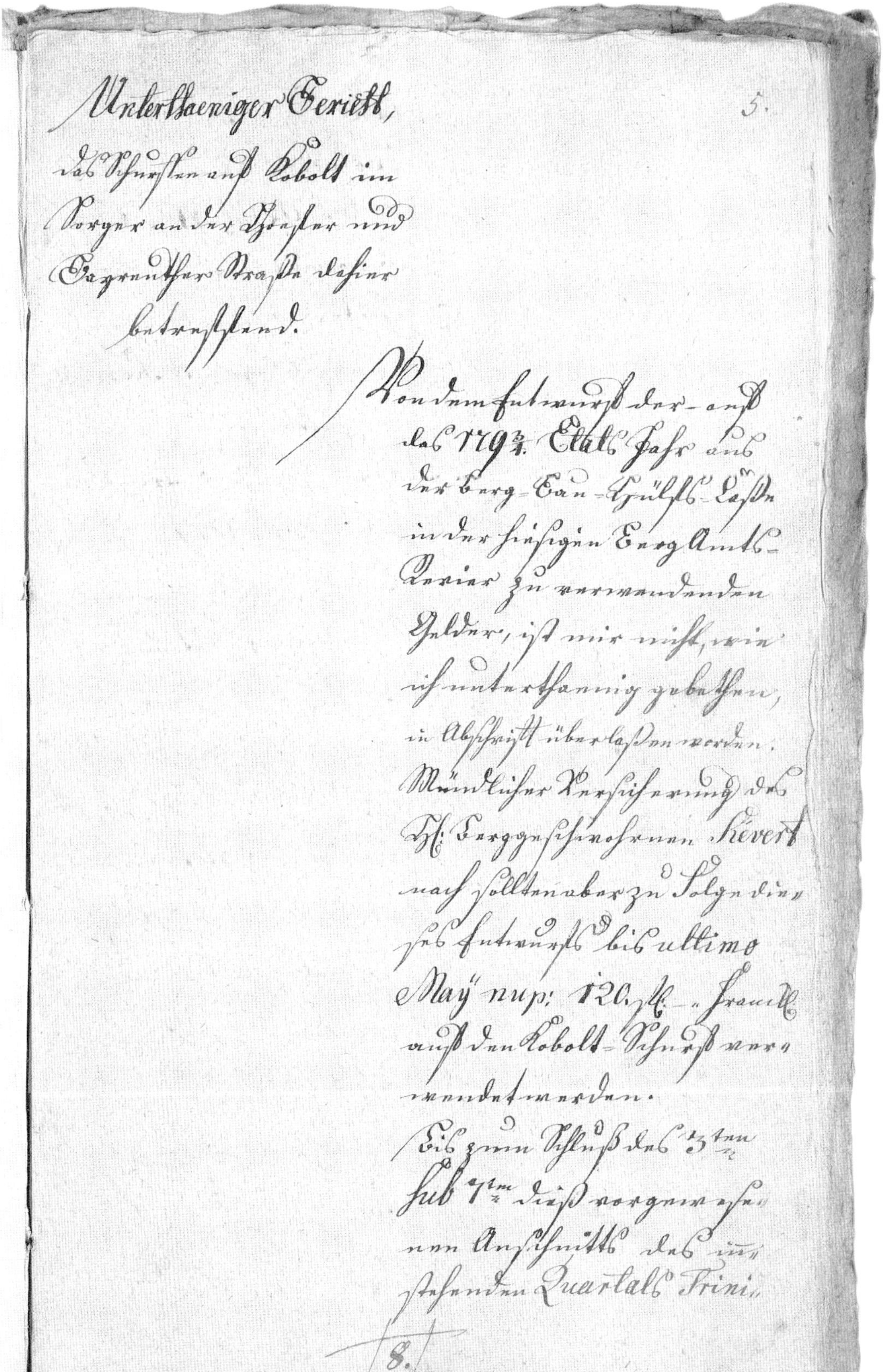

Unterthaeniger Bericht,
das Schürfen auf Kobolt im Vorge[birge] an der Thoser und Bayreuther Straße alhier betreffend.

5.

Von dem Entwurf der auf das 1794. Etats Jahr aus der Berg-Bau-Hülfs-Casse in der hiesigen Berg Amts-Revier zu verwendenden Gelder, ist mir nicht, wie ich unterthänig gebethen, in Abschrift überlassen worden.
Mündlicher Versicherung des Hr. Berggeschwornen Kevert nach sollten aber zu Folge dieses Entwurfs bis ultimo May nur: 120. fl. – frænck. auf den Kobolt-Schurf verwendet werden.
Bis zum Schluß des 3ten und 4ten dieß vergangenen Anschnitts des zustehenden Quartals Trini-

8.

Dokument 6
Johann Christoph Schubert: Über das Schürfen auf Kobalt im Sorger an der Hofer und Bayreuther Straße
Bericht an Alexander von Humboldt
Wunsiedel, 11. 6. 1794

h: (mit eigenhändiger Unterschrift), Bamberg, StABa, Neuverzeichnis, Bayreuth, Nr. 15675, Bl. 5r–8r.

Unterthaeniger Bericht,
das Schürfen auf *Kobolt* im
Sorger an der Hoefer und
Bayreuther Straße dahier
betreffend.

Von dem Entwurf der – auf
das 179¾. Etats Jahr aus
der Berg-Bau-Hülfs-Caße
in der hiesigen Berg Amts=
Revier zu verwendenden
Gelder, ist mir nicht, wie
ich unterthaenig gebeten,
in Abschrift überlaßen worden.
Mündlicher Versicherung des
Herrn Berggeschwohrnen *Sievert*
nach sollten aber zu Folge die=
ses Entwurfs bis *ultimo*
Maÿ nup[er] 120. fl. franckisch
auf den Kobolt=Schurf ver-
wendet werden.
Bis zum Schluß des 3ten
sub 7tm [a] dieß vorgewese=
nen Anschnitts des inn=
stehenden *Quartals Trini-*

[a] *Lies*: sub Septembrem *(bis an den 7.)*

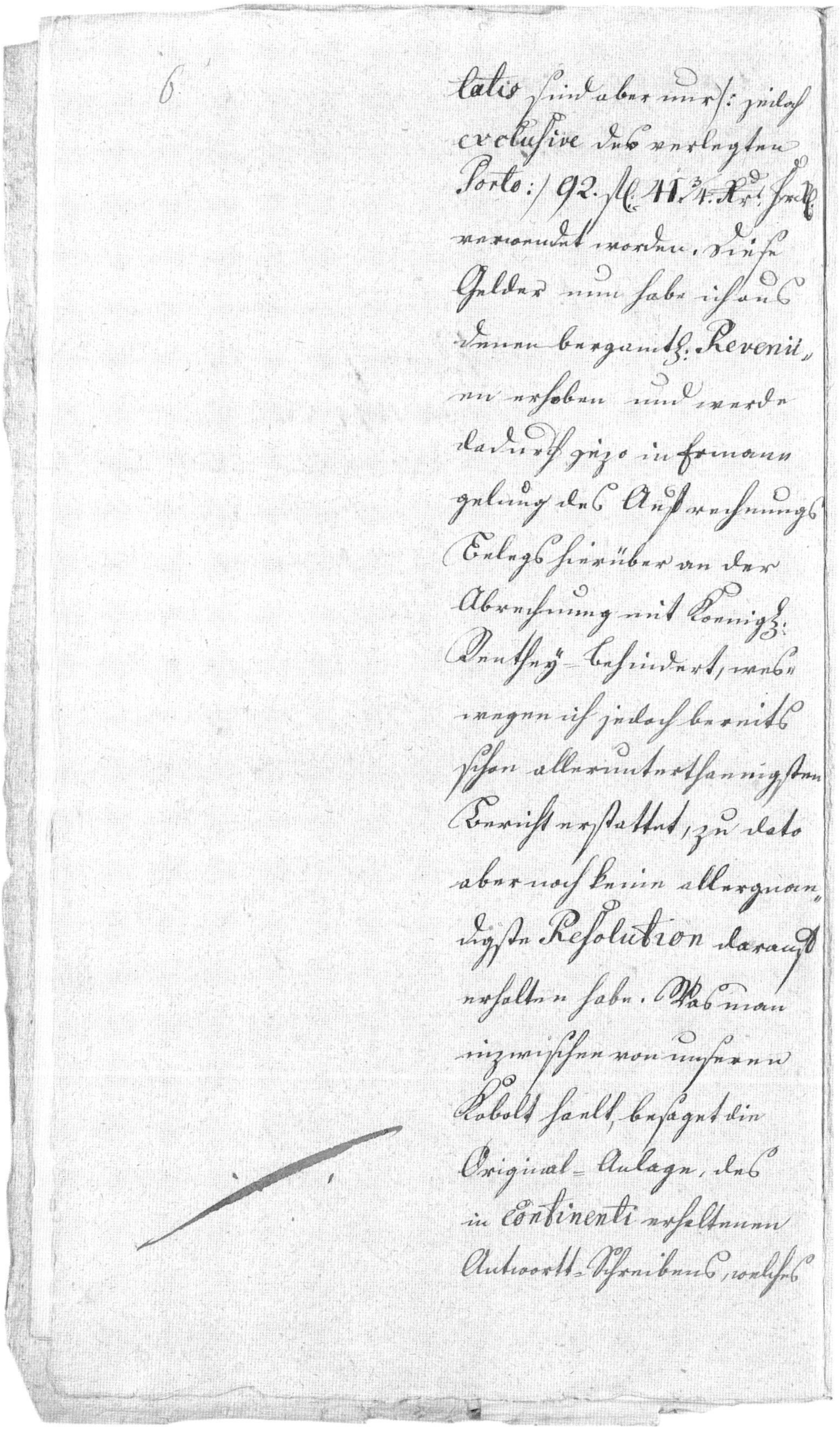

6

latis sind aber mir: jedoch
exclusive des verlegten
Porto:/ 92. fl. 11. 3/4. Kr: frch
verwendet worden. diese
Gelder nun habe ich aus
denen bergamtl: Revenü-
en erhoben und werde
dadurch jezo in fernern
gelung des Aufsuchungs
Erlags hierüber an der
Abreichung mit Königl:
Deutschg.-behindert, wes-
wegen ich jedoch bereits
schon allerunterthänigsten
Bericht erstattet, zu dato
aber noch keine allergnä-
digste Resolution darauf
erhalten habe. Was man
inzwischen von unserm
Kobolt hält, besagt die
Original-Anlage, des
in Continenti erhaltenen
Antworts-Schreibens, welches

tatis[1] sind aber nur /: jedoch
exclusive des verlegten
Porto : / 92. fl. 41 ¾ Kr. fr[aen]ckisch
verwendet worden. Diese
Gelder nun habe ich aus
denen bergamtlichen *Revenü=*
en erhoben und werde
dadurch jezo in Ermann=
gelung des Aufrechnungs
Belegs hierüber an der
Abrechnung mit Koeniglicher
Rentheÿ behindert, wes=
wegen ich jedoch bereits
schon allerunterthaenigsten
Bericht erstattet, zu dato
aber noch keine allergnae=
digste *Resolution* darauf
erhalten habe. Was man
inzwischen von unseren
Kobolt haelt, besaget die
Original-Anlage, des
in *continenti* erhaltenen
Antwortt=Schreibens, welches

[1] Das zweite Bergquartal (Quartal Trinitatis) dauerte vom 1. April bis 30. Juni.

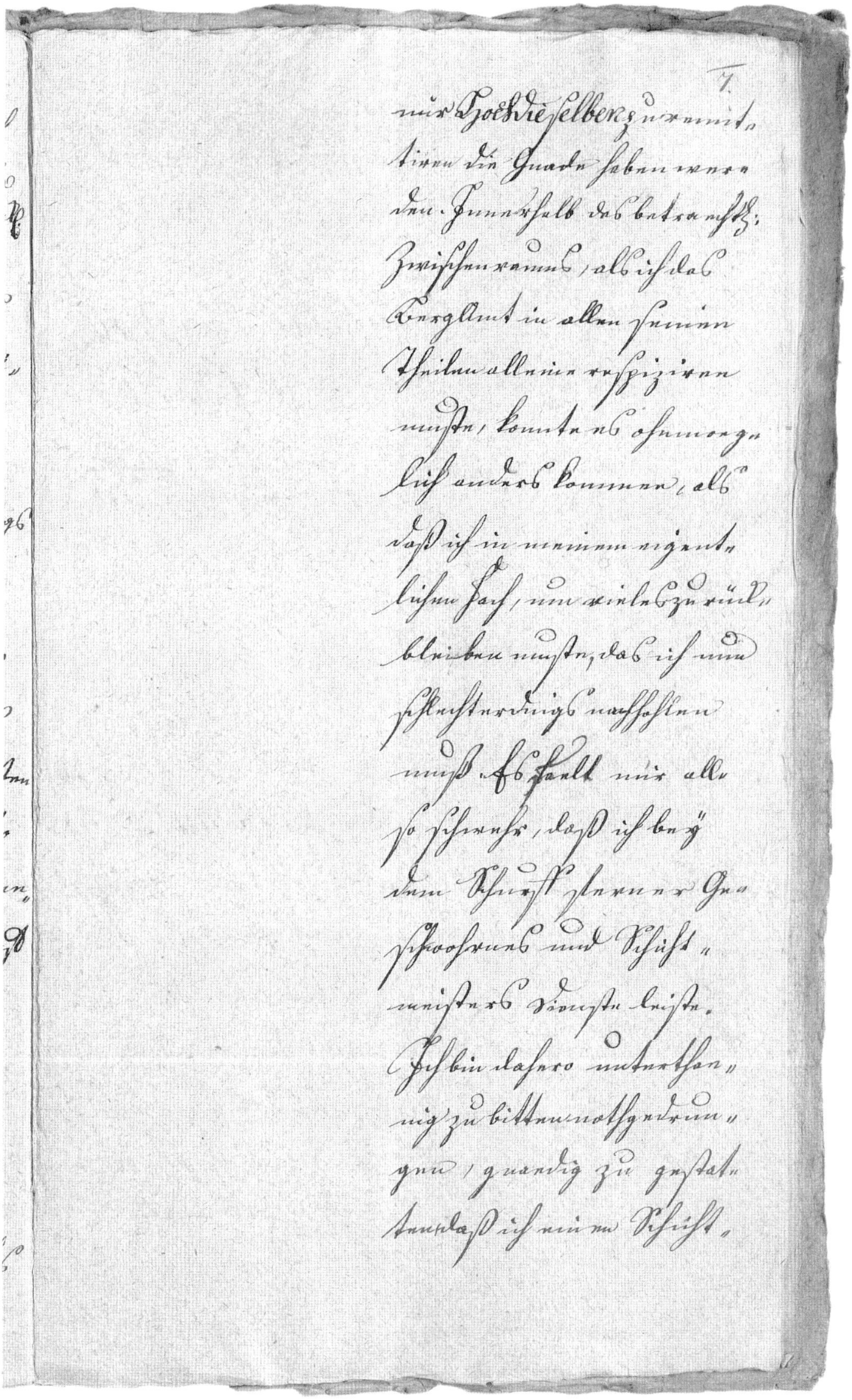

7.

mir Hochdieselbe zu recommen-
tiren die Gnade haben wer-
den. Innerhalb des beträchtl:
Zwischenraums, als ich das
Berglamt in allen seinen
Theilen allein respiziren
musste, konnte es ohnmög-
lich anders kommen, als
dass ich in meinem eigent-
lichen Fach, um vieles zurük-
bleiben musste, das ich nun
schlechterdings nachholen
muss. Es fällt mir also
so schwehr, dass ich bey
dem Schürfsteuerer Ge-
schäftens und Schicht-
meisters Dienste leiste.
Ich bin dahero unterthä-
nig zu bitten nothgedrun-
gen, gnädig zu gestat-
ten dass ich meine Schicht-

mir *Hochdieselben* zu remit=
tiren die Gnade haben wer=
den. Innerhalb des betraechtlichen
Zwischenraums, als ich das
Bergamt in allen seinen
Theilen alleine respiziren
muste, konnte es ohnmoeg=
lich anders kommen, als
daß ich in meinem eigent=
lichen Fach, um vieles zu rück=
bleiben muste, das ich nun
schlechterdings nachhohlen
muß. Es faelt[a] mir all=
so schwehr, daß ich beÿ
dem Schurf ferner Ge=
schwohrens und Schicht=
meisters Dienste leiste.
Ich bin dahero unterthae=
nig zu bitten nothgedrun=
gen, gnaedig zu gestat=
ten, daß ich einen Schicht=

[a] *gemeint ist:* fällt

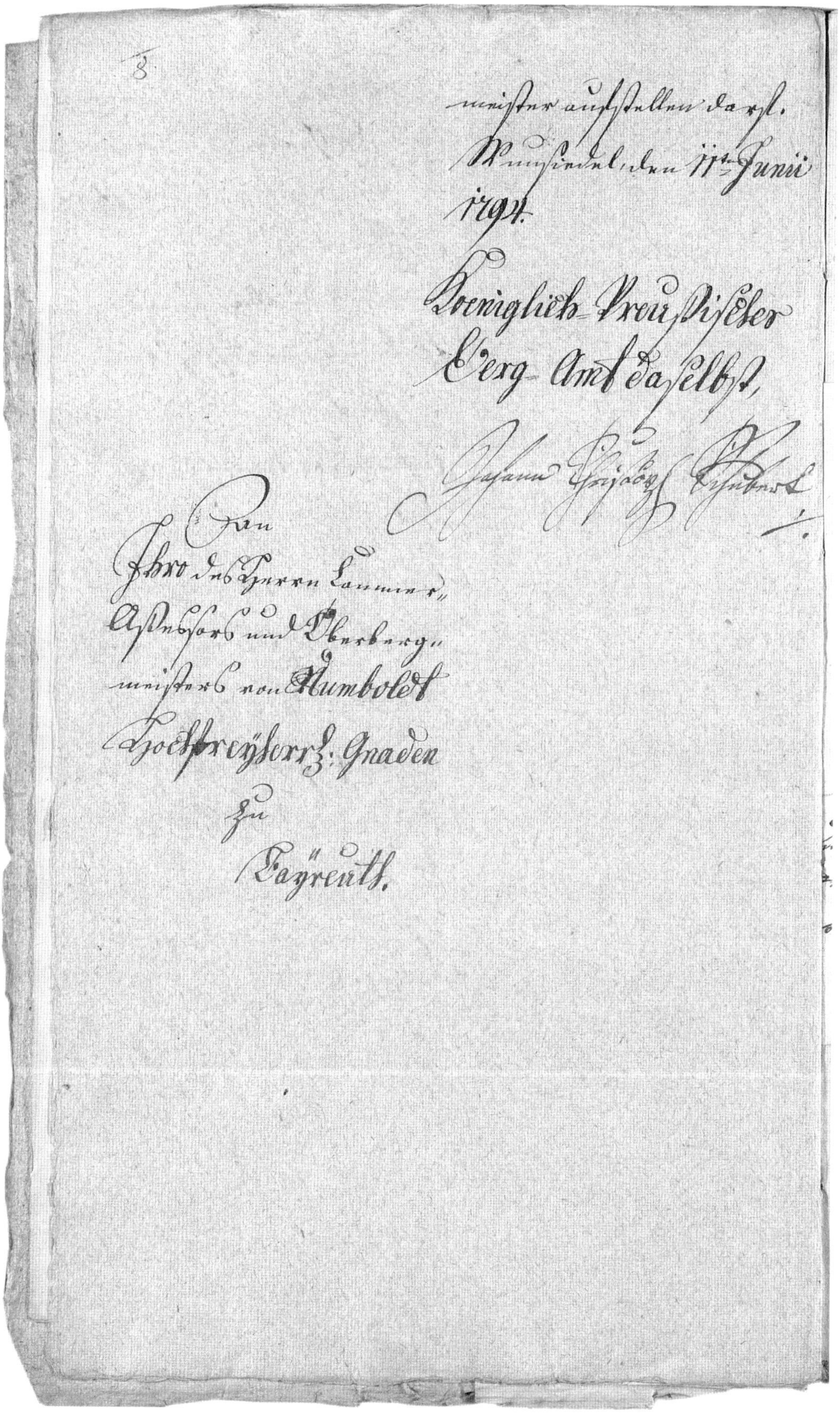

8

meister aufstellen darf.

Wunsiedel, den 11ten Junii
1794.

Koeniglich Preussisches
Berg Amt daselbst,

Johann Christoph Schubert.

An
Ihro des Herrn Cammer-
Assessors und Oberberg-
meisters von Humboldt
Hochfreyherrl. Gnaden
zu
Bayreuth.

meister aufstellen darf.
Wunsiedel, den 11ten Junii
1794.
Koeniglich Preußisches
Berg-Amt daselbst

Johann Christoph Schubert

An
Ihro des Herrn Kammer=
Aßessors und Oberberg=
meisters von *Humboldt*
Hochfreÿherrliche *Gnaden*
zu
Baÿreuth.

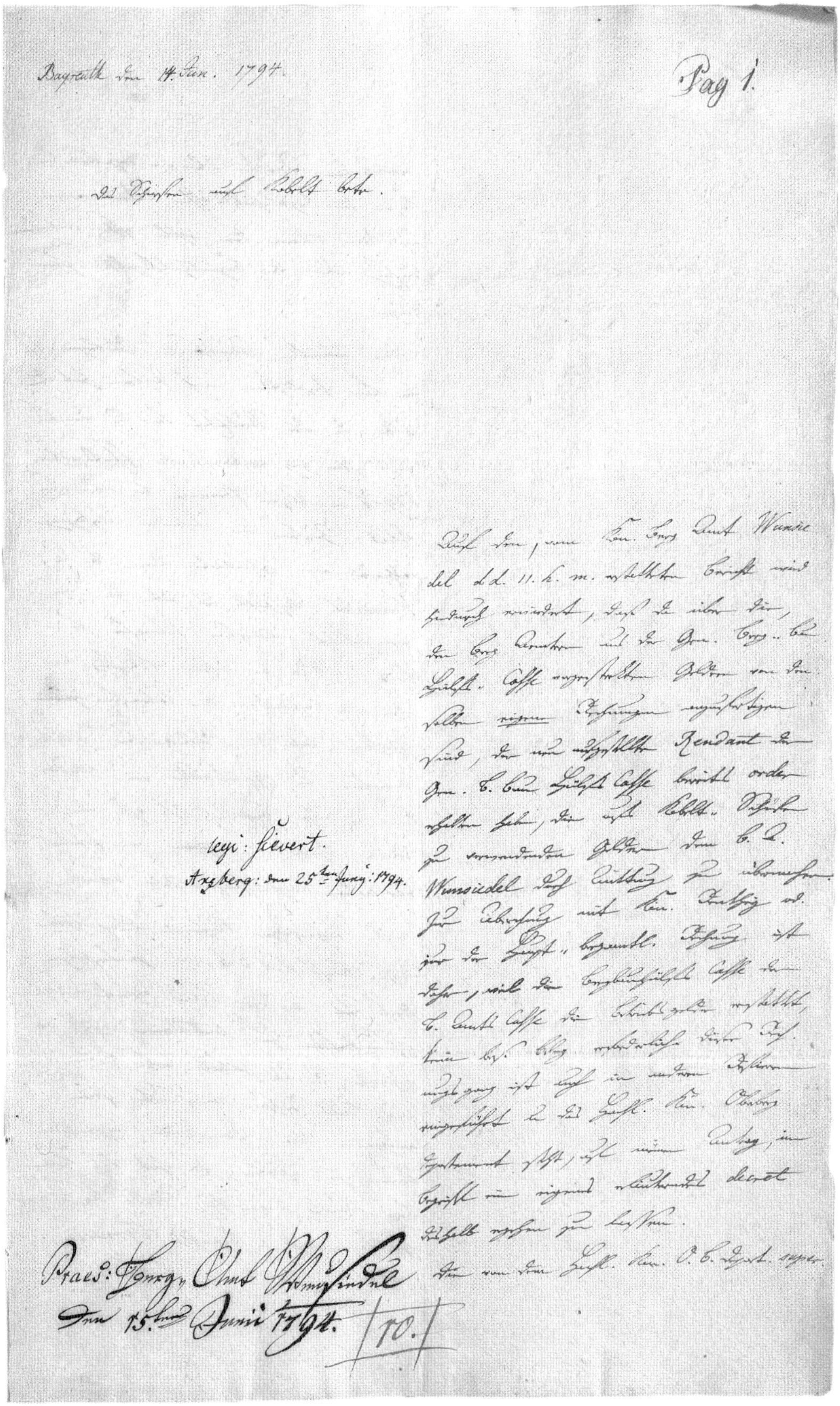

Bayreuth den 14. Jun. 1794.

Pag 1.

legi: Sievert.
Arzberg: den 25ten Junij: 1794.

Wunsiedel

Praes: Bergamt Wunsiedel
den 15ten Junii 1794. [10.]

Dokument 7
Alexander von Humboldt: Über das Schürfen auf Kobalt
Bericht an das Oberbergdepartement Bayreuth
Bayreuth, 14.6.1794

H: Bamberg, StABa, Neuverzeichnis, Bayreuth, Nr. 15675, Bl. 1r–3r.

Bayreuth den 14. Jun[ius] 1794.

Das Schürfen auf Kobelt betr[effend]

Auf den, vom Kön[iglichen] Berg Amt *Wunsiedel* d[e] d[ato] 11 h[uius] m[ensis] erstatteten Bericht wird hiedurch erwiedert, daß die über die, den Berg Aemtern aus der Gen[annten] Berg=Bau Hülfs=Casse vorgestrekten Gelder von den selben eigene Rechnungen anzufertigen sind, der neu aufgestellte *Rendant* der Gen[annten] B[erg]bau Hülfs Casse bereits *order* erhalten habe, die aufs Kobelt=Schürfen zu verwendenden Gelder dem B[erg] A[mt] *Wunsiedel* durch Quittung zu überreichen.

legi: Sievert.
Arzberg: den 25ten Junÿ: 1794

Zur Abrechnung mit Kön[iglicher] Renthey od[er] [zu][a] der Haupt=bergamtl[ichen] Rechnung ist daher, weil die Bergbauhülfs Casse der B[erg] Amts Casse die Betriebsgelder erstattet, kein bes[onderer] Beleg erforderlich. Dieser Rechnungsgang ist auch in anderen Refieren eingeführt u[nd] das Hochl[öbliche] Kön[igliche] Oberberg Departement steht, auf meinen Antrag, im Begriff ein eigens erläuterndes *decret* deshalb ergehen zu lassen.

Die von dem Hochl[öblichen] Kön[iglichen] O[ber] B[erg] depart[ement] *super-*

Praes[entatum] Berg=Amt Wunsiedel
den 15ten Junii 1794.

---

[a] zur *Humboldt, ändert Hrsg.*

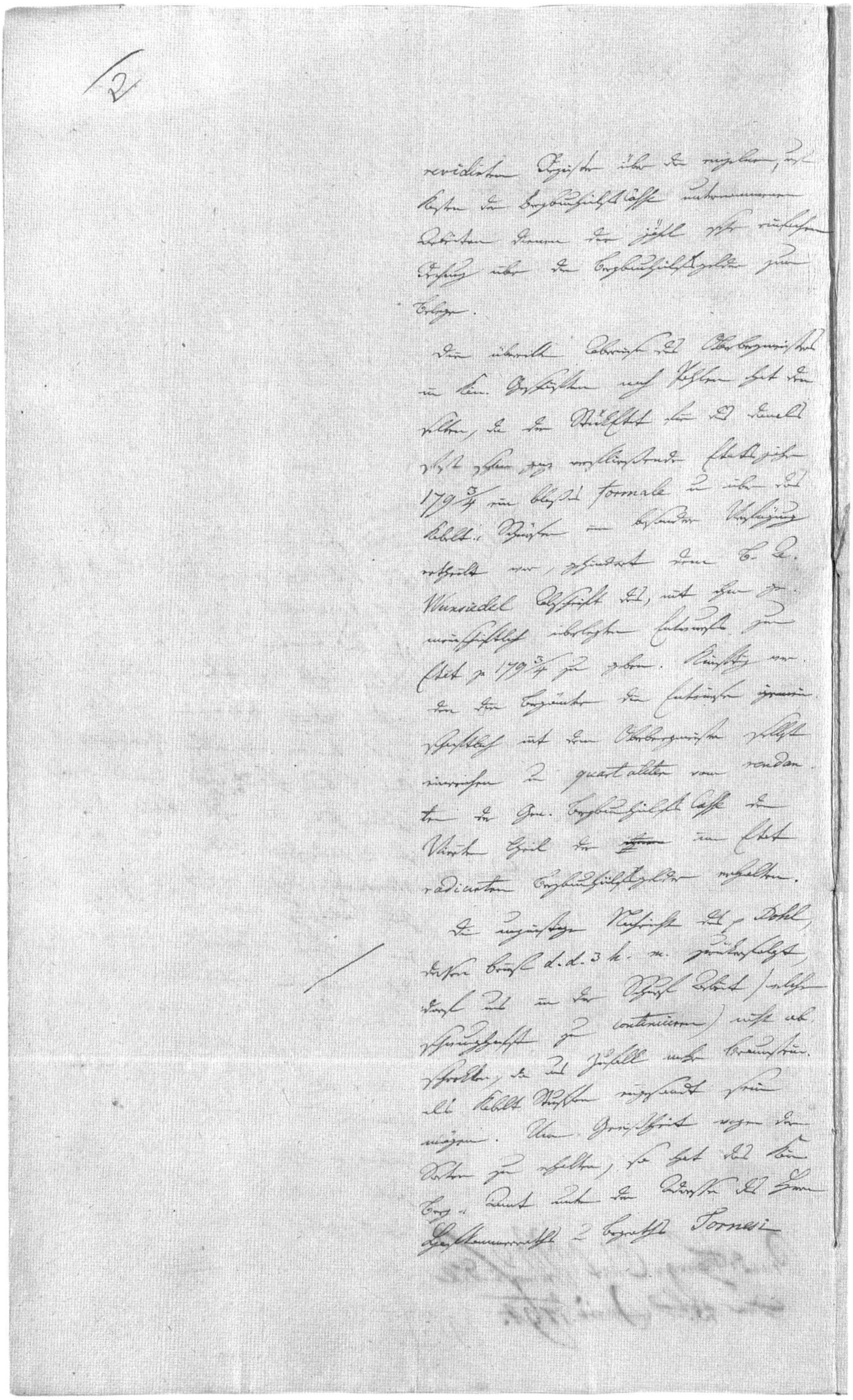

revidirten Register über die einzelnen, auf Kosten der BergbauhülfsCasse unternommenen Arbeiten dienen der jährl[ich] sehr einfachen Rechnung über die Bergbauhülfsgelder zum Belege.
Die übereilte Abreise des Oberbergmeisters in Kön[iglichen] Geschäften nach Pohlen hat den selben, da der StükEtat für das damals fast schon ganz verfließende Etatsjahr 179¾ ein bloßes *formale* u[nd] über das Kobelt=Schürfen eine besondere Verfügung ertheilt war, gehindert dem B[erg] A[mt] *Wunsiedel* Abschrift des, mit ihm gemeinschaftlich überlegten Entwurfs zum Etat p[er] 179¾ zu geben. Künftig werden die Bergämter die Entwürfe gemeinschaftlich mit dem Oberbergmeister selbst einreichen u[nd] *quartaliter* vom *rendanten* der Gen[annten] Bergbauhülfs Casse den Vierten Theil der im[a] Etat *radicirten* Bergbauhülfsgelder erhalten.
Die ungünstige Nachricht des p *Pohl*, dessen Brief d[e] d[ato] 3 h[uius] m[ensis] zurükerfolgt, darf uns in der Schürf Arbeit (welche schwunghaft zu *continuieren*) nicht abschrekken, da aus Zufall mehr Braunstein als Kobelt Stuffen eingesandt sein mögen. Um Gewißheit wegen der Sorten zu erhalten, so hat das Kön[igliche] Berg=Amt unter dem Wissen des Herrn Hofkammerraths u[nd] Bergraths *Tornesi*

---

[a] der | ihnen *gestr.* | im *Humboldt*

3

von den bisher erschienenen Beschreibun-
gen nach dem Unterschiede, den die äußern
Kennzeichen ergeben) Proben zu 1–2 Lth
baldigst einzusenden. Das Kön. O. B. Dep.
wird den Gehalt u. die Güte der eingel.
von Proben untersuchen lassen, und
den Preiß danach bestimmen zu kön-
nen.

Dem Herrn V. Bergmeister Schubert ist [illegible]
[illegible] zuzumuthen, daß er [illegible]
u. Schichtmeister [illegible] sogleich über-
laß ist der Wille des Oberbergdepar-
tements in der, dem Berg Amt zuge-
fertigten (ungefähr vor 8 Wochen, an das
~~Ober~~ Bergamt decretirten) neuen
Instruction des Sievert deutlich ge-
nug hierüber ausgedrückt. Der V. Berg-
meister Schubert u. Berggeschworener
Sievert sind beide Mitglieder des
Berg Amts, haben mithin (?) dieselben ge-
meinschaftlich zu überlegen; Was aber
Anordnungen beim [illegible] Bergbau selbst,
und bei dem Kobalt Schürfen, betrifft
liegt dem Sievert besonders ob.
Die Aufstellung und Beschäftigung
und bei der [illegible] Arbeit wird
hiermit ganz genehmigt.

Bayreuth d. 14 Jan. 1794.

Humboldt.

von den bisher erschürften Geschieben
(nach dem Unterschiede, den die äußeren
Kennzeichen ergeben) Proben zu 1–2 Pfund
baldigst einzusenden. Das Kön[igliche] O[ber] B[erg] Dep[artement]
wird den Gehalt u[nd] die Güte der einzel-
nen Sorten untersuchen lassen, um
den Preiß danach bestimmen zu kön-
nen.
Dem Kön[iglichen] V[ize]bergmeister *Schubert* ist kei-
nesweges zuzumuthen, daß er Geschworenens
u[nd] Schichtmeisters Dienste zugleich thue.
Auch ist der Wille des Oberbergdepar-
tements in der, dem Berg Amt zuge-
fertigten /wenigstens, vor 8 Wochen, in den
Bergschriften[a] *decretirten*) näheren
Instruction des p *Sievert* deutlich ge-
nug hierüber ausgedrükt. Der V[ize]berg-
meister *Schubert* u[nd] Berggeschworene
Sievert sind beide Mitglieder des
Berg Amts, haben Betriebs Sachen ge-
meinschaftlich zu überlegen p. Was aber
Anordnungen beim prakt[ischen] Bergbau selbst,
wie bei dem Kobelt Schürfen, betrift,
liegt dem p *Sievert* besonders ob.
Die Aufstellung eines Rechnungsfüh-
rers bei der Schürf Arbeit wird
hiermit gern genehmigt.

Bayreuth den 14 Jun[ius] 1794.

Humboldt.

---

[a] (1) Oberbe (2) Bergschriften *Humboldt*

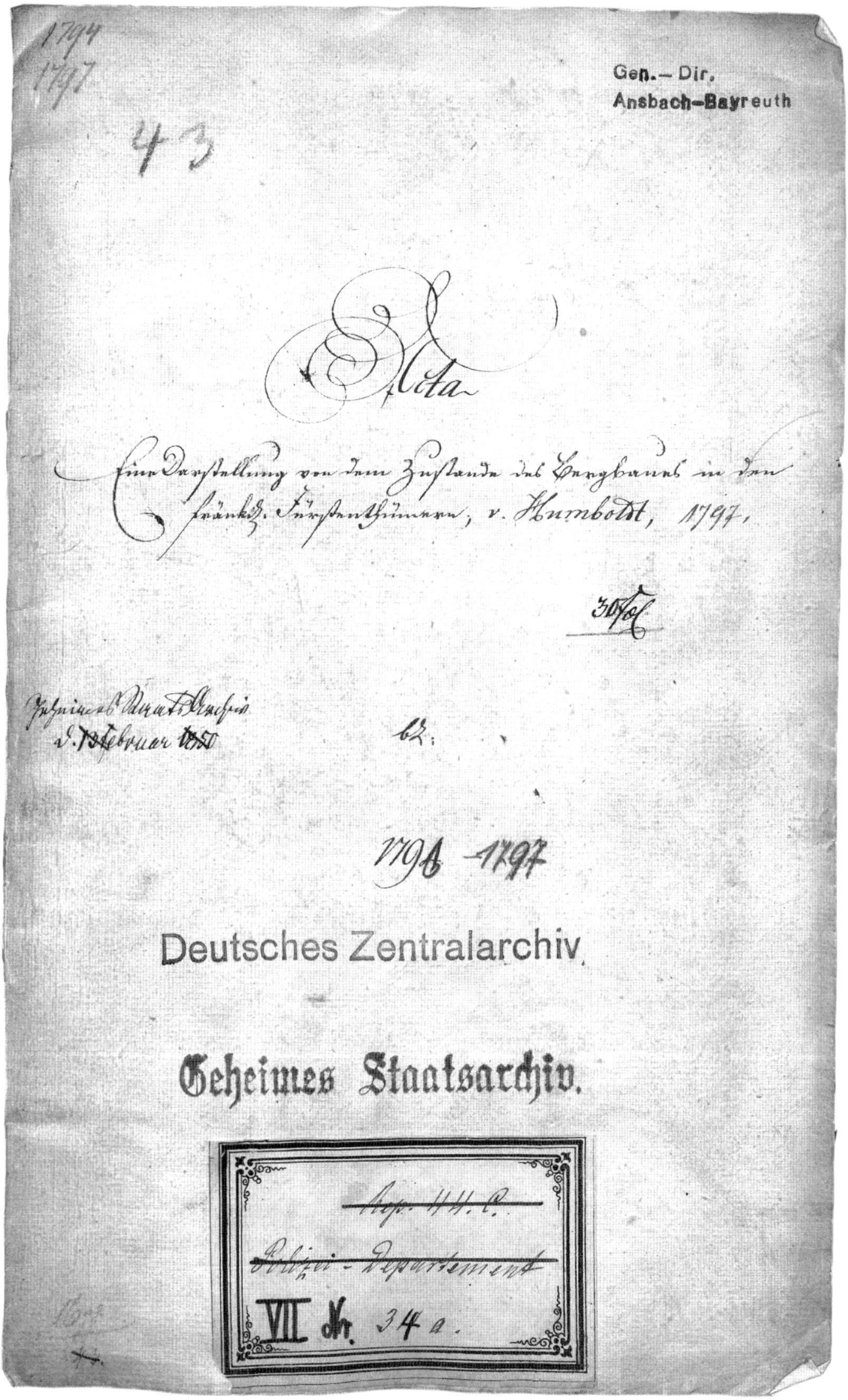

1794
1797

43

Gen.– Dir.
Ansbach–Bayreuth

Acta

Eine Darstellung von dem Zustande des Bergbaues in den fränkisch. Fürstenthümern, v. Humboldt, 1797.

30 Fol.

Geheimes Staats-Archiv
d. 13 Februar 1850

62.

1794–1797

Deutsches Zentralarchiv

Geheimes Staatsarchiv.

Rep. 44. C.

Polizei-Departement

VII Nr. 34 a.

Dokument 8
Alexander von Humboldt: Acta – vom Zustand des Bergbaues in den fränkischen Fürstentümern
1794, ergänzt 1795, 1796 und 1797

h: (mit Ergänzungen, Korrekturen und der Unterschrift am Textende von Humboldts Hand), Berlin, GStA PK, II. HA, GD, Abt. 36, Fränk. Dpt. VII, 34a, Deckblatt und Bl. 1r–30r.

Acta

Eine Darstellung von dem Zustande des Bergbaues in den fränkischen Fürstenthümern, v. Humboldt, 1797[a].

1796–1797[b]

---

[a] *Jahreszahl von anderer Hand ergänzt* [b] (1) 1794 (2) 1794–1796 (3) 1796–1797 *Schreiber; mit Bleistift geändert*

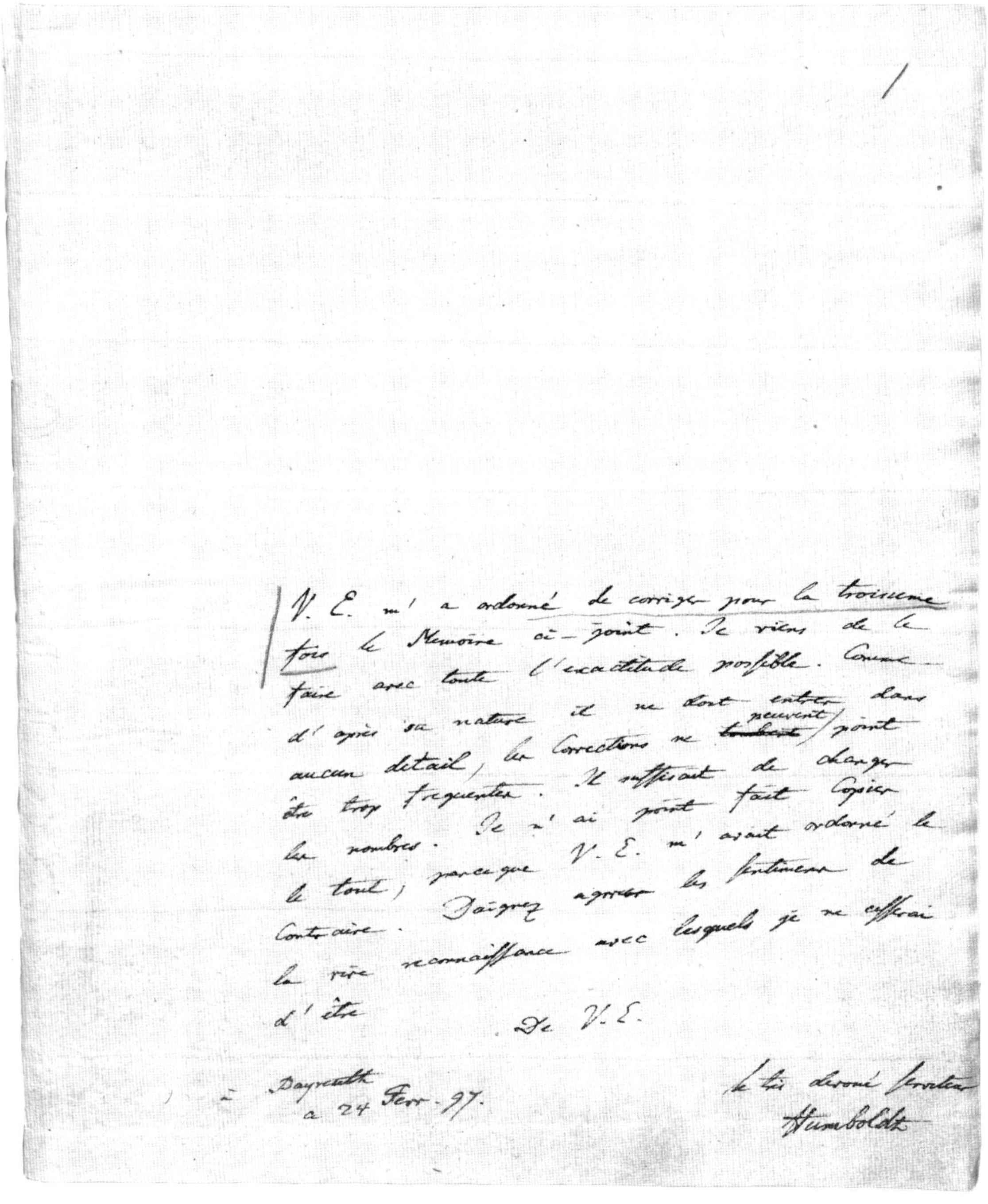

1

V. E. m' a ordonné de corriger pour la troisieme fois le Memoire ci-joint. Je viens de le faire avec toute l'exactitude possible. Comme d'après sa nature il ne doit entrer dans aucun detail, les Corrections ne ~~tombent~~ peuvent point être trop frequentes. Il suffisoit de changer les nombres. Je n' ai point fait Copier le tout, parceque V. E. m' avoit ordonné le Contraire. Daignez agréer les sentimens de la vive reconnaissance avec lesquels je ne cesserai d'être

De V. E.

Bayreuth
a 24 Fevr. 97.

le très devoué serviteur
Humboldt

[Alexander von Humboldt an Carl August von Hardenberg
Anschreiben zu dem Gutachten, Bayreuth, 24.2.1797

D: Humboldt 1973, S. 570.
Referat in: Humboldt 1959, S. 62.]

V[otre] E[xcellence] m'a ordonné de corriger pour la troisième
fois le Mémoire ci-joint. Je viens de le
faire avec toute l'exactitude possible. Comme
d'après sa nature il ne doit entrer dans
aucun détail, les Corrections ne peuvent[a] point
être trop fréquentes. Il suffisait de changer
les nombres. Je n'ai point fait Copier
le tout; parceque V[otre] E]xcellence] m'avait ordonné le
Contraire. Daignez agréer les sentimens de
la vive reconnaissance avec lesquels je ne cesserai
d'être

De V[otre] E[xcellence]

Le très dévoué serviteur
Humboldt

à Bayreuth
ce 24 Févr[ier] [17]97.

[Übersetzung:]
Eure Exzellenz haben mich beauftragt, die beigefügte Denkschrift zum dritten Mal zu berichtigen. Ich habe es soeben mit aller möglichen Genauigkeit getan. Da sie ihrer Natur gemäß auf keine Einzelheit eingehen darf, können die Berichtigungen nicht zu häufig sein. Es genügte, die Zahlen zu verändern. Ich habe überhaupt das Ganze nicht abschreiben lassen, da Eure Exzellenz mir das Gegenteil befohlen haben. Geruhen Sie, die Gefühle der lebhaften Dankbarkeit entgegenzunehmen, mit denen ich nicht zu sein aufhören werde

Euer Exzellenz

sehr ergebener Diener
Humboldt

Bayreuth, den 24. Februar 1797.

---

[a] (1) tombent (2) peuvent *Humboldt*

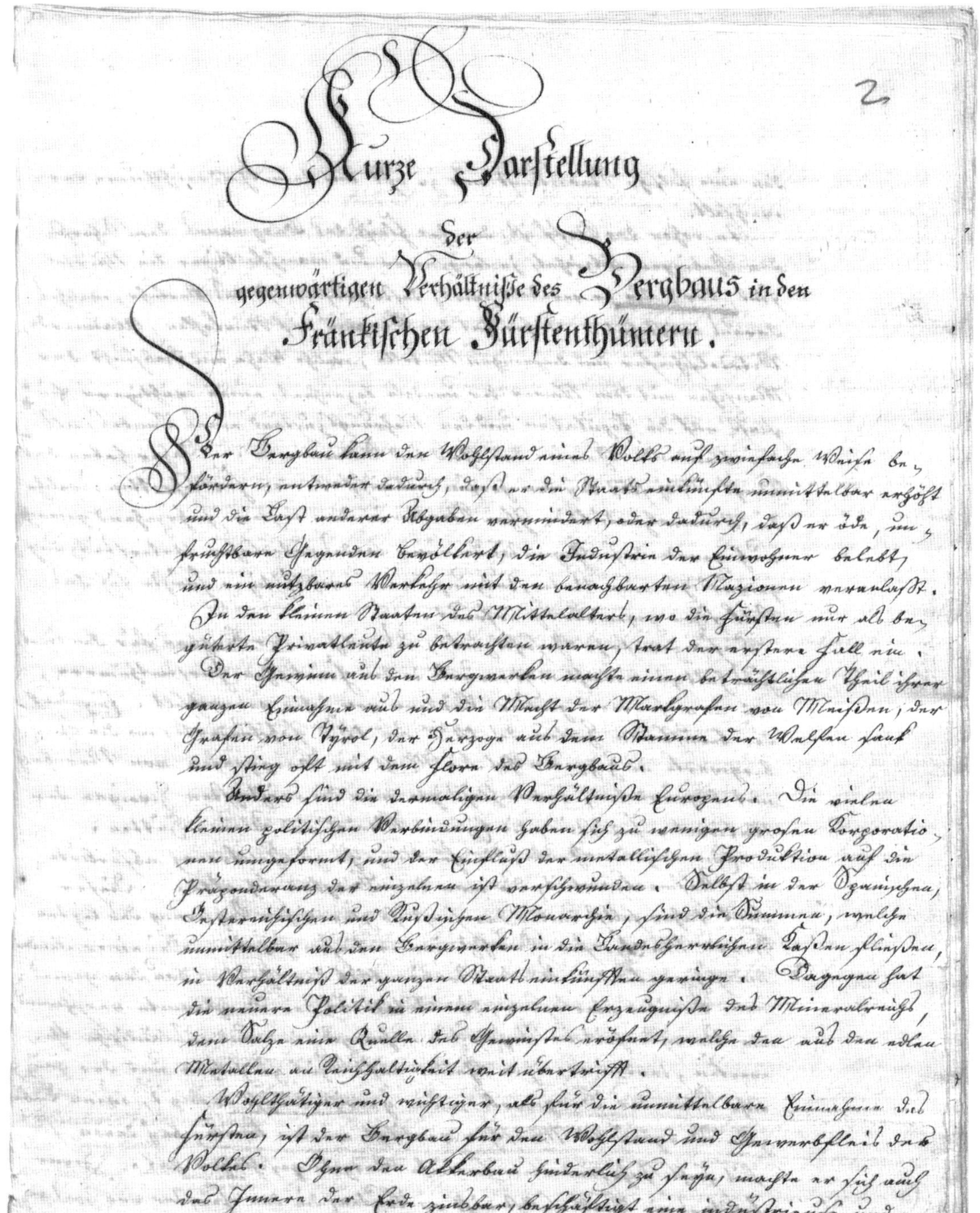

2

Kurze Darstellung der gegenwärtigen Verhältniße des Bergbaus in den Fränkischen Fürstenthümern.

Der Bergbau kann den Wohlstand eines Volks auf zweifache Weise befördern, entweder dadurch, daß er die Staatseinkünfte unmittelbar erhöht und die Last anderer Abgaben vermindert, oder dadurch, daß er öde, unfruchtbare Gegenden bevölkert, die Industrie der Einwohner belebt, und einen nützbaren Verkehr mit den benachbarten Nazionen veranlaßt. In den kleinen Staaten des Mittelalters, wo die Fürsten nur als begüterte Privatleute zu betrachten waren, trat der erstere Fall ein. Der Gewinn aus den Bergwerken machte einen beträchtlichen Theil ihrer ganzen Einnahme aus und die Macht der Markgrafen von Meißen, der Grafen von Tyrol, der Herzoge aus dem Stamme der Welfen sank und stieg oft mit dem Flore des Bergbaus.

Anders sind die damaligen Verhältniße Europens. Die vielen kleinen politischen Verbindungen haben sich zu wenigen großen Corporationen umgeformt, und der Einfluß der metallischen Produktion auf die Präpondaranz der einzelnen ist verschwunden. Selbst in der Spanischen, Österreichischen und Sächsischen Monarchie, sind die Summen, welche unmittelbar aus den Bergwerken in die Landesherrlichen Caßen fließen, im Verhältniß der ganzen Staatseinkünfte geringe. Dagegen hat die neuere Politik in einem einzelnen Erzeugniße des Mineralreichs, dem Salze eine Quelle des Gewinnstes eröfnet, welche den aus den edlen Metallen an Reichhaltigkeit weit übertrifft.

Wohlthätiger und wichtiger, als für die unmittelbaren Einnahmen des Fürsten, ist der Bergbau für den Wohlstand und Gewerbfleiß des Volks. Ohne den Ackerbau hinderlich zu seyn, macht er sich auch das Innere der Erde zinsbar, beschäftigt eine industriöse und arbeitsame Menschenklasse und vermehrt den Reichthum an Produkten,

Kurze Darstellung *der* *gegenwärtigen Verhältniße des* ***Bergbaus*** *in den* Fränkischen Fürstenthümern.[a]

Der Bergbau kann den Wohlstand eines Volkes auf zwiefache Weise befördern, entweder dadurch, daß er die Staatseinkünfte unmittelbar erhöht und die Last anderer Abgaben vermindert, oder dadurch, daß er öde, unfruchtbare Gegenden bevölkert, die Industrie der Einwohner belebt, und ein nutzbares Verkehr mit den benachbarten Nazionen veranlaßt.

In den kleinen Staaten des Mittelalters, wo die Fürsten nur als begüterte Privatleute zu betrachten waren, trat der erstere Fall ein.

Der Gewinn aus den Bergwerken machte einen beträchtlichen Theil ihrer ganzen Einnahme aus und die Macht der Markgrafen von Meißen, der Grafen von Tÿrol, der Herzoge aus dem Stamm der Welfen sank und stieg oft mit dem Flore des Bergbaus.

Anders sind die dermaligen Verhältniße Europens. Die vielen kleinen politischen Verbindungen haben sich zu wenigen großen Korporationen umgeformt, und der Einfluß der metallischen Produktion auf die Präponderanz der einzelnen ist verschwunden. Selbst in der Spanischen, Oesterreichischen und Rußischen Monarchie, sind die Summen, welche unmittelbar aus den Bergwerken in die Landesherrlichen Kaßen fließen, im Verhältniß der ganzen Staatseinkünfte geringe. Dagegen hat die neuere Politik in einem einzelnen Erzeugniße des Mineralbereichs, dem Salze, eine Quelle des Gewinstes eröfnet, welche den aus den edlen Metallen an Reichhaltigkeit weit übertrifft.

Wohlthätiger und wichtiger, als für die unmittelbare Einnahme des Fürsten, ist der Bergbau für den Wohlstand und Gewerbefleis des Volkes. Ohne den Akkerbau hinderlich zu seÿn, machte er sich auch des Innern der Erde zinsbar, beschäftigt eine industrieuse und arbeitsame Menschenklaße und vermehret den Reichthum an Produkten,

---

[a] *Von der Hand eines Schreibers mit handschriftlichen Korrekturen und (aktualisierenden) Ergänzungen von Humboldt. Die Ergänzungen aus dem Jahr 1796 wurden durch Humboldt mit kleinen Buchstaben, die aus dem Jahr 1797 mit Ziffern gekennzeichnet. Die 1795 vorgenommenen Änderungen erfolgten wahrscheinlich direkt im Text.*

den eine falsche Staatskunst nur zu oft mit dem Geldreichthume verwechselt.

Je roher der Stoff ist, den der Fleiß des Bergmanns dem Schooße der Gebirge entzieht, je langsamer und mannichfaltiger die Mittel sind, durch die er veredelt wird, desto größer ist das Verkehr, welches daraus entsteht. Daher hat der Bergbau auf Steinkohlen, Alaunerde, Vitriolschiefer und diejenigen Metalle, welche Noth und Habsucht der Menschen mit dem Namen der unedeln bezeichnet, einen wichtigeren Einfluß auf die Population und den Nahrungszustand eines Landes, als der blendende Gewinn der Gold und Silberminen. Daher haben des Königs Majestät bey den großen und auffallenden Fortschritten, welche die Mineralproduktion Ihrer Staaten in dem lezten Jahrzehend gemacht auch gerade diese Gegenstände einer landesväterlichen Unterstützung gewürdigt, einer Unterstüzung deren wohlthätiger Früchte sich das Volk schon gegenwärtig erfreut.

Dieser zweifache Gesichtspunkt, aus welchem der Bergbau für den Staatshaushalt zu betrachten ist, wurde in den fränkischen Fürstenthümern, wie in mehreren größeren Ländern von jeher verwechselt. Eingedenk der berühmten Zeiten des 14ten und 15ten Jahrhunderts, wo die Goldbergwerke im Zoppatenthal die Macht der Burggrafen von Nürnberg mit begründeten, vernachläßigte man die wichtigsten Zweige der National-Industrie, die Eisen- Vitriol und Alaun-Hütten.

Eine einzelne Grube, die Fürstenzeche zu Goldkronach absorbirte alle Aufmerksamkeit, die man dem Bergbau schenkte. Dieser sank daher selbst unter der sonst so glorreichen Regierung des lezten Herrn Markgrafen Durchl. immer tiefer herab. Bei einer elenden und schwankenden Administration blieb der Grubenbau den gemeinen Arbeiter überlassen, die Autorität der Bergbeamten verschwand, die Unwissenheit im Technischen nahm zu, in- und ausländische Gewerken standen an, ihre Gelder aufs Spiel zu setzen und der gänzliche Ruin der Bergwerke wäre gewiß längst erfolgt, wenn Liebe zum Bergbau bei Menschen vertilgt werden könnte, bey denen sie seit sechs Jahrhunderten so tiefe Wurzeln geschlagen hat. Zwar fehlte es im Lande selbst nicht an Leuten, die den Fürsten von Zeit zu Zeit darauf aufmerksam machten, wie innig der Wohlstand des geden eine falsche Staatskunst zu oft mit dem Geldreichthume verwechselt.

Je roher der Stoff ist, den der Fleiß des Bergmanns dem Schooße der Gebirgen entziehet, je langsamer und man[ni]chfalltiger die Mittel sind, durch die er veredelt wird, desto größer ist das Verkehr, welches daraus entsteht. Daher hat der Bergbau auf Steinkohlen, Alaunerde, Vitriolschiefer und diejenigen Metalle, welche Wahn und Habsucht der Menschen mit dem Namen der unedeln bezeichnet, einen wichtigeren Einfluß auf die Population und den Nahrungszustand eines Landes als der blendende Gewinn der Gold und Silberminen. Daher haben des Königs Majestät beÿ den großen und auffallenden Fortschritten, welche die Mineralproduktion Ihre Staaten in dem lezten Jahrzehend gemacht, auch gerade diese Gegenstände einer landesväterlichen Unterstützung gewürdigt, eine Unterstützung deren wohlthätiger Früchte sich das Volk schon gegenwärtig erfreut.

Dieser zwiefache Gesichtspunkt, aus welchem der Bergbau für den Staatshaushalt zu betrachten ist, wurde in den Fränkischen Fürstenthümern, wie in mehreren größern Ländern von jeher verwechselt. Eingedenk der bewußten Zeiten des $14^{\underline{\text{ten}}}$ und $15^{\underline{\text{ten}}}$ Jahrhunderts, wo die Goldbergwerke in Zoppetenthal die Macht der Burggrafen von Nürnberg mit begründeten, vernachläßigte man die wichtigsten Zweige der National=Industrie, die Eisen- Vitriol und Alaun=Hütten.

Eine einzelne Grube, die Fürstenzeche zu Goldkronach absorbirte alle Aufmerksamkeit, die man den Bergbau schenkte. Dieser sank daher selbst unter der sonst so glorreichen Regierung des lezten Herrn Markgrafen[1] Durchlaucht immer tiefer herab. Bei einer elenden und schwankenden Administration blieb der Gruben=Bau den gemeinen Arbeiter[n] überlaßen, die Autorität der Bergbeamte[n] verschwand, die Unwißenheit im Technischen nahm zu, in- und ausländische Gewerke standen an, ihre Gelder aufs Spiel zu setzen und der gänzliche Ruin der Bergwerke wäre gewiß längst erfolgt, wenn Liebe zum Bergbau bei Menschen vertilgt werden könnte, beÿ denen sie seit sechs Jahrhunderten so tiefe Wurzeln geschlagen hat. Zwar fehlte es im Lande selbst nicht an Leuten, die den Fürsten von Zeit zu Zeit darauf aufmerksam machten, wie innig der Wohlstand des ge-

1 Karl Alexander von Brandenburg-Ansbach.

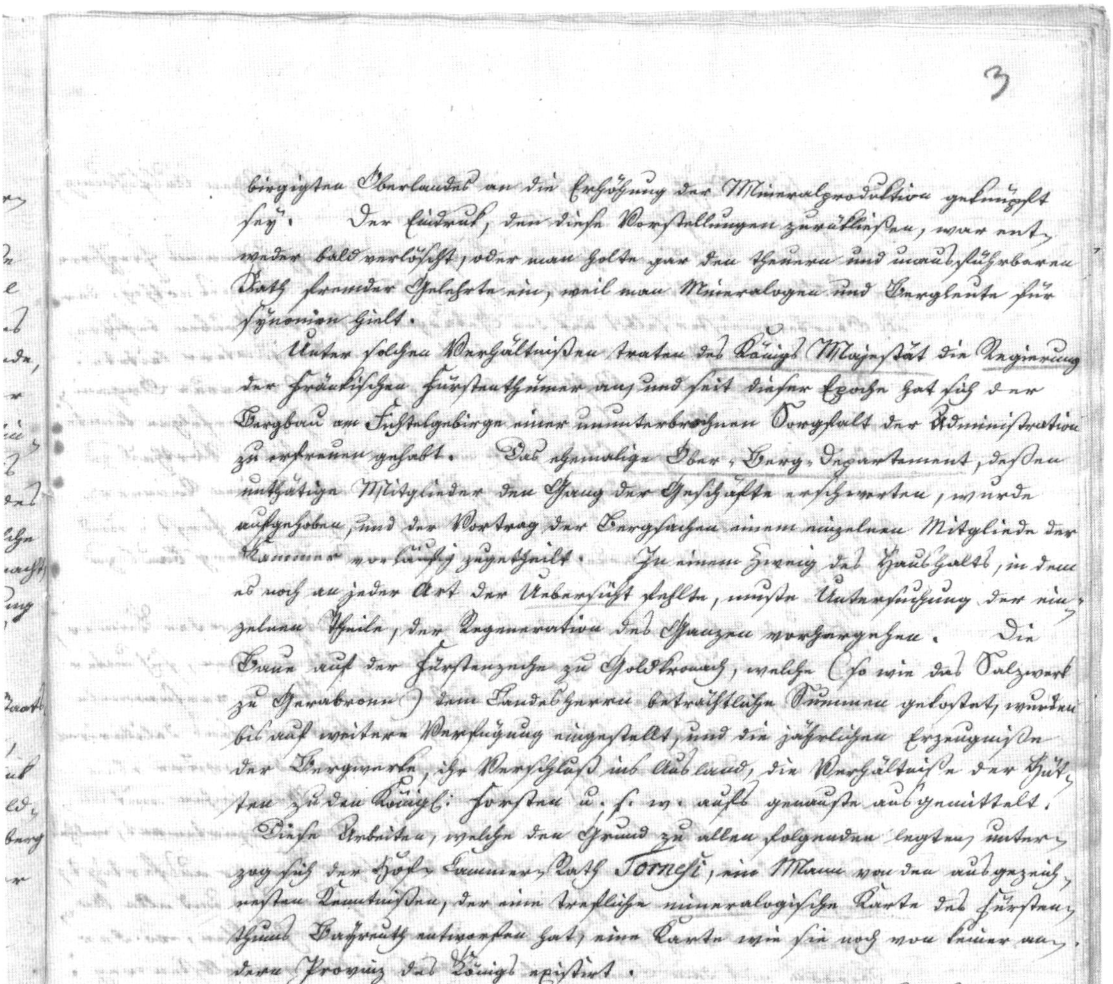
3

bergigten Oberlandes an die Erhöhung der Mineralproduction gedacht sey. Der Eindruck, den diese Vorstellungen zurückließen, war entweder bald verloschen, oder man holte gar den theuren und unausführbaren Rath fremder Gelehrten ein, weil man Mineralogen und Bergleute für Synonimen hielt.

Unter solchen Verhältnissen traten des Königs Majestät die Regierung der fränkischen Fürstenthümer an, und seit dieser Epoche hat sich der Bergbau am Fichtelgebirge einer ununterbrochenen Sorgfalt der Administration zu erfreuen gehabt. Das ehemalige Ober-Berg-Departement, dessen unthätige Mitglieder den Gang der Geschäfte erschwerten, wurde aufgehoben, und der Vortrag der Bergsachen einem einzelnen Mitgliede der Kammer vorläufig zugetheilt. In einem Zweig des Haushalts, in dem es noch an jeder Art der Uebersicht fehlte, mußte Untersuchung der einzelnen Theile, der Regeneration des Ganzen vorhergehen. Die Gruben auf der Fürstenzeche zu Goldkronach, welche (so wie das Salzwerk zu Gerabronn) dem Landesherrn beträchtliche Summen gekostet, wurden bis auf weitere Verfügung eingestellt, und die jährlichen Erzeugnisse der Bergwerke, ihr Verschleiß ins Ausland, die Verhältnisse der Hütten zu den Königl. Forsten u. s. w. aufs genaueste ausgemittelt.

Diese Arbeiten, welche den Grund zu allen folgenden legten, unterzog sich der Hof-Cammer-Rath Tornesi, ein Mann von den ausgezeichnetsten Kenntnissen, der eine treffliche mineralogische Karte des Fürstenthums Bayreuth entworfen hat, eine Karte wie sie noch von keiner andern Provinz des Königs existirt.

Mittlerweile gaben Se Majestät einen lebhaften Beweis Ihrer wohlthätigen Absichten für die Aufnahme des hiesigen Bergbaus, dadurch, daß Sie dem Staats-Minister und Ober-Berg-Hauptmann Freyherrn von Heinitz den Auftrag ertheilten, das Fichtelgebürge zu bereisen.

Dieser nahm in Gesellschaft des Staats-Ministers Freyherrn von Hardenberg alle Anstalten des Berg- und Hüttenwesens selbst in Augenschein, ließ die Gruben auch vom F befahren, eine detaillirte Darstellung ihres damaligen technischen Betriebs entwerfen und die Plane aufzeichnen nach denen das Ganze einen höhern Grad der Vollkommenheit erlangen konnte. Diese Plane eines so erfahrenen und tiefen Kenners müssen den gegenwärtigen Unternehmungen zur Norm dienen

F durch den OBR Humboldt dem der Bergbau vorzüglich ~~…~~ seine Wiederbelebung und Aufnahme zu danken hat birgigten Oberlandes an die Erhöhung der Mineralproduktion geknüpft seÿ. Der Eindruk, den diese Vorstellungen zurükließen, war entweder bald verlöscht, oder man holte gar den theuren und unausführbaren Rath fremder Gelehrte ein, weil man Mineralogen und Bergleute für sÿnonien hielt.

Unter solchen Verhältnissen traten des Königs Majestät die Regierung der Fränkischen Fürstenthümer an, und seit dieser Epoche hat sich der Bergbau am Fichtelgebirge einer ununterbrochenen Sorgfalt der Administration zu erfreuen gehabt. Das ehemalige Ober=Berg=Departement, deßen unthätige Minister den Gang der Geschäfte erschwerten, wurde aufgehoben, und der Vortrag der Bergsachen einem einzelnen Mitgliede der Kammer vorläufig zugetheilt. In einem Zweig des Haushalts, in dem es noch an jeder Art der Uebersicht fehlte, muste Untersuchung der einzelnen Theile, der Regeneration des Ganzen vorausgehen. Die Baue auf der Fürstenzeche zu Goldkronach, welche (so wie das Salzwerk zu Gerabronn) dem Landesherren beträchtliche Summen gekostet, wurden bis auf weitere Verfügung eingestellt, und die jährlichen Erzeugniße der Bergwerke, ihr Verschluß ins Ausland, die Verhältniße der Hütten zu den Königl[ichen] Forsten u. s. w. aufs genauste ausgemittelt.

Diese Arbeiten, welche den Grund zu allen folgenden legten, unterzog sich der Hof-Kammer-Rath *Tornesi*, ein Mann von den ausgezeichnesten Kenntnißen, der eine trefliche mineralogische Karte des Fürstenthums Bayreuth entworfen hat, eine Karte wie sie noch von keiner anderen Provinz des Königs existirt.

Mittlerweile gaben Sr Majestät einen lebhaften Beweis Ihrer wohlthätigen Absichten für die Aufnahme des hiesigen Bergbaus, dadurch, daß Sie dem Staats=Minister und Ober=Berg=Hauptmann Freÿherrn *von Heinitz* den Auftrag ertheilten, das Fichtelgebürge zu bereisen.

Dieser nahm in Gesellschaft des Staats=Ministers Freÿherrn *von Hardenberg* alle Anstalten des Berg und Hüttenwesens selbst in Augenschein, ließ die Gruben aufs neue durch den O[ber] B[erg] R[ath] v[on] Humboldt dem der Bergbau vorzüglich seine Wieder Belebung und Aufnahme zu danken hat[a][,] befahren, eine detailirte Darstellung ihres damahligen technischen Betriebs entwerfen und die Plane aufzeichnen, nach deren das Ganze einen höhern Grade der Vollkommenheit erlangen konnte. Diese Plane eines so erfahrenen und tiefen Kenners müßen den gegenwärtigen Unternehmungen zur Norm dienen

---

[a] durch den O[ber] B[erg] R[ath] v[on] Humboldt dem der Bergbau vorzüglich seine Wieder Belebung und Aufnahme zu danken hat *von fremder Hand ergänzt*

und eine stete Wachsamkeit wird bei einer zweckmäßigen Ausführung, noch die heilsamen Folgen derselben sichern.

Das Alter und die abnehmenden Kräfte des Berghauptmanns Freyherrn von Bottmer machten die Anstellung eines jüngeren Mannes nöthig, der als Oberbergmeister selbst auf den Gebürgen lebte, die Gruben befuhr, ihren Bau einrichtete und die Geschäfte in den Bergämtern leitete.

Meine verspätete Ankunft war daran schuld, daß die neue Organisation erst im Monat Junius des verflossenen Jahrs erfolgen konnte.

Durch die neue Organisation suchte man einen zweifachen Vortheil zu erreichen, die Verhandlung der Bergsachen von den übrigen Cammer-Geschäften zu trennen und dabey doch das Interesse der Forst- und Justiz-Collegien aufs genaueste an das Interesse des Bergbaus zu knüpfen.

Es wurde daher festgesetzt, daß nur gewisse Mitglieder der Kammer, welche Kenntnisse des bergmännischen Haushalts besitzen, sich unter dem Vorsitz des Präsidenten an bestimmten Tagen versammeln und über die Angelegenheiten des Berg- und Hüttenwesens deliberiren sollen. Die Gegenwart der übrigen Mitglieder wäre eben so nachtheilig gewesen, als die Vermischung der Bergsachen mit andern Finanz-Objekten. Dieses neue Berg-Departement, welches seine Dekrete im Namen der Obergebürgischen Kammer ausfertigt, macht demnach keineswegs ein eigenes Collegium aus, und alles Umschreiben und verzögernden Communication in Fällen, wo der Bergbau mit dem Cameralen collidirt, fallen von selbst weg.

Zu noch größerer Vereinfachung der Geschäfte wurde diesem (1) Kammer-Ausschuß (außer dem Oberbergmeister) auch noch ein Mitglied der Regierung als Oberbergrichter und ein Forstmann zugesellt. Ihre erste Beschäftigung war die Entwerfung eines neuen Berg-Statuts und die Errichtung einer Bergbauhülfskasse.

Der Anfall der fränkischen Fürstenthümer an das Königl: Stamm-Hauß machte dieses Berg-Statut nothwendig. Der Inbegriff der Regalien und die Privilegia der Berg- und Hüttenleute wurde darin näher entwickelt.

In wenig deutschen Staaten, wenigstens in keiner Provinz Ew. Majestät, sind die landesherrlichen Rechte über das unterirdische und eine späte Nachkommenschaft wird bei einer zwekmäßigen Ausführung, noch die heilsamen Folgen deßelben spüren.

Das Alter und die abnehmenden Kräfte des Berghauptmanns Freÿherrn *von Bottmer* machten die Anstellung eines jüngeren Mannes nöthig, der als Oberbergmeister selbst auf den Gebürgen lebte, die Gruben beführe, ihren Bau verrichtete und die Geschäfte in den Bergämtern leitete.

Seine verspätete Ankunft war daran schuld, daß die neue Organisation erst im Monat Junius des verflossenen Jahres erfolgen konnte.

Durch die neue Organisation suchte man einen zweifachen Vortheil zu erreichen, die Verhandlung der Bergsachen von den übrigen Kammer-Geschäften zu trennen und dabeÿ doch das Intereße der Forst- und Justizpflege aufs genaueste an das Intereße des Bergbaus zu knüpfen.

Es wurde daher festgesezt, daß nur gewiße Mitglieder der Kammer, welche Kenntniße des Bergmännischen Haushalts besitzen, sich unter dem Vorsitz des Präsidenten an bestimmten Tagen versammeln und über die Angelegenheiten des Berg- und Hüttenwesens deliberiren sollen. Die Anwesenheit der übrigen Mitglieder wäre eben so nachtheilig gewesen, als die Vermischung der Bergsachen mit andern Finanz-Objeckten. Dieses neue Berg=Departement, welches seine Dekrete im Namen der Obergebürgischen Kammer anfertigt, macht demnach keineswegs ein eigenes Kollegium aus, und alle Anschreiben und verzögernden Kommunication in Punkten, wo der Bergbau mit dem Cammerale collidirt, fallen von selbst weg.

Zu noch größerer Vereinfachung der Geschäfte wurde diesem Kammer-Ausschuß (außer dem Oberbergmeister[1, a]) auch noch ein Mitglied der Regierung als Oberbergrichter und ein Forstmann zugesellt. Ihre erste Beschäftigung war die Entwerfung eines neuen Berg-Patents und die Errichtung einer Bergbauhülfskaße.

Der Anfall der Fränkischen Fürstenthümer an das Königliche Stamm-Hauß machte dieses Berg=Patent nothwenig. Der Inbegriff der Regalien und die Privilegien der Berg- und Hüttenleute wurde darinn näher entwikkelt.

In wenig deutschen Staaten, wenigstens in keiner Provinz Sr Majestät, sind die Landesherrlichen Rechte über das unterirdische

---

[a] *Ergänzung Nr. 1. siehe Bl. 5v.*

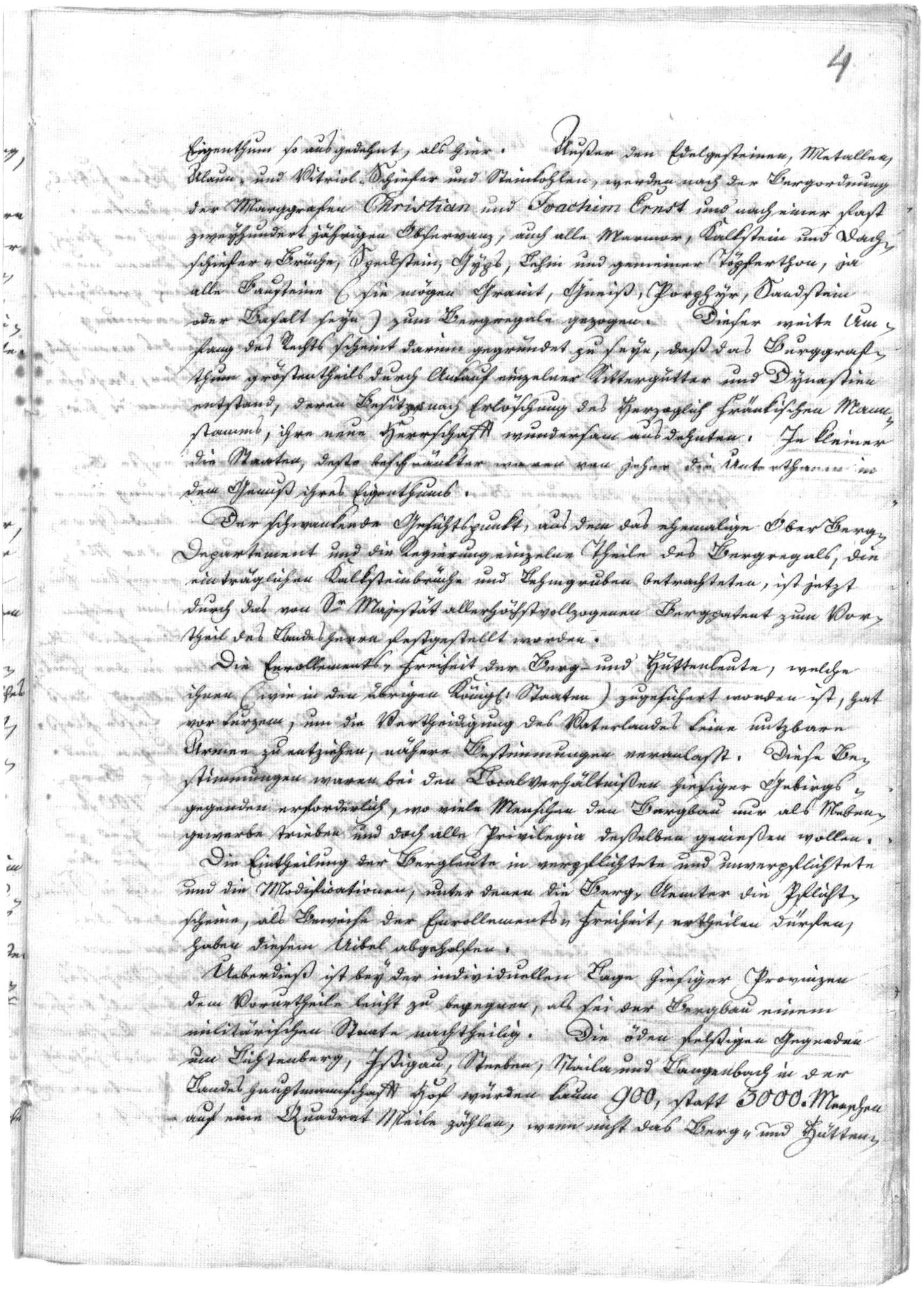
4
Eigenthum so ausgedehnt, als hier. Außer den Edelgesteinen, Metallen,
Alaun- und Vitriol-Schiefer und Steinkohlen, wurden nach der Bergordnung
der Markgrafen Christian und Joachim Ernst und nach einer fast
zweyhundert jährigen Observanz, auch alle Marmor, Kalkstein und Dach-
schiefer-Brüche, Speckstein, Gyps, Thon und gemeiner Töpferthon, ja
alle Bausteine (sie mögen Granit, Gneiß, Porphyr, Sandstein
oder Basalt seyn) zum Bergregale gezogen. Dieser weite Um-
fang des Rechts scheint darin gegründet zu seyn, daß das Burggraf-
thum größtentheils durch Ankauf einzelner Rittergüter und Dynastien
entstand, deren Besitzer nach Erlöschung des Herzoglich Fränkischen Mann-
stamms, ihre neue Herrschaft [illegible] und [illegible]. Je kleiner
die Staaten, desto beschränkter waren von jeher die Unterthanen in
dem Genuß ihres Eigenthums.
Der schwankende Gesichtspunkt, aus dem das ehemalige Ober-Berg-
Departement und die Regierung einzelne Theile des Bergregals, die
einträglichen Kalksteinbrüche und Lehmgruben betrachteten, ist jetzt
durch das von Sr. Majestät allerhöchstvollzogenen Berggesetz zum Vor-
theil des Landesherrn festgestellt worden.
Die Enrollements-Freiheit der Berg- und Hüttenleute, welche
ihnen (wie in den übrigen Königl. Staaten) zugesichert worden ist, hat
vor kurzem, um der Vertheidigung des Vaterlandes keine nutzbaren
Arme zu entziehen, nähere Bestimmungen veranlaßt. Diese Be-
stimmungen waren bei den Localverhältnissen hiesiger Gebirgs-
gegenden erforderlich, wo viele Menschen den Bergbau nur als Neben-
erwerb treiben und doch alle Privilegien desselben genießen wollen.
Die Eintheilung der Bergleute in verpflichtete und unverpflichtete
und die Modificationen, unter denen die Berg-Aemter die Pflicht-
scheine, als Beweise der Enrollements-Freiheit, ertheilen dürfen,
haben diesem Uebel abgeholfen.
Ueberdieß ist bey der individuellen Lage hiesiger Provinzen
dem Vorurtheile leicht zu begegnen, als sei der Bergbau einem
militärischen Staate nachtheilig. Die öden felsigen Gegenden
um Lichtenberg, Issigau, Steben, Naila und Langenbach in der
Landeshauptmannschaft Hof würden kaum 900, statt 3000. Menschen
auf eine Quadrat Meile zählen, wenn nicht das Berg- und Hütten-

Eigenthum so ausgedehnt, als hier. Außer den Edelgesteinen, Metallen, Alaun- und Vitriol-Schiefer und Steinkohlen, werden nach der Bergordnung der Marggrafen *Christian* und *Joachim Ernst* und nach einer fast zweÿhundert jährigen Observanz, auch alle Marmor, Kalkstein und Dachschiefer-Brüche, Speckstein, Gÿps, Lehm und gemeiner Töpferthon, ja alle Bausteine (sie mögen Granit, Gneiß, Porphyr, Sandstein oder Basalt seÿn) zum Bergregale gezogen. Dieser weite Umfang des Rechtes scheint darinn gegründet zu seÿn, daß das Burggrafthum gröstentheils durch Ankauf einzelner Rittergüter und Dynastien entstand, deren Besitze nach Erlöschung des Herzoglich Fränkischen Mannstamms, ihre neue Herrschaftt wundersam ausdehnten. Je kleiner die Staaten, desto beschränkter waren von jeher die Unterthanen in dem Genuß ihres Eigenthums.

Der schwankende Gesichtspunkt, aus dem das ehemalige Ober-Berg-Departement und die Regierung einzelne Theile des Bergregals, die einträglichen Kalksteinbrüche und Lehmgruben betrachteten, ist jetzt durch das von Sr Majestät allerhöchstvollzogenen Bergpatent zum Vortheil des Landesherrn festgestellt worden.

Die Enrollements-Freiheit der Berg- und Hüttenleute, welche ihnen (wie in den übrigen Königl[ichen] Staaten) zugesichert worden ist, hat vor kurzem, um [der][a] Vertheidigung des Vaterlandes keine nutzbare Armee zu entziehen, nähere Bestimmungen veranlaßt. Diese Bestimmungen waren bei den Localverhältnißen hiesiger Gebirgsgegenden erforderlich, wo viele Menschen den Bergbau nur als Nebengewerbe trieben und doch alle Privilegia deßelben genießen wollen.

Die Eintheilung der Bergleute in verpflichtete und unverpflichtete und die Modificationen, unter denen die Berg-Aemter die Pflichtscheine, als Beweise der Enrollements=Freiheit, ertheilen dürfen, haben diesem Uebel abgeholfen.

Unbedingt ist bei der individuellen Lage hiesiger Provinzen dem Vorurtheile leicht zu begegnen, als sei der Bergbau einem militärischen Staate nachtheilig. Die öden, felsigen Gegenden um Lichtenberg, Ißigau, Steeben, Naila und Langenbach in der Landeshauptmannschaft Hof würden kaum 900, statt 3000. Menschen auf eine Quadrat Meile zählen, wenn nicht das Berg- und Hütten-

[a] die *Schreiber, ändert Hrsg.*

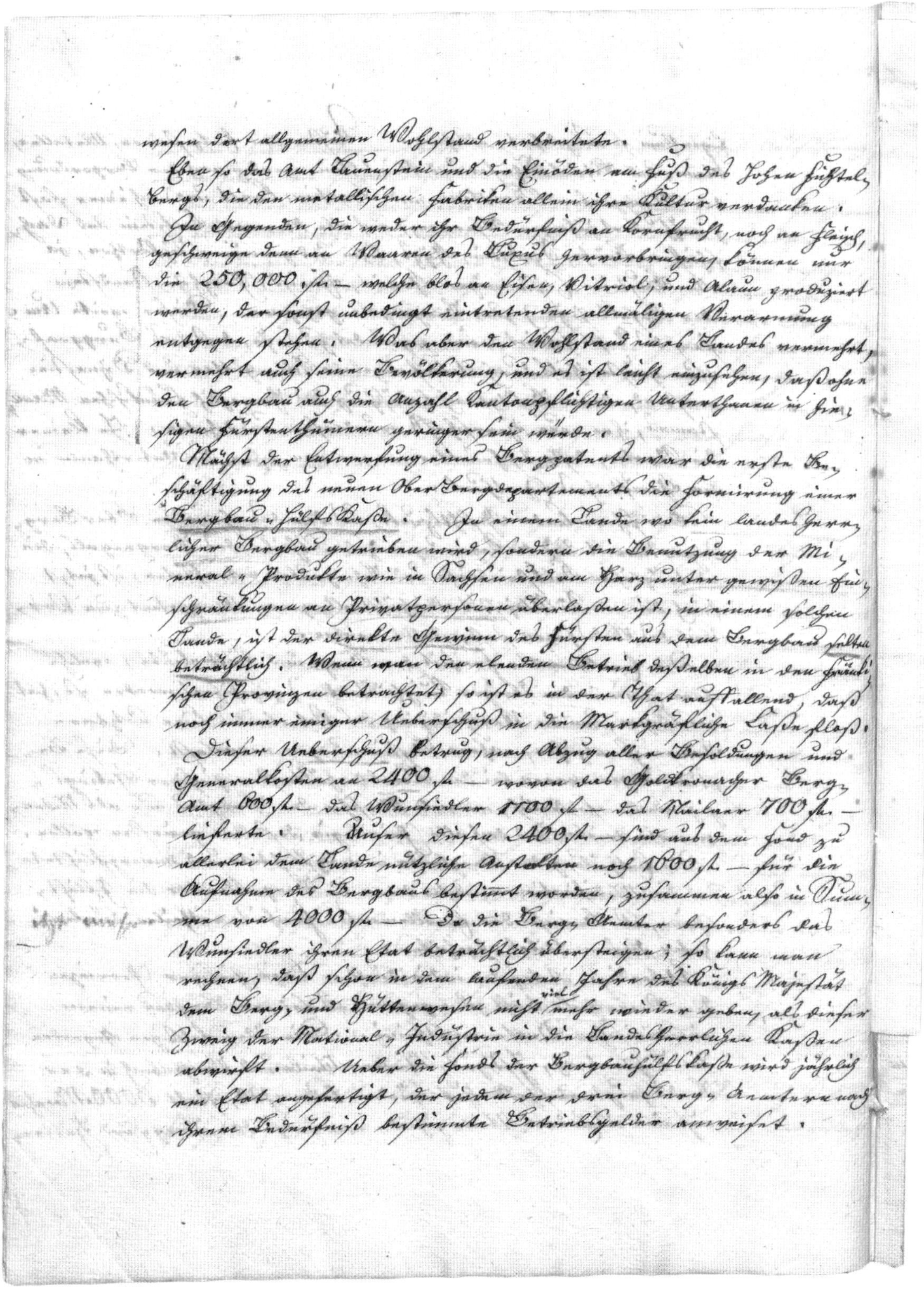

wofür dort allgemeinen Wohlstand verbreitete.
Eben so das Amt Lauenstein und die Gründe am Fuß des hohen Fichtel-
bergs, die den metallischen Fabriken allein ihre Kultur verdanken.
In Gegenden, die weder ihr Bedürfniß an Kornfrucht, noch an Fleisch,
geschweige denn an Waaren des Luxus hervorbringen, können nur
die 250,000 fl. — welche blos an Eisen, Vitriol, und Alaun producirt
werden, der sonst unbedingt eintretenden allmäligen Verarmung
entgegen stehen. Was aber den Wohlstand eines Landes vermehrt,
vermehrt auch seine Bevölkerung, und es ist leicht einzusehen, daß ohne
den Bergbau auch die Anzahl Cantonspflichtigen Unterthanen in bei-
den Fürstenthümern geringer sein würde.
Nächst der Entwerfung eines Berggesetzes war die erste Be-
schäftigung des neuen Ober-Bergdepartements die Formirung einer
Bergbau-Hülfskasse. In einem Lande wo kein landesherr-
licher Bergbau getrieben wird, sondern die Benutzung der Mi-
neral-Produkte wie in Sachsen und am Harz unter gewissen Ein-
schränkungen an Privatpersonen überlassen ist, in einem solchen
Lande, ist der direkte Gewinn des Fürsten aus dem Bergbau selten
beträchtlich. Wenn man den elenden Betrieb desselben in den Fränki-
schen Provinzen betrachtet, so ist es in der That auffallend, daß
noch immer einiger Ueberschuß in die Markgräfliche Kasse floß.
Dieser Ueberschuß betrug, nach Abzug aller Besoldungen und
Generalkosten an 2400 fl. — wovon das Goldkronacher Berg-
Amt 600 fl. — das Wunsiedler 1100 fl. — das Nailaer 700 fl. —
lieferte. Außer diesen 2400 fl. — sind aus dem Fond zu
allerlei dem Lande nützlichen Anstalten noch 1600 fl. — für die
Aufnahme des Bergbaus bestimmt worden, zusammen also die Sum-
me von 4000 fl. — Da die Berg-Aemter besonders das
Wunsiedler ihren Etat beträchtlich übersteigen; so kann man
rechnen, daß schon in dem laufenden Jahre des Königs Majestät
dem Berg- und Hüttenwesen nicht viel mehr wieder geben, als dieser
Zweig der National-Industrie in die Landesherrlichen Kassen
abwirft. Ueber die Fonds der Berghülfskasse wird jährlich
ein Etat angefertigt, der jedem der drei Berg-Aemter nach
ihrem Bedürfniß bestimmte Betriebsgelder anweist.

wesen dort allgemeinen Wohlstand verbreitete.

Ebenso das Amt Lauenstein und die Einöden am Fuß des Hohen Fichtel-Bergs, die den metallischen Fabriken allein ihre Kultur verdanken.

In Gegenden, die weder ihr Bedürfniß an Kornfrucht, noch an Fleisch, geschweige denn an Waaren des Luxus hervorbringen, können nur die 250,000 [Gulden][a] – welche blos an Eisen, Vitriol und Alaun produziert werden, der sonst unbedingt eintretenden allmäligen Verarmung entgegen stehen. Was aber den Wohlstand eines Landes vermehrt, vermehrt auch seine Bevölkerung, und es ist leicht einzusehen, daß ohne den Bergbau auch die Anzahl Kantonpflichtigen Unterthanen in hiesigen Fürstenthümern geringer sein würde.

Nächst der Entwerfung eines Bergpatents war die erste Beschäftigung des neuen Oberbergdepartements die Formierung einer Bergbau=HülfsKaße. In einem Lande wo kein landesherrlicher Bergbau getrieben wird, sondern die Benutzung der Mineral-Produkte wie in Sachsen und am Harz unter gewißen Einschränkungen an Privatpersonen überlaßen ist, in einem solchen Lande, ist der direkte Gewinn des Fürsten aus dem Bergbau selten beträchtlich. Wenn man den elenden Betrieb deßelben in den Fränkischen Provinzen betrachtet, so ist es in der That auffallend, daß noch immer einiger Ueberschuß in die Markgräfliche Caße floß.

Dieser Ueberschuß betrug, nach Abzug aller Besoldungen und Generalkosten an 2400 f. – wovon das Goldkronacher Berg-Amt 600 f. – das Wunsiedler 1100 f. – das Nailaer 700 f. – lieferten. Auser diesen 2400 f. – sind aus dem Fond zu allerlei dem Lande nützliche[n] Anstalten noch 1600 f. – für die Aufnahme des Bergbaus bestimmt worden, zusammen also die Summe von 4000 f. – Da die Berg=Aemter besonders das Wunsiedler ihren Etat beträchtlich übersteigen; so kann man rechnen, daß schon in dem laufenden Jahre des Königs Majestät dem Berg- und Hüttenwesen nicht viel[b] mehr wieder geben, als dieser Zweig der National-Industrie in die LandesHerrlichen Kaßen abwirft. Ueber die Fonds der BergbauhülfsKaße wird jährlich ein Etat angefertigt, der jedem der drei Berg=Aemtern nach ihrem Bedürfniß bestimmte Betriebsgelder anweiset.

---

[a] *Aus den folgenden Angaben wurde abgeleitet, dass das Kürzel „Gulden" bedeutet.* [b] viel *ergänzt Schreiber*

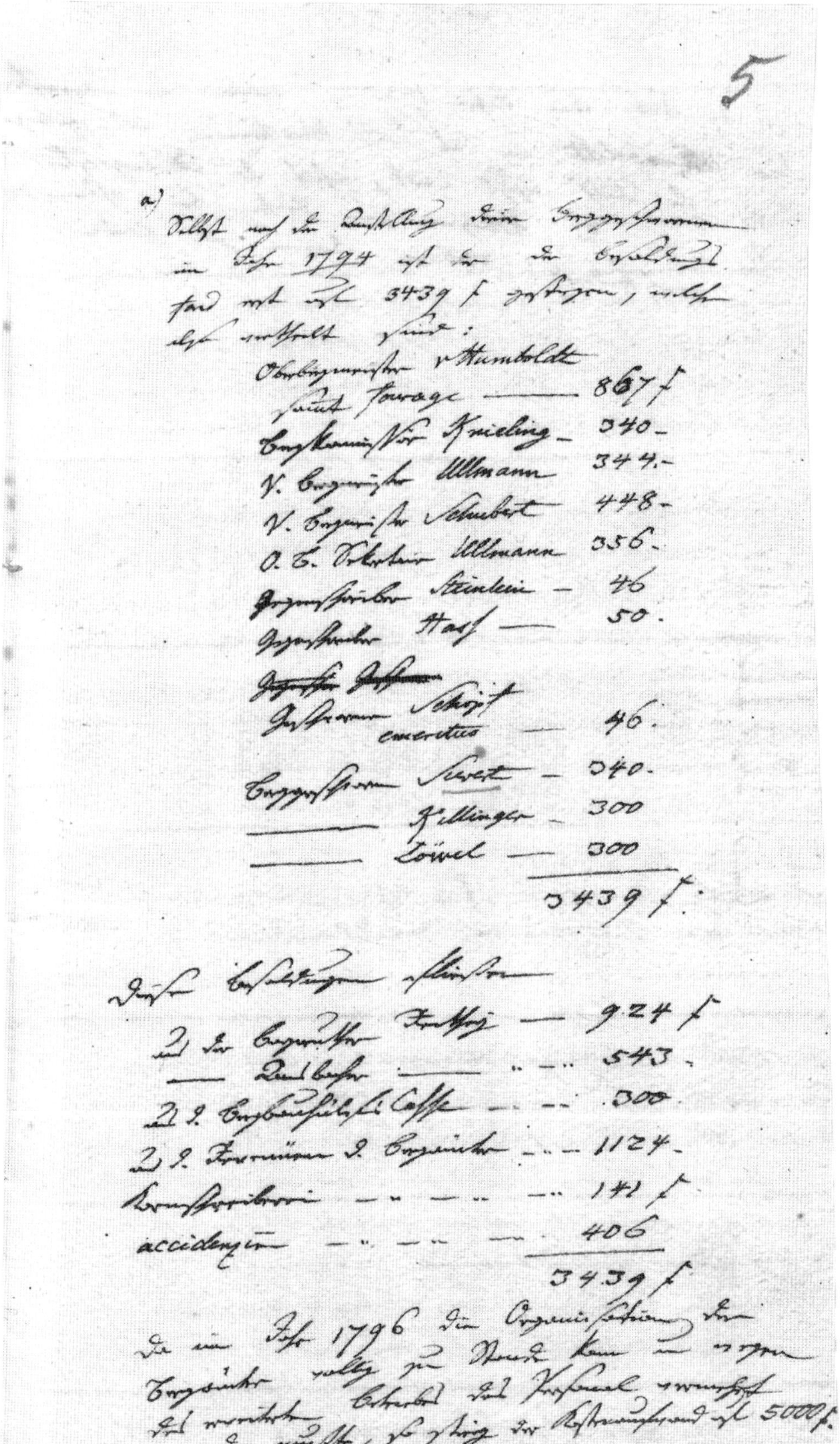

5

a) Selbst nach der Anstellung dreier Berggeschworenen im Jahre 1794 ist der Besoldungsetat nur erst 3439 f gestiegen, welche also vertheilt sind:

Oberbergmeister v Humboldt samt Fourage ——	867 f
Bergkommissar Krieling —	340 –
V. Bergmeister Ullmann	344 –
V. Bergmeister Schubert	448 –
O. C. Sekretair Ullmann	356 –
Bergamtschreiber Steinlein —	46
Bergschreiber Hass —	50 .
~~[illegible]~~ Geschworener Schrojt emeritus —	46 .
Berggeschworner Sievert —	340 –
—— Killinger —	300
—— Löwel —	300
	3439 f.

Diese Besoldungen fließen

aus der Bergwerks Zehnten —	924 f
—— Quatember ……	543 –
aus d. Bergbauhilfs Casse ……	300
aus d. Revenüen d. Bergwerke ……	1124 –
Bergschreiberei ……	141 f
accidenzien ……	406
	3439 f

Da im Jahre 1796 die Organisation der Bergämter völlig zu Stande kam und neuen Etat Schreiber des Personal vermehrt werden mußte, so stieg der Besoldungsetat auf 5000 f.

[Ergänzung von Humboldts Hand aus dem Jahr 1796 zu Bl. 6r:]

a) Selbst nach der Anstellung dieser Berggeschworenen im Jahr 1794 ist [der][a] Besoldungsfond erst auf 3439 f. gestiegen, welche also vertheilt sind:

Oberbergmeister v. *Humboldt* sammt Fourage — — — — — — — — — — — —	867 f.
Bergkomissär *Knieling* — — — — — — — — — —	340 –
V[ize]bergmeister *Ullmann* — — — — — — —	344. –
V[ize]bergmeister *Schubert* – — — — — — — —	448 –
O[ber] B[erg]Sekretär *Ullman* — — — — — —	356 –
Gegenschreiber *Steinlein*- — — — — — — — — —	46 –
Gegenschreiber *Hass* – — — — — — — — — — —	50.
Geschworener[b] *Schöpf* *emeritus* — — — — — — — — — — —	46.
Berggeschworener – *Sievert* — — — — — — —	340.
— — — — — — — — *Killinger* – — — — — — —	300
— — — — — — — — *Löwel* – — — — — — — — —	300
	[3437][c] f.

Diese Besoldungen fließen

aus der Bayreuther Renthey — — — — — — — — — —	924 f.
— — – Ansbacher — — – — — — — — — — — — — —	543 –
aus d[er] Bergbauhülfs Casse – — — — — — — — — — —	300 –
aus d[en] Revenüen d[er] Bergämter — — — — — — — —	1124 –
Kornschreiberei – — — — — — — — — — — —	142 f.
accidenzien – — — — — — — — — — — —	406
	3439 f.

[Ergänzung zu a) von Humboldts Hand wohl aus dem Jahr 1797:]

Da im Jahr 1796 die Organisation der Bergämter völlig zu Stande kam u[nd] wegen des erweiterten Betriebes das Personal vermehrt werden mußte, so stieg der Kostenaufwand auf 5000 f.

---

[a] der der *Humboldt, ändert Hrsg.* [b] (1) Gegenschr (2) Geschwor (3) Geschworener *Humboldt*
[c] 3439 *Humboldt, ändert Hrsg.*

Zu 53'

1. Seit dem Jahre 1795 in welchem der Oberbergmeister v Humboldt in das Cabinets Ministerium als vortragender Rath versetzt ward, wohnt der Oberbergmeister nur den Vorträgen zu Zeiten bei, ohne ein entscheidendes votum darin zu haben.

Zu S. 3′

[Ergänzung von Humboldts Hand aus dem Jahr 1797 zu Bl. 3v:]

1. Seit dem Jahr 1795 in welchem der O[ber]bergm[ei]st[e]r v[on] *Humboldt* in das Landes Ministerium als vortragender Rath versezt ward, wohnt der Oberbergm[ei]st[e]r nur den Vorträgen zu Zeiten bei, ohne ein entscheidendes *votum* darinn zu haben.

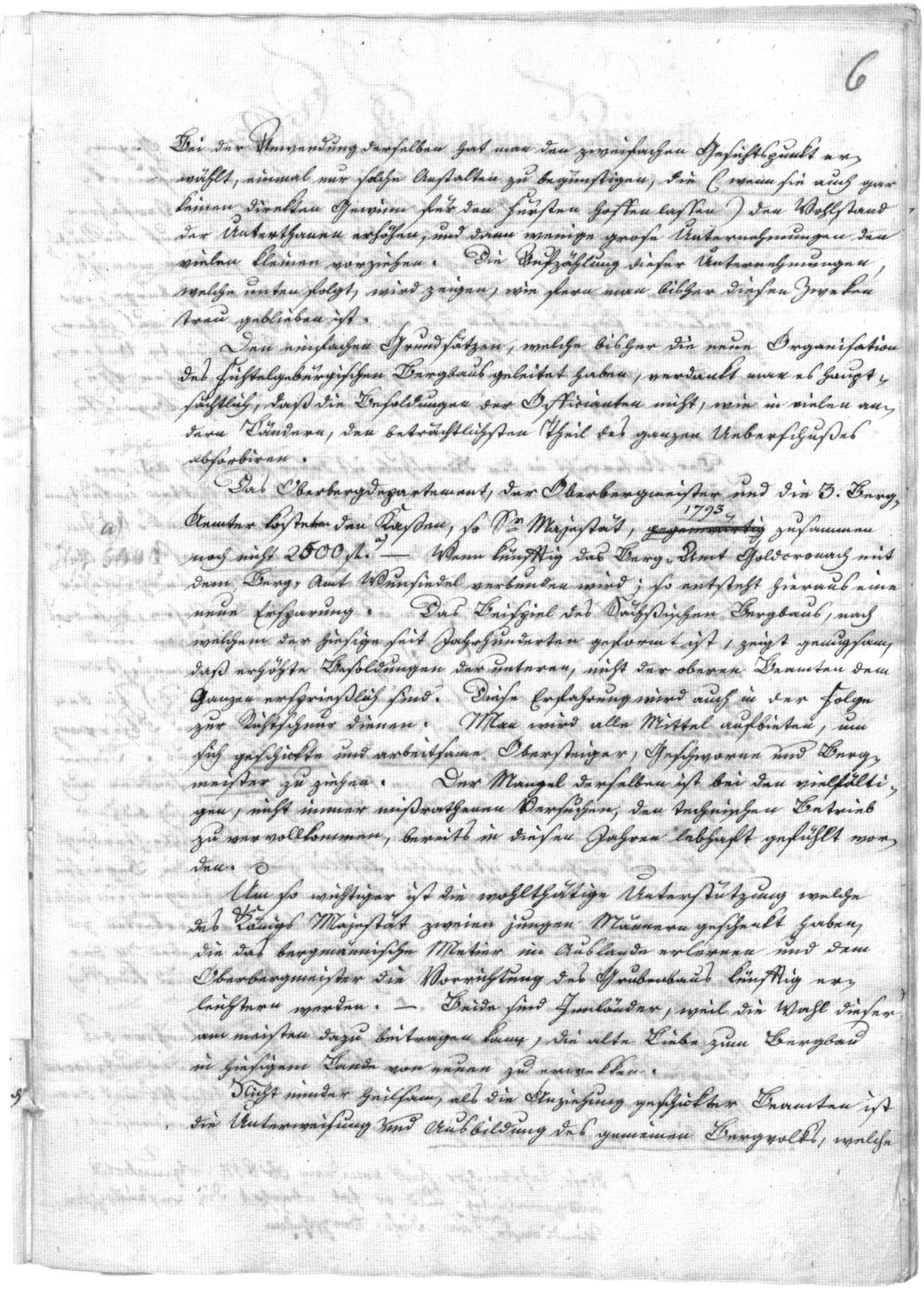

6

Bei der Anwendung derselben hat man den zweifachen Gesichtspunkt erwählt, einmal nur solche Anstalten zu begünstigen, die (wenn sie auch gar keinen direkten Gewinn für den Fürsten hoffen lassen) den Wohlstand der Unterthanen erhöhen, und dann wenige große Unternehmungen den vielen kleinen vorzuziehen. Die Aufzählung dieser Unternehmungen, welche unten folgt, wird zeigen, wie fern man bisher diesen Grundsätzen treu geblieben ist.

Den einfachen Grundsätzen, welche bisher die neue Organisation des fichtelgebürgischen Bergbaus geleitet haben, verdankt man es hauptsächlich, daß die Besoldungen der Officianten nicht, wie in vielen andern Ländern, den beträchtlichsten Theil des ganzen Ueberschusses absorbiren.

a) Das Oberbergdepartement, der Oberbergmeister und die 3. Bergämter kosten den Cassen, so Ew. Majestät, ~~gegenwärtig~~ 1793 zusammen noch nicht 2500 fl.[a] — Wenn künftig das Berg-Amt Goldcronach mit dem Berg-Amt Wunsiedel verbunden wird; so entsteht hieraus eine neue Ersparung. Das Beispiel des Sächsischen Bergbaus, nach welchem der hiesige seit Jahrhunderten geformt ist, zeigt genugsam, daß erhöhte Besoldungen der untern, nicht der obern Beamten dem Ganzen ersprießlich sind. Diese Erfahrung wird auch in der Folge zur Richtschnur dienen. Man wird alle Mittel aufbieten, um sich geschickte und arbeitsame Obersteiger, Geschworne und Bergmeister zu ziehen. Der Mangel derselben ist bei den vielfältigen, nicht immer mißrathenen Versuchen, den technischen Betrieb zu vervollkommnen, bereits in diesen Jahren lebhaft gefühlt worden.

Um so wichtiger ist die wohlthätige Unterstützung welche des Königs Majestät zweien jungen Männern geschenkt haben, die das bergmännische Metier im Auslande erlernen und dem Oberbergmeister die Verrichtung des Grubenbaus künftig erleichtern werden. — Beide sind Inländer, weil die Wahl dieser am meisten dazu beitragen kann, die alte Liebe zum Bergbau im hiesigen Lande von neuem zu erwecken.

Nicht minder heilsam, als die Anziehung geschickter Beamten ist die Unterweisung und Ausbildung des gemeinen Bergvolks, welche

Bei der Verwendung derselben hat man den zweifachen Gesichtspunkt erwählt, einmal nur solche Anstalten zu begünstigen, die (wenn sie auch gar keinen direkten Gewinn für den Fürsten hoffen lassen) den Wohlstand der Unterthanen erhöhen, und dann wenige grose Unternehmungen den vielen kleinen vorziehen. Die Aufzählung dieser Unternehmungen, welche unten folgt, wird zeigen, wie fern man bisher diesen Zweken treu geblieben ist.

Den einfachen Grundsätzen, welche bisher die neue Organisation des Fichtelgebürgischen Bergbaus geleitet haben, verdankt man es hauptsächlich, daß die Besoldungen der Officianten nicht, wie in vielen anderen Ländern, den beträchtlichsten Theil des ganzen Ueberschußes absorbiren.

Das Oberbergdepartement, der Oberbergmeister und die 3. Berg-Aemter kosteten den Kaßen, so Sr Majestät, 1793[a] zusammen noch nicht 2500 f.[a)b] – Wenn künftig das Berg=Amt Goldcronach mit dem Berg-Amt Wunsiedel verbunden wird; so entsteht hieraus eine neue Einsparung. Das Beispiel des Sächßischen Bergbaus, nach welchem der hiesige seit Jahrhunderten geformt ist, zeigt genugsam, daß erhöhte Besoldungen der unteren, nicht der oberen Beamten dem Ganzen erspríeßlich sind. Diese Erfahrung wird auch in der Folge zur Richtschnur dienen. Man wird alle Mittel aufbieten, um sich geschickte und arbeitsame Obersteiger, Geschworen und Bergmeister zu ziehen. Der Mangel derselben ist bei den vielfältigen, nicht immer mißrathenen Versuchen, den technischen Betrieb zu vervollkomm[n]en, bereits in diesen Jahren lebhaft gefühlt worden.

Um so wichtiger ist die wohlthätige Unterstützung welche des Königs Majestät zweien jungen Männern geschenkt haben, die das bergmännische Metier im Auslande erlernen und dem Oberbergmeister die Vorrichtung des Grubenbaus künftig erleichern werden. – Beide sind Innländer, weil die Wahl dieser am meisten dazu beitragen kann, die alte Liebe zum Bergbau in hiesigem Lande von neuen zu erwekken.

Nicht minder heilsam, als die Anziehung geschickter Beamten ist die Unterweisung und Ausbildung des gemeinen Bergvolks, welche

---

[a] Majestät, | gegenwärtig *gestr. Humboldt* | 1793 *korrigiert Humboldt* [b] *Ergänzung a) siehe Bl. 5r.*

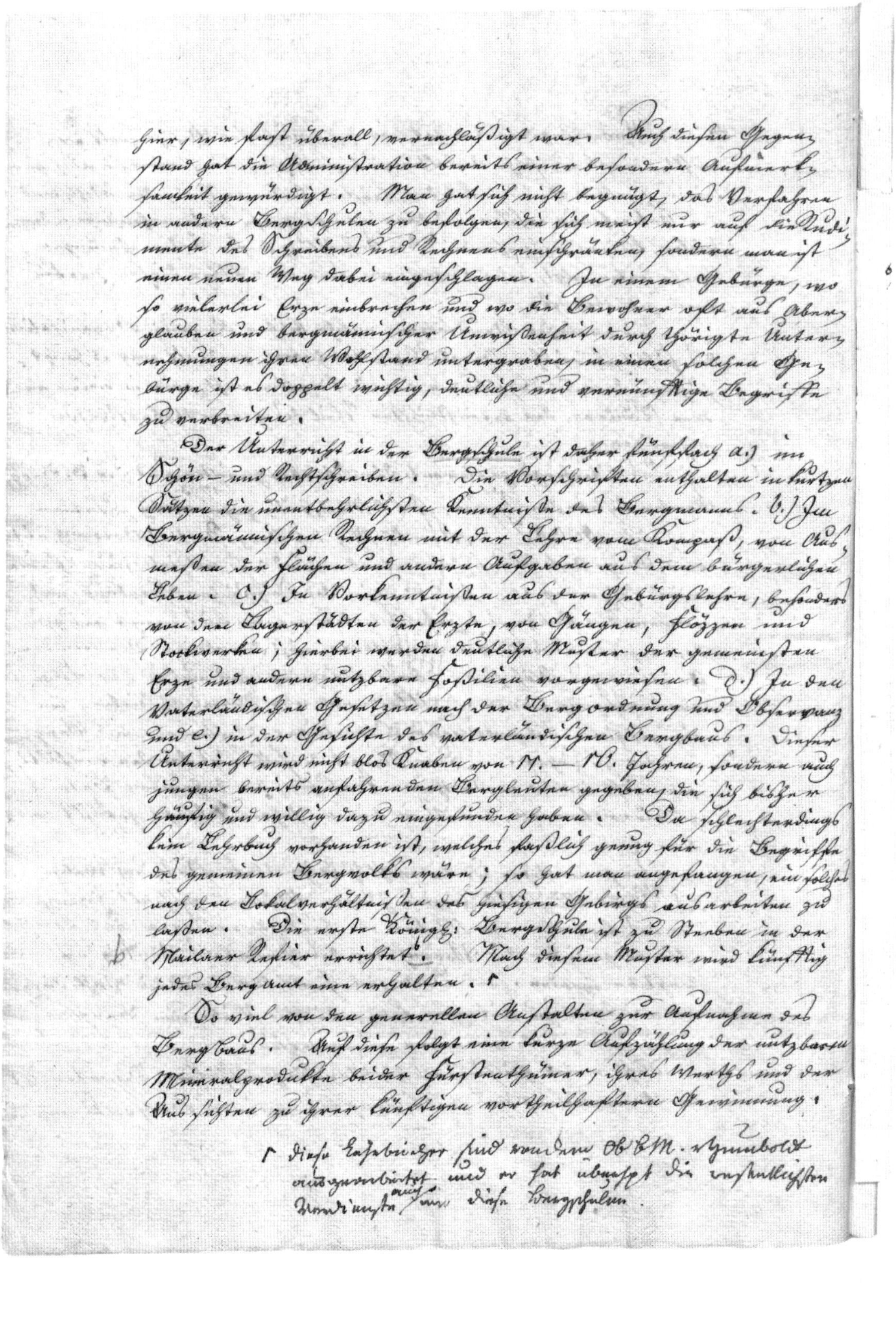

hier, wie fast überall, vernachlässigt war. Auch diesen Gegenstand hat die Administration bereits einer besondern Aufmerksamkeit gewürdigt. Man hat sich nicht begnügt, das Verfahren in andern Bergschulen zu befolgen, die sich meist nur auf die Rudimente des Schreibens und Rechnens einschränken, sondern man ist einen neuen Weg dabei eingeschlagen. In einem Gebürge, wo so vielerlei Erze einbrechen und wo die Bewohner oft aus Aberglauben und bergmännischer Unwissenheit durch thörigte Unternehmungen ihren Wohlstand untergraben, in einem solchen Gebürge ist es doppelt wichtig, deutliche und vernünftige Begriffe zu verbreiten.

Der Unterricht in der Bergschule ist daher fünffach a.) im Schön- und Rechtschreiben. Die Vorschriften enthalten in kurzen Sätzen die unentbehrlichsten Kenntnisse des Bergmanns. b.) Im bergmännischen Rechnen mit der Lehre vom Kompaß, vom Ausmessen der Flächen und andern Aufgaben aus dem bürgerlichen Leben. c.) In Vorkenntnissen aus der Gebürgslehre, besonders von den Lagerstädten der Erzte, von Gängen, Flözzen und Stockwerken; hierbei werden deutliche Muster der gemeinsten Erze und andern nutzbaren Fossilien vorgewiesen. d.) In den vaterländischen Gesetzen nach der Bergordnung und Observanz und e.) in der Geschichte des vaterländischen Bergbaus. Dieser Unterricht wird nicht blos Knaben von 11. – 16. Jahren, sondern auch jungen bereits anfahrenden Bergleuten gegeben, die sich bisher häufig und willig dazu eingefunden haben. Da schlechterdings kein Lehrbuch vorhanden ist, welches faßlich genug für die Begriffe des gemeinen Bergvolks wäre; so hat man angefangen, ein solches nach den Lokalverhältnissen des hiesigen Gebürgs ausarbeiten zu lassen. Die erste Königl. Bergschule ist zu Steben in der Nailaer Refier errichtet. Nach diesem Muster wird künftig jedes Bergamt eine erhalten. ⌐

So viel von den generellen Anstalten zur Aufnahme des Bergbaus. Auf diese folgt eine kurze Aufzählung der nutzbaren Mineralprodukte beider Fürstenthümer, ihres Werths und der Aussichten zu ihrer künftigen vortheilhaftern Gewinnung.

⌐ diese Lehrbücher sind von dem OBM. v. Humboldt ausgearbeitet und er hat überhaupt die wesentlichsten Verdienste auch um diese Bergschulen.

hier, wie fast überall, vernachläßigt war. Auch diesen Gegenstand hat die Administration bereits einer besondern Aufmerksamkeit gewürdigt. Man hat sich nicht begnügt, das Verfahren in andern Bergschulen zu befolgen, die sich meist nur auf die Rudimente des Schreibens und Rechnens einschränken, sondern man ist einen neuen Weg dabei eingeschlagen. In einem Gebürge, wo so vielerlei Erze einbrechen und wo die Bewohner oft aus Aberglauben und bergmännischer Unwißenheit durch thörigte Unternehmungen ihren Wohlstand untergraben, in einem solchen Gebürge ist es doppelt wichtig, deutliche und vernünftige Begriffe zu verbreiten.

Der Unterricht in der Bergschule ist daher fünffach a.) im Schön- und Rechtschreiben. Die Vorschriften enthalten in kurtzen Sätzen die unentbehrlichsten Kenntniße des Bergmanns. b.) Im Bergmännischen Rechnen mit der Lehre vom Kompaß, von Ausmaßen der Flächen und andern Aufgaben aus dem bürgerlichen Leben. c.) In Vorkenntnißen aus der Gebürgslehre, besonders von den Lagerstädten der Erzte, von Gängen, Flözzen und Stockwerken; hierbei werden deutliche Muster der gemeinsten Erze und andern nutzbare Foßilien vorgewiesen. d.) In den Vaterländischen Gesetzen nach der Bergordnung und Observanz und e.) in der [Geschichte][a] des vaterländischen Bergbaus. Dieser Unterricht wird nicht blos Knaben von 11.–16. Jahren, sondern auch jungen bereits anfahrenden Bergleuten gegeben, die sich bisher häufig und willig dazu eingefunden haben. Da schlechterdings kein Lehrbuch vorhanden ist, welches faßlich genug für die Begriffe des gemeinen Bergvolks wäre; so hat man angefangen, ein solches nach den Lokalverhältnißen des hiesigen Gebirges ausarbeiten zu laßen. Die erste Königliche Bergschule ist zu Steeben in der Nailaer Refier errichtet[b)b]. Nach diesem Muster wird künftig jedes Bergamt eine erhalten. ┌

So viel von den generellen Anstalten zur Aufnahme des Bergbaus. Auf diese folgt eine kurze Aufzählung der nutzbaren Mineralprodukte beider Fürstenthümer, ihres Werthes und der Aussichten zu ihrer künftigen vortheilhaftern Gewinnung.

┌ Diese Lehrbücher sind von dem Ob[er] B[erg]M[eister] v[on] Humboldt ausgearbeitet und er hat überhaupt die wesentlichsten Verdienste auch[c] um diese Bergschulen.

---

[a] Gesichte *Schreiber, ändert Hrsg.* [b] *Ergänzung b) siehe Bl. 7r.* [c] auch *ergänzt andere Hand*

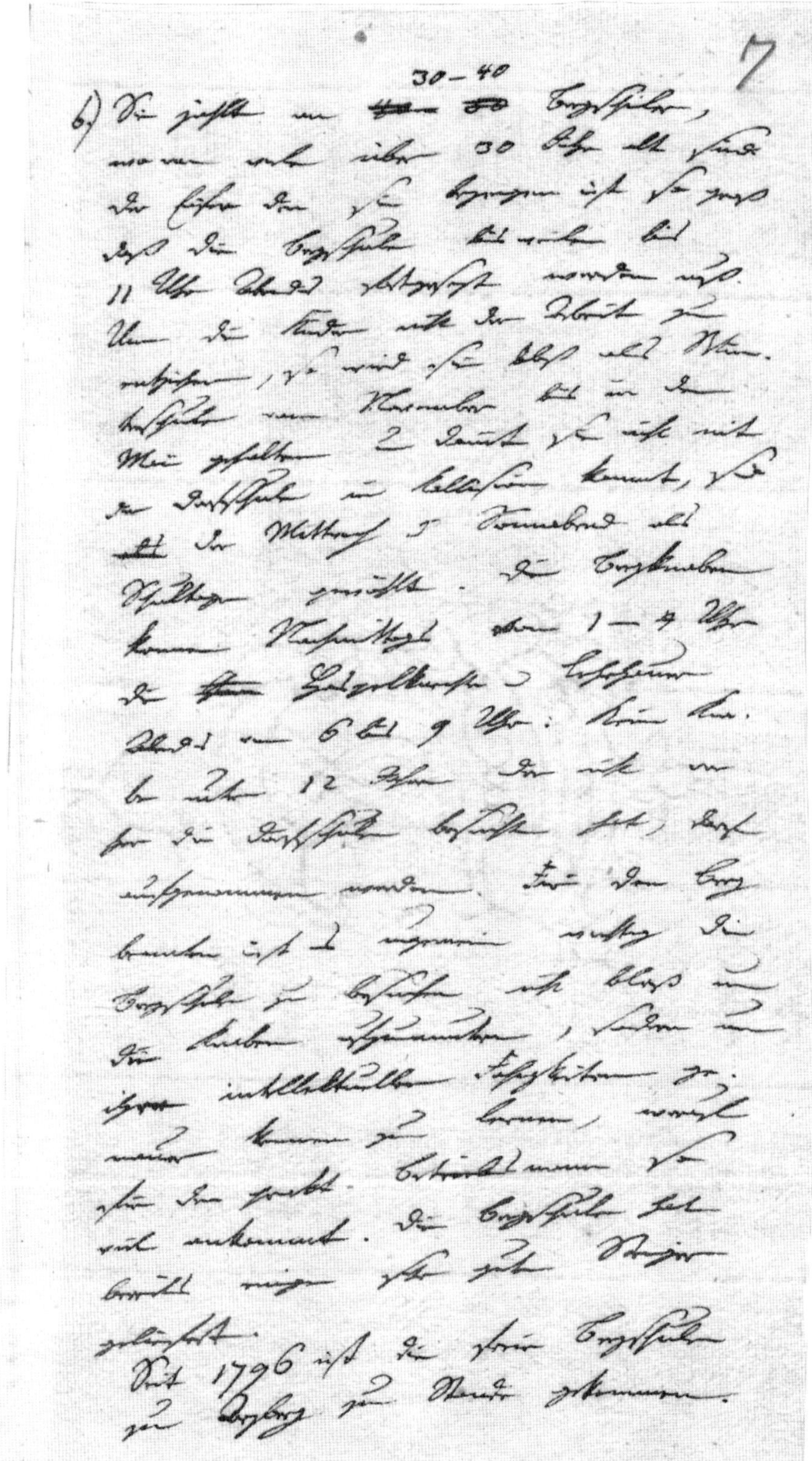

[Ergänzung von Humboldts Hand aus dem Jahr 1796 zu Bl. 6v:]

b) Sie zählt an 30–40[a] Bergschüler,
wovon viele über 30 Jahr alt sind.
Der Eifer den sie bezeigen ist so groß
daß die Bergschule bisweilen bis
11 Uhr Abends fortgesezt werden muß.
Um die Kinder nicht der Arbeit zu
entziehen, so wird sie bloß als Win-
terschule vom November bis in den
Mai gehalten u[nd] damit sie nicht mit
der Dorfschule in Kollision kommt, sind
der[b] Mittwoch und Sonnabend als
Schultage gewählt. Die Bergknaben
kommen Nachmittags von 1–4 Uhr
die Haspelknechte[c] und Lehrheuer
Abends von 6 bis 9 Uhr: Kein Kna-
be unter 12 Jahre, der nicht vor-
her die Dorfschule besucht hat, darf
aufgenommen werden. Für den Berg-
beamten ist es ungemein wichtig die
Bergschule zu besuchen nicht bloß um
die Knaben aufzumuntern, sondern um
ihre intellektuellen Fähigkeiten ge-
nauer kennen zu lernen, worauf
für den prakt[ischen] Betriebsmann so
viel ankommt. Die Bergschule hat
bereits einige sehr gute Steiger
geliefert.

[Ergänzung von Humboldts Hand wohl aus dem Jahr 1797:]

Seit 1796 ist die freie Bergschule
zu Arzberg zu Stande gekommen.

---

[a] (1) 40–50 (2) 30–40 *Humboldt; die Ergänzung b) auf Bl. 7r wurde 1796 geschrieben und sofort oder 1797 korrigiert.* [b] (1) als (2) der *Humboldt* [c] (1) Heuer (2) Haspelknechte *Humboldt*

8

Das Fürstenthum Bayreuth

ein gebirgigtes Land, welches (wie Schweden) durch die Erzeugnisse
des Mineralreichs in der Handelsbalance ersezt, was es an ausländischem
Korn und Fleische bedarf. Das Fichtelgebirge durch seine ärmlichen
Gold und Zinnwäschen weniger, als durch den Aberglauben seiner
Einwohner berühmt, ist das höchste Gebirge in den deutschen Staaten
Sr Majestät, ja (wenn man die Salzburger und Tyroler Alpen
abrechnet) die höchsten Rücken in Deutschland.
Seine Vorgebirge enthalten die erzführenden Lagerstätte, die nun
schon seit dem 13ten Jahrhunderte und noch früher, bergmännisch be-
nuzt werden.

Berg-Amt Goldkronach — Gangbergbau, wie meist im
ganzen Fürstenthum, viel versprechend, aber selten ausdauernd und
einer künstlichen Behandlung bedürftig. Goldkronach wird von den
Geschichtsforschern als die Wiege des Norddeutschen Bergbaus be-
trachtet. Goldkronacher Bergleute bevölkerten Sachsen, Böhmen
und den Harz. Daher die Ähnlichkeit in Sprache und Sitten mit
dem Harzer Bergvolke.

Goldkronach stand zu Kentmanns und Agricolas Zeiten in eben
dem Rufe, als jezt Kremnitz, das Erzgebürge und der Harz. Diese
glänzende Epochen dauerten bis ins funfzehnde Jahrhundert.

Unter der Regierung Burggrafs Johann des 2ten Friedrich
des 5ten und Johann des 3ten gedeihten alle Künste des Friedens,
bis der verderbliche Hussiten Krieg ausbrach und vierzig Jahre lang
das Obergebürgische Fürstenthum verwüstete. Die Bergleute
wurden damals zerstreut, die Gruben giengen zu Bruche und der Flor
des Bergbaus war auf immer dahin.

Als Jobst von Schirnding den Feind bei Wunsiedel 1462.
zurückschlug, folgte zwar eine kurze Periode der Ruhe. Der
Bergbau lebte von neuem auf, aber der fränkische Bauern-Aufstand
1525. unter dem kriegerischen Markgrafen Casimir, der Religions-
Krieg unter Albrecht dem 4ten, die Revolten der Bürgerschaft
zu Bayreuth, Goldkronach und Wunsiedel im Jahr 1580. der dreissig-

Das Fürstenthum Baÿreuth

ein gebirgigtes Land, welches (wie Schweden) durch die Erzeugniße des Mineralreichs in der Handels balance ersezt, was es an ausländischem Corn und Fleische bedarf. Das Fichtelgebirge durch seine ärmlichen Gold und Zinnwäschen weniger, als durch den Aberglauben seiner Anwohner berufen, ist das höchste Gebirge in den deutschen Staaten Sr Majestät, ja (wenn man die Salzburger und Tÿroler Alpen abrechnet) die höchste Kuppe in Deutschland.

Seine Vorgebirge enthalten die erzführenden Lagerstätte, die nun schon seit dem 13ten Jahrhunderte und noch früher, bergmännisch benuzt werden.

Berg=Amt Goldkronach – Gangbergbau, wie meist im ganzen Fürstenthum, viel versprechend, aber selten ausdauernd und einer künstlichen Behandlung bedürftig. Goldkronach wird von den Geschichtsforschern als die Wiege des Norddeutschen Bergbaus betrachtet. Goldkronacher Bergleute bevölkerten Sachßen, Böhmen und den Harz. Daher die Aehnlichkeit in Sprache und Sitten mit dem Harzer Bergvolke.

Goldkronach stand zu Kenntmanns und Agrikola's Zeiten in eben dem Rufe, als jetzt Kremnitz, das Erzgebürge und der Harz. Diese glänzenden Epochen dauerten bis ins fünfzehende Jahrhundert.

Unter der Regierung Burggrafs *Johann* des 2ten, *Friedrich* des 5ten und *Johann* des 3ten gedeihten alle Künste des Friedens, bis der verderbliche Hussiten Krieg ausbrach und vierzig Jahre lang das Obergebürgische Fürstenthum verwüstete. Die Bergleute wurden damals zerstreut, die Gruben gingen zu Bruche und der Flor des Bergbaus war auf immer dahin.

Als *Jobst von Schirnding* den Feind bei Wunsiedel 1462. zurükschlug, folgte zwar eine kurze Periode der Ruhe. Der Bergbau lebte von neuen auf, aber der fränkische Bauern-Aufstand 1525. unter den kriegerischen Marggrafen *Casimir*, der Religions-Krieg unter *Albrecht* den 4ten, die Revolten der Bürgerschaft zu Baÿreuth, Goldkronach und Wunsiedel im Jahr 1586, der dreÿßig-

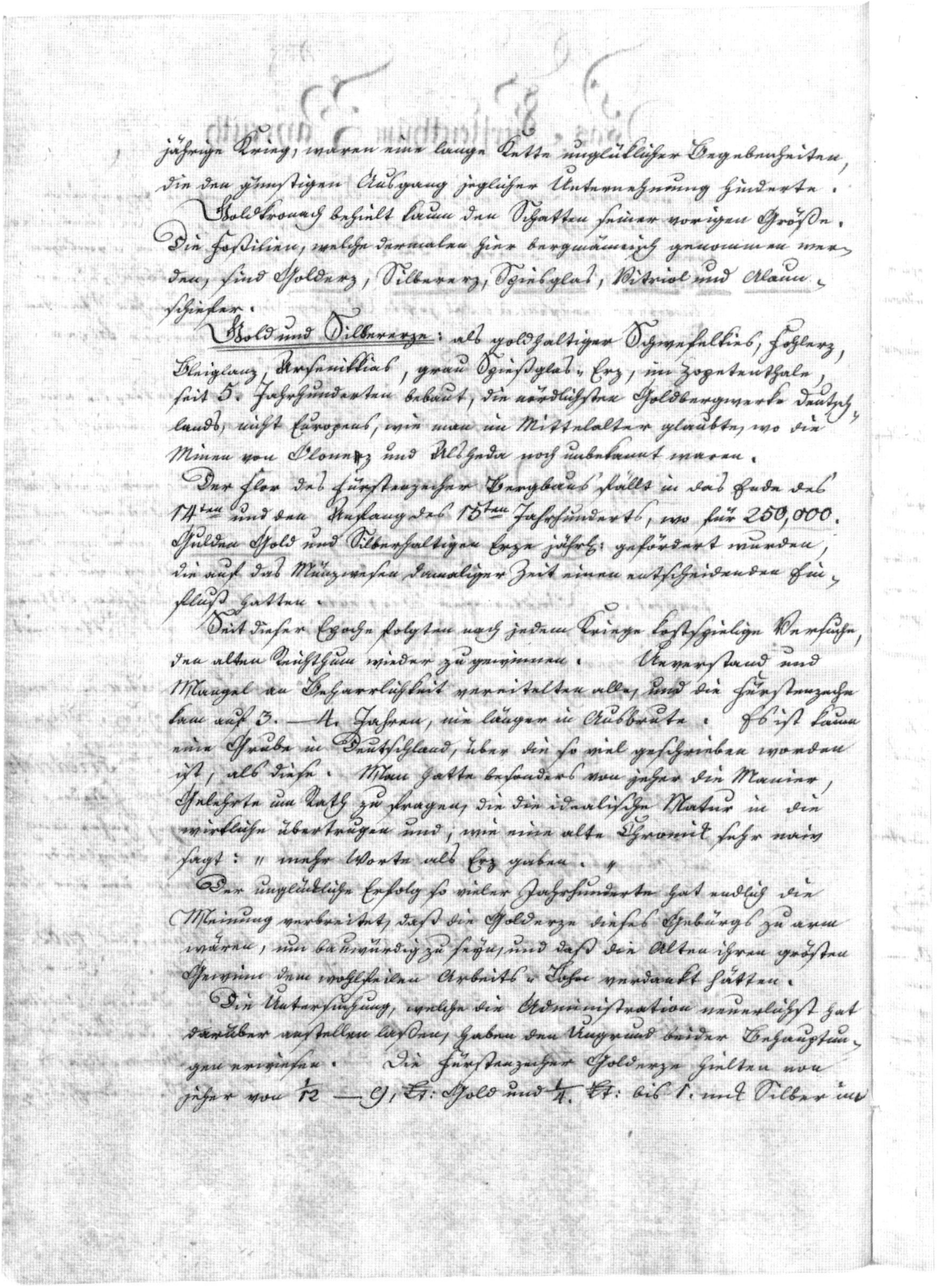

jährigen Krieg, waren nur lange Kette unglüklicher Begebenheiten,
die den günstigen Ausgang jeglicher Unternehmung hinderte.
Goldkronach behielt kaum den Schatten seiner vorigen Größe.
Die Fossilien, welche dermalen hier bergmännisch genommen wer-
den, sind Golderz, Silbererz, Spiesglas, Vitriol und Alaun-
schiefer.
Gold und Silbererze: als goldhaltiger Schwefelkies, Fahlerz,
Bleiglanz, Arsenikkies, grau Spiesglas-Erz, im Zoppatenthale,
seit 5. Jahrhunderten bebaut, die nördlichsten Goldbergwerke Deutsch-
lands, nicht Europens, wie man im Mittelalter glaubte, wo die
Minen von Olonez und Adelfors noch unbekannt waren.
Der Flor des Fürstenzecher Bergbaus fällt in das Ende des
14ten und den Anfang des 15ten Jahrhunderts, wo für 250,000.
Gulden Gold und Silberhaltiger Erze jährl: gefördert wurden,
die auf das Münzwesen damaliger Zeit einen entscheidenden Ein-
fluß hatten.
Seit dieser Epoche folgten nach jedem Kriege kostspielige Versuche,
den alten Reichthum wieder zu gewinnen. Unverstand und
Mangel an Beharrlichkeit vereitelten alle, und die Fürstenzeche
kam auf 3. – 4. Jahren, nie länger in Ausbeute. Es ist kaum
eine Grube in Deutschland, über die so viel geschrieben worden
ist, als diese. Man hatte besonders von jeher die Manier,
Gelehrte um Rath zu fragen, die die idealische Natur in die
wirkliche übertragen und, wie eine alte Chronik sehr naiv
sagt: „mehr Worte als Erz geben."
Der unglückliche Erfolg so vieler Jahrhunderte hat endlich die
Meinung verbreitet, daß die Golderze dieses Gebürgs zu arm
wären, um bauwürdig zu seyn, und daß die Alten ihren größten
Gewinn dem wohlfeilen Arbeits-Lohn verdankt hätten.
Die Untersuchung, welche die Administration neuerlichst hat
darüber anstellen lassen, haben den Ungrund beider Behauptun-
gen erwiesen. Die Fürstenzecher Golderze hielten von
jeher von $\frac{1}{12}$ – 9. Lt: Gold und $\frac{1}{4}$. Lt: bis 1. und Silber im

jährige Krieg, waren eine lange Kette unglüklicher Begebenheiten, die den günstigen Ausgang jeglicher Unternehmung hinderte.

Goldkronach behielt kaum den Schatten seiner vorigen Größe. Die Foßilien, welche dermalen hier bergmännisch gewonnen werden, sind Golderz, Silbererz, Spiesglas, Vitriol und Alaunschiefer.

Gold und Silbererze: als goldhaltiger Schwefelkies, Fahlerz, Bleiglanz, Arsenikkies, grau Spießglas=Erz, im Zopetenthale, seit 5. Jahrhunderten bebaut, die nördlichsten Goldbergwerke Deutschlands, nicht Europas, wie man im Mittelalter glaubte, wo die Minen von Olonez[a] und Alsheda noch unbekannt waren.

Der Flor des Fürstenzecher Bergbaus fällt in das Ende des 14ten und den Anfang des 15ten Jahrhunderts, wo für 250,000. Gulden Gold und Silberhaltigen Erze jährlich gefördert wurden, die auf das Münzwesen damaliger Zeit einen entscheidenden Einfluß hatten.

Seit dieser Epoche folgten nach jedem Kriege kostspielige Versuche, den alten Reichthum wieder zu gewinnen. Unverstand und Mangel an Beharrlichkeit vereitelten alle, und die Fürstenzeche kam auf 3.–4. Jahren, nie länger in Ausbeute. Es ist kaum eine Grube in Deutschland, über die so viel geschrieben worden ist, als diese. Man hatte besonders von jeher die Manier, Gelehrte um Rath zu fragen, die die idealische Natur in die wirkliche übertrugen und, wie eine alte Chronick sehr naiv sagt: „mehr Worte als Erz gaben."

Der unglückliche Erfolg so vieler Jahrhunderte hat endlich die Meinung verbreitet, daß die Golderze dieses Gebürgs zu arm wären, um bauwürdig zu seÿn, und daß die Alten ihren größten Gewinn dem wohlfeilen Arbeits-Lohn verdankt hätten.

Die Untersuchung, welche die Administration neuerlich hat darüber anstellen laßen, haben den Ungrund beider Behauptungen erwiesen. Die Fürstenzecher Golderze hielten von jeher von 1/12–9 Loth Gold und ¼ Loth bis 1. Unze Silber im

---

[a] (1) Olonerz (2) Olonez *Humboldt*

9

St. Schlich. Ihr gewöhnlicher Gehalt ist 1.—2. Loth Gold. Sie sind also beÿ weitem reicher als die meisten andern Golderze welche in Salzburg, Siebenbürgen, wie im nördlichen Schweden und Rußland mit Vortheil gewonnen werden. Auch der Lohn der Bergleute war im 15ten und 16ten Jahrhunderte um nichts geringer, ja wenn man das Verhältniß des Metallwerths gegen den der Waaren bedenkt, sehr noch höher als jezt. Die uralten Berg-Rechnungen, welche das Plassenburger Archiv bewahrt, geben dies leztere zu ersehen.

Als des Königs Majestät die Regierung hiesiger Fürstenthümer antraten, befand sich der Bergbau auf der Fürstenzeche in einer verzweifelten Lage, ein mit aufgeschlossenes Feld ohne Entblößung von Gängen, in einer unfähigen Mittelteufe nach dem verworrenen Plan eines gelehrten Dilettanten,* dessen Autorität die vorige Administration verblendet hatte, keine Anbrüche in der Grube und 2863. Ctr. Pochgänge auf der Halde, die man in vollen 12. Jahren gefördert und deren innerer Gehalt kaum 900. fl — betrug.

Unter solchen Verhältnissen wurde von der General-Bergwerks-Commission im Jahr 1792. beschlossen, da die unedlen Metalle für den Gewerbsfleiß der Einwohner wohlthätiger wären, als aller Goldbergbau, die von dem Herrn Markgrafen für Goldkronach bestimmte Summe der Bergbauhülfskasse zu schenken und einen neuen Plan entwerfen zu lassen, nach dem ein lezter Versuch auf der Fürstenzeche gewagt werden könnte. Man hielt es für bedenklich, da der Landesherr mehrere Tausende bereits verschwendet hatte, nicht noch einige hundert Gulden aufs Spiel zu setzen, und die Grube in einem Zustande zu verlassen, in dem sie (wegen der frischen wenn gleich geringen Anbrüche) doch noch die Gewinnsucht der Nachkommen reizen könnte. Die Ausführung jenes neuen Plans ist von der Natur mehr begünstigt worden, als man sich irgend zu schmeicheln Hofnung hatte. Mit einer geringen Belegung von 9. Mann und einem Aufwande von kaum 600 fl — wird man in dem laufenden Jahre, statt 200. Ct. wie bisher, ~~3000~~ 2000. Ct. Golderze liefern.

~~Ein Ct. derselben giebt im Durchschnitt, statt wie bisher 5¼, an 12 — 15 ½ Ct: Schlich. Sein innerer Werth beträgt demnach~~

* des sel. Hambach

Ct. Schlich. Ihr gewöhnlicher Gehalt ist 1.–2. Loth Gold. Sie sind also beÿ weitem reicher als die meisten andern Golderze welche in Salzburg, Siebenbürgen, wie im nördlichen Schweden und Rußland mit Vortheil gewonnen werden. Auch der Lohn der Bergleute war im 15ten und 16ten Jahrhunderte um nichts geringer, ja wenn man das Verhältniß des Metallwerths gegen den der Waaren bedenkt, eher noch höher als jezt. Die uralten Berg=Rechnungen, welche das Plaßenburger Archiv bewahrt, haben dies leztere erwiesen.

Als des Königs Majestät die Regierung hiesiger Fürstenthümer antraten, befand sich der Bergbau auf der Fürstenzeche in einer verzweifelten Lage, ein weit aufgeschloßenes Feld ohne Entblößung von Gängen, in einer unseligen Mittelteufe nach dem verwornen Plan eines gelehrten Rathgebers*, deßen Autorität die vorige Administration verblendet hatte, keine Anbrüche in der Grube und 2863 Ctr: Pochgänge auf der Halde, die man in vollen 12. Jahren gefördert und deren innerer Gehalt kaum 900 f. betrug.

Unter solchen Verhältnißen wurde von der General=Bergwerks-Commission im Jahr 1792. beschloßen, da die unedlen Metalle für den Gewerbefleis der Einwohner wohlthätiger wären, als aller Goldbergbau, die von dem Herrn Marggrafen[1] für Goldkronach bestimmte Summe der BergbauHülfs Kaße zu schenken und einen neuen Plan entwerfen zu laßen, nach dem ein lezter Versuch auf der Fürstenzeche gewagt werden könnte. Man hielt es für bedenklich, da der Landesherr mehrere Tausende bereits verschwendet hatte, nicht noch einige Hundert Gulden auf's Spiel zu setzen, und die Grube in einem Zustande zu verlaßen, in dem sie (wegen der frischen wenn gleich geringen Anbrüchen) doch noch die Gewinnsucht der Nachkommen reizen könnte. Die Ausführung jenes neuen Plans ist von der Natur mehr begünstigt worden, als man sich irgend zu schmeicheln Hofnung hatte. Mit einer geringen Belegung von 9. Mann und einem Aufwande von kaum 600 f. – wird man in dem laufenden Jahre, statt 200 Ct. wie bisher, 2000[a] Ct. Golderze liefern.[b]

* des sel[igen] Ferbers

---

[a] (1) 2500 (2) 2000 *Humboldt* [b] liefern. | Ein Ct. deßelben giebt im Durchschnitt, statt wie bisher 5¼, an 12–15 pCt: Schlich. Sein innerer Werth beträgt demnach *gestr.* | *Humboldt; wahrscheinlich im Zusammenhang mit Ergänzung c) Bl. 10r*

[1] Karl Alexander von Brandenburg-Ansbach.

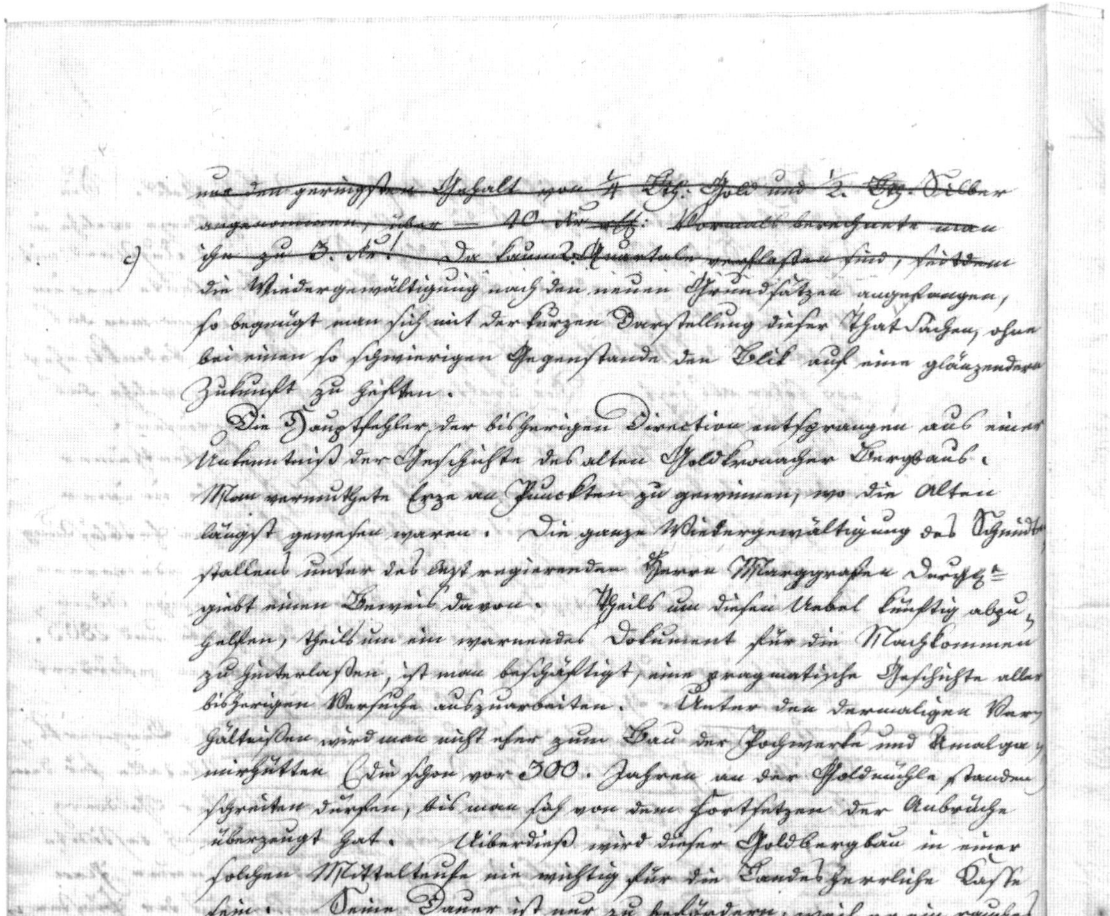

~~nur den geringsten Gehalt von 1/4 Lth. Gold und 1/2 Lth. Silber~~
~~angenommen, aber — 40 [illegible]: [illegible] berechnete man~~
~~ihn zu 3. [illegible] Da [illegible] Quantitäten [illegible] sind, so [illegible]~~
c) die Wiedergewältigung nach den neuen Grundsätzen anzufangen,
so begnügt man sich mit der kurzen Darstellung dieser Thatsachen, ohne
bei einem so schwierigen Gegenstande den Blick auf eine glänzendere
Zukunft zu heften.

Die Hauptfehler der bisherigen Direction entsprangen aus einer
Unkenntniß der Geschichte des alten Goldkronacher Bergbaus.
Man vermuthete Erze an Punkten zu gewinnen, wo die Alten
längst gewesen waren. Die ganze Wiedergewältigung des Schmidt-
stollens unter des Hochst regierenden Herrn Marggrafen Durch[laucht]
giebt einen Beweis davon. Theils um diesen Unfall künftig abzu-
halten, theils um ein warnendes Dokument für die Nachkommen
zu hinterlassen, ist man beschäftigt, eine pragmatische Geschichte aller
bisherigen Versuche auszuarbeiten. Unter den derzeitigen Ver-
hältnissen wird man nicht eher zum Bau der Pochwerke und Amalgam-
irhütten (die schon vor 300. Jahren an der Goldmühle standen)
schreiten dürfen, bis man sich von dem Fortsetzen der Anbrüche
überzeugt hat. Überdieß wird dieser Goldbergbau in einer
solchen Mittelstraße nie wichtig für die Landesherrliche Casse
seyn. Seine Dauer ist nur zu befördern, weil er ein rauhes
Thal am Fuß des Fichtelberges belebt und eine nützliche Schule
für das Preußische Bergvolk abgiebt [d]. Der Wunsch diese be-
rühmten Erze in eben der Teufe als die Alten vor 5. Jahrhunderten
zu bebauen, bleibt dem thätigen Bergmann zwar immer rege,
auch möchte der Erfolg bey einer andern Direktion des tiefen Chri-
stian Stollens nicht unglücklich seyn. Aber bei einer Länge von
1600. Lachtern ist das Unternehmen ohne eine Summe von 40.–
50000 fl. nicht zu wagen, und wenn des Königs Majestät dem
Fichtelgebirgischen Bergbau eine so besondere Unterstützung
schenken wollten; so gäbe es andere Objekte in der Wunsiedler
und Naila[er] Refier, die, wenn gleich weniger glänzend, ihrer
doch würdiger wären. [z]

c)[a] die[b] Wiedergewältigung nach den neuen Grundsätzen angefangen, so begnügt man sich mit der kurzen Darstellung dieser Thatsachen, ohne bei einen so schwierigen Gegenstande den Blik auf eine glänzendere Zukunft zu häften.

Die Hauptfehler der bisherigen Direction entsprangen aus einer Unkenntniß der Geschichte des alten Goldkronacher Bergbaus. Man vermuthete Erze an Punckten zu gewinnen, wo die Alten längst gewesen waren. Die ganze Wiedergewältigung des Schmidtstollens unter des lezt regierenden Herrn Marggrafen Durchlaucht giebt einen Beweis davon. Theils um diesen Uebel künftig abzuhelfen, theils um ein warnendes Dokument für die Nachkommen zu hinterlaßen ist man beschäftigt, eine pragmatische Geschichte aller bisherigen Versuche auszuarbeiten. Unter den dermaligen Verhältnißen wird man nicht eher zum Bau der Pochwerke und Amalgamirhütten (die schon vor 300. Jahren an der Goldmühle standen) schreiten dürfen, bis man sich von dem Fortsetzen der Anbrüche überzeugt hat. Ueberdieß wird dieser Goldbergbau in einer solchen Mittelteufe nie wichtig für die Landesherrliche Kaße sein. Seine Dauer ist nur zu befördern, weil er ein rauhes Thal am Fuß des Fichtelberges belebt und eine nützlich Schule für das Kronacher Bergvolk abgiebt.d)[c] Der Wunsch diese berufenen Erze in eben der Teufe als die Alten vor 5. Jahrhunderten zu bebauen, bleibt dem thätigen Bergmann zwar immer rege, auch möchte der Erfolg beÿ einer andern Direktion des tiefen Christian Stollens nicht unglücklich sein. Aber bei einer Länge von 1600. Lachtern ist das Unternehmen ohne eine Summe von 40.–50000 f. nicht zu wagen, und wenn des Königs Majestät dem Firchtelgebürgischen Bergbau eine so besondere Unterstützung schencken wollten; so gäbe es andere Objekte in der Wunsiedler und Nailaer Refier, die, wenn gleich weniger glänzend, ihnen doch würdiger wären.[2./d]

---

[a] *Ergänzung c) siehe Bl. 10r.* [b] | nur den geringsten Gehalt von ¼. Loth Gold und ½. Loth Silber angenommen, über – 40 Kr.: Vormals berechnete man ihn zu 3. Kr.! Da kaum 2. Quartale erfaßt sind, seitdem *gestr.* | die *Humboldt, wahrscheinlich im Zusammenhang mit Ergänzung c) Bl. 10r* [c] *Ergänzung d) siehe Bl. 10r.* [d] *Ergänzung Nr. 2. siehe Bl. 11r.*

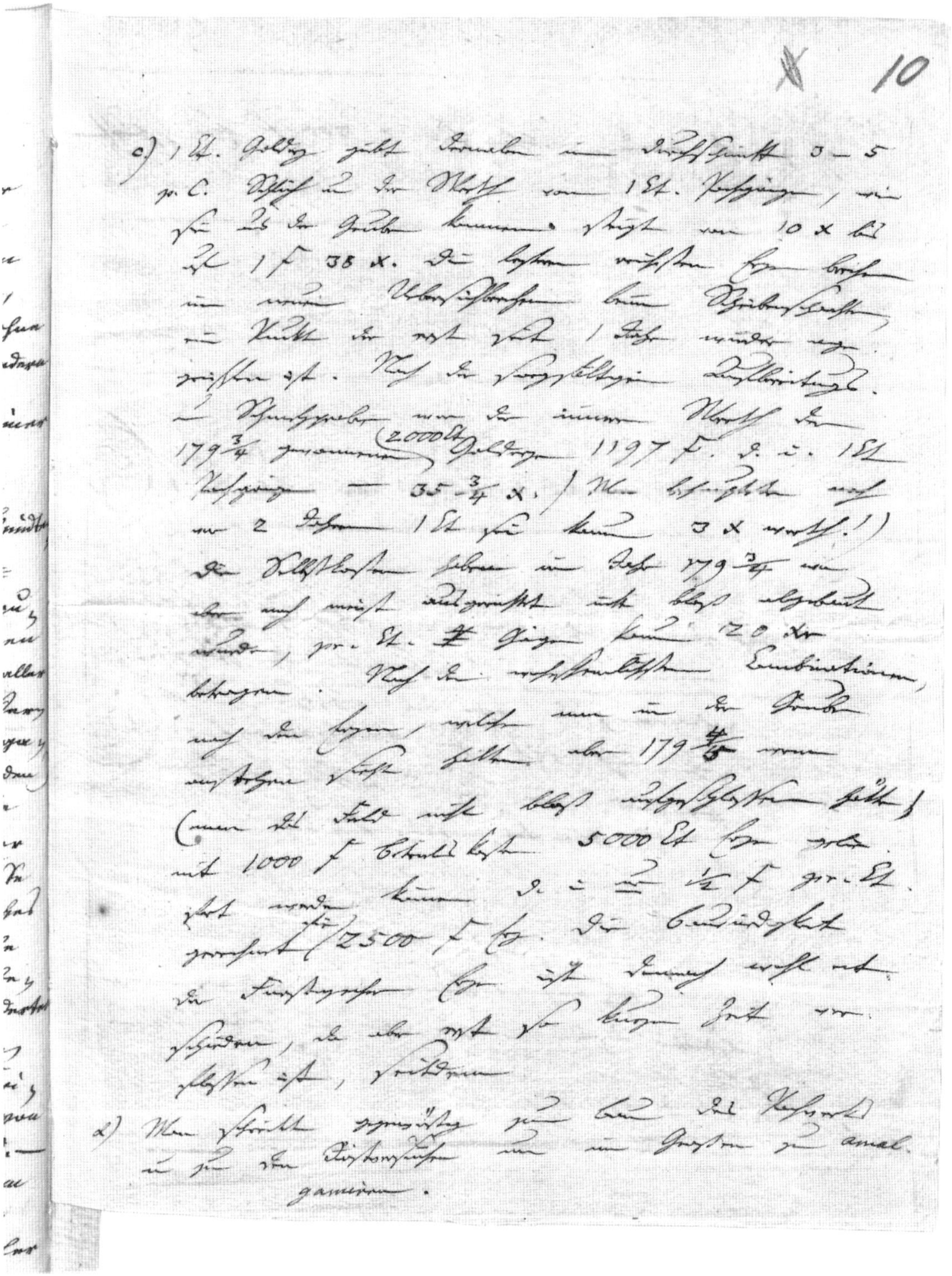

[Ergänzungen von Humboldts Hand aus dem Jahr 1796 zu Bl. 9v:]

c.) 1 Ct. Golderz giebt dermalen im Durchschnitt 3–5 p.C. Schlich und der Werth von 1 Ct. Pochgängen, wie sie aus den Gruben kommen, steigt von 10 X bis auf 1 F. 38 X. Die besten reichsten Erze brechen im neuen Uebersichbrechen beim Scheibenschachte, ein Punkt der erst seit 1 Jahr wieder angegriffen ist. Nach den sorgfältigen Aufbereitungs- und Schmelzproben war der innere Werth der 179¾ gewonnenen 2000 Ct.[a] Golderze 1197 F. d. i. 1 Ct. Pochgänge = 35 ¾ X. /Man behauptete noch vor 2 Jahren 1 Ct. für kaum 3 X werth!) Die Selbstkosten haben im Jahr 179¾ wo aber noch meist ausgerüstet nicht bloß abgebaut wurde, pro Ct. Gänge kaum 20 Xr betragen. Nach den wahrscheinlichsten Combinationen, nach den Erzen, welche man in der Grube anstehen sieht hätten aber 179⁴/₅ [(wenn man das Feld][b] nicht bloß aufgeschlossen hätte) mit 1000 F. Betriebs Kosten 5000 Ct. Erze geliefert werden können, d. i. nur ½ F. pro Ct. gerechnet für[c] 2500 F. Erz. Die Bauwürdigkeit der Fürstenzecher Erze ist demnach wohl entschieden, da aber erst so kurze Zeit verflossen ist, seitdem.

d) Man schreitet gegenwärtig zum Bau des Pochwerks u[nd] zu den Röstversuchen um im Großen zu amalgamiren.

[a] 2000 Ct. *ergänzt Humboldt,* [b] wenn (man das Feld *Humboldt, ändert Hrsg.* [c] für *ergänzt Humboldt*

[Ergänzungen e), f) und g) von Humboldts Hand aus dem Jahr 1796; Ergänzung e) und f) zu Bl. 12r:]

e) gemacht worden, welcher für 2–300 F. Erze schütten wird.

f. Auch ist man mit einer in Deutschland wohl einzigen Vorrichtung beschäftigt der Pfannenschlämme, die wegen des zugesezten Kupfers sehr reich ist, zum amalgamiren. So wird[a] man in Deutschland Ungarisches u[nd] Siebenbürgisches Gold gewinnen.

[Worauf sich die Ergänzung g) bezieht, konnte nicht eindeutig geklärt werden. Sie könnte inhaltlich zu Bl. 14r, dem zweiten Abschnitt von unten, passen:]

g.) Durch Einführung einer Art von Generalgedingen und verbessertes Rösten steigt jezt der Ertrag dieser Grube.

---

[a] (1) gew (2) wird *Humboldt*

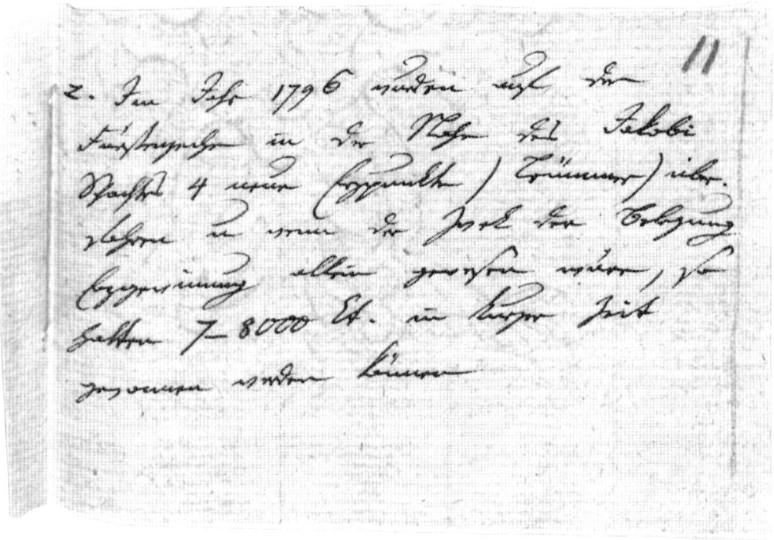

11

2. Im Jahr 1796 wurden auf der
Fürstenzeche in der Nähe des Jakobi
Schachts 4 neue (doppelte) Trümmer) über-
fahren u. wenn die Zeit der Erlangung
Begnadigung allein gewesen wäre, so
hätten 7–8000 Ct. in kurzer Zeit
gewonnen werden können

[Ergänzung von Humboldts Hand aus dem Jahr 1797 zu Bl. 9v:]

2. Im Jahr 1796 wurden auf der
Fürstenzeche in der Nähe des *Jakobi*
Schachtes 4 neue Erzpunkte (Trümmer) über-
fahren u[nd] wenn der Zwek der Belegung
Erzgewinnung allein gewesen wäre, so
hätten 7–8000 Ct. in kurzer Zeit
gewonnen werden können.

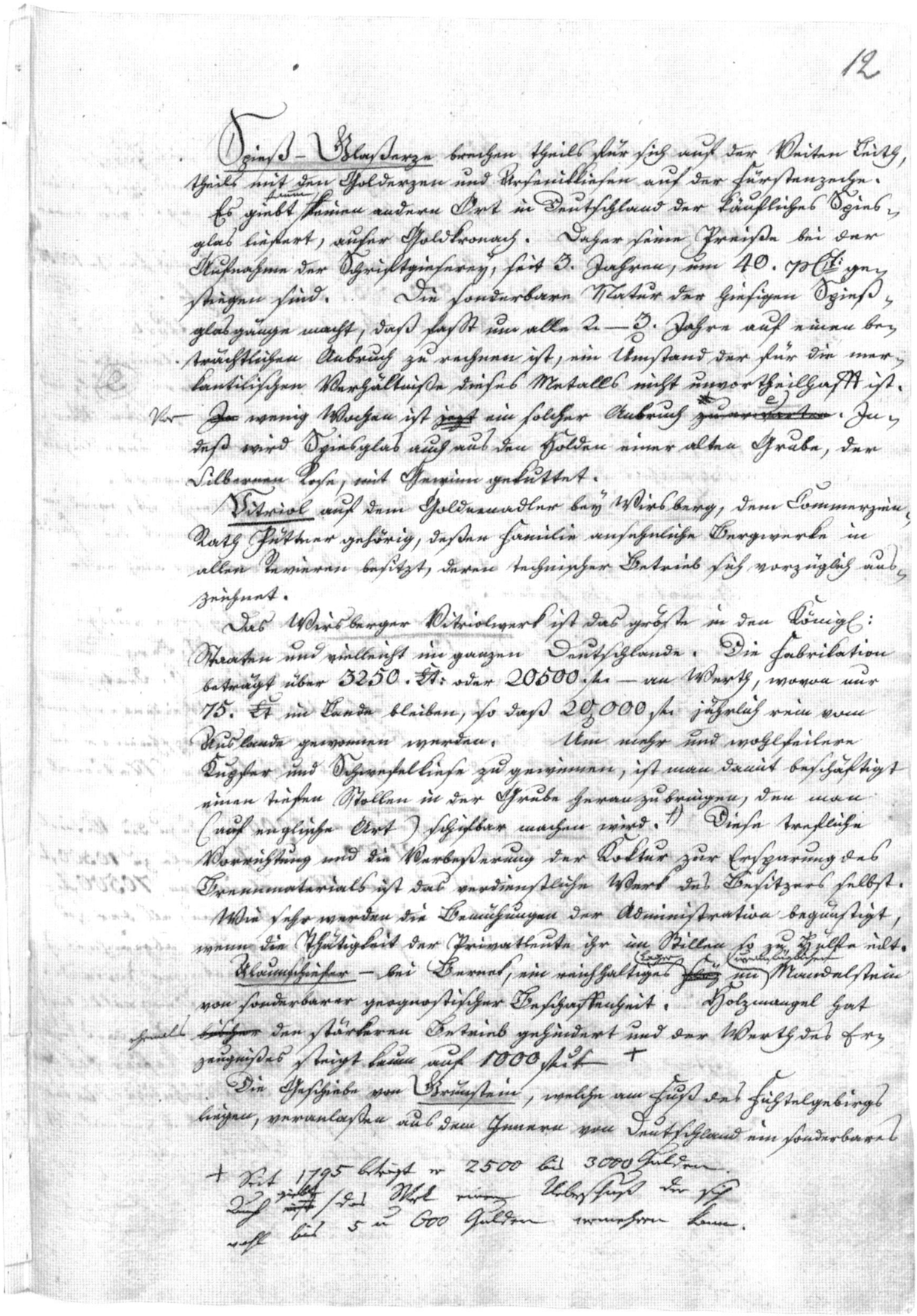

12

Spieß-Glaserze brechen theils für sich auf der Weiten Zeche, theils mit den Golderzen und Arsenikkiesen auf der Fürstenzeche.

Es giebt keinen andern Ort in Deutschland der käufliches Spieß-glas liefert, außer Goldkronach. Daher seine Preise bei der Aufnahme der Schriftgießerey, seit 3. Jahren, um 40. pCt. ge-stiegen sind. Die sonderbare Natur der hiesigen Spieß-glasgänge macht, daß fast nur alle 2–3. Jahre auf neuen brauchbaren Anbruch zu rechnen ist, ein Umstand der für die mercantilischen Verhältnisse dieses Metalls nicht unvortheilhaft ist. Vor wenig Wochen ist ~~jetzt~~ ein solcher Anbruch ~~[illegible]~~ erfolgt. Jetzt wird Spießglas auch aus den Halden einer alten Grube, der Silbernen Rose, mit Gewinn gekuttet.

Vitriol aus dem Goldmundler bey Wirsberg, dem Commerzien Rath [illegible] gehörig, dessen Familie ansehnliche Bergwerke in allen Revieren besitzt, deren technischer Betrieb sich vorzüglich aus-zeichnet.

Das Wirsberger Vitriolwerk ist das größte in den Königl: Staaten und vielleicht im ganzen Deutschlande. Die Fabrikation beträgt über 3250. Ct. oder 20500. fl. an Werth, wovon nur 75. Ct im Lande bleiben, so daß 20,000 fl. jährlich rein vom Auslande gewonnen werden. Um mehr und wohlfeilern Kupfer und Schwefelkiese zu gewinnen, ist man damit beschäftigt einen tiefen Stollen in der Grube heraufzubringen, den man (auf englische Art) schiffbar machen wird.[1] Diese trefliche Vorrichtung und die Verbesserung der Cultur zur Ersparung des Brennmaterials ist das verdienstliche Werk des Besitzers selbst. Wie sehr werden die Bemühungen der Administration begünstigt, wenn die Thätigkeit der Privatleute ihr im Stillen zu Hülfe eilt.

Alaunschiefer – bei Lamitz, ein reichhaltiges Erz ~~[illegible]~~ im Mandelstein von sonderbarer geognostischer Beschaffenheit. Holzmangel hat ~~bisher~~ schnell den stärkeren Betrieb gehindert und der Werth des Erzeugnisses steigt kaum auf 1000 fl. +

Die Geschiebe von Braunstein, welche am Fuß des Fichtelgebirgs liegen, veranlassen aus dem Innern von Deutschland eine sonderbare

+ Seit 1795 steigt er 2500 bis 3000 Gulden.
Auch ~~[illegible]~~ das Werk einen Ueberschuß der sich auf bis 5 u 600 Gulden vermehren kann.

Spieß-Glaßerze brechen theils für sich auf der Weiten Leith[a], theils mit den Golderzen und Arsenikkiesen auf der Fürstenzeche.

Es giebt kaum einen[b] andern Ort in Deutschland, der käufliches Spiesglas liefert, auser Goldkronach. Daher seine Preiße bei der Aufnahme der Schriftgieserey̆, seit 3 Jahren, um 40. p.Ct. gestiegen sind. Die sonderbare Natur der hiesigen Spießglasgänge macht, daß faßt nur alle 2.–3. Jahre auf einen beträchtlichen Anbruch zu rechnen ist, ein Umstand der für die merkantilischen Verhältniße dieses Metalls nicht unvortheilhaft ist. Vor wenig Wochen ist ein solcher Anbruch[e)][c]. Indeß wird Spiesglas auch aus den Halden einer alten Grube, der Silbernen Rose, mit Gewinn gekuttet.

Vitriol auf dem Goldenenadler bey Wirsberg, dem Commerzien-Rath Püttner gehörig, deßen Familie ansehnliche Bergwerke in allen Rewieren besitzt, deren technischer Betrieb sich vorzüglich auszeichnet.

Das Wirsberger Vitriolwerk ist das größte in den Königlichen Staaten und vielleicht im ganzen Deutschlande. Die Fabrikation beträgt über 3250 Ct. oder 20500 f. – an Werth, wovon nur 75 Ct. im Lande bleiben, so daß 20,000 f. jährlich rein vom Auslande gewonnen werden. Um mehr und wohlfeilere Kupfer und Schwefelkiese zu gewinnen, ist man damit beschäftigt einen tiefen Stollen in der Grube heran zu bringen, den man (auf englische Art) schifbar machen wird.[f)][d] Diese trefliche Vorrichtung und die Verbeßerung der Koktur zur Ersparung des Brennmaterials ist das verdienstliche Wert des Besitzers selbst.

Wie sehr werden die Bemühungen der Administration begünstigt, wenn die Thätigkeit der Privatleute ihr im Stillen so zu Hülfe eilt.

Alaunschiefer – bei Bernek, ein reichhaltiges Lager[e] im uranfänglichen[f] Mandelstein von sonderbarer geognostischer Beschaffenheit. Holzmangel hat ehemals[g] den stärkeren Betrieb gehindert und der Werth des Erzeugnißes steigt kaum auf 1000 Gulden. +

Die Geschiebe von [Grünstein][h], welche am Fuß des Fichtelgebirgs liegen, veranlaßen aus dem Innern von Deutschland ein sonderbares

[Von Humboldts Hand:]

+ Seit 1795 beträgt er 2500 bis 3000 Gulden.
Auch giebt[i] das Werk einen Ueberschuß der sich
wohl bis 5 u[nd] 600 Gulden vermehren kann.

---

[a] *Unsichere Lesung* [b] (1) keinen (2) kaum einen *Humboldts Korrektur* [c] (1) In wenig Wochen ist jezt ein solcher Anbruch zu erwarten. (2) Vor wenig Wochen ist ein solcher Anbruch gemacht worden, welcher für 2–300 F. Erze schütten wird. *Humboldt; der Schluss des Satzes findet sich auf Bl. 10v als Ergänzung e).* [d] *Vgl. Bl. 10v.* [e] (1) Flöz (2) Lager *Humboldt* [f] uranfänglichen *ergänzt Humboldt* [g] (1) bisher (2) ehemals *Humboldt* [h] Braunstein *Schreiber, ändert Hrsg.* [i] (1) wirft (2) giebt *Humboldt*

indirektes Verkehr mit Guinea, ein Verkehr welches seit Jahrhunderten besteht. Der Grünstein schmilzt von selbst und die flüssige Masse wird gleich den Münzen zu Glasknöpfen ausgeprägt, von denen 240. Stück der wohlfeilsten 6. xr kosteten.

Fünf Knopfhütten im Obergebirge fabriziren jährlich für 9–10000. fl – Patterln, – das ist an 800,000. Dutzend Knöpfe.

Sie gehen meist nach Hamburg, Amsterdam, Frankfurth und Leipzig und von da nach England und Frankreich zum afrikanischen Sklavenhandel. Mehr ähnliche Fabriken in der obern Pfalz und Böhmen haben durch wohlfeiles Brennmaterial den grossen Vortheil, den die inländischen Besitzer bisher (trotz der unendlichen Wohlfeilheit der Waare) dabei hatten, sehr verringert.

Serpentinsteine, wovon ein Bruch bey der Goldmühl ist, wird in Goldkronach zu Gefässen verarbeitet. Schöner kommt dies Fossil auf der Wachheit oder Heide bey der Zelle vor, wo auch edle Granaten sich finden.[3]

Die Goldkronacher Refier zählt gegenwärtig, wie einige Bergämter im Sächs. Obergebirge, nur noch 51. Berg- und 60. Hüttenleute. Dennoch machen die dortigen 6. Drathzüge zu Bernek, Warmensteinach, Sophienthal, und Weidenberg, und die Frischfeuer zu Röhrenhof, Bischofsgrün, und Knopfhammer in einer so wilden Gegend ein wichtiges Objekt der National-Industrie aus.

Sie fabriziren an Eisen jährlich an 36000 fl,[4] dazu die Vitriol und Alaun Produktion von 21500 fl. die Patterln zu 10500 fl. zusammen ein Erzeugniss aus dem Mineralreich von 70500 fl. –

Berg Amt Wunsiedel – ein jüngerer Bergbau, als der zu Goldkronach, (die Periode des flors der Zinngruben abgerechnet) sehr vernachläsigt und noch jezt in einem chaotischen Zustande.

Die Rohheit und Unwissenheit des Wunsiedler Bergvolks legt zwar viele Hindernisse in den Weeg, doch steht zu hoffen, dass dieser Zustand schnell umzuformen seyn wird, da in keiner Refier sich der Bergbau so schnell erweitert, da in keiner die flözähnliche Natur der Lagerstädte einen so einförmigen sicheren Betrieb veranlasst, als in dieser. Das [illegible] tableau welches in ~~[illegible]~~ [illegible] Verhältnisse der Selbstkosten von 1 [illegible] [illegible] [illegible] [illegible] [illegible] [illegible] [illegible] [illegible] [illegible] [illegible] dessen indirektes Verkehr mit Guinea, ein Verkehr welches seit Jahrhunderten besteht. Der Grünstein schmilzt von selbst und die flüßige Maße wird gleich den Münzen zu Glasknöpfen ausgeprägt, von denen 240. Stück der wohlfeilsten 6 Kr. kostete.

Fünf Knopfhütten im Obergebirge fabriziren jährlich für 9–10000. f. – Patterle – das ist an 800,000. Duzend Knöpfe.

Sie gehen meist nach Hamburg, Amsterdam, Frankfurth und Lipzig und von da nach England und Frankreich zum afrikanischen Sklavenhandel. Neun ähnliche Fabriken in der oberen Pfalz und Böhmen haben durch wohlfeiles Brennmaterial den großen Vortheil, den die inländischen Besitzer bisher (trotz der unendlichen Wohlfeilheit der Waar) dabei hatten, sehr verringert.

Serpentinstein, wovon ein Bruch beÿ der Goldmühl ist, wird in Goldkronach zu Gefäßen verarbeitet. Schöner kommt dies [Fossil][a] und der Nephrit oder Jade beÿ der Kotzau vor, wo auch edle Granaten sich finden.[3./b]

Die Goldkronacher Refier zählt gegenwärtig, wie einige Bergaemter im Sächßischen Obergebirge, nur noch 51. Berg- und 60. Hüttenleute. Dennoch machen die dortigen 6. Drathzüge zu Bernek, Warmensteinach, Sophienthal und Weidenberg, und die Frischfeuer zu Röhrenhof, Bischofgrün, und Knopfhammer in einer so wilden Gegend ein wichtiges Objekt der National-Industrie aus.

Sie fabriziren in Eisen jährlich an 30000 f.[4.c], dazu die Vitriol und Alaun-Produktion von 21500 f. die Patterle zu 10500 f. zusammen ein Erzeugniß aus dem Mineralreich von 75000 f.–

Berg=Amt Wunsiedel – ein jüngerer Bergbau, als der zu Goldkronach, (die Periode des Flors der Zinngruben abgerechnet) stets vernachläßigt und noch jezt in einem chaotischen Zustande.

Die Rohheit und Unwißenheit des Wunsiedler Bergvolks legt zwar viele Hinderniße in den Weeg, doch steht zu hoffen, daß dieser Zustand schnell umzuformen seÿn wird, da in keiner Refier sich der Bergbau so schnell erweitert, da in keiner die flözähnliche Natur der Lagerstädte einen so einförmigen sicheren Betrieb veranlaßt, als in dieser. *Das angefertigte Betriebs=tableau welches in authentischen*[d] *Verhältnissen die Selbstkosten von 1 Ct. Eisenstein für jede Grube in Schichtlohn, Gezähkosten und Grubenholz angiebt, spricht sehr für den verbesserten Haushalt in dieser Refier.*[e]

---

[a] Fasil *Schreiber, ändert Hrsg.* [b] *Ergänzung Nr. 3. siehe Bl. 13r.* [c] *Ergänzung Nr. 4. siehe Bl. 13r.*
[d] (1) Zahlen u B (2) authentischen *Humboldt* [e] *Dieser Satz von Humboldts Hand, wahrscheinlich 1795.*

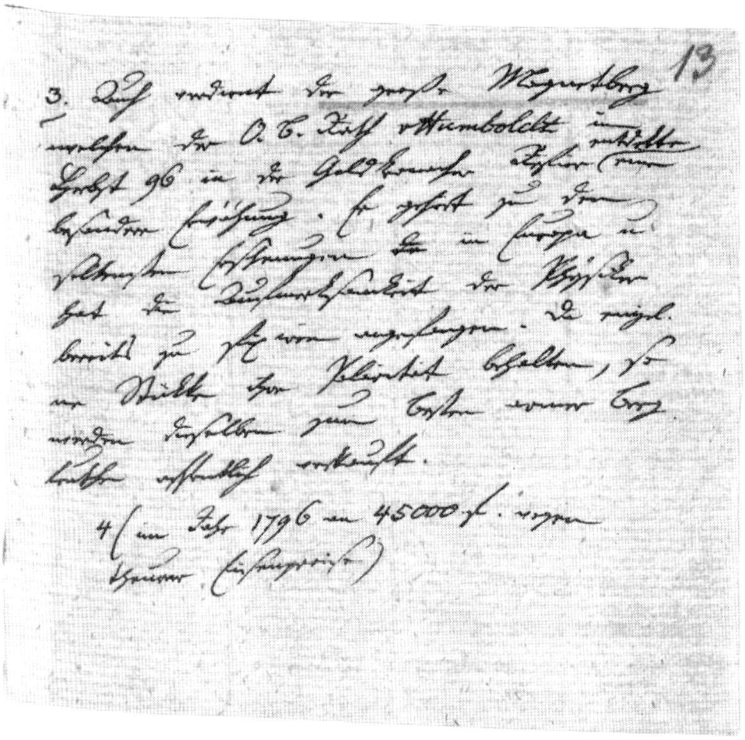
13

3. Auch verdient der große Magnetberg
welchen der O.B. Rath v Humboldt im Herbst 96 in der Goldkronacher Refier entdeckte [illegible]
besondere Erwähnung. Er gehört zu den
seltensten Erscheinungen die in Europa [illegible]
hat die Aufmerksamkeit der Physiker
bereits auf sich [illegible]. Die [illegible]
[illegible] Stücke ihre Polarität behalten, so
werden dieselben zum Besten einer Berg-
kasse öffentlich verkauft.

4 (im Jahr 1796 um 45000 f. [illegible]
[illegible] Einkaufspreis)

[Ergänzungen von Humboldts Hand aus dem Jahr 1797 zu Bl. 12v:]

3. Auch verdient der große Magnetberg welchen der O[ber] B[erg] Rath v[on] *Humboldt* im Herbst 96. in der Goldkronacher Refier entdekte[a], eine besondere Erwähnung. Er gehört zu den seltensten Erscheinungen in[b] Europa und hat die Aufmerksamkeit der Phÿsiker bereits zu fixiren angefangen. Da einzelne Stükke ihre Polarität behalten, so werden dieselben zum besten armer Bergleuthe öffentlich verkauft.

4 (im Jahr 1796 an 45000 f. wegen theurer Eisenpreise)

---

[a] entdekte *ergänzt Humboldt* [b] (1) In (2) in *Humboldt*

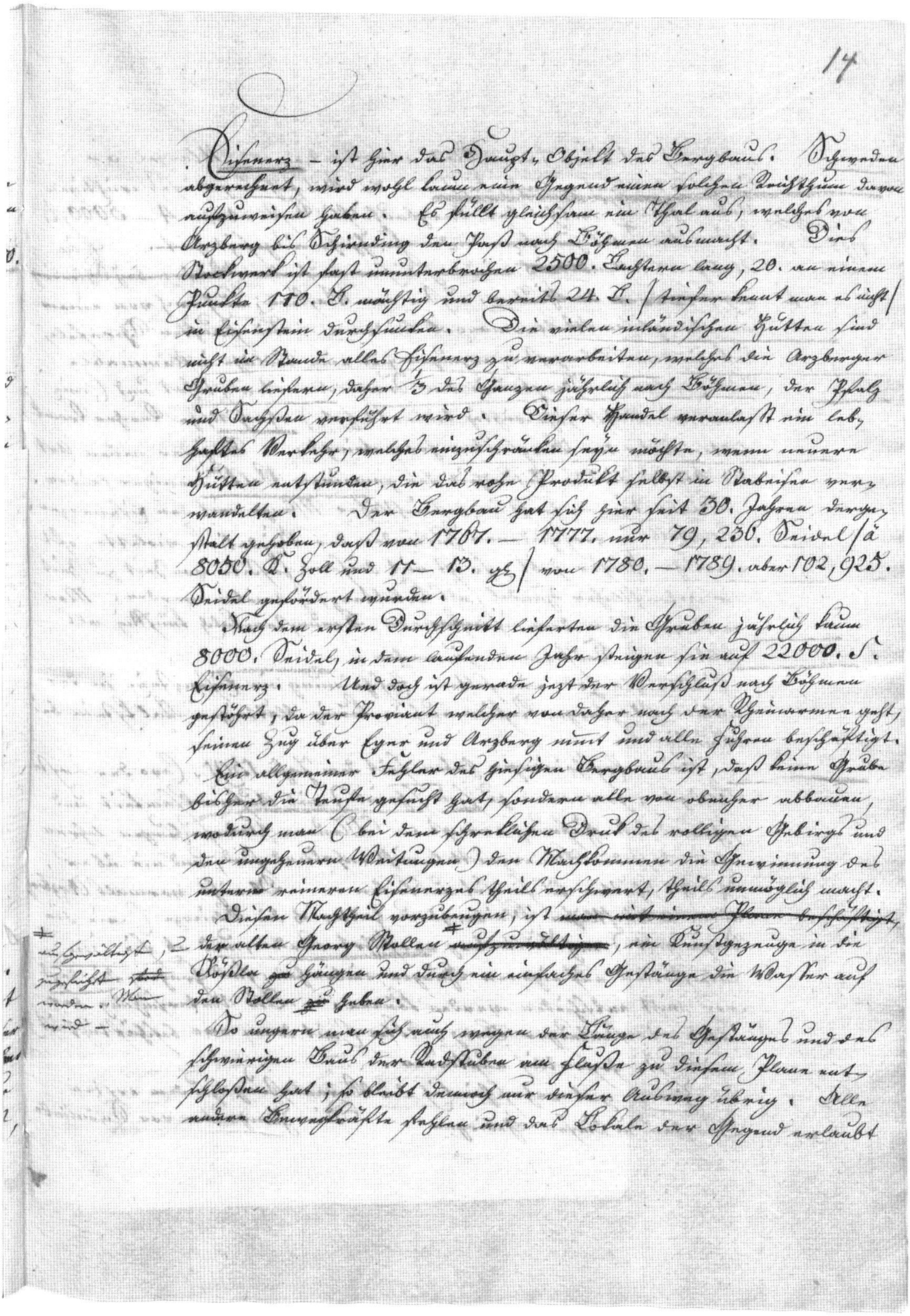

14

~~Eisenerz~~ – ist hier das Haupt-Objekt des Bergbaus. Schweden abgerechnet, wird wohl kaum eine Gegend einen solchen Reichthum davon aufzuweisen haben. Es füllt gleichsam ein Thal aus, welches von Arzberg bis Schirnding den Paß nach Böhmen ausmacht. Dies Stockwerk ist fast ununterbrochen 2500. Lachtern lang, 20. an einem Punkte 110. L. mächtig und bereits 24. L. (tiefer kennt man es nicht) in Eisenstein durchsunken. Die vielen inländischen Hütten sind nicht im Stande alles Eisenerz zu verarbeiten, welches die Arzberger Gruben liefern, daher 1/3 des Ganzen jährlich nach Böhmen, der Pfalz und Sachsen verführt wird. Dieser Handel veranlaßt ein lebhaftes Verkehr, welches einzuschränken [illegible] möchte, wenn neuere Hütten entstünden, die das rohe Produkt selbst in Fabriken verwandelten. Der Bergbau hat sich hier seit 30. Jahren dergestalt gehoben, daß von 1767. – 1777. nur 79,236. Seidel (à 8050. C. Zoll und 11 – 13. [illegible]) von 1780. – 1789. aber 102,925. Seidel gefördert wurden.

Nach dem ersten Durchschnitt lieferten die Gruben jährlich kaum 8000. Seidel, in dem laufenden Jahr steigen sie auf 22000. S. Eisenerz. Und doch ist gerade jezt der Verschluß nach Böhmen gestöhrt, da der Proviant welcher von daher nach der Armee geht, seinen Zug über Eger und Arzberg nimt und alle Fuhren beschäftigt.

Ein allgemeiner Fehler des hiesigen Bergbaus ist, daß keine Grube bisher die Teufe gesucht hat, sondern alle von obenher abbauen, wodurch man (bei dem schrecklichen Druck des rolligen Gebirgs und den ungeheuren Weitungen) den Nachkommen die Gewinnung des untern reineren Eisenerzes theils erschwert, theils unmöglich macht.

Diesem Nachtheil vorzubeugen, ist ~~man mit einem Plane beschäftigt,~~ der alten Georg Stollen ~~aufzuwältigen~~ +, ein Kunstgezeuge in die Rösche ~~zu~~ hängen und durch ein einfaches Gestänge die Wasser auf den Stollen ~~zu~~ heben.

+ aufgewältiget, ~~zugleicht~~ ~~und~~ werden. Man wird –

So ungern man sich auch wegen der Länge des Gestänges und des schwierigen Baus der Radstuben am Flusse zu diesem Plane entschlossen hat; so bleibt dennoch nur dieser Ausweg übrig. Alle andere Kunstkräfte fehlen und das Lokale der Gegend erlaubt

Eisenerz – ist hier das Haupt-Objekt des Bergbaus. Schweden abgerechnet, wird wohl kaum eine Gegend einen solchen Reichthum davon aufzuweisen haben. Es füllt gleichsam ein Thal aus, welches von Arzberg bis Schirnding den Paß nach Böhmen ausmacht. Dies Stockwerk ist fast ununterbrochen 2500. Lachtern lang, 20. an einem Punkte 110 L[achter] mächtig und bereits 24 L. / tiefer kennt man es nicht / in Eisenstein durchsunken. Die vielen inländischen Hütten sind nicht im Stande alles Eisenerz zu verarbeiten, welches die Arzberger Gruben liefern, daher 1/3 des Ganzen jährlich nach Böhmen, der Pfalz und Sachßen verführt wird. Dieser Handel veranlaßt ein lebhaftes Verkehr, welches einzuschränken seÿn möchte, wenn neuere Hütten entstunden, die das rohe Produkt selbst in Stabeisen verwandelten. Der Bergbau hat sich hier seit 30. Jahren dergestalt gehoben, daß von 1767.–1777. nur 79,230. Seidel / à 8050. K[ubik] Zoll und 11–13. Gulden / von 1780.–1789. aber 102,925. Seidel gefördert wurden.

Nach dem ersten Durchschnitt lieferten die Gruben jährlich kaum 8000 Seidel, in dem laufenden Jahr steigen sie auf 22000 S[eidel] Eisenerz. Und doch ist gerade jezt der Verschluß nach Böhmen gestöhrt, da der Proviant welcher von daher nach der Rheinarmee geht, seinen Zug über Eger und Arzberg nimmt und alle Fuhren beschäftigt.

Ein allgemeiner Fehler des hiesigen Bergbaus ist, daß keine Grube bisher die Teufe gesucht hat, sondern alle von obenher abbauen, wodurch man (bei dem schreklichen Druck des rolligen Gebirgs und den ungeheuern Weitungen) den Nachkommen die Gewinnung des untern reineren Eisenerzes theils erschwert, theils unmöglich macht.

Diesem Nachtheil vorzubeugen, ist der alten Georg Stollen *aufgewältigt, und zugeführt worden. Man wird* ein Kunstgezeuge in die Rößla hängen und durch ein einfaches Gestänge die Wasser auf den Stollen heben.[a]

So ungern man sich auch wegen der Länge des Gestänges und des schwierigen Baus der Radstuben am Fluße zu diesem Plane entschloßen hat; so bleibt dennoch nur dieser Ausweg übrig: Alle andern Bewegkräfte fehlen und das Lokale der Gegend erlaubt

---

[a] (1) Diesem Nachtheil vorzubeugen, ist man mit einem Plane beschäftigt, den alten Georg Stollen aufzuwältigen, ein Kunstgezeuge in die Rößla zu hängen und durch ein einfaches Gestänge die Wasser auf den Stollen zu heben.

(2) Diesem Nachtheil vorzubeugen, ist der alten Georg Stollen *aufgewältigt, und zugeführt worden. Man wird* ein Kunstgezeuge in die Rößla hängen und durch ein einfaches Gestänge die Wasser auf den Stollen heben. *Korrektur am Rand und im Text von Humboldts Hand. Gehört wahrscheinlich an das Ende dieses Absatzes; Ergänzung g) von Bl. 10v.*

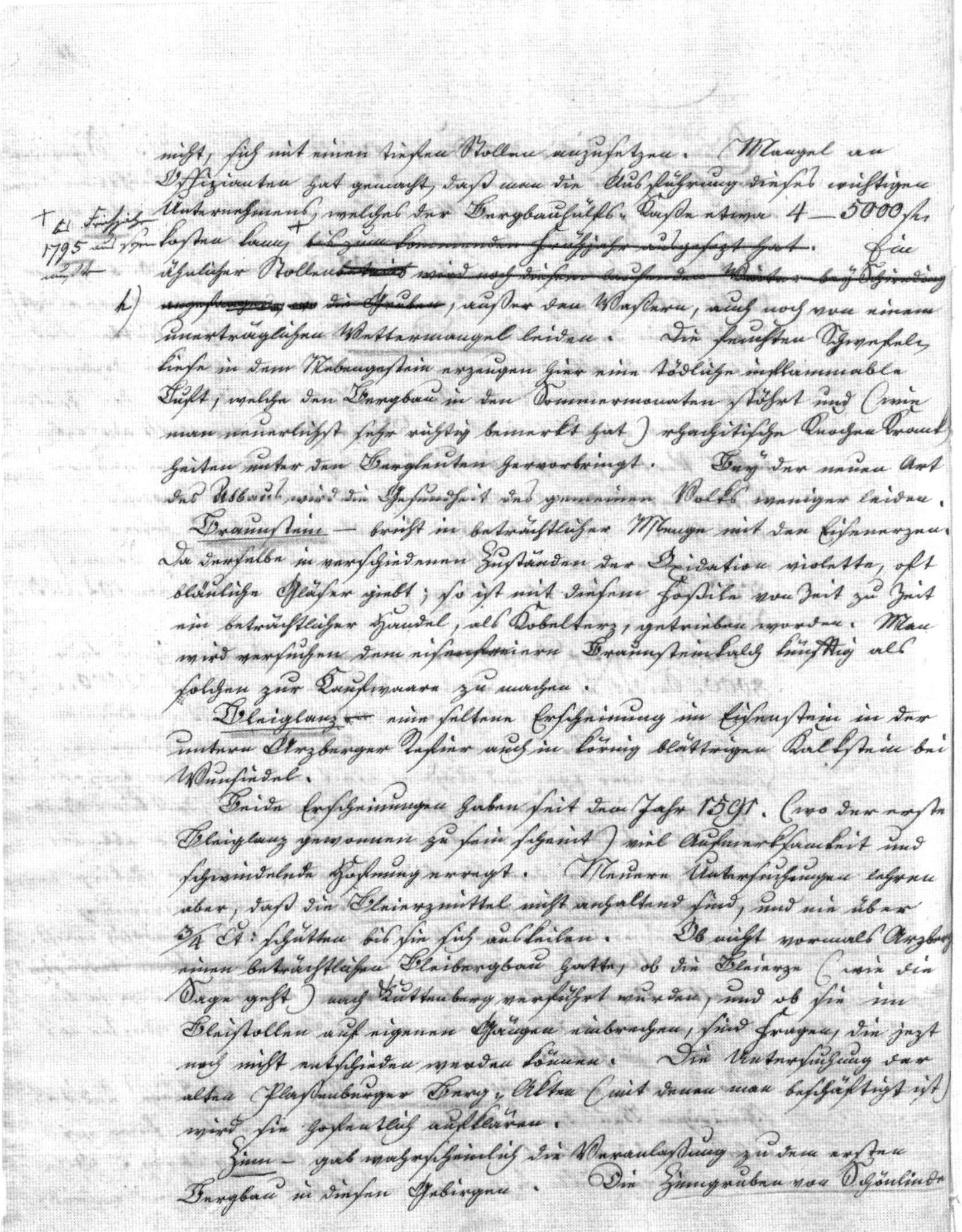

nicht, sich mit einem tiefen Stollen anzusetzen. (Mangel an Officianten hat gemacht, daß man die Ausführung dieses wichtigen Unternehmens, welches der Bergbauhülfs-Casse etwa 4–5000 fl. kosten kann + ~~[illegible]~~. Für ähnlicher Stollen ~~[illegible]~~, außer den Wassern, auch noch von einem unerträglichen Wettermangel leiden. Die feuchten Schwefelkiese in dem Rabensteiner erzeugen hier eine tödliche inflammable Luft, welche den Bergbau in den Sommermonaten stöhrt und (wie man neuerlichst sehr richtig bemerkt hat) rhachitische Knochen Krankheiten unter den Bergleuten hervorbringt. Bey der neuen Art des Abbaus wird die Gesundheit des gemeinen Volks weniger leiden.

+ [illegible] 1795 [illegible]

b)

Braunstein – bricht in beträchtlicher Menge mit den Eisenerzen. Da derselbe in verschiedenen Zuständen der Oxidation violette, oft bläuliche Gläser giebt; so ist mit diesem Fossile von Zeit zu Zeit ein beträchtlicher Handel, als Kobalterz, getrieben worden. Man wird versuchen den ~~[illegible]~~ Braunsteinabsatz künftig als solchen zur Kaufmannswaare zu machen.

Bleiglanz – eine seltene Erscheinung im Eisenstein in der untern Arzberger Refier auch im körnig blättrigen Kalkstein bei Wunsiedel.

Beide Erscheinungen haben seit dem Jahr 1591. (wo der erste Bleiglanz gewonnen zu sein scheint) viel Aufmerksamkeit und schwindelnde Hoffnung erregt. Neuere Untersuchungen lehren aber, daß die Bleierzmittel nicht anhaltend sind, und nie über 3/4 Lr. schütten bis sie sich auskeilen. Ob nicht vormals Arzberg einen beträchtlichen Bleibergbau hatte, ob die Bleierze (wie die Sage geht) nach Nürnberg verführt wurden, und ob sie im Bleistollen auf eigenen Gängen einbrechen, sind Fragen, die jezt noch nicht entschieden werden können. Die Untersuchung der alten (Plassenburger Berg-Akten (mit denen man beschäftigt ist) wird sie hoffentlich aufklären.

Zinn – gab wahrscheinlich die Veranlassung zu dem ersten Bergbau in diesen Gebirgen. Die Zinngruben von Schönlinde nicht, sich mit einen tiefen Stollen anzusetzen. Mangel an Offizianten hat gemacht, daß man die Ausführung dieses wichtigen Unternehmens, welches der Bergbauhülfs-Kaße etwa 4–5000 f. kosten kann, *bis Frühjahr 1795 aus sezen mußte*[a]. Ein ähnlicher Stollen

h)[b] außer den Waßern, auch noch von einem unerträglichen Wettermangel leiden. Die feuchten Schwefelkiese in dem Nebengestein erzeugen hier eine tödliche inflammable Luft, welche den Bergbau in den Sommermonaten stöhrt und (wie man neuerlichst sehr richtig bemerkt hat) rhachitische Knochen Krankheiten unter den Bergleuten hervorbringt. Beÿ der neuen Art des Abbaus wird die Gesundheit des gemeinen Volks weniger leiden.

Braunstein – bricht in beträchtlicher Menge mit den Eisenerzen. Da derselbe in verschiedenen Zuständen der Oxidation violette, oft bläuliche Gläser giebt; so ist mit diesem Foßile von Zeit zu Zeit ein beträchtlicher Handel, als Kobelterz, getrieben worden. Man wird versuchen, dem eisenfreiern Braunsteinkalch künftig als solchen zur Kaufwaare zu machen.

Bleiglanz – eine seltene Erscheinung im Eisenstein in der untern Arzberger Refier auch in körnig blättrigen Kalkstein bei Wunsiedel.

Beide Erscheinungen haben seit dem Jahr 1591. (wo der erste Bleiglanz gewonnen zu sein scheint) viel Aufmerksamkeit und schwindelnde Hofnung erregt. Neuere Untersuchungen lehren aber, daß die Bleierzmittel nicht anhaltend sind, und nie über ¾ Ct: schütten, bis sie sich auskeilen. Ob nicht vormals Arzberg einen beträchtlichen Bleibergbau hatte, ob die Bleierze (wie die Sage geht) nach Kuttenberg verführt wurden, und ob sie im Bleistollen auf eigenen Gängen einbrechen, sind Fragen, die jezt noch nicht entschieden werden können. Die Untersuchung der alten Plaßenburger Berg-Akten (mit denen man beschäftigt ist) wird sie hofentlich aufklären.

Zinn – gab wahrscheinlich die Veranlaßung zu dem ersten Bergbau in diesen Gebirgen. Die Zinngruben von Schönlinde

---

[a] (1) kosten kann, bis zum kommenden Frühjahr ausgesezt hat (2) kosten kann, bis Frühjahr 1795 aus sezen mußte *Korrektur am Rand und im Text von Humboldts Hand, wahrscheinlich 1795.* [b] (1) ähnlicher Stollenbetrieb wird noch diesen laufenden Winter beÿ Schirnding angefangen an der Grube (2) *Humboldts Einfügung h) siehe Bl. 15r.*

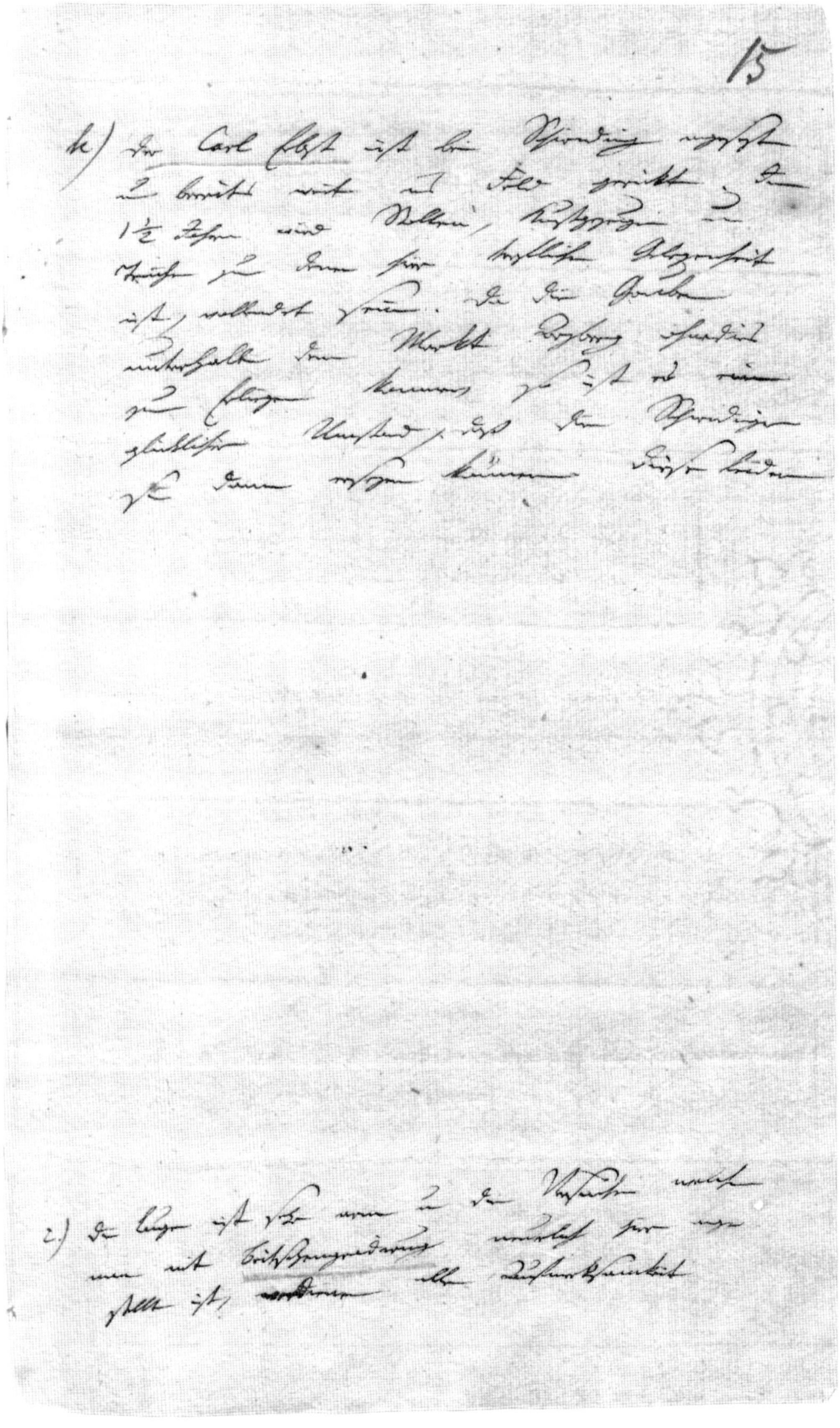

[Ergänzungen von Humboldts Hand aus dem Jahr 1796:]

h) der Carl Erbst[ollen] ist bei Schirnding angesezt u[nd] bereits weit ins Feld gerükt. In 1 ½ Jahren wird Stollen, Kunstgezeugen u[nd] Teufe zu dem hier trefliche Gelegenheit ist, vollendet sein. Da die Gruben unterhalb dem Markt Arzberg ohnedies zum Erliegen kamen so ist es ein glüklicher Umstand, daß die Schirndinger sie denn ersezen können. Diese leiden[a]

i) Die Lauge ist sehr arm und die Versuche welche man mit [Pritschengradirung][b] neuerlich hier angestellt [hat][c], verdienen alle Aufmerksamkeit[d]

---

[a] *Ergänzung h) zu Bl. 14v.* [b] Britschengradirung *Humboldt, ändert Hrsg.* [c] ist *Humboldt, ändert Hrsg.*
[d] *Ergänzung i) zu Bl. 16r.*

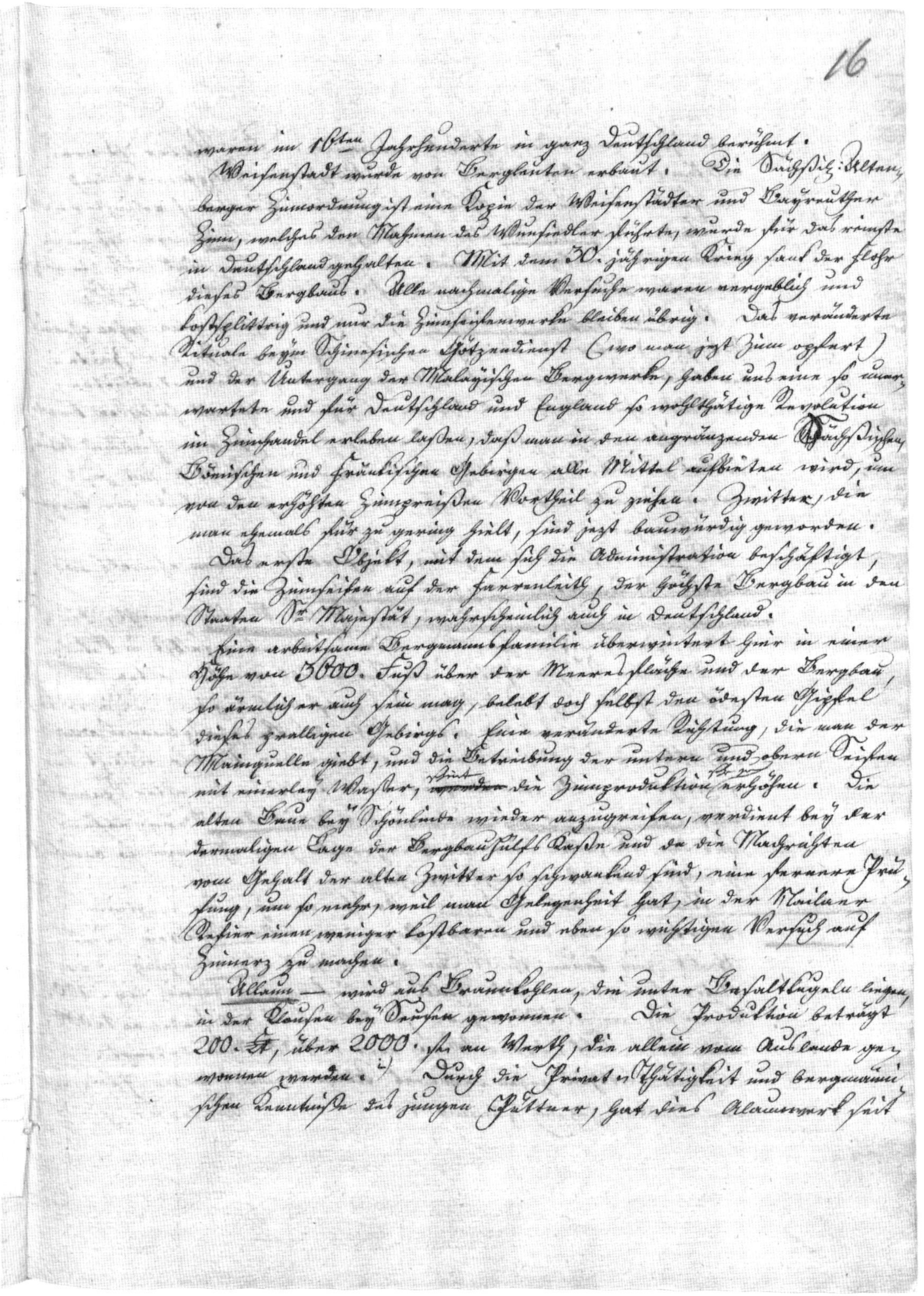

16

waren im 16ten Jahrhunderte in ganz Deutschland berühmt.
Weißenstadt wurde von Bergleuten erbaut. Die Sächsisch: Alten-
berger Zinnordnung ist eine Copie der Weißenstädter und Bayreuther.
Zinn, welches den Nahmen des Wunsiedler führte, wurde für das reinste
in Deutschland gehalten. Mit dem 30. jährigen Krieg fand der Flor
dieses Bergbaus. Alle nachmaligen Versuche waren vergeblich und
kostsplittrig und nur die Zinnseifenwerke bleiben übrig. Das veränderte
Ritual beym Chinesischen Götzendienst (wo man jetzt Zinn opfert)
und der Untergang der Malayischen Bergwerke, haben uns eine so uner-
wartete und für Deutschland und England so wohlthätige Revolution
im Zinnhandel erleben lassen, daß man in den angränzenden Sächsischen,
Böhmischen und fränkischen Gebirgen alle Mittel aufbieten wird, um
von den erhöhten Zinnpreisen Vortheil zu ziehen. Zwitter, die
man ehemals für zu gering hielt, sind jetzt bauwürdig geworden.
Das erste Objekt, mit dem sich die Administration beschäftigt,
sind die Zinnseifen auf der Fürstenleithe, der höchste Bergbau in den
Staaten Ew. Majestät, wahrscheinlich auch in Deutschland.
Eine arbeitsame Bergmannsfamilie überwintert hier in einer
Höhe von 3600. Fuß über der Meeresfläche und der Bergbau,
so ärmlicher auch sein mag, belebt doch selbst den ödesten Gipfel
dieses gewaltigen Gebirgs. Eine veränderte Richtung, die man der
Mainquelle giebt, und die Betreibung der untern und obern Seifen
mit einerley Wasser, ~~wurden~~ wird die Zinnproduktion erhöhen. Die
alten Baue bey Schönlind wieder anzugreifen, verdient bey der
dermaligen Lage der Bergbauhülfs Casse und da die Nachrichten
vom Gehalt der alten Zwitter so schwankend sind, eine fernere Prü-
fung, um so mehr, weil man Gelegenheit hat, in der Weilaner
Refier einen weniger kostbaren und eben so wichtigen Versuch auf
Zinnerz zu machen.
Alaun — wird aus Braunkohlen, die unter Basaltkugeln liegen,
in der Lausen bey [illegible] gewonnen. Die Produktion beträgt
200. Ct., über 2000. fl. an Werth, die vorher vom Auslande ge-
nommen wurden. *) Durch die Privatthätigkeit und bergmänni-
schen Kenntnisse des jungen Güttner, hat dies Alaunwerk seit

waren im 16ten Jahrhunderte in ganz Deutschland berühmt.

[Weißenstadt][a] wurde von Bergleuten erbaut. Die Sächßisch Altenberger Zinnordnung ist eine Kopie der [Weißenstädter][b] und Baÿreuther. Zinn, welches den Nahmen des Wunsiedler führte, wurde für das reinste in Deutschland gehalten. Mit dem 30.jährigen Krieg sank der Flohr dieses Bergbaus. Alle nachmalige Versuche waren vergeblich und kostsplittrig und nur die Zinnseifenwerke bleiben übrig. Das veränderte Rituale beÿm Schinesischen Götzendienst (wo man jezt Zinn opfert) und der Untergang der Malaÿischen Bergwerke, haben uns eine so unerwartete und für Deutschland und England so wohlthätige Revolution im Zinnhandel erleben laßen, daß man in den angränzenden Sächßischen, Bömischen und Fränkischen Gebirgen alle Mittel aufbieten wird, um von den erhöhten Zinnpreißen Vortheil zu ziehen. Zwitter, die man ehemals für zu gering hielt, sind jetzt bauwürdig geworden.

Das erste Objekt, mit dem sich die Administration beschäftigt, sind die Zinnseifen auf der Farrenleith, der höchste Bergbau in den Staaten Sr Majestät, wahrscheinlich auch in Deutschland.

Eine arbeitsame Bergmannsfamilie überwintert hier in einer Höhe von 3600. Fuß über der Meeresfläche und der Bergbau, so ärmlich er auch sein mag, belebt doch selbst den ödesten Zipfel dieses pralligen Gebirgs. Eine veränderte Richtung, die man der Mainquelle giebt, und die Betreibung der untern und obern Seifen mit einerleÿ Waßer, scheint[c] die Zinnproduktion sehr zu[d] erhöhen. Die alten Baue beÿ Schönlinde wieder anzugreifen, verdient beÿ der dermaligen Lage der Bergbauhülfs Kaße und da die Nachrichten vom Gehalt der alten Zwitter so schwankend sind, eine fernere Prüfung, um so mehr, weil man Gelegenheit hat, in der Nailaer Refier einen weniger kostbaren und eben so wichtigen Versuch auf Zinnerz zu machen.

Allaun – wird aus Braunkohlen, die unter Basaltkugeln liegen, in der Klausen beÿ [Seußen][e] gewonnen. Die Produktion beträgt 200. Ct, über 2000 f. an Werth, die allein vom Auslande gewonnen werden.[i)] [f] Durch die Privat-Thätigkeit und bergmännischen Kenntniße des jungen Püttner, hat das Alaunwerk seit

[a] Weisenstadt *Schreiber, ändert Hrsg.* [b] Weisenstädter *Schreiber, ändert Hrsg.* [c] (1) werden (2) scheint *Humboldt* [d] sehr zu *ergänzt Humboldt* [e] Seusen *Schreiber, ändert Hrsg.* [f] *Ergänzung i) siehe Bl. 15r.*

einen Jahr eine andere Gestalt gewonnen. Die Kolter ist ver-
vollkommt nach dem Muster der Rüdlingischen Salzpfannen und
die Förderung aus der Grube durch einen Huntelauf erleichtert.

In der Nähe der Basalte und Thongruben am Reichsberge, ist einige
Hofnung auf Steinkohlen, die vielleicht dauernder seyn wird, als die noch
immer unentschiedenen bei Lauzendorf. Man ist mit Schürfen beschäftigt.

Von Gold zeigen sich in dieser Refier (wie fast in allen hohen Granit
Gebirgen) unter den Seifen häufige Spuren. In den Zeiten
der Unkultur, wo man nach Willkühr, Bäche stauen und ableiten,
die Gründe ohne Wiesen und Aeckern zu schaden, überall durchsuchen konnte,
waren Goldwäschen häufig und vortheilhaft. Je mehr Feld und Wie-
senbau zunimmt, desto eingeschränkter wird das Suchen und jezt
erregt es selbst auf dem Gipfel der hohen Kammerlinie die Klagen
der Anwohner.

Kupfer, selbst silberhaltige Kupfererze, waren ehemals das
Objekt des Sparnecker Bergbaus.

In neuern Zeiten wurde ein unglücklicher Versuch gemacht, den-
selben wieder aufzunehmen. Man irrte aber selbst im Lokale,
da der neue Segen Gottes am Jobstenbühl von der alten be-
rühmten Grube (gleiches Namens) entfernt liegt. Die thäti-
gen Bemühungen und die gute Absicht des Berghauptmanns von
Bothmer um diesen Bau wurden von der Natur schlecht be-
günstigt. Ob aber überhaupt der Reichthum der alten Sparnecker
Kupfergruben oder nicht vielmehr der Zwist der Burggrafen
mit den Vasallen über das Bergregale jenes Gebirge so berühmt
gemacht hat, ist noch nicht entschieden.

Marmor- und Kalkstein-Brüche erregen ein wichtiges
Verkehr in der Arzberger Gegend. Der Kalkstein wird
theils zum bauen theils zum Fluß, theils zur Düngung der
Aecker benuzt. 21. Kalköfen liefern hier jährlich bey 2400.
Kl: Holz, an 18500. Scheer (a 1200. Kub Zoll) oder an 12000.
Kub. Fuß Kalk, deren Werth über 12000. Thlr beträgt.

Zwey Drittheil gehen davon ins Ausland, meist in die Pfalz, wo
der Bedarf jährlich zunimmt. Sonderbar genug

einem Jahr eine andern Gestalt gewonnen. Die Koktur ist vervollkommet nach dem Muster der Büklingischen Salzpfannen und die Förderung aus der Grube durch einen Huntslauf erleichtert.

In der Nähe der Basalte und Thongruben am Steinberge[a], ist einige Hofnung auf Steinkohlen, die vielleicht dauernder sein wird, als die noch immer unentschiedene bei Langendorf. *Man ist mit Bohrversuchen hierselbst beschäftigt.*[b]

Von Gold zeigen sich in dieser Refier (wie fast in allen hohen Granit-Gebirgen) unter den Zinnerzen häufige Spuren. In den Zeiten der Unkultur, wo man nach Willkühr, Bäche [stauen][c] und ableiten, die Trübe ohne Wiesen und Aekern zu schaden, überall hinlaßen konnte, waren Goldwäschen häufig und vortheilhaft. Je mehr Feld und Wiesenbau zunimmt, desto eingeschränkter wird das Seiffen und jezt erregt es selbst auf dem Gipfel der hohen Farrenleith die Klagen der Anwohner.

Kupfer, selbst silberhaltige Kupferkiese, waren ehemals das Objekt des Sparne[c]ker Bergbaus.

In neuern Zeiten wurde ein unglücklicher Versuch gemacht, denselben wieder aufzunehmen. Man irrte aber selbst im Lokale, die der neue Seegen Gottes am Jobstenbühl von der alten berufern Grube / gleiches Namens / entfernt liegt. Die thätigen Bemühungen und die gute Absicht des Berghauptmanns *von Bothmer* um diesen Bau wurde von der Natur schlecht begünstigt. Ob aber überhaupt der Reichthum der alten Sparne[c]ker Kupfergruben oder nicht vielmehr der Zwist der Berggrafen mit den Vasallen über das Bergregale jene Gebirge so berühmt gemacht hat, ist noch nicht entschieden.

Marmor- und Kalkstein-Brüche erregen ein wichtiges Verkehr in der Arzberger Gegend. Der Kalkstein wird theils zum bauen theils zum Fluß, theils zur Düngung der Aeker benuzt. 21. Kalköfen liefern hier jährlich beÿ 2400. Kl[after] Holz, an 18500. Chaar / a 1200. Kub[ik] Zoll / oder an 12000. Kub[ik] Fuß Kalk, deren Werth über 12000. Thlr. beträgt.

Zweÿ Drittheil gehen davon ins Ausland, meist in die Pfalz, wo der Bedarf jährlich zunimmt. Sonderbar genug

[a] (1) Steigberge (2) Steinberge *Humboldt* [b] *Dieser Satz von Humboldts Hand, wahrscheinlich 1795.*
[c] stauden *Schreiber, ändert Hrsg.*

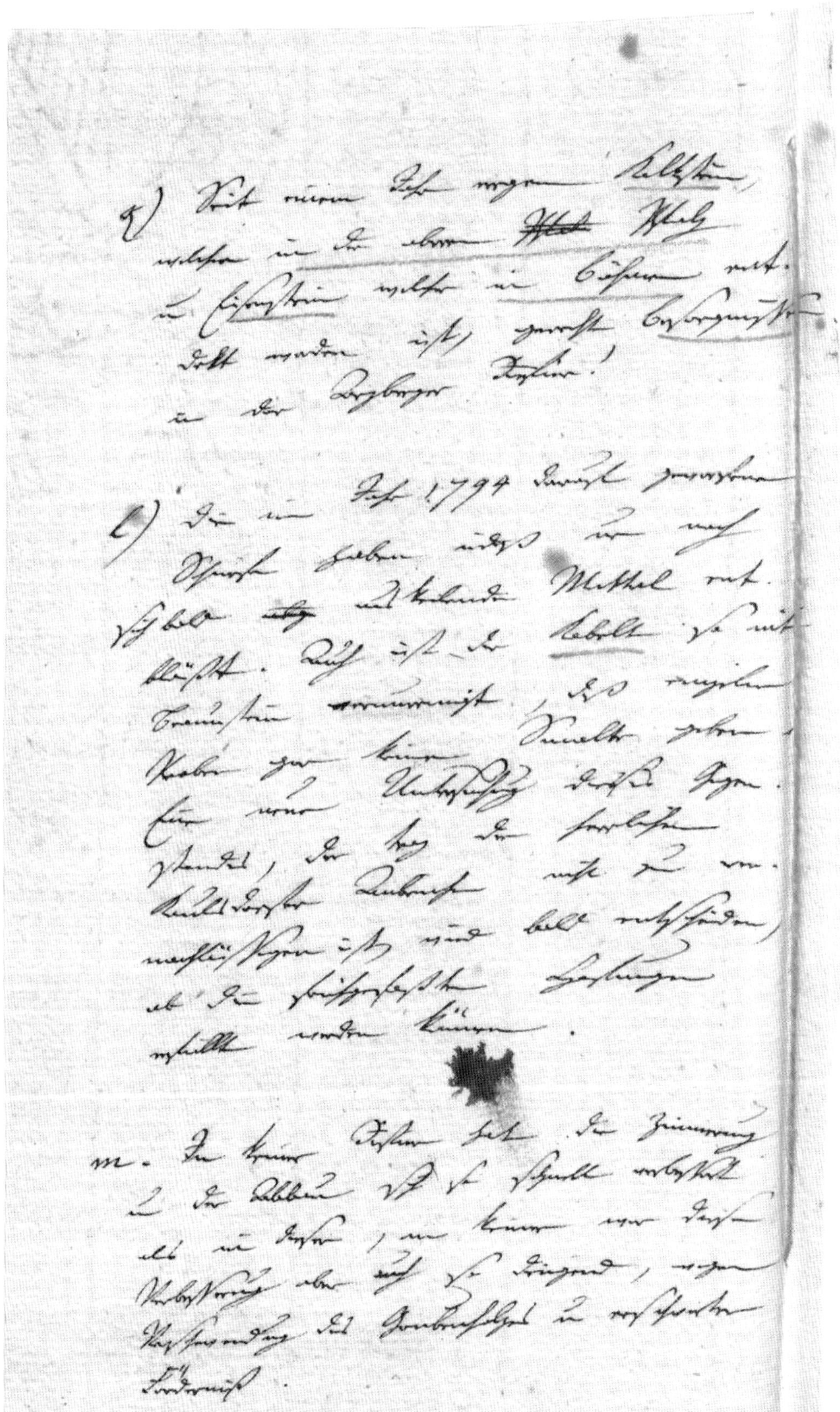

[Ergänzungen von Humboldts Hand aus dem Jahr 1796 zu Bl. 18r:]

k) Seit einem Jahr erregen Kalkstein welcher in der oberen Pfalz[a] und Eisenstein welcher in Böhmen entdekt worden ist, gerechte Besorgnisse in der Arzberger Refier!

l) Die im Jahr 1794 darauf geworfenen Schürfen haben indeß nur noch sich bald auskeilende[b] Mittel entblößt. Auch ist der Kobelt so mit Braunstein verunreinigt, daß einzelne Proben gar keine Smalte geben. Eine neuere Untersuchung dieses Gegenstandes, der troz der herrlichen Kaulsdorfer Anbrüche nicht zu vernachlässigen ist, wird bald entscheiden, ob die frühgefaßten Hofnungen erfüllt werden können.

m. In keiner Refier hat die Zimmerung und der Abbau sich so schnell verbessert als in dieser, in keiner war diese Verbesserung aber auch so dringend, wegen Verschwendung des Grubenholzes u[nd] erschwerter Förderniß.

---

[a] (1) Pflat (2) Pfalz *Humboldt* [b] (1) abg (2) auskeilende *Humboldt*

18

daß die Natur zween so nahe aneinander gränzende Länder ein nutzbares Produkt so ungleich ausgetheilt hat. 1)

Die vielen Brüche von Gestellstein, Basalt, Wetzschiefer und Granit übergehen wir. Nur die leztere verdienen besondere Aufmerksamkeit, da wohl wenige Gegenden Deutschlands ihre Granite architektonisch so vortreflich benuzen, als diese.

Speckstein bey Göpfersgrün, außer China und Cornwall nirgends so häufig in beiden Hemisphären, doch auch hier nur als fremdartiges Fossil, als Geschiebe. Woher? — ist unbekannt. Der Absatz nimmt gegenwärtig zu, da man neue Verbindungen mit Hamburg und Holland sucht. Die Produktion ist über 100. Zt: und 150. Thlr an Werth. Man ist beschäftigt größere Stücke zu chemischen Gefäßen umzuformen, weil der Gebrauch des Specksteins bisher so eingeschränkt ist. Auch die Art des Abbaus wird vervollkommt.

Kobalt, schlackiger schwarzer Erdkobalt bey Wunsiedel, theils vestehend, theils als Geschiebe so häufig, daß man in kurzer Zeit einige Zentner sammeln kann — eine neue und vielversprechende Entdeckung des Bergraths Tornesi. ~~Man hat auch im Gertsdorf einige Schürfe darauf werfen lassen und wird im Frühjahr mit einem Schachte niedergehen.~~ Die Gläser (Smalte) welche in Freiberg, Schneeberg und Bayreuth davon gemacht, sind vorzüglich schön ausgefallen. 2)

In der Wunsiedler Refier sind gegenwärtig 140. Berg- und 139. Hüttenleute. Die Mineralproduktion beträgt an 73000. Thlr wovon über 48,000. fl an baaren Sorten dem Auslande abgenommen werden. Das 2te Tableau enthält das nähere Detail davon.

Berg-Amt Naila — eines der merkwürdigsten erzführenden Gebirge Deutschlands, seit 5. Jahrhunderten fast ununterbrochen bebaut, nächst Schmalkalden und Lugsenberg der älteste Bergbau auf Eisen und Kupfer im nördlichen Deutschland.

Auch ist noch kein deutsches Gebirge bekannt, in dem sich so viele parallel streichende und auf 4 — 6000. Lr: fortsezzende Gänge befänden. Dennoch hat der jezige Nailaer Bergbau kaum noch einen schwachen Schimmer seines vormaligen Glanzes.

daß die Natur zween so nahe aneinander gränzende Länder ein nutzbares Produkt so ungleich ausgetheilt hat.[k)] [a]

Die vielen Brüche von Gestellstein, Basalt, Wetzschiefer und Granit übergehen wir. Nur die leztern verdienen besondere Aufmerksamkeit, da wohl wenige Gegenden Deutschlands ihre Granite architektonisch so vortreflich benuzen, als diese.

Speckstein beÿ Göpfersgrün, außer Schina und Cornwall nirgends so häufig in beiden Hämisphären, doch auch hier nur als fremdartiges Foßil, als Geschiebe. Woher? – ist unbekannt. Der Absatz nimmt gegenwärtig zu, da man neue Verbindungen mit Hamburg und Holland sucht. Die Produktion ist über 100. Ct: und 150. Thlr. an Werth. Man ist beschäftigt größere Stüke zu chemischen Gefäßen umzuformen, weil der Gebrauch des Spekstein̄s bisher so eingeschränkt ist. Auch die Art des Abbaus wird vervollkommet.

Kobelt, schlakkiger schwarzer Erdkobelt beÿ Wunsiedel, theils anstehend, theils als Geschiebe so häufig, daß man in kurzer Zeit einige Centner sammeln kann – eine neue und vielversprechende Entdeckung des Bergraths *Tornesi.*

Die[b] Gläßer / Smalte / welche in Freiberg, Schneeberg und Baÿreuth davon gemacht, sind vorzüglich schön ausgefallen.[l)] [c]

In der Wunsiedler Refier sind gegenwärtig 140. Berg- und 139. Hüttenleute.[m.] [d] Die Mineralproduktion beträgt an 78000. Thlr. wovon über 48,000 f. an baaren Sorten dem Auslande abgewonnen werden. Das 2te *Tableau* enthält das näher Detail davon.

Berg=Amt Naila – eines der merkwürdigsten erzführenden Gebirge Deutschlands, seit 5. Jahrhunderten fast ununterbrochen bebaut, nächst Schmalkalden und Kupferberg der älteste Bergbau auf Eisen und Kupfer im nördlichen Deutschland.

Auch ist noch kein deutsches Gebirge bekannt, in|dem sich so viele parallel streichende und auf 4–6000 L[achte]r fortsezenden Gänge befänden. Dennoch hat der jezige Nailaer Bergbau kaum noch einen schwachen Schimmer seines vormaligen Glanzes.

---

[a] *Ergänzung k) siehe Bl. 17v.* [b] *Tornesi.* | Man hat noch im Spätherbst einige Schürfe darauf werfen laßen und wird im Frühjahr mit einem Schacht niedergehen. *gestr.* | Die *Humboldt, wahrscheinlich 1795.*
[c] *Ergänzung l) siehe Bl. 17v.* [d] *Ergänzung m. siehe Bl. 17v.*

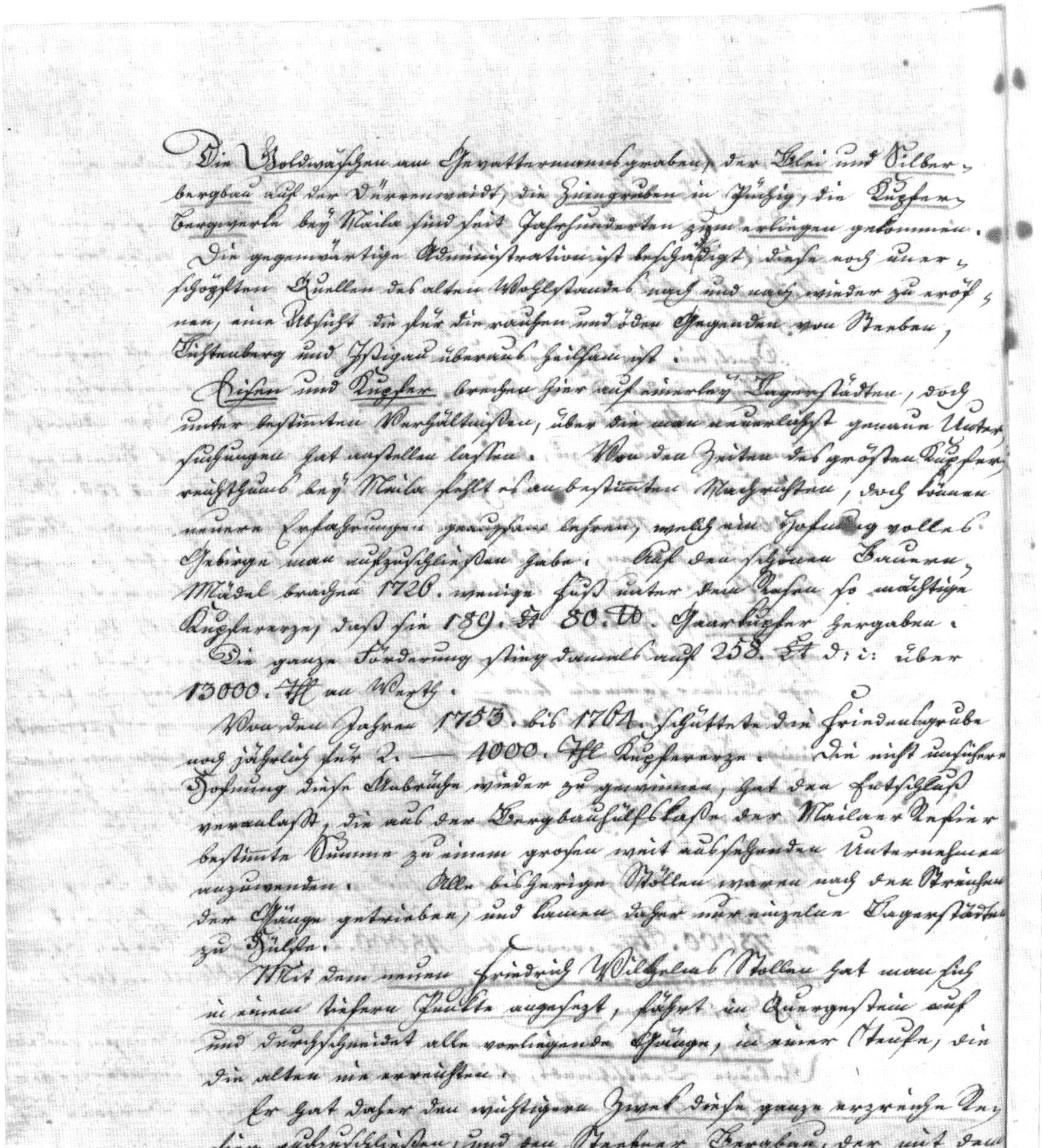

Die Goldwäschen am Schwarzenbachgraben, der Blei und Silberbergbau auf der Dürrenwaidt, die Zinngruben in Fichtig, die Kupferbergwerke bey Naila sind seit Jahrhunderten zum erliegen gekommen.
Die gegenwärtige Administration ist beschäftigt, diese noch unerschöpften Quellen des alten Wohlstandes nach und nach wieder zu eröfnen, eine Absicht die für die rauhen und öden Gegenden von Steben, Lichtenberg und Issigau überaus heilsam ist.

Eisen und Kupfer brechen hier auf einerley Lagerstädten, doch unter bestimmten Verhältnissen, über die man neuerlichst genaue Untersuchungen hat anstellen lassen. Von den Zeiten des größten Kupferreichthums bey Naila fehlt es an bestimmten Nachrichten, doch können neuere Erfahrungen gründlich lehren, welch ein Hofnung volles Gebirge man aufzuschließen habe. Auf dem schönen Brunnen Mädel brachen 1720. wenige Fuß unter dem Rasen so mächtige Kupfererze, daß sie 189. Ct 80. lb. Gaarkupfer hergaben. Die ganze Förderung stieg damals auf 258. Ct d: i: über 13000. fl an Werth.

Von den Jahren 1753. bis 1764. schüttete die Friedensgrube noch jährlich für 2.— 1000. fl Kupfererze. Die nicht unsichere Hofnung diese Anbrüche wieder zu gewinnen, hat den Entschluß veranlaßt, die aus der Bergbauhülfskasse der Nailaer Refier bestimmte Summe zu einem großen weit aussehenden Unternehmen anzuwenden. Alle bisherigen Stollen waren nach dem Streichen der Gänge getrieben, und lösen daher nur einzelne Lagerstädten zu Sohle.

Mit dem neuen Friedrich Wilhelms Stollen hat man sich in einem tiefern Puncte angesetzt, fährt im Quergestein auf und durchschneidet alle vorliegenden Gänge, in einer Teufe, die die alten nie erreichten.

Er hat daher den wichtigern Zweck dieses ganze erzreiche Refier aufzuschließen, und den Nailaer Bergbau, der mit dem Wohlstande des Landvolks so innigst verbunden ist, auf die entferntesten Zeiten zu sichern. Um bei dem Betrieb selbst desto sicherer zu gehen, hat man alle Nachrichten gesammelt, die nur irgend einen Einfluß auf die glückliche

Die Goldwäschen am Gevattermannsgraben, der Blei und Silberbergbau auf der Dürrenwaidt, die Zinngruben in Püchig, die Kupfer-Bergwerke beÿ Naila sind seit Jahrhunderten zum erliegen gekommen.

Die gegenwärtige Administration ist beschäfdigt[a], diese noch unerschöpften Quellen des alten Wohlstandes nach und nach wieder zu eröfnen, eine Absicht, die für die rauhen und öden Gegenden von Steeben, Lichtenberg und Ißigau überaus heilsam ist.

Eisen und Kupfer brechen hier auf einerleÿ Lagerstädten, doch unter bestimten Verhältnißen, über die man neuerlichst genaue Untersuchungen hat anstellen lassen. Von den Zeiten des größten Kupferreichthums beÿ Naila fehlt es an bestimmten Nachrichten, doch können neuere Erfahrungen genugsam lehren, welch ein Hofnung volles Gebirge man aufzuschließen habe. Auf den schönen Bauern-Mädel brachen 1726. wenige Fuß unter dem Rasen so mächtige Kupfererze, daß sie 189 Ct 80 Pf. Gaarkupfer hergaben.

Die ganze Förderung stieg damals auf 258 Ct. d. i. über 13000. Thlr. an Werth.

Von den Jahren 1753. bis 1764. schüttete die Friedensgrube noch jährlich für 2.–4000 Thlr. Kupfererze. Die nicht unsichere Hofnung diese Anbrüche wieder zu gewinnen, hat den Entschluß veranlaßt, die aus der BergbauhülfsKaße der Nailaer Refier bestimmte Summe zu einem großen weit aussehenden Unternehmen anzuwenden. Alle bisherigen Stöllen waren nach den Streichen der Gänge getrieben, und kamen daher nur einzelne Lagerstädten zu Hülfe.

Mit dem neuen Friedrich Wilhelms Stollen hat man sich in einem tiefern Punkte angesezt, fährt im Quergestein auf und durchschneidet alle vorliegenden Gänge, in einer Teufe, die die alten nie erreichten.

Er hat daher den wichtigern Zwek diese ganze erzreiche Refier aufzuschließen, und den Steebener Bergbau, der mit dem Wohlstande des Landvolks so innigst verbunden ist, auf die entferntesten Zeiten zu sichern. Um bei den Betrieb selbst desto bestimmter zu gehen, hat man alle Nachrichten gesammelt, die nur irgend einen Einfluß auf die glükliche

---

[a] (1) beschädigt (2) beschäfdigt *Schreiber*

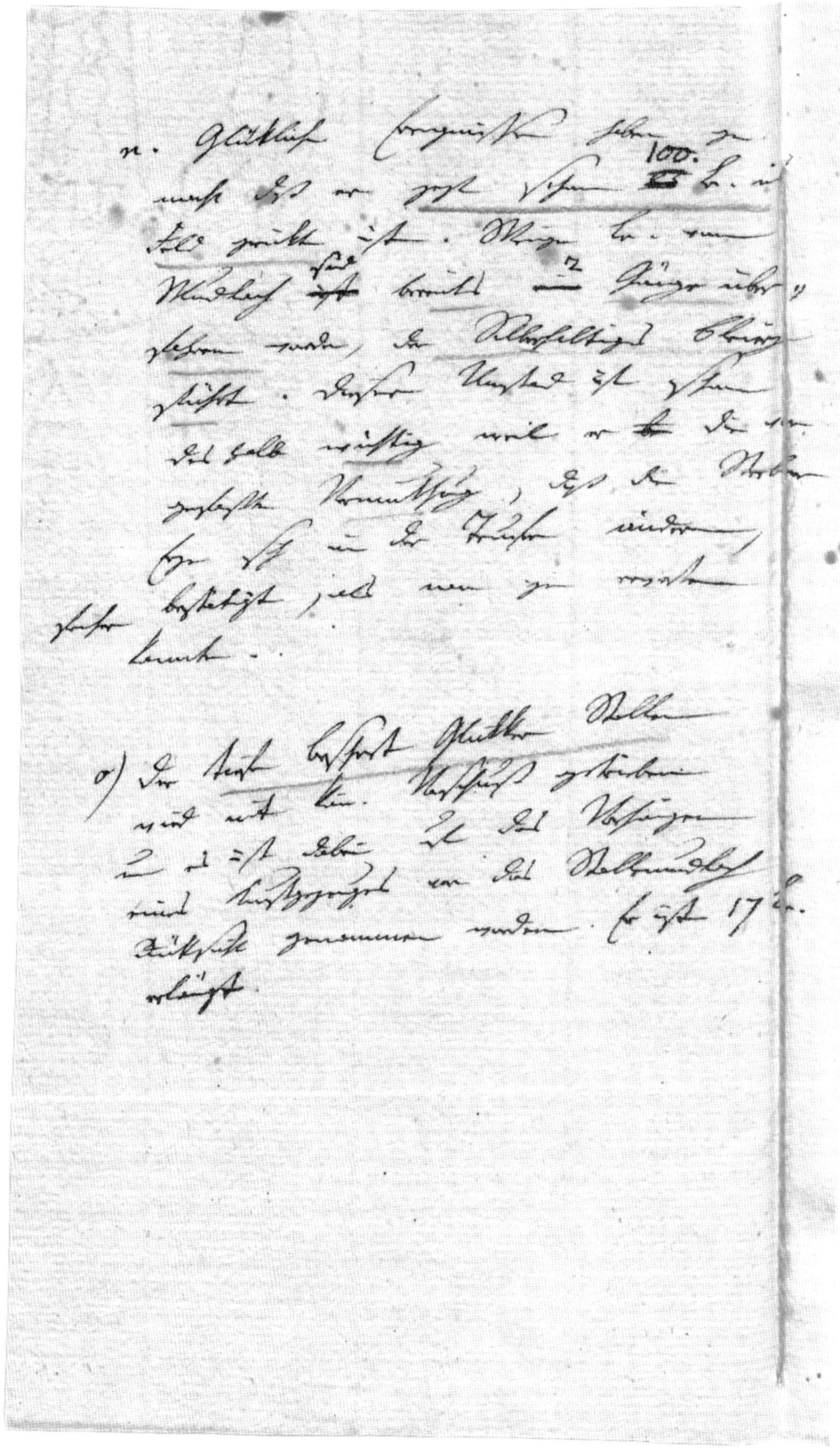

[Ergänzungen von Humboldts Hand aus dem Jahr 1796 zu Bl. 20r:]

n. Glükliche Ereignisse haben gemacht daß er jezt schon 100.[a] L[achte]r ins Feld gerükt ist. Wenige L[achte]r vom Mundloch sind bereits 2 Gänge[b] überfahren worden, der Silberhaltiges Bleierz führt. Dieser Umstand ist schon deshalb wichtig weil er die[c] vorgefaßte Vermuthung, daß die Steebener Erze sich in der Teufe ändern, sicher[d] bestätigt, als man je erwarten konnte.

o) Der tiefe Beschert Glükker Stollen wird mit Kön[iglichem] Vorschuß getrieben und es ist dabei auf das Verhängen eines Kunstgezeuges an das Stollenmundloch Rüksicht genommen worden. Er ist 17 L[achte]r erlängt.

[a] (1) 85 (2) 100. *Humboldt, wahrscheinlich 1797.* [b] (1) ist bereits ein Gang (2) sind bereits 2 Gänge *Humboldt, wahrscheinlich 1797.* [c] (1) be (2) die *Humboldt* [d] sicher *ergänzt Humboldt*

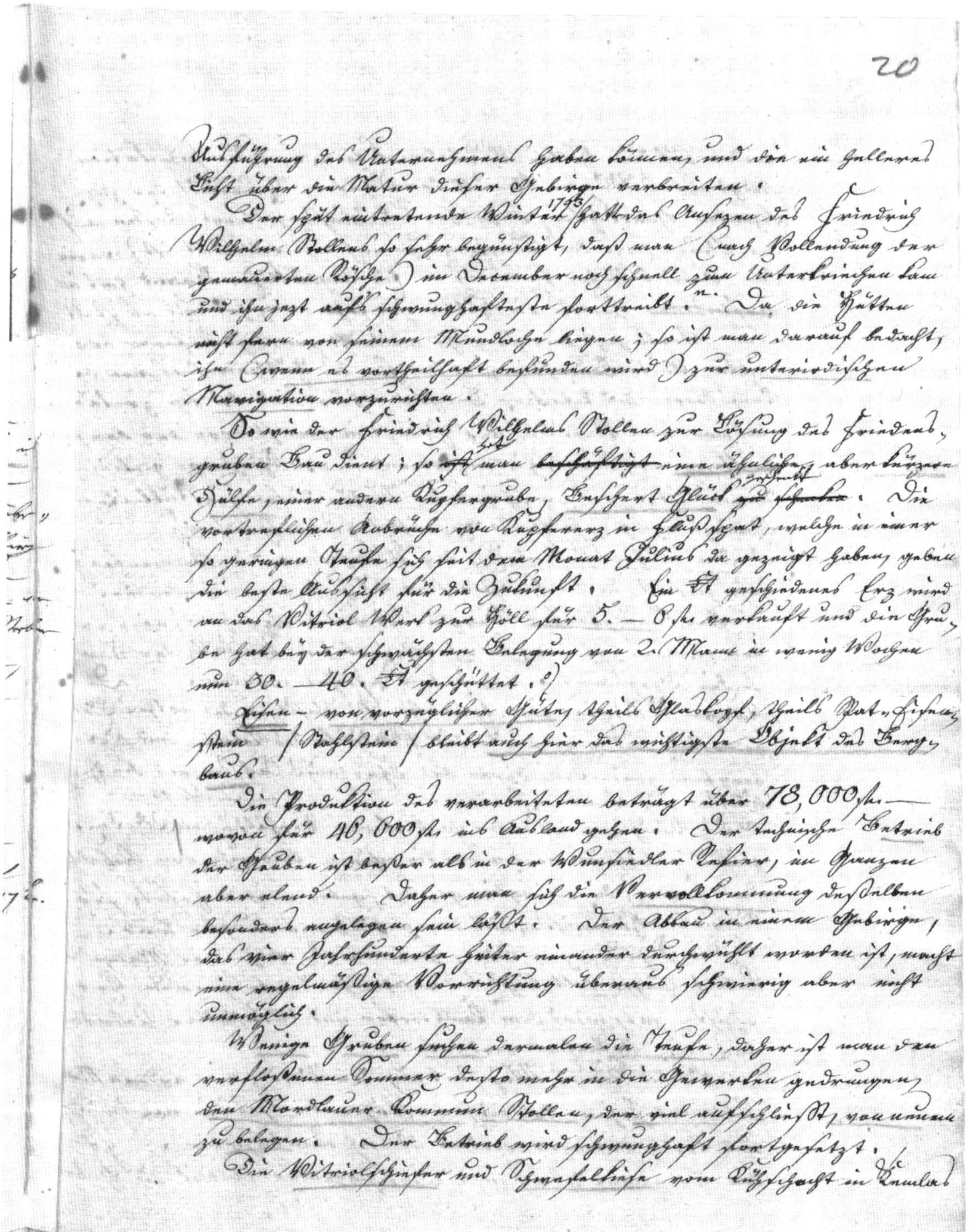

20

Ausführung des Unternehmens haben können, und die ein helleres Licht über die Natur dieser Gebirge verbreiten.

Der sehr eintretende Winter 1793 hatte das Aufsezen des Friedrich Wilhelm Stollens so sehr begünstigt, daß man (nach Vollendung der gemauerten Rösche) im December noch schnell zum Unterbrechen kam und ihn jezt aufs schwunghafteste fortreibt. Da die Hütten nicht fern von seinem Mundloche liegen; so ist man darauf bedacht, ihn (wenn es vortheilhaft befunden wird) zur unterirdischen Navigation vorzurichten.

So wie der Friedrich Wilhelms Stollen zur Lösung des Friedensgruben Baus dient; so ~~ist~~ hat man ~~beschäftigt~~ eine ähnliche, aber kürzere Hülfe, einer andern Kupfergrube, Beschert Glück ~~zu schaffen~~ gebracht. Die vortreflichen Anbrüche von Kupfererz in Flözschiefer, welche in einer so geringen Teufe sich seit dem Monat Julius da gezeigt haben, geben die beste Aussicht für die Zukunft. Ein Ct. geschiedenes Erz wird an das Vitriol Werk zur Höll für 5.–6 fl. verkauft und die Grube hat bey der schwächsten Belegung von 2. Mann in wenig Wochen von 30.–40. Ct. geschüttet.)

Eisen- von vorzüglicher Güte, theils Stabeisen, theils Zaineisen, Stahl (Stahlsteine) bleibt auch hier das wichtigste Object des Bergbaus.

Die Produktion des verarbeiteten beträgt über 78,000 fl. wovon für 40,000 fl. ins Ausland gehen. Der technische Betrieb der Gruben ist besser als in der Wunsiedler Refier, im Ganzen aber elend. Daher man sich die Vervollkommung desselben besonders angelegen seyn läßt. Der Abbau in einem Gebirge, das vier Jahrhunderte hinter einander durchwühlt worden ist, macht eine regelmäßige Vorrichtung überaus schwierig aber nicht unmöglich.

Wenige Gruben stehen dermalen die Teufe, daher ist man den verflossenen Sommer desto mehr in die Gewerken gedrungen, den Nordlauer Commun Stollen, der viel aufschließt, von neuem zu belegen. Der Betrieb wird schwunghaft fortgesezt.

Die Vitriolschiefer und Schwefelkiese vom Lichtschacht in [illegible]

Ausführung des Unternehmens haben können, und die ein helleres Licht über die Natur dieser Gebirge verbreiten.

Der spät eintretende Winter *1793*[a] hatte das Ansezen des Friedrich Wilhelm Stollens so sehr begünstigt, daß man (nach Vollendung der gemauerten Rösche) im Dezember noch schnell zum Unterkriechen kam und ihn jezt aufs schwunghafteste forttreibt.[n.][b] Da die Hütten nicht fern von seinem Mundloche liegen; so ist man darauf bedacht, ihn (wenn es vortheilhaft befunden wird) zur unterirdischen Navigation vorzurichten.

So wie der Friedrich Wilhelms Stollen zur Lösung des Friedensgruben Bau dient; so *hat* man eine ähnliche[c], aber kürzere Hülfe, einer andern Kupfergrube, Beschert Glück, *geschenkt*[d]. Die vortreflichen Anbrüche von Kupfererz in Flußspat, welche in einer so geringen Teufe sich seit dem Monat Julius da gezeigt haben, gaben die beste Aussicht für die Zukunft. Ein Ct. geschiedenes Erz wird an das Vitriol Werk zur Höll für 5.–6. f. verkauft und die Grube hat beÿ der schwächsten Belegung von 2. Mann in wenig Wochen nun 30.–40 Ct. geschüttet.[o)][e]

Eisen – von vorzüglicher Güte, theils Glaskopf, theils Rot-Eisenstein / Stahlstein / bleibt auch hier das wichtigste Objekt des Bergbaus.

Die Produktion des verarbeiteten [Erzes] beträt über 78,000 f. – wovon für 46,600 f. ins Ausland gehen. Der technische Betrieb der Gruben ist beßer als in der Wunsiedler Refier, im Ganzen aber elend. Daher man sich die Vervollkommung deßelben besonders angelegen sein läßt. Der Abbau in einem Gebirge, das vier Jahrhunderte hinter einander durchwühlt worden ist, macht eine regelmäßige Vorrichtung überaus schwierig aber nicht unmöglich.

Wenige Gruben suchen dermalen die Teufe, daher ist man den verfloßenen Sommer desto mehr in die Gewerken gedrungen, den Mordlauer Kommun Stollen, der viel aufschließt, von neuem zu belegen. Der Betrieb wird schwunghaft fortgesetzt.

Die Vitriolschiefer und Schwefelkiese vom Kühschacht in Kemlas

---

[a] 1793 *ergänzt Humboldt* [b] *Ergänzung n. siehe Bl. 19v.* [c] (1) so ist man beschäftigt eine ähnliche (2) so hat man eine ähnliche *Korrektur von Humboldts Hand* [d] (1) zu schenken (2) geschenkt *Korrektur von Humboldts Hand* [e] *Ergänzung o) siehe Bl. 19v.*

werden auf dem Höller Vitriolwerk benutzt. Die Fabrikation
steigt auf 5300 fl. Armuth der Schiefer, Theuerheit der zuzu-
setzenden Gaarkupfer, Fuhrlohn, und Wasserhaltungs-Kosten auf
der Grube (wo das Kunstgezeuge noch nicht vollendet ist) waren
dem Betrieb bisher hinderlich. Ein unglücklicher Brand hat im
~~verflossenen~~ Herbste 93 die Hütten gar ~~sehr~~ verzehrt und es steht
dem Werke jetzt eine gänzliche vielleicht günstigere Reform bevor.
Am Untern Tannenstein, wo der Flor des Hüttenwesens von dem
Kaulsdorfer und [illegible] Bergbau abhängt und also sehr gefährdet ist,
hat man zwei Versuche auf Eisenstein gemacht, von denen der eine
im Gehege noch unentschieden, der andere am Spitzberge glücklich ge-
wesen ist. Doch scheint die Natur dieses zerstückelten
Gebirgs wenig anhaltende Erzmittel zu versprechen.
Der Zeichenschieferbruch bey [illegible] wird im kommenden Früh-
jahr geöffnet, da die Herbstwasser bis jetzt daran hinderten.
Der Kaulsdorfer Bergbau ist vielversprechend, aber erst
neu eröffnet und durch die abentheuerlichen Ausfälle der Saal-
felder Bergbeamten mannichfach gestöhrt worden. Des
Königs Majestät sind dermalen Mitbesitzer des rothen Bergs
geworden und werden alle die Vortheile des Kobalt-, und Silber-
bergbaus geniessen, deren das Churhauß Sachsen und die Herzog-
Häuser sich längst erfreuen. [illegible] 93
Die Königszeche ist unter sonderbaren Verhältnissen 28. Tr. tief
glücklich gewältigt worden und die schönen Anbrüche von Kobalt
und Fahlerz, die sich sogleich gezeigt, geben reichen Ersatz für
die vielen Hindernisse, mit denen bisher zu kämpfen war.
Das Schauberger Blau-Farbenwerk, welches aus Mangel an
Kobalt längst kalt liegt und ansehnliche landesherrliche Vor-
schüsse hat, wird dem Kaulsdorfer und Wunsiedler Kobaltberg-
bau seine Aufnahme verdanken.
Ob des Königs Majestät auch den Besitz der andern Mans-
feldischen Lehen, das reiche erzführende Gebirge von [illegible]
und [illegible] erringen werden, ist noch unentschieden. Für
den Bergmann ist es ein niederschlagender Anblick die Halden

werden auf dem Höller Vitriolwerk benuzt. Die Fabrikation steigt auf 5300 f. Armuth der Schiefer, Theuerkeit der zuzusezenden Gaarkupfer, Fuhrlohn, und Waßerhaltungs-Kosten auf der Grube (wo das Kunstgezeuge noch nicht vollendet ist) waren den Betrieb bisher hinderlich. Ein unglücklicher Brand hat im Herbste *93* die Hütten gar verzehrt[a] und es steht dem Werke jezt eine gänzliche vielleicht günstige Reform bevor.

Im Amte Lauenstein, wo der Flor des Hüttenwesens von dem [Kamsdorfer][b] und [Könitzer][c] Bergbau abhängt und also sehr prekär ist, hat man zwei Versuche auf Eisenstein gemacht, von den der eine in Gehege noch unentschieden, der andere am Spitzberge glüklich gewesen ist. Doch scheint die Natur dieses zerstükkelten Gebirges wenig anhaltende Erzmittel zu versprechen[p. d].

Der Zeichenschieferbruch beÿ Thünahof wird in kommenden Frühjahr geöfnet, da die Herbstwaßer bis jezt daran hinderten.

Der Kaulsdorfer Bergbau ist vielversprechend, aber erst neu erungen und durch die abentheuerlichen Ausfälle der Saalfelder Bergbeamten mannichfach gestöhrt worden. Des Königs Majestät sind dermalen Mitbesitzer des rothen Bergs geworden und werden alle die Vortheile des Kobelt- und Silberbergbaus genießen, deren das Churhauß Sachßen und die Herzoglichen Häußer sich längst erfreuen.

Die Königszeche ist unter sonderbaren Verhältnißen noch im Jahr 93 an[e] 28. L[achte]r tief glüklich gewältigt worden und die schönen Anbrüche von Kobelt und Fahlerz, die sich sogleich gezeigt, gaben reichen Ersatz für die vielen Hinderniße, mit denen bisher zu kämpfen war.[q. f]

Das Schauberger Blau-Farbenwerk, welches aus Mangel an Kobelt längst kalt liegt und ansehnliche Landesherrliche Vorschüße hat, wird dem Kaulsdorfer und Wunsiedler Kobeltbergbau seine Aufnahme verdanken.[r. g]

Ob des Königs Majestät auch den Besitz der andern Mansfeldischen Lehen, das reiche erzführende Gebirge von W[e]ischwitz und Lositz erringen werden, ist noch unentschieden. Für den Bergmann ist es ein niederschlagender Anblik die Gaben

[a] (1) hat im verfloßenen Herbste die Hütten gar sehr verzehrt (2) hat im Herbste 93 die Hütten gar verzehrt *Korrektur von Humboldts Hand* [b] Kammsdorfer *Schreiber, ändert Hrsg.* [c] Kehnitzer *Schreiber, ändert Hrsg.* [d] *Ergänzung p. siehe Bl. 21r.* [e] noch im Jahr 93 an *ergänzt Humboldt* [f] *Ergänzung q. siehe Bl. 21r.* [g] *Ergänzung r. siehe Bl. 21r.*

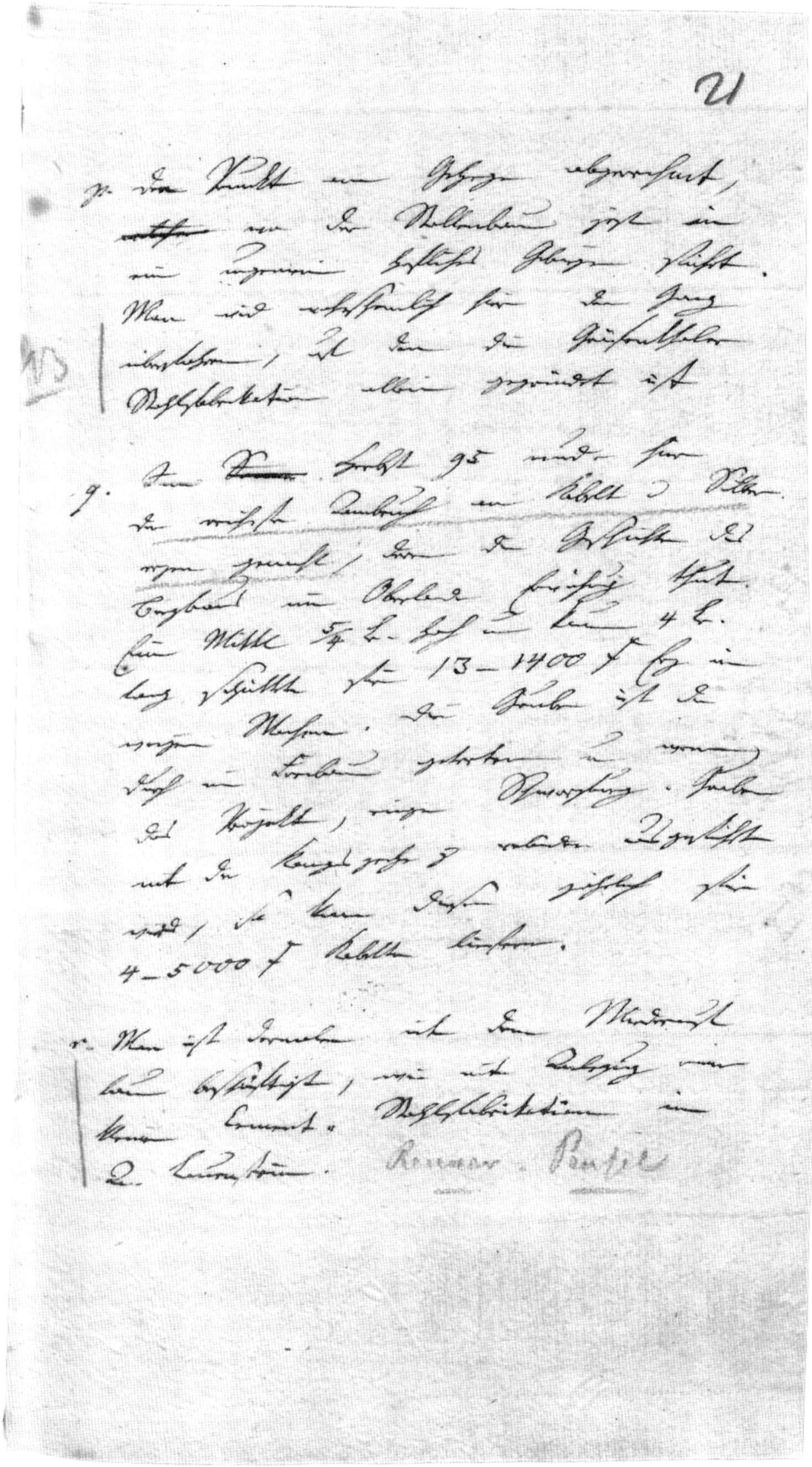

[Ergänzungen von Humboldts Hand aus dem Jahr 1796 zu Bl. 20v:]

p. Den Punkt am Gehege abgerechnet,
wo[a] der Stollenbau jezt in
ein ungemein häsliches Gebirge führt.
Man wird wahrscheinlich hier den Gang
überfahren, auf dem die Gräfenthaler
Stahlfabrikation allein gegründet ist.

q. Im Herbst[b] 95 wurde hier
der reichste Anbruch an Kobelt und Silber-
erz gemacht, deren die Geschichte des
Bergbaus im Oberlande Erwähnung thut.
Eine Mittl 5/4 L[achte]r hoch und kaum 4 L[achte]r
lang schüttete für 13–1400 F Erz in
wenigen Wochen. Die Grube ist da-
durch in [Verbau][c] getreten und wenn
das Projekt, einige Schwarzburg-Gruben
mit der Königszeche zu verbinden ausgeführt
wird, so kann diese jährlich für
4–5000 F Kobelte liefern.

r. Man ist daneben mit dem Wiederauf-
bau beschäftigt, wie mit Anlegung einer
kleinen Cement=Stahlfabrikation im
A[mt] Lauenstein.

Renner – Paufel

---

[a] (1) welche (2) wo *Humboldt* [b] (1) Sommer (2) Herbst *Humboldt* [c] Ferbau *Humboldt, ändert Hrsg.*

22

der Natur aus politischen Gründen seit Jahrhunderten unbenutzt
zu sehen. Den alten Zinnbergbau in Fuchsig, über den man aus
dem Plassenburger Archiv wichtige Notizen gesammelt, wird man im
kommenden Frühjahr aufnehmen, da die Alten in so geringer Teufe
bauten und die Gewältigung wohlfeil ist.
In der Naillaer Bergamtsrefier sind jezt 164. Berg – und
112. Hüttenleute. Die Mannschaft ist also stärker als in den
angränzenden Sächsischen Berg-Ämtern.
Das 2te Tableau weist die ganze Mineralproduktion auf 88,850.
fl. aus, wovon 55,500 fl. – vom Auslande genommen werden.
Diese Erzeugnisse, welche einzeln bey den drey Berg-Ämtern an-
geführt sind, betragen über 237,200 fl. – an Werth. Da die
ausländischen Materialien dazu kaum 17700 fl. (nehmlich 17200 fl.
für Mannsfelder und Ungerische Kupfer, 1450 fl. – für Eisenstein,
1250 fl. – für Kohlholz, 500 fl. für Stahl und 300 fl. Gestellstein)
betragen; so kann man über 218000 fl. – als reinen Gewinn
des inländischen Kunstfleißes betrachten. Nimmt man dazu
die Glashütten von Cottau und Bischofsgrün zu 60,800 fl. – die
Spiegel-fabriken von Erlang, Osternohe und Wüstenstein zu 46600 fl.
die Berliner-Blau-fabrication von Birnbaum und Bayreuth
zu 14700 fl. – die kleinen Metall Waaren von Erlangen zu
29,400 fl. – die Marmorwaaren zu 3000 fl. – Schießpulver,
Steinguth und Fayence, so erhält man für das Obergebürgische
Fürstenthum eine Produktion von 399,000 fl. – wovon über
272,000 fl. ins Ausland gehen.
Die 11. Hohen Öfen, 6. Blauöfen, 28. Frischfeuer, 7. Zinn-
hämmer, 1. Blechhammer, 6. Drathzüge, 2 Kupferhämmer,
2. Vitriol- und 4. Alaunhütten und 21. Kalchöfen bedürfen jährlich
33,600. Klft: Kohlholz. Die Arbeiten der Haupt-Forst-
Commission, welche den Bestand des Holzes ausmittelt und deren
Resultate an einem andern Orte detaillirt sind, wird für das
Hüttenwesen hiesiger Lande besonders wohlthätig. Da mehrere
Forstrefiere in den nächsten 6. Jahren eine stärkere Holz-Abgabe
ertragen können, ohne zu sehr mitgenommen zu werden; so steht

der Natur aus politischen Gründen seit Jahrhunderten unbenutzt zu sehen. Den alten Zinnbergbau in Puchig, über den man aus den Plaßenburger Archiv wichtige Notizen gesammelt, wird man in kommenden Frühjahr aufnehmen, da die Alten in so geringer Teufe bauten und die Gewältigung wohlfeil ist.

In der Nailaer Bergamtsrefier sind jetzt 164. Berg- und 112. Hüttenleute. Die Mannschaft ist also stärker als in den angränzenden Sächßischen Berg-Aemtern.

Das 2te *Tableau* weist die ganze Mineralproduktion auf 88,850. f. aus, wovon 55,500 f. – vom Auslande gewonnen werden.

Diese Erzeugniße, welche einzeln beÿ den dreÿ Berg-Aemtern angeführt sind, betragen über 237,200 f. – an Werth. Da die ausländischen Materialien dazu kaum 17700 f. (nehmlich 11200 f. für Mannsfelder und Ungarische Kupfer, 1450 f. – für Eisenstein, 4250 f. – für Kohlholz, 500 f. für Stahl und 300 f. Gestellstein) betragen; so kann man über 218000 f. – als reinen Gewinn des inländischen Kunstfleißes betrachten. Nimmt man dazu die Glashütten von Tettau und Bischoffsgrün zu 60,800 f. – die Spiegel-Fabricken zu Erlang[en], Osternohe und Wüstenstein zu 46600 f. die Berliner-Blau-Fabrication von Birnbaum und Baÿreuth zu 14700 f. – die kleinen Metall Waaren von Erlangen zu 29.400 f. – die Marmorwaaren zu 3000 f. – Schießpulver, Steinguth und Faÿence, so erhält man für das Obergebürgische Fürstenthum eine Produktion von 399,000 f. – wovon über 272,000 f. ins Ausland gehen.

Die 11. Hohen Oefen, 5 Blauöfen, 28. Frischfeuer, 7. Zinnhämmer, 1. Blechhammer, 6. Drahtzüge, 2. Kupferhämmer, 2. Vitriol- und 2. Alaunhütten und 21. Kalchöfen bedürften jährlich 33,600 Klafter Kohlholz. Die Arbeiten der Haupt-Forst-Kommission, welche den Bestand des Holzes ausmittelt und deren Zweke an einem andern Orte detaillirt sind, wird für das Hüttenwesen hiesiger Lande besonders wohlthätig. Da mehrere Forstrefieren in den nächsten 6. Jahren eine stärkere Holz-Abgabe ertragen können, ohne zu sehr mitgenommen zu werden; so steht

man im Begriff die merkantilischen Verhältnisse der hohen Metallpreise für den Wohlstand des Landes zu benutzen und den Hütten ein stärkeres Holz-Quantum zukommen zu lassen.
Solche Vortheile entspringen aus der genauen Harmonie der Bergwerks und Forst-Direktion!

Das Fürstenthum Anspach

ein sanftiges, einförmiges metallleeres Flözgebirge, das seine wichtigen metallischen Fabriken nicht natürlichen, sondern künstlichen Handels-Verbindungen verdankt.
Der alte Bleibergbau am Hesselberge ist freilich räthselhaft, verdankt aber seinen Ruf vielleicht auch nur den Schwindeleien gewinnsüchtiger Betrüger. Eben so die Gruben am Dammerforstenberg.
Bleiflöze in dichtem Kalkstein, wie in dem Tarnowitzer und Krakauer Gebirge oder im nördlichen Theil von England sind hier nicht zu erwarten, obgleich gelehrte Mineralogen die Administration durch falsche Analogien dazu zu verleiten suchten.
Der einzige, jezt betriebene Bergbau im ganzen Fürstenthum ist der auf Alaunschiefer an der Haldenmühle bey Crailsheim. Man ist in den Herbstmonaten beschäftigt gewesen, diese ganz vernachlässigte Grube regelmässig vorzurichten und den Bankbau einzuführen. Die Bohrversuche und neuen Durchschläge haben einen so glücklichen Erfolg gehabt, daß die Hütte reichlich mit Alaunschiefern versorgt ist. Die Verbesserung der Koktur wird im Frühjahr nachfolgen und wenn die Production vermehrt wird; (wie bey den jezigen Verhältnissen der Gruben möglich ist) so wird auch der Königl: Zuschuss von selbst wegfallen. Die ganze Reform ist noch

man in Begriff die merkantilischen Verhältniße der hohen Metallpreise für den Wohlstand des Landes zu benutzen und den Hütten ein stärkeres Holz-Quantum zukommen zu laßen.

Solche Vortheile entspringen aus der genauen Harmonie der Bergwerks und Forst-Direktion!

Das Fürstenthum Anspach,

ein sänftiges, einförmiges metallleeres Flözgebirge, das seine wichtigen metallischen Fabriken nicht natürlichen, sondern künstlichen Handels-Verbindungen verdankt.

Der alte Bleibergbau am Heßelberge ist freilich räthselhaft, verdankt aber seinen Ruf vielleicht auch nur den Schwindeleien gewinnsüchtiger Betrüger. Eben so die Gruben am Kammerforsterberg.

Bleiflöze in dichten Kalkstein, wie in dem Tarnowitzer und Krakauer Gebirge oder im nördlichen Theil von England sind hier nicht zu erwarten, obgleich gelehrte Mineralogen die Administration durch falsche Analogien dazu verleiten suchten.

Der einzige, jezt betriebene Bergbau im ganzen Fürstenthum ist der auf Alaunschiefer an der Heldenmühle beÿ Crailsheim. Man ist in den Herbstmonaten beschäftigt gewesen, diese ganze vernachläßigte Grube regelmäßig vorzurichten und den Strebbau einzuführen. Die Bohrversuche und neue Durchschläge haben einen so glücklichen Erfolg gehabt, daß die Hütte reichlich mit Alaunschiefern versorgt ist. Die Verbeßerung der Koktur wird in Frühjahr nachfolgen und wenn die Produktion vermehrt wird; (wie beÿ den jezigen Verhältnißen der Gruben möglich ist) so wird auch der Königliche Zuschuß von selbst wegfallen. Die ganze Reform ist noch

23

zu nen, bestimmtere Data anzugeben, weil man es sich zur Pflicht macht, nie mehr zu versprechen, als man zu leisten hoffen darf.

Das Salzwerk zu Gerabronn, welches in der Geschichte neuerer Finanz-projekte immer denkwürdig bleiben wird, ist eingestellt und die Ueberbleibsel der grossen abentheuerlichen Maschinen sind verauktionirt.

Eine milde Administration dekt gern den Schleier über die Verirrungen voriger Zeiten und sucht zu retten, was zu retten übrig ist.

Hätte des Herrn Marggrafs Durchl. die halbe Million Gulden, welche man verwandte, um die Gerabronner Salzquelle zu einem ziemlich süssen, trinkbaren Wasser zu machen, auf den Fichtelgebirgischen Bergbau gewandt; so würden Zinn- und Kupfer Gruben freilich längst ein anderes Ansehen gewonnen haben.

Der bisherige Direktor der Saline, der Professor Langsdorf, einer der grössten Analysten unserer Zeit, würde bey seinen ausgezeichneten Gaben zur Berechnung mechanischer Momente an einem grossen Fabrikorte, wie Berlin, wichtige Resultate für die Wissenschaften und das bürgerliche Leben liefern!

Indem Gerabronn eingestellt wurde, hat man indess die Hoffnung, auch inländisches Salz nicht aufgegeben. Die Administration hat genaue Untersuchungen über die Schichtung des Gebirges und die Eigenschaften der Soole anstellen lassen und die Gypsflöze um Sulza und Neustadt an der Aysch zeigen in ihrer Uebereinstimmung mit den Berchtesgadnern und Halleinern auffallende Criteria soolführender Gegenden.

Statt der 20–50000 fl. die in einzelnen Jahren Gerabronn gekostet, wird man im laufenden Jahre ein paar hundert Gulden zu neuen Bohrversuchen aussetzen. Die Creilsheimer Bergleute sind mit den Vortheilen des Bohrens den lezten Herbst aber auch schon so bekannt geworden, dass das Lachter abzubohren jezt kaum 1 fl. — kostete.

Die Solnhofer Steinbrüche, welche jährlich für 4500 fl. — gezeichnete Platten liefern, verschikken ihre Produkte die Donau hinab nach Wien, Ungarn und der Levante. Im Innern von Deutschland ist kein ähnlicher Verkehr mit so rohen Produkten in so entlegene Länder.

nicht an Pappenheim abgegeben

zu neu, bestimmtere Data anzugeben, weil man es sich zur Pflicht macht, nie mehr zu versprechen, als man zu leisten hoffen darf.

Das Salzwerk zu [Gerabronn][a], welches in der [Geschichte][b] neuerer Finanzprojekte immer denkwürdig bleiben wird, ist eingestellt und die Ueberbleibsel der großen abentheuerlichen Maschinen sind verauktionirt.

Eine milde Administration deckt gerne den Schleier über die Verirrungen voriger Zeiten und sucht zu retten, was zu retten übrig ist.

Hätte des Herrn Marggraf Durchlaucht die halbe Million Gulden, welche man verwandte, um die Gerabronner Salzquelle zu einem ziemlich süßen, trinkbaren Waßer zu machen, auf den Fichtelgebirgischen Bergbau gewandt, so würden Zinn- und Kupfer Gruben freilich längst ein anderes Ansehen gewonnen haben.

Der bisherige Direktor der Saline, der Professor Langsdorf, einer der größten Analÿsten unserer Zeit, würde beÿ seinen ausgezeichneten Gaben zur Berechnung mechanischer Momente an einen großen Fabrikorte, wie Berlin, wichtige Resultate für die Wißenschaften und des bürgerlichen Leben liefern!

Indem Gerabronn eingestellt wurde, hat man indeß die Hofnung, nach inländischem Salze nicht aufgegeben. Die Administration hat genaue Untersuchungen über die Schichtung des Gebirgs und die Lagerstädte der Soole erstellen laßen und die Gÿpsflöze um Sulze und Neustadt an der Aÿsch zeigen in ihrer Uebereinstimmung mit den [Berchtesgadenern][c] und Halleinern auffallende Kriteria soolführender Gegenden.

Statt der 20–50000 f. die in einzelnen Jahren Gerabronn gekostet, wird man im laufenden Jahre ein paar Hundert Gulden zu neuen Bohrversuchen aussetzen. Die Kreilsheimer Bergleute sind mit den Vortheilen des Bohrens den lezten Herbst über auch schon so bekannt geworden, daß das Lachter abzubohren jezt kaum 1 f. – kostete.

Die [Solnhofer][d] Steinbrüche[x], welche jährlich für 4500 f. – zugerichtete Platten liefern, verschikken ihre Produkte die Donau hinab nach Wien, Ungarn und der Levante. Im Innern von Deutschland ist kein ähnliches Verkehr mit so rohen Produkte[n] in so entlegene Länder.

[x] izt an Pappenheim abgegeben

[a] Gerabroon *Schreiber, ändert Hrsg.* [b] Gesichte *Schreiber, ändert Hrsg.* [c] Brochtesgadern *Schreiber, ändert Hrsg.* [d] Solenhofer *Schreiber, ändert Hrsg.*

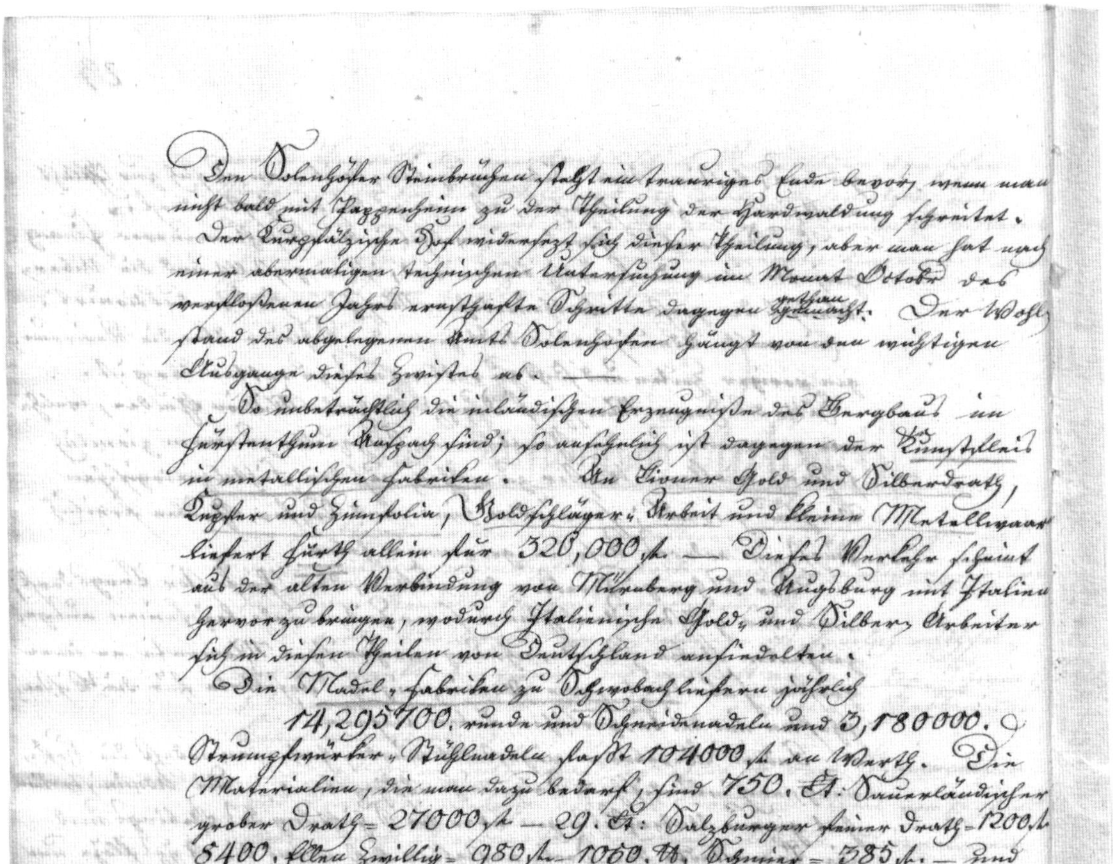
Dem Solnhofer Steinbrüchen steht ein trauriges Ende bevor, wenn man nicht bald mit Hagzeichen zu der Theilung der Hardwaldung schreitet. Der Churpfälzische Hof widersetzt sich dieser Theilung, aber man hat nach einer abermaligen technischen Untersuchung im Monat October des verflossenen Jahrs ernsthafte Schritte dagegen gethan. Der Wohlstand des abgelegenen Amts Solnhofen hängt von dem wichtigen Abgange dieses Gewerbs ab. —

So unbeträchtlich die inländischen Erzeugnisse des Bergbaus im Fürstenthum Anspach sind; so ansehnlich ist dagegen der Kunstfleiß in metallischen Fabriken. An leonner Gold und Silberdrath, Kupfer und Zinnfolie, Goldschläger-Arbeit und kleiner Metallwaare liefert Fürth allein für 320,000 fl. — Dieses Verkehr scheint aus der alten Verbindung von Nürnberg und Augsburg mit Italien hervorzubringen, wodurch Italiänische Gold- und Silber-Arbeiter sich in diesen Theilen von Deutschland ansiedelten.

Die Nadel-Fabriken zu Schwabach liefern jährlich 14,295700. runde und Schneidenadeln und 3,180000. Strumpfwürker-Buchnadeln fasst 104000 fl. an Werth. Die Materialien, die man dazu bedarf, sind 750. Ct. Sauerländischer grober Drath = 27000 fl. — 29. Ct. Salzburger feiner Drath = 1200 fl. 5400. Ellen Zwillig = 980 fl. 1060. H. Schmier = 385 fl. — und 6300. H. Fett = 1260. fl. — zusammen für 30,800 fl. — Materialien. Demnach sind 73,200. fl. produciret: des Kunstfleisses. Roth liefert für 2500 fl. — Nadeln. Schwabach, Treuchtlingen und Roth produziren zusammen für 64000 fl. Borten, Roth, Cadolzburg und Vestall, Fürth und Solnhofen für 131,000 fl. — Spiegel und Glas, Roth für 28,000 fl. — Eisen und Kupfer auf seinen Hämmern.

Die ganze Mineral-Production im Fürstenthum Anspach beträgt an 700,000 fl. — die im Fürstenthum Bayreuth an 400,000 fl. — zusammen 1,100,000 fl. — wovon für 900,000 fl. — in Ausland gehen. Für ein Ländchen das sechsmal kleiner als Schlesien ist, und von dem hinwiederum beinahe 4. Quadrat Meilen am Fuß des Fichtel- und Thüringer

Den [Solnhöfer][a] Steinbrüchen steht ein trauriges Ende bevor, wenn man nicht bald mit Pappenheim zu der Theilung der Hard[t]waldung schreitet.

Der Kurpfälzische Hof widersezt sich dieser Theilung, aber man hat nach einer abermaligen technischen Untersuchung im Monat October des verfloßenen Jahres ernsthafte Schritte dagegen gethan[b]. Der Wohlstand des abgelegenen Amts [Solnhofen][c] hängt von den wichtigen Ausgange dieses Zwistes ab. –

So unbeträchtlich die inländischen Erzeugniße des Bergbaus im Fürstenthum Anspach sind; so ansehnlich ist dagegen der Kunstfleis in metallischen Fabriken. An Lioner Gold und Silberdrath, Kupfer und Zinnfolia, Goldschläger=Arbeit und kleine Metallwaar liefert Fürth allein für 326,000 f. – Dieses Verkehr scheint aus der alten Verbindung von Nürnberg und Augsburg mit Italien hervor zu bringen, wodurch Italienische Gold- und Silber-Arbeiter sich in diesen Theilen von Deutschland ansiedelten.

Die Nadel-Fabriken zu Schwabach liefern jährlich 14,295700. runde und Schneidenadeln und 3,180000 Strumpfwürker-Stühlnadeln, faßt 104000 f. an Werth. Die Materialien, die man dazu bedarf, sind 750 Ct. Sauerländischer Grober Drath = 27000 f. – 29. Ct. Salzburger feiner Drath = 1200 f. 8400. Ellen Zwillig = 980 f., 1050 Pf. Schmier = 385 f. – und 6300. Pf. Fett = 1260 f. zusammen für 30,800 f. – Materialien. Demnach sind 73,200 f. – *produit net:* des Kunstfleißes. Roth liefert für 2500 f. – Nadeln. Schwabach, Treuchtlingen und Roth produziren zusammen für 64000 f. Borten, Roth, Cadolzburg und [Roßtal][d]; Fürth und [Solnhofen][e] für 131,000 f. – Spiegel und Glas, Roth für 28,000 f. – Eisen und Kupfer auf seinen Hämmern.

Die ganze Mineral-Produktion im Fürstenthum Anspach beträgt an 700,000 f. – die in Fürstenthum Baÿreuth an 400,000 f. – zusammen 1,100,000 f. – wovon für 900,000 f. – in Ausland gehen. Für ein Ländchen, das sechsmal kleiner als Schlesien ist, und von dem hinwiederum kaum 4. Quadrat Meilen am Fuß des Fichtel- und Thüringer

[a] Solenhöfer *Schreiber, ändert Hrsg.* [b] (1) gemacht (2) gethan *Schreiber* [c] Solenhofen *Schreiber, ändert Hrsg.* [d] Rostall *Schreiber, ändert Hrsg.* [e] Solenhofen *Schreiber, ändert Hrsg.*

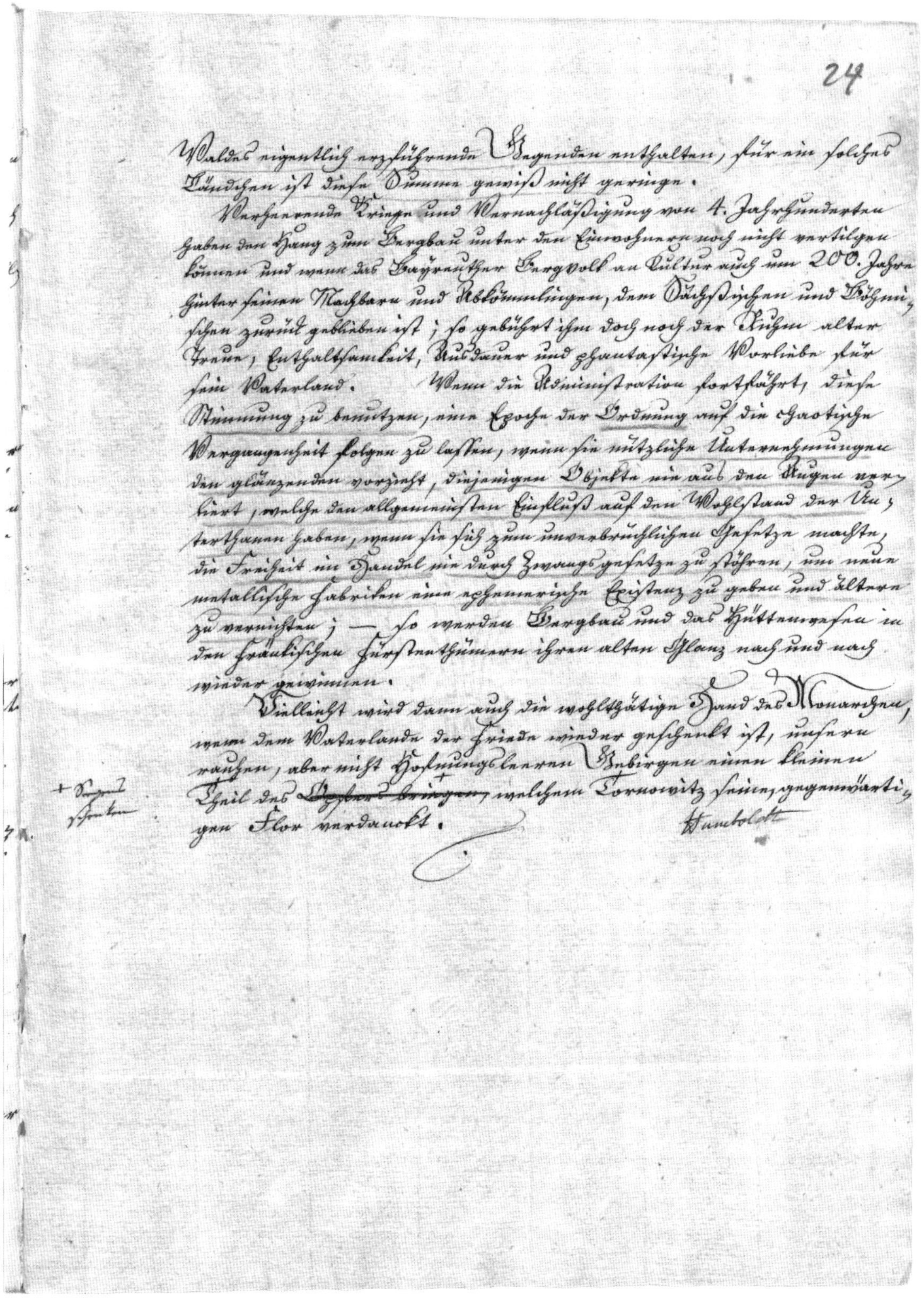

24

Waldes eigentlich erzführende Gegenden enthalten, für ein solches Ländchen ist diese Summe gewiss nicht geringe.

Verheerende Kriege und Vernachlässigung von 4. Jahrhunderten haben den Hang zum Bergbau unter den Einwohnern noch nicht vertilgen können und wenn das Bayreuther Bergvolk an Cultur auch um 200. Jahre hinter seinen Nachbarn und Abkömmlingen, dem Sächsischen und Böhmischen zurück geblieben ist; so gebührt ihm doch noch der Ruhm alter Treue, Enthaltsamkeit, Ausdauer und phantastische Vorliebe für sein Vaterland. Wenn die Administration fortfährt, diese Stimmung zu benutzen, eine Epoche der Ordnung auf die chaotische Vergangenheit folgen zu lassen, wenn sie nützliche Unternehmungen den glänzenden vorzieht, diejenigen Objekte nie aus den Augen verliert, welche den allgemeinsten Einfluss auf den Wohlstand der Unterthanen haben, wenn sie sich zum unverbrüchlichen Gesetze macht, die Freiheit im Handel nie durch Zwangsgesetze zu stören, um neuen metallischen Fabriken eine schimmernde Existenz zu geben und ältere zu vernichten; — so werden Bergbau und das Hüttenwesen in den fränkischen Fürstenthümern ihren alten Glanz nach und nach wieder gewinnen.

Vielleicht wird dann auch die wohlthätige Hand des Monarchen, wenn dem Vaterlande der Friede wieder geschenkt ist, unseren rauhen, aber nicht hoffnungsleeren Gebirgen einen kleinen Theil des ~~Segens bringen~~ + welchem Tarnowitz seinen gegenwärtigen Flor verdankt. Humboldt

+ Segens schenken

Waldes eigentlich erzführende Gegenden enthalten, für ein solches Ländchen ist diese Summe gewiß nicht geringe.

Verheerende Kriege und Vernachläßigung von 4. Jahrhunderten haben den Hang zum Bergbau unter den Einwohnern noch nicht vertilgen können und wenn das Baÿreuther Bergvolk an Kultur auch um 200. Jahre hinter seinen Nachbarn und Abkömmlingen, dem Sächßischen und Böhmischen zurück geblieben ist; so gebührt ihm doch noch der Ruhm alter Treue, Enthaltsamkeit, Ausdauer und phantastische Vorliebe für sein Vaterland. Wenn die Administration fortfährt, diese Stimmung zu benutzen, eine Epoche der Ordnung auf die chaotische Vergangenheit folgen zu lassen, wenn sie nützliche Unternehmungen den glänzenden vorzieht, diejenigen Objekte nie aus den Augen verliert, welche den allgemeinsten Einfluß auf den Wohlstand der Unterthanen haben, wenn sie sich zum unverbrüchlichen Gesetze machte, die Freiheit im Handel nie durch Zwangsgesetze zu stöhren, um neue metallische Fabriken eine ephemerische Existenz zu geben und ältere zu vernichten: – so werden Bergbau und das Hüttenwesen in den Fränkischen Fürstenthümern ihren alten Glanz nach und nach wieder gewinnen.

Vielleicht wird dann auch die wohlthätige Hand des Monarchen, wenn dem Vaterlande der Friede wieder geschenkt ist, unsern rauhen, aber nicht Hofnungsleeren Gebirgen einen kleinen Theil des *Seegens schenken*[a], welchem [Tarnowitz][b] seine[n], gegenwärtigen Flor verdanckt.

Humboldt[c]

---

[a] (1) Opfers bringen (2) Seegens schenken *Korrektur von Humboldts Hand* [b] Tornowitz *Schreiber, ändert Hrsg.* [c] *Eigenhändige Unterschrift*

25

Tabellen

über
die Mineral-Production
in den Fränkischen Fürstenthümern
nach der neuen Aufnahme des Bergbaus
im Jahr 1793/4.6

Tabellen

über
die Mineral=Production
in den Fränkischen Fürstenthümern
nach der neuen Aufnahme des Bergbaus
im Jahr 1796[a]

[a] (1) 1793 (2) 1794 (3) 1796 *die Korrekturen (2) und (3) wohl von Humboldts Hand, angebracht jeweils im Folgejahr 1795 und 1797*

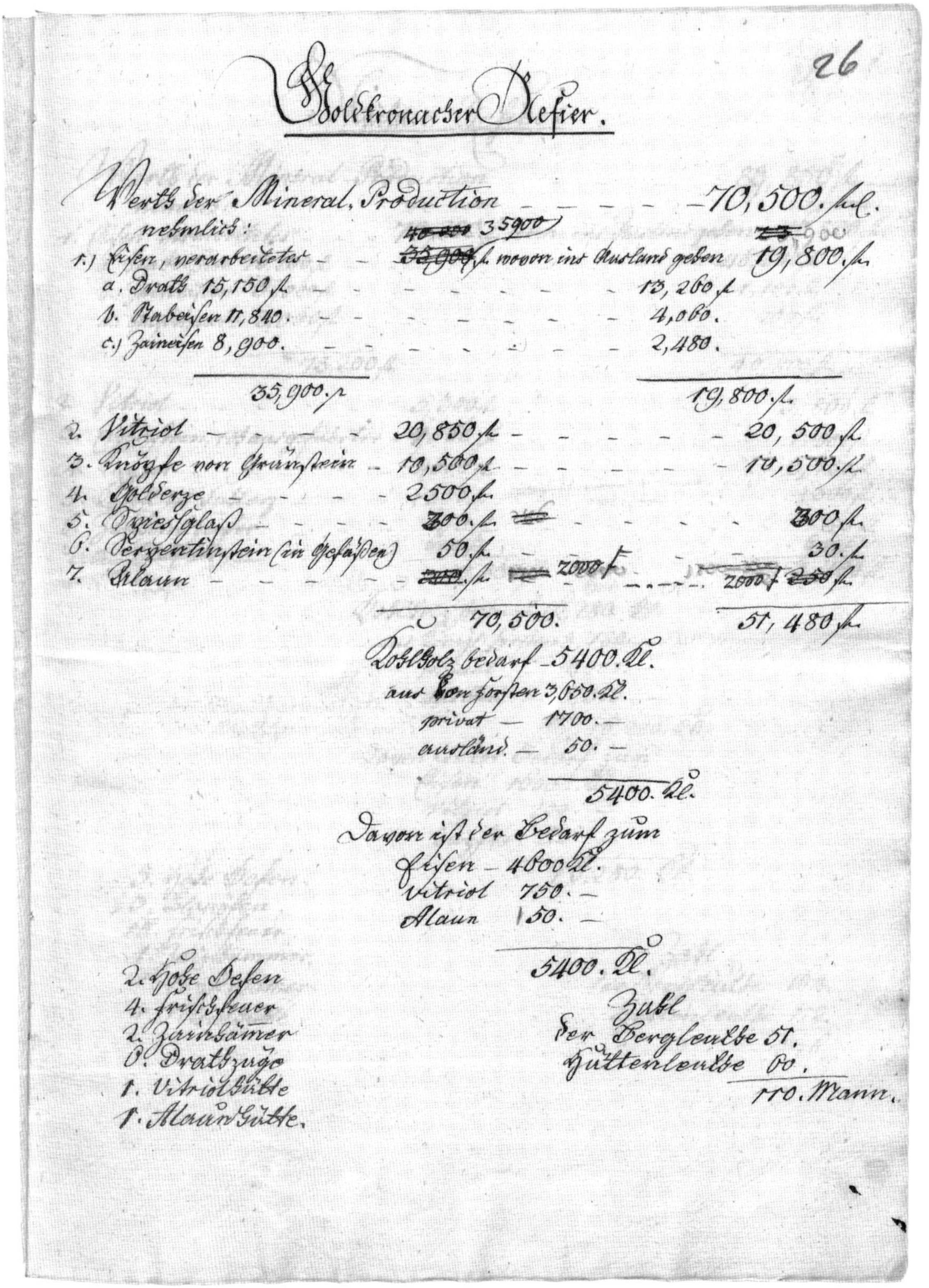

26

Goldkronacher Refier.

Werth der Mineral. Production — — — — 70,500. fl.
nehmlich:

1.) Eisen, verarbeiteter	40 000 35900 35,900 fl.	wovon ins Ausland gehen	23 19,800 fl.
a. Drath 15,150 fl.			13,260 fl
b. Stabeisen 11,840.			4,060.
c.) Zaineisen 8,900.			2,480.
	35,900 fl		19,800 fl.
2. Vitriol	20,850 fl		20,500 fl
3. Knöpfe von Grünstein	10,500 fl		10,500 fl
4. Golderze	2500 fl		
5. Griesglaß	300. fl		300 fl
6. Serpentinstein (in Gefäßen)	50. fl		30. fl
7. Alaun	~~200~~ fl 2000 f		2000 f 250 fl
	70,500.		51,480 fl

Kohlholz bedarf 5400. Kl.
aus Cam. forsten 3,650. Kl.
privat — 1700. —
ausländ. — 50. —
5400. Kl.

Davon ist der Bedarf zum
Eisen — 4600 Kl.
Vitriol 750. —
Alaun 50. —
5400. Kl.

2. hohe Oefen
4. frischfeuer
2. Zainhämer
8. Drathzüge
1. Vitriolhütte
1. Alaunhütte.

Zahl
der Bergleuthe 51.
Hüttenleuthe 60.
110. Mann.

Goldkronacher Refier.

Werth der Mineral-Production ——————————— 70,500. fl.
nehmlich

1.) Eisen, verarbeitetes ———	35900 f.[a]	wovon ins Ausland gehen	19,800. f.[b]
a. Drath ———	15,150 f.	———	13,260 f.
b. Stabeisen ———	11,840.	———	4,060.
c.) Zaineisen ———	8,900.	———	2,480.
	35,900. f.		19,800. f.
2. Vitriol ———	20,850 f.	———	20,500 f.
3. Knöpfe von Grünstein ———	10,500 f.	———	10,500 f.
4. Golderze ———	2500 f.		
5. Spiessglaß ———	300 f.[c]	———	300[d] f.
6. Serpentinstein (in Gefäßen) –	50 f.	———	30 f.
7. Alaun ———	2000 F.[e]	———	2000 f.[f]
	70,500.		51,480 f.

Kohlholz bedarf ———	5400. Kl.
aus Kön[iglichen] Forsten	3,650. Kl.
privat ———	1700. –
ausländ[isch] ———	50. –
	5400. Kl.

Davon ist der Bedarf zum	
Eisen ———	4600 Kl.
Vitriol	750. –
Alaun	150. –
	5400. Kl.

2. Hohe Oefen
4. Frischfeuer
2. Zainhämmer
6. Drathzüge
1. Vitriolhütte
1. Alaunhütte.

Zahl
der Bergleuthe 51.
Hüttenleuthe 60.
[111.][g] Mann.

[a] (1) 35900 (2) 40000 (3) 35900 *Humboldt* [b] *darüber:* ~~23~~900 [c] (1) 400 (2) 286 (3) 300 *Humboldt*
[d] (1) 400 (2) 300 *Humboldt* [e] (1) 300 (2) 1700 (3) 2000 *Humboldt* [f] (1) 250 (2) 2000 f. *Humboldt*
[g] 110 *Schreiber, ändert Hrsg.*

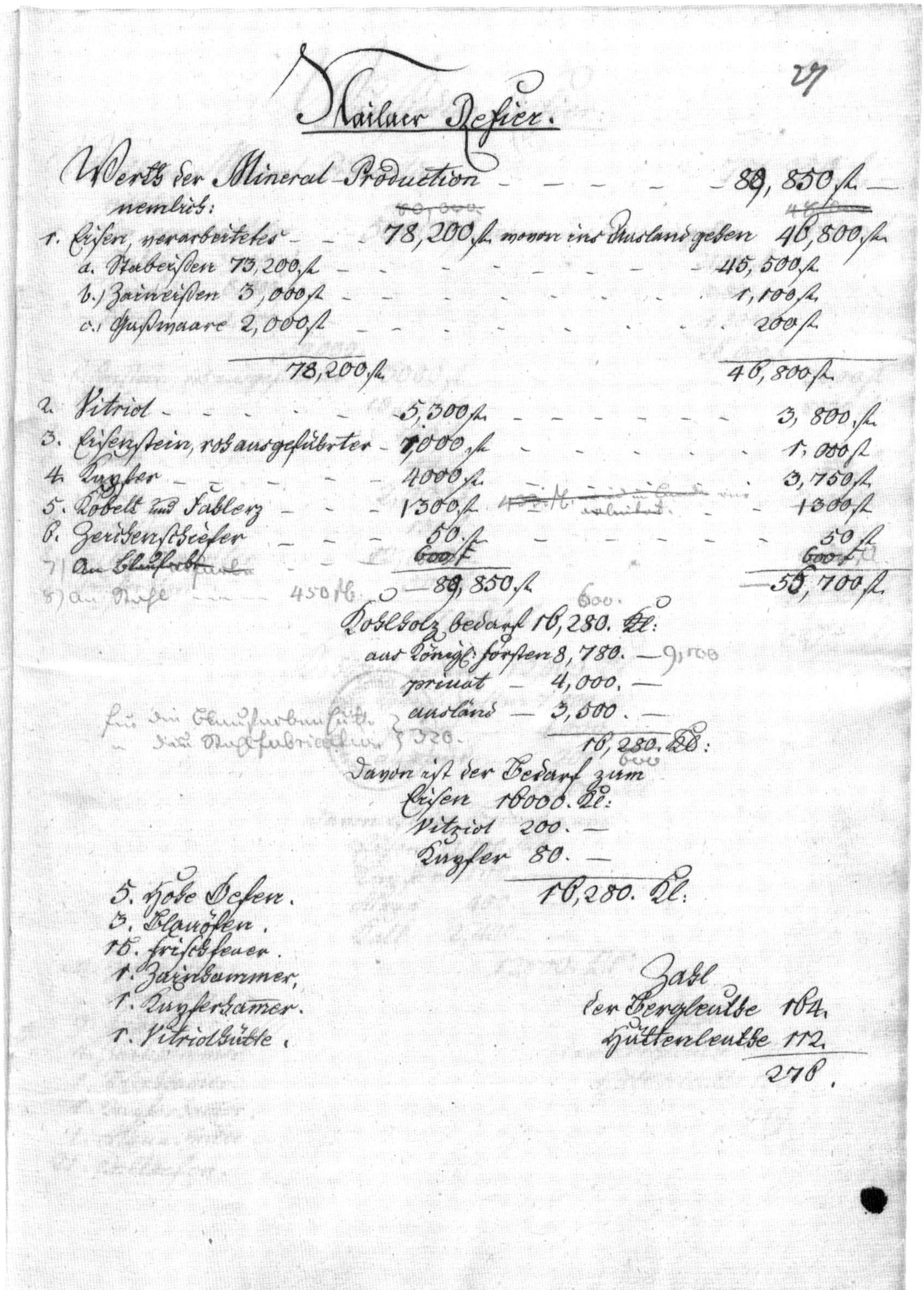

VI

Kailaer Refier.

Werth der Mineral-Production — — — — — — 89,850 fl. —

nemlich: ~~80,000~~ ~~46,800~~

1. Eisen, verarbeitetes — — —	78,200 fl. wovon ins Ausland gehen	46,800 fl.
a. Stabeisen 73,200 fl. — — — — — — —		45,500 fl.
b.) Zaineisen 3,000 fl. — — — — — — —		1,100 fl.
c.) Gußwaare 2,000 fl. — — — — — — —		200 fl.
	78,200 fl.	46,800 fl.
2. Vitriol — — — — — —	5,300 fl. — — — — —	3,800 fl.
3. Eisenstein, roh ausgeführter —	1,000 fl. — — — — —	1,000 fl.
4. Kupfer — — — — —	4000 fl.	3,750 fl.
5. Kobelt und Fahlerz — — —	1300 fl. ~~[illegible]~~ — —	1300 fl.
6. Heidenschiefer — — —	50 fl. — — — — — —	50 fl.
7.) ~~An Blaufarben~~ — — —	~~600 fl.~~	~~600 fl.~~
8.) an Ruß — — — 450 fl.	89,850 fl.	55,700 fl.

Kohlholz bedarf 16,280. Kl.: 600.

aus Königl. forsten 8,780. — 9,100

privat — 4,000. —

ausländ — 3,500. —

für die Blaufarbenhütte / die Rußfabricatur } 320.

16,280. Kl.: 600

Davon ist der Bedarf zum

Eisen 16000. Kl.

Vitriol 200. —

Kupfer 80. —

16,280. Kl.

5. hohe Oefen.
3. Blauöfen.
16. frischfeuer.
1. Zainhammer.
1. Kupferhamer.
1. Vitriolhütte.

Zahl
der Bergleuthe 164.
Hüttenleuthe 112.
276.

Nailaer Refier.

Werth der Mineral-Production ––––––––––––––––– 89,850 f.[a]
nehmlich

1. Eisen, verarbeitetes ———	78,200 f.[b]	wovon ins Ausland gehen	46,800[c] f.
a) Stabeisen ———	73,200 f.	————————	45,500 f.
b) Zaineisen ———	3,000. f.	————————	1,100. f
c) Gußwaare ———	2,000. f.	————————	200. f
	78,200. f.		46,800 f.

2. Vitriol —————————	5,300 f.	————————	3,800 f.
3. Eisenstein, roh ausgeführter —	1,000 f.	————————	1,000 f.
4. Kupfer —————————	4,000 f.	————————	3,750 f.
5. Kobelt und Fahlerz ———	1300 f.[d]	————————	~~1300~~[e] f.
6. Zeichenschiefer —————	50 f.	————————	50 f.
7. An Blaufarbe ———————	600 f.[f]	————————	600 f.
8. An Stahl ————————	450 lb.[g]		
	89,850[h] f		56,700[i] f.

Kohlholz bedarf	16,280[j] Kl:
aus Königlichen Forsten	8,780 –[k]
privat	4,000. –
ausländ[isch]	3,500. –
	16,280 Kl:[l]

Für die Blaufarbenhütte u[nd] die Stahlfabrication } 320[m]

Davon ist der Bedarf zum	
Eisen	16000 Kl:
Vitriol	200. –
Kupfer	80. –
	16,280 Kl:

5. Hohe Oefen.
3. Blauöfen
15. Frischfeuer.
1. Zainhämmer.
1. Kupferhammer.
1. Vitriolhütte.

Zahl	
der Bergleuthe	164.
Hüttenleuthe	112.
	276.

---

[a] (1) 88,850 f. (2) 89,850 f. *Korrektur wohl Humboldt* [b] 80,000 *mit Bleistift darüber geschrieben und gestrichen, von anderer Hand* [c] 48,600 *mit Bleistift darüber geschrieben und gestrichen, von anderer Hand* [d] 433 Pfund wird im Lande verarbeitet *von anderer Hand mit Bleistift geschrieben und gestrichen* [e] 1300 *gestr., von anderer Hand* [f] An Blaufarbe – – – 600 F *überschrieben von anderer Hand* [g] *Mit Bleistift von anderer Hand ergänzt* [h] (1) 88,850 (2) 89,850 *Humboldt* [i] (1) 55,700 (2) 56,700 *Humboldt* [j] 16,600 *mit Bleistift darüber geschrieben, von anderer Hand* [k] 9,500 *mit Bleistift dahinter geschrieben, von anderer Hand* [l] 600 *mit Bleistift darunter geschrieben* [m] *Mit Bleistift von anderer Hand ergänzt*

28

Wunsiedler Refier.

Werth der Mineral, Production — 77,850 fl. —

nemlich.

1. Eisen, verarbeitetes	50,000 fl. wovon ins Ausland gehen,		26,600 fl.
a. Stabeisen 39,000 fl.		21,000 fl.	
b. Zaineisen 8,400 fl.		3,800 fl.	
c. Blech . 2,600 fl.		1,800 fl.	
50,000.		26,600 fl.	
2. Eisenstein, roh ausgeführter	3000 fl.		3000 fl.
3. Kupfer	10,000 fl.		8000 fl.
4. Zinn	150 fl.		
5. ~~Cobelt~~	~~50~~ fl.		~~50~~ fl.
6. Alaun	2,000 fl.		2,000 fl.
7. Specksteine	150 fl.		150 fl.
8. Kalk, gebrannter	12,000 fl.		9,000 fl.
9. Töpfererden	500 fl.		
	77,800 fl.		~~48,800~~ fl. 48,750 f.

Holz bedarf — 12,000 Kl.

aus Königl: Forsten 7,800 Kl.
privat — 4,000. —
ausland. — 200. —
12,000. Kl.

Davon ist der Bedarf zum
Eisen 9,100. Kl.
Kupfer 100. —
Alaun 400. —
Kalk 2,400. —
12,000. Kl.

4. Hoh Oefen.
2. Blauoefen.
9. Frischfeuer.
4. Zainhämmer
1. Blechhamer
1. Kupferhamer.
1. Alaun Hütte.
21. Kalkoefen.

Zahl
der Bergleuthe 140.
Hüttenleuthe 139.
279.

Wunsiedler Refier

Werth der Mineral-Production ——————————————— 77,850 f.[a]
nehmlich

1. Eisen, verarbeitetes ————	50,000 f.[b]	wovon ins Ausland gehen	26,600[c] f.
a) Stabeisen ———	39,000 f.	—————————	21,000 f.
b) Zaineisen ———	8,400. f.	—————————	3,800. f.
c) Blech —————	2,600. f.	—————————	1,800. f
	50,000. f.		26,600 f.

2. Eisenstein, roh ausgeführter —	3,000 f.	—————————	3,000 f.
3. Kupfer ——————————	10,000 f.	—————————	8000 f.
4. Zinn ——————————	150 f.[d]		
6. Alaun ——————————	2000 f.	—————————	2000 f.
7. Speckstein —————————	150 f.	—————————	150 f.
8. Kalk, gebrannter —————	12,000 f.	—————————	9,000 f
9. Töpferthon ————————	500 f.		
	77,800[e] f		48,750[f] f.

Kohlholz bedarf ———	12,000 Kl.
aus Königlichen Forsten	7,800 Kl.
privat ——————	4,000. –
ausländ[isch] ———	200. –
	12,000 Kl.

Davon ist der Bedarf zum	
Eisen ——————	9,100 Kl.
Kupfer	100. –
Alaun	400. –
Kalk	2400. –
	12,000. Kl.

4. Hohe Oefen.
2. Blauoefen
9. Frischfeuer.
1. Blechhammer.
1. Kupferhammer.
1. Alaun-Hütte.
21. Kalkoefen

Zahl	
der Bergleuthe	140.
Hüttenleuthe	139.
	279.

[a] *Darüber von anderer Hand* 80 *geschrieben und gestrichen* [b] 53,000 *mit Bleistift darüber geschrieben und gestrichen, von anderer Hand* [c] 29,000 *mit Bleistift darüber geschrieben und gestrichen, von anderer Hand* [d] 5. Kobelt – – 50 f – – 50 f. *ganze Zeile von Humboldt gestrichen* [e] (1) 77,850 (2) 77,800 *Humboldt* [f] (1) 48,800 (2) 48,750 *Humboldt*

29

General-Tableau über das Fürstenthum Bayreuth

Werth der Mineral-Production — — — — ~~399,200~~ fl. 398,250.

nemlich:

1.	Golderz	2500 fl.		
2.	Silberhaltiger Fahlerz und Kobalt	1300 fl.	wovon ins Ausland gehen	1300 fl.
3.	Kupfer	14000 fl.		
4.	Zinn	150 fl.		
5.	Eisen, verarbeitetes,	163,000 fl.		93,200 fl.
	a. Stabeisen 124,100 fl.		70,560 fl.	
	b. Zaineisen 20,000 fl.		7,380 fl.	
	c. Drath 15,000 fl.		13,260 fl.	
	d. Blech 2,600 fl.		1,800 fl.	
	e. Gusswaare 2,300 fl.		200 fl.	
	163,000 fl.		93,200 fl.	
6.	Spiesglass	400 fl.		400 fl.
7.	Eisenstein, roh ausgeführter	4000 fl.		4000 fl.
8.	Vitriol	26000 fl.		24,300 fl.
9.	Alaun	3000 fl.		2,250 fl.
10.	Wetzstein	150 fl.		150 fl.
11.	Marmor	3000 fl.		3,000 fl.
12.	Kalch, gebrannter	12,000 fl.		9,000 fl.
13.	Gyps gebrannter	200 fl.		
14.	Serpentinstein	50 fl.		30 fl.
15.	Steinhauer-Arbeit in Granit &c	1000 fl.		200 fl.
16.	Töpferthon	500 fl.		
17.	Knöpfe von Grünstein	10,500 fl.		10,500 fl.
18.	Glass	60,800 fl.		40,200 fl.
19.	Ziegel	46,600 fl.		38,000 fl.
20.	Berlinerblau	14,800 fl.		14,400 fl.
21.	kleine Metall-waare	30,000 fl.		28,000 fl.
22.	Steingut und Fayence	6,500 fl.		4,600 fl.
		~~399,200~~ fl. 398250		~~272,500~~ fl. 271,550

Kohlholz bedarf zu Eisen	29700 Kl.
Kalk	2400
Vitriol	950
Alaun	450
	33,680 Kl.

17. Hohe Oefen.
5. Blau-Oefen.
28. Frischfeuer.
7. Zainhämmer.
6. Drathzüge.
2. Vitriol-Hütten.
2. Alaun-Hütten.
2. Kupferhämer.
21. Kalch-Oefen.

Davon aus

Herrsch: Forsten	20,230 Kl:
priv:	9,700
ausl:	3,750
	33,680 Klftr:

General-Tableau über das Fürstenthum Bayreuth.

Werthe der Mineral=Produktion ———————————— 398,250.[a] f.
nemlich

1. Golderz		2500 f.		
2. Silberhaltiger Fahlerz und Kobelt		1350 f. wovon ins Ausland gehen		1350 f.
3. Kupfer		14000 f.		
4. Zinn		150 f.		
5. Eisen, verarbeitetes		163,000 f.		93,200 f.
a. Stabeisen	124,100 f.		70,560 f.	
b. Zaineisen	20,000 f.		7,380 f.	
c. Drath	15,000 f.		13,260 f.	
d. Blech	2,600 f.		1,800 f.	
e. Gußwaare	2,300 f.		200 f.	
	[164,000][b] f.		93,200 f.	
6. Spießglaß		400 f.		400 f.
7. Eisenstein, roh ausgeführter		4000 f.		4,000 f.
8. Vitriol		26000 f.		24,300 f.
9. Alaun		3000 f.		2,250 f.
10. Spekstein		150 f.		150 f.
11. Marmor		3000 f.		3,000 f.
12. Kalk, gebrannter		12,000 f.		9,000 f.
13. Gyps, gebrannter		200 f.		
14. Serpentinstein		50 f.		30 f.
15. Steinhauer-Arbeit in Granit		1000 f.		200 f.
16. Töpferthon		500 f.		
17. Knöpfe von Grünstein		10,500 f.		10,500 f.
18. Glaß		60,800 f.		40,200 f.
19. Spiegel		46,500 f.		38,000 f.
20. Berlinerblau		14,800 f.		14,400 f.
21. Kleine Metall-waare		30,000 f.		28,000 f.
22. Steinguth und Fayence		6,300 f.		4,500 f.
		398,250[c] f.		271,550[d] f.

	Kohlholz bedarf zu Eisen	29700. Kl.
11. Hohe Oefen.	Kalk	2400. –
5. Blau-Oefen.	Vitriol	950. –
28. Frischfeuer.	Alaun	450. –
7. Zainhämmer.		33,680 Kl:
6. Drathzüge.	davon aus	
2. Vitriol-Hütten.	Königlichen Forsten	20,230 Kl:
2. Alaun-Hütten.	priv[at]:	9,700. –
2. Kupferhämmer.	ausl[ändisch]:	3,750. –
21. Kalck-Oefen.		33,680. Klr:

[a] (1) 399,200 (2) 398,250 *Korrektur von Humboldts Hand* [b] 163,000 *Schreiber, ändert Hrsg.* [c] (1) 399,200 (2) 398,250 *Korrektur von Humboldts Hand* [d] (1) 272,500 (2) 271,550 *Korrektur von Humboldts Hand*

30

General Tableau über das Fürstenthum Anspach.

Werth der Mineral-Production — — 688,500 fl.

nemlich:

1. kleine Metall-Waare	326,000 fl.	wovon ins Ausland gehen	272,000 fl.
2. Nadeln	108,000 fl.		108,000 fl.
3. Glaßwaare	131,000 fl.		118,000 fl.
4. Borten	64,000 fl.		64,000 fl.
5. Eisen	20,000 fl.		10,500 fl.
6. Kupfer	18,000 fl.		9,000 fl.
7. Porcellan	9,000 fl.		8,000 fl.
8. Fayence	5,400 fl.		5,000 fl.
9. Tobacksköpfe von Meerschaum	4500 fl.		4,500 fl.
10. Bleystifte	3,100 fl.		3,100 fl.
11. Alaun und Vitriol	1,500 fl.		1,200 fl.
	688,500 fl.		599,300 fl.

Mineral-Production im F. Bayreuth ~~399,200~~ 398,250 fl. davon die Ausfuhr für ~~272,500~~ 271,550 fl.
— — — im F. Anspach 688,500 fl. — — 599,300 fl.
— — — beider Länder ~~1087,700~~ 1086750 fl. — — ~~871,800~~ 870850 f.

wobei unmittelbar Beschäftigung finden
ueber 3000. Menschen.

Humboldt.

General Tableau über das Fürstenthum Anspach.

Werth der Mineral-Production nemlich:			688,500 f.
1. Kleine Metall-Waare	320,000 f.	wovon ins Ausland gehen	272,000 f.
2. Nadeln	106.000 f.		106,000 f.
3. Glaßwaare	131,000 f.		116,000 f.
4. Borten	64,000 f.		64,000 f.
5. Eisen	20,000 f.		10,500 f.
6. Kupfer	18,000 f.		9,000 f.
7. Porcellan	9,000 f.		8,000 f.
8. Faÿence	5,400 f.		5,000 f.
9. Tobacksköpfe aus Meerschaum	4,500 f.		4,500 f.
10. Bleistift	3,100 f.		3,100 f.
11. Alaun und Vitriol	1,500 f.		1,200 f.
	688,500 f.		599,300 f.

Mineral-Production	im F[ürstenthum] Baÿreuth	398,250[a]	wovon die Ausfuhr für	271,550[b] f.
—	im F[ürstenthum] Anspach	688,500 f.		599,300 f.
—	beider Länder	1086,750[c] f..		870,850 f.[d]

wobei unmittelbar Beschäftigung finden
ueber 3000. Menschen.

Humboldt.[e]

---

[a] (1) 399,200 (2) 398,250 *Korrektur von Humboldts Hand* [b] (1) 272,500 (2) 271,550 *Korrektur von Humboldts Hand* [c] (1) 1,087,700 (2) 1086750 *Korrektur von Humboldts Hand* [d] (1) 871,800 (2) 870850 *Korrektur von Humboldts Hand* [e] *Eigenhändige Unterschrift*

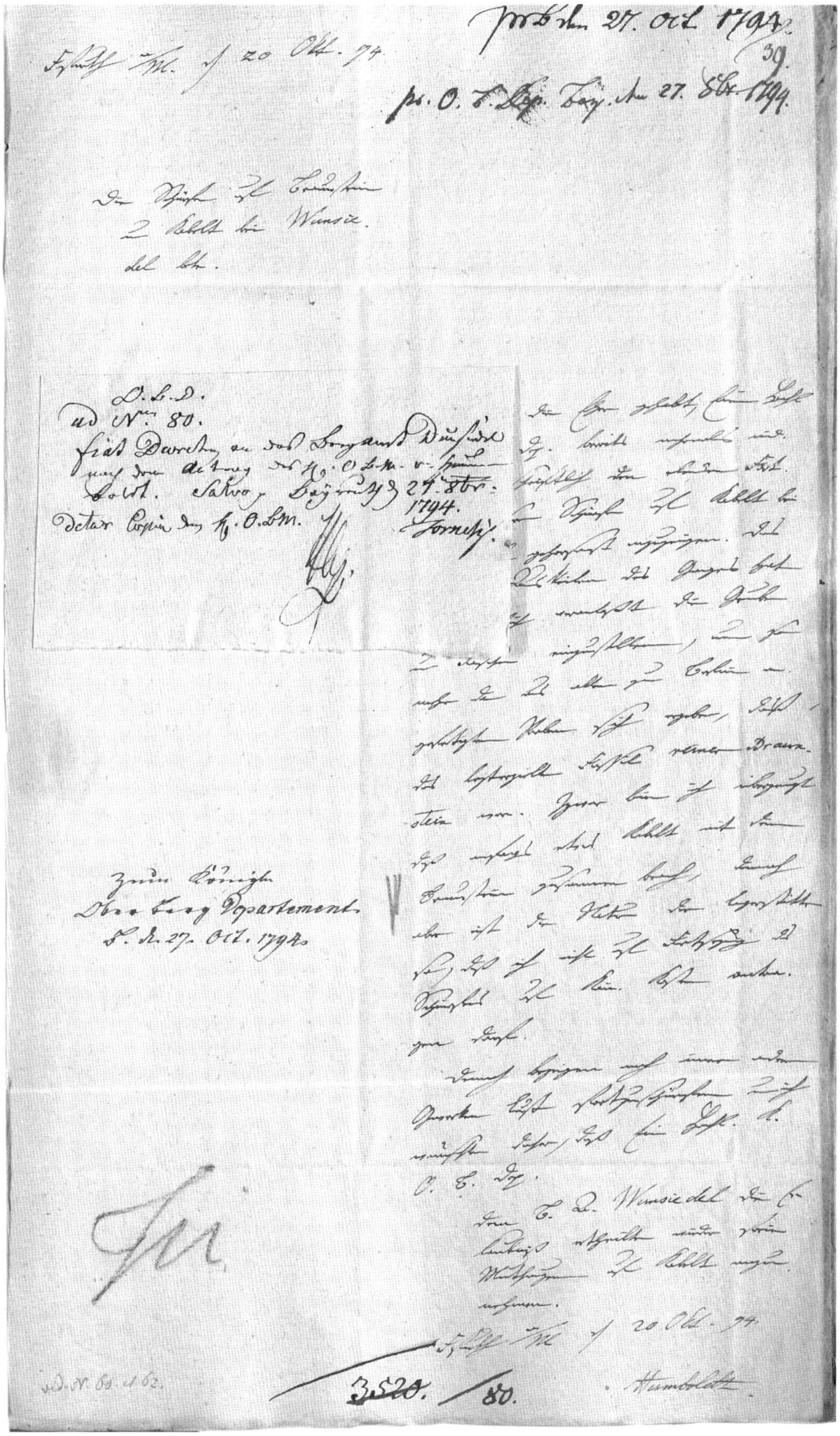

Dokument 9
Alexander von Humboldt: Über die Schürfen auf Braunstein und Kobalt bei Wunsiedel
Brief an das Königliche Ober-Bergdepartement
Frankfurt am Main, 20. 10. 1794

H: Bamberg, StABa, Kriegs- und Domänenkammer, Nr. 7111, Bl. 39r.
D: Humboldt 1973, S. 368–369.

Pr[aesentatum] B[ayreuth] den 27 Oct[ober] 1794.
Pr[aesentatum] O[ber] B[erg] Dep[artement] Bay[reuth] den 27 O[kto]b[e]r 1794.

Frankfurt a[m] / M[ain] den 20 Okt[ober] [17]94

Die Schürfen auf Braunstein u[nd] Kobelt bei *Wunsiedel* betr[effend]

O[ber] B[erg] D[epartement]
ad N[r]. 80.
fiat Decretum an das Bergamt Wunsiedel nach dem Antrag des H[errn] O[ber] B[erg] M[eisters] v[on] Humboldt. *Salvo et cetera*[a]
Baÿreuth den 27. 8br: / 1794
Tornesi
detur Copia dem H[errn] O[ber] B[erg]m[eister] Hbg.[b]

Zum Königl[ichen]
Ober Berg *Departement*
B[ayreuth] den 27. Oct[ober] 1794.

Ich habe die Ehre gehabt, Einem Hochlöblichen K[önigl.] O[ber] B[erg] Dep[artement] bereits mehrmals mündlich u[nd] schriftlich den elenden Fortgang unserer Schürfen auf Kobelt bei Wunsiedel gehorsamst anzuzeigen. Das völlige Auskeilen des Ganges hat uns endlich veranlaßt die Grube u[nd] Röschen[c] einzustellen, um so mehr da aus allen zu Berlin angefertigten Proben sich ergeben, daß das lezterzielte Fossil *reiner Braunstein* war. Zwar bin ich überzeugt daß anfangs etwas Kobelt mit dem Braunstein zusammen brach, dennoch aber ist die Natur der Lagerstätte so, daß ich nicht auf Fortsezung des Schürfens auf Kön[igliche] Kosten antragen darf.
Dennoch bezeigen noch immer andere Gewerken Lust fortzuschürfen u[nd] ich wünschte daher, daß Ein Hochl[öbliches] K[önigl.] O[ber] B[erg] Dep[artement]
dem B[erg] A[mt] *Wunsiedel* die Erlaubniß ertheilte wieder freie Muthungen auf Kobelt anzunehmen.
Frankfurth a[m] / M[ain] den 20 Okt[ober] [17]94.
Humboldt.

---

[a] *Gemeint ist*: salvo titulo *(unbeschadete, vorbehaltlich des Titels)* [b] *Unbekanntes Signet* [c] *Ein Teil des Textes ist durch einen am Rand aufgeklebten Bearbeitungszettel verdeckt, der zum Entziffern zurückgebogen werden konnte.*

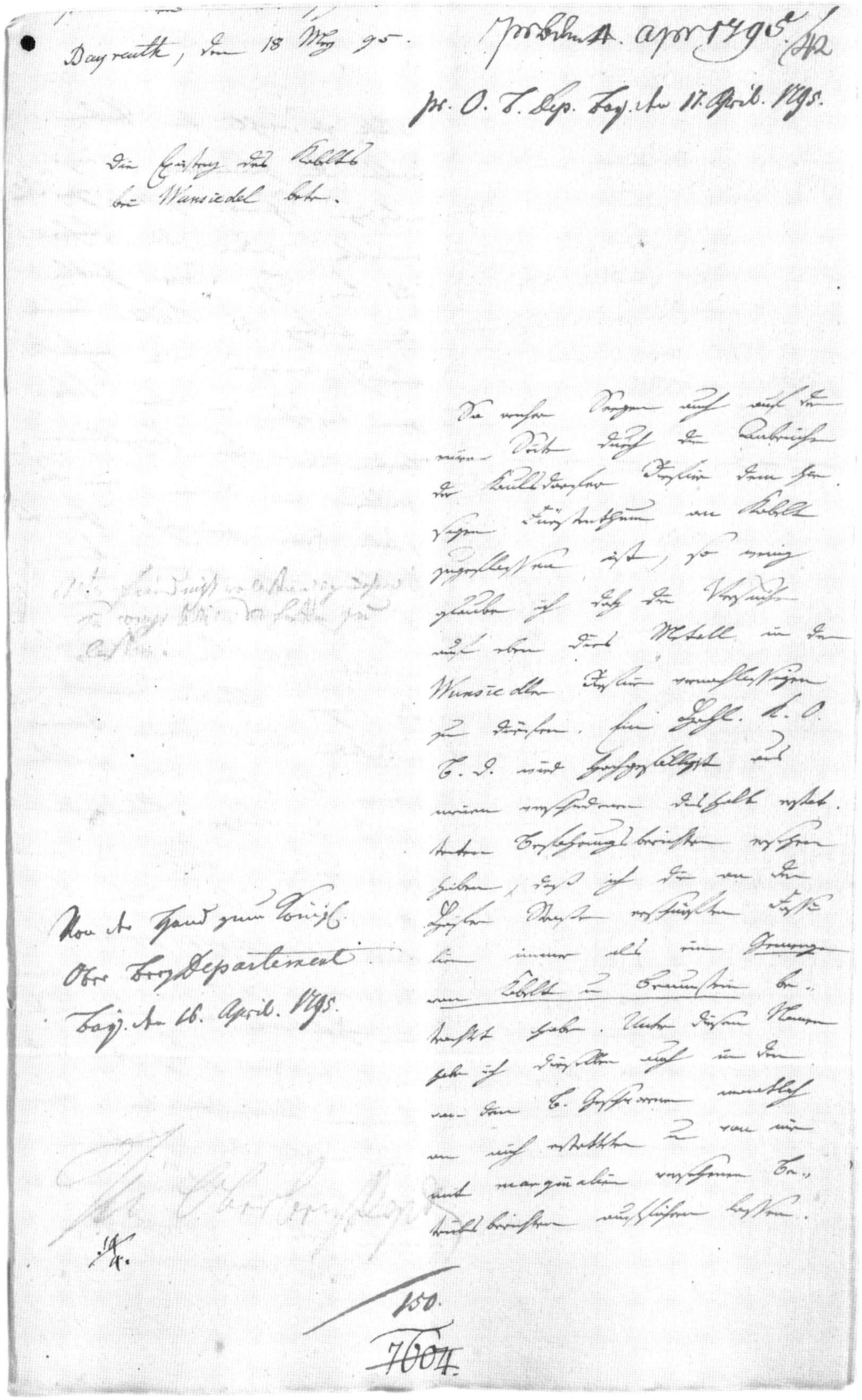
Bayreuth, den 18 März 95.

praes. 4. apr 1795. 42

pr. O. B. Dep. Bay. den 17. April. 1795.

Die Einsetzung des Kobalts bei Wunsiedel betr.

Da unsere Regierung auch auf die neue Art durch die [illegible] der Kulmbacher Revier dem hiesigen Fürstenthum an Kobalt [illegible] zugestellt worden ist, so [illegible] glaube ich daß die Versuche auf eben dies Metall in dem Wunsiedler Revier [illegible] zu dürfen. Ein Hochl. K. O. B. D. wird hochgeneigtest aus meinen verschiedenen deshalb erstatteten Befahrungsberichten ersehen haben, daß ich die [illegible] immer als ein Gränzen von Kobalt u. Braunstein betrachtet habe. Unter diesen Namen sehe ich dieselben auch in den von den B. Geschworenen monatlich an mich erstatteten u. von mir mit marginalien versehenen Zechenberichten [illegible].

Von der Hand zum Königl. Ober Berg Departement. Bay. den 16. April. 1795.

150.

7604.

Dokument 10
Alexander von Humboldt: Über die Existenz von Kobalt bei Wunsiedel
Brief an das Königliche Ober-Bergdepartement
Bayreuth, 18.3.1795

H: Bamberg, StABa, Kriegs- und Domänenkammer, Nr. 7111, Bl. 42r–43v.
D Humboldt 1973, S. 405–406.

pr[aesentatum] B[erg]amt 4. apr[il] 1795.
pr[aesentatum] O[ber] B[erg] Dep[artement] Bay[reuth] den 17. April 1795.

Bayreuth, den 18 Merz [17]95.

Die Existenz des Kobelts
bei *Wunsiedel* betr[effend]

So reicher Seegen auch auf der
einen Seite durch die Anbrüche
der Kaulsdorfer Refier dem hie-
sigen Fürstenthum an Kobelt
zugeflossen ist, so wenig
glaube ich doch die Versuche
auf eben dies Metall in der
Wunsiedler Refier vernachlässigen
zu dürfen. Ein Hochl[öbliches] K[önigliches] O[ber]
B[erg] D[epartement] wird hochgefälligst aus
meinen verschiedenen deshalb erstat-
teten Befahrungsberichten ersehen
haben, daß ich die an der
Hofer Straße erschürften Fossi-
lien immer als ein Gemenge
von Kobelt und Braunstein be-
trachtet habe. Unter diesem Namen
habe ich dieselben auch in den
von den B[erg] Geschworenen monatlich
an mich erstatteten und von mir
mit *marginalien* versehenen Be-
triebsberichten ausführen lassen.

Von der Hand zum Königlichen
Ober BergDepartement
Baÿreuth den 16. April. 1795.

Nicht so wohl die Proben
welche der herumirrende, unzu-
verlässige Schneeb[erger] Schichtm[eister] Haßler
anlieferte, sondern die früheren
des Kön[iglichen] Bergr[aths] *Tornesi* hatten
die Existenz des Kobelt unwider-
ruflich erwiesen. Die mehrmali-
gen Versuche in dem *labora-
torium* der Kön[iglichen] Porzellanmanu-
faktur in Berlin, eine An-
stalt deren gründlich-chemisches
Verfahren ich genau kenne
da ich ehemals selbst darinn
arbeitete, die Versuche welche
der V[ize]bergm[eister] *Ullmann* anstellte
entschieden bloß für Braun-
stein u[nd] gaben die violetten
Gläser der Kotigen Bibersbacher
Erze. Sonderbar bleibt es immer
daß die Stuffen, welche den
Kobelt unwiderleglich gegeben hat-
ten, mit diesen /denn es war
ein Haufwerk von allen Sorten)
in den äußeren Kennzeichen voll-
kommen übereinstimmten. Aber
wie entdekt die Scheidekunst
nicht heterogene Körper unter
einerlei Farbe u[nd] Bruchansehen,
wie leicht werden die äuße-

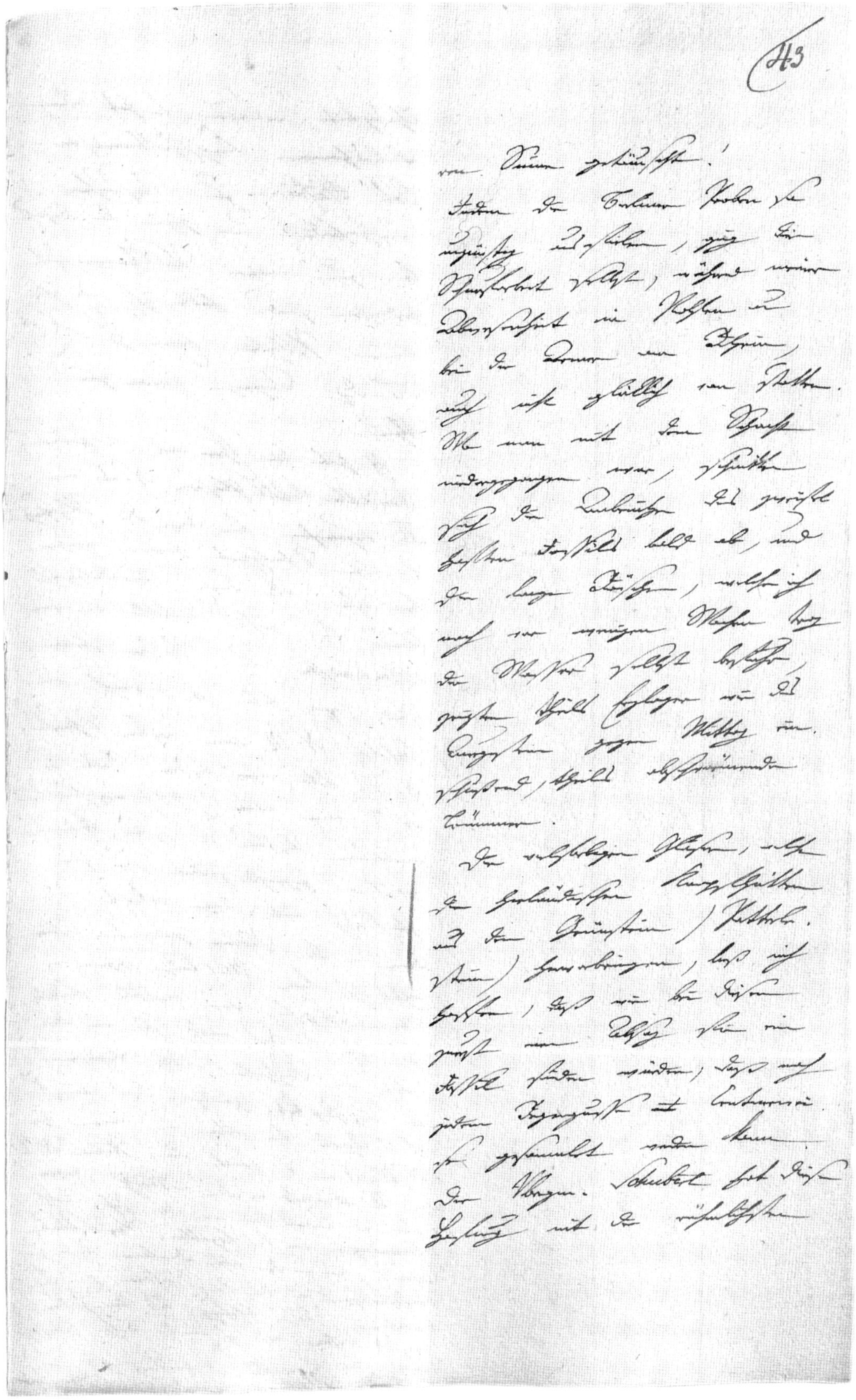

ren Sinne getäuscht!
Indem die Berliner Proben so ungünstig ausfielen, ging die Schurfarbeit selbst, während meiner Abwesenheit in Pohlen u[nd] bei der Armee am Rhein, auch nicht glüklich von statten. Wo man mit dem Schacht niedergegangen war, schnitten sich die Anbrüche des zweifelhaften Fossils bald ab, und die lange Rösche, welche ich noch vor wenigen Wochen troz der Wasser selbst befuhr, zeigte theils Erzlager wie das Quergestein gegen Mittag einschießend, theils abströmende Trümmer.

Die vielfarbigen Gläser, welche die hieländischen Knopfhütten aus dem Grünstein / Patterlestein / hervorbringen, ließ[en] mich hoffen, daß wir bei diesem zuerst einen Absaz für ein Fossil finden würden, [das][a] nach jedem Regengusse Centnerweise[b] gesammlet werden kann. Der V[ize]bergm[eister] *Schubert* hat diese Hofnung mit der rühmlichsten

---

[a] daß *Humboldt, ändert Hrsg.* [b] Regengusse | aus *gestr.* | Centnerweise *Humboldt*

Thätigkeit erfüllt. Er hat den Fabrikhammer Kupferschmiedemeister Joh. Häfner zu Versuchen aufgefordert u. jetzt da dieselben zu einiger Vollkommenheit gediehen sind, halte ich es für meine Pflicht einem K. H. O. B. Dep. Anzeige davon zu thun.

Bayreuth d. 18 März 93 Humboldt

Thätigkeit erfüllt. Er hat den
Fröbershammer Knopfhüttenmeister
Joh. Häfner zu Versuchen
aufgefordert und jezt da diesel-
ben zu einiger Vollkommenheit
gediehen sind, halte ich es für
meine Pflicht Einem H[ochlöblichen] K[öniglichen] O[ber]
B[erg] Dep[artement] Anzeige davon zu
thun.
Ich habe die Ehre anbei 2 Proben
Wunsiedler Kobelt Gläser N. I u[nd]
II e[i]nzureichen, bei denen die Mischung
und die Schmelzzeit genau angege-
ben ist. Da diese unwiderleglich
blau und nicht violett wie die
*Ullmann*ischen u[nd] Berliner Proben
sind, so habe ich zugleich die
Fossile N III vom ersten Schurf
N. IIII *dito* aber bessere Sorte u[nd]
N. V vom neu (1794) erschürften
einliefern lassen u[nd] sie dem
Häfner gezeigt, der sie für
gleichartig mit denen erkennt, aus
denen er die Proben geliefert. Ohner-
achtet ich kein Mistrauen gegen einen
Mann schöpfe, der *nichts* fordert,
so ist es doch wohl /ehe wir die
Arbeit im Frühjahr wieder beginnen)
„der Vorsichtigkeit gemäß, daß ein H[ochlöbliches]
„K[önigliches] O[berberg] Depart[ement] die alten und
neuen Erze
„N III, IV und V. sammt den Proben N. I
„u[nd] II *abermals* an den Ob[er]b[erg]rath *Rosen-*
„*stiel* od[er] unmittelbar an den Geh[eimen] Rath
„*Grieninger* von der Porzellan-Manufaktur
„sende, um die alte Berliner Probe zu
„rechtfertigen od[er] die des *p. Häfner* zu be-
„stetigen. Auf Belohnung des Knopfhütten-
meisters *Häfner* werde ich in der Folge gehorsamst
antragen.

Bayreuth den 18 Merz [17]95

Humboldt

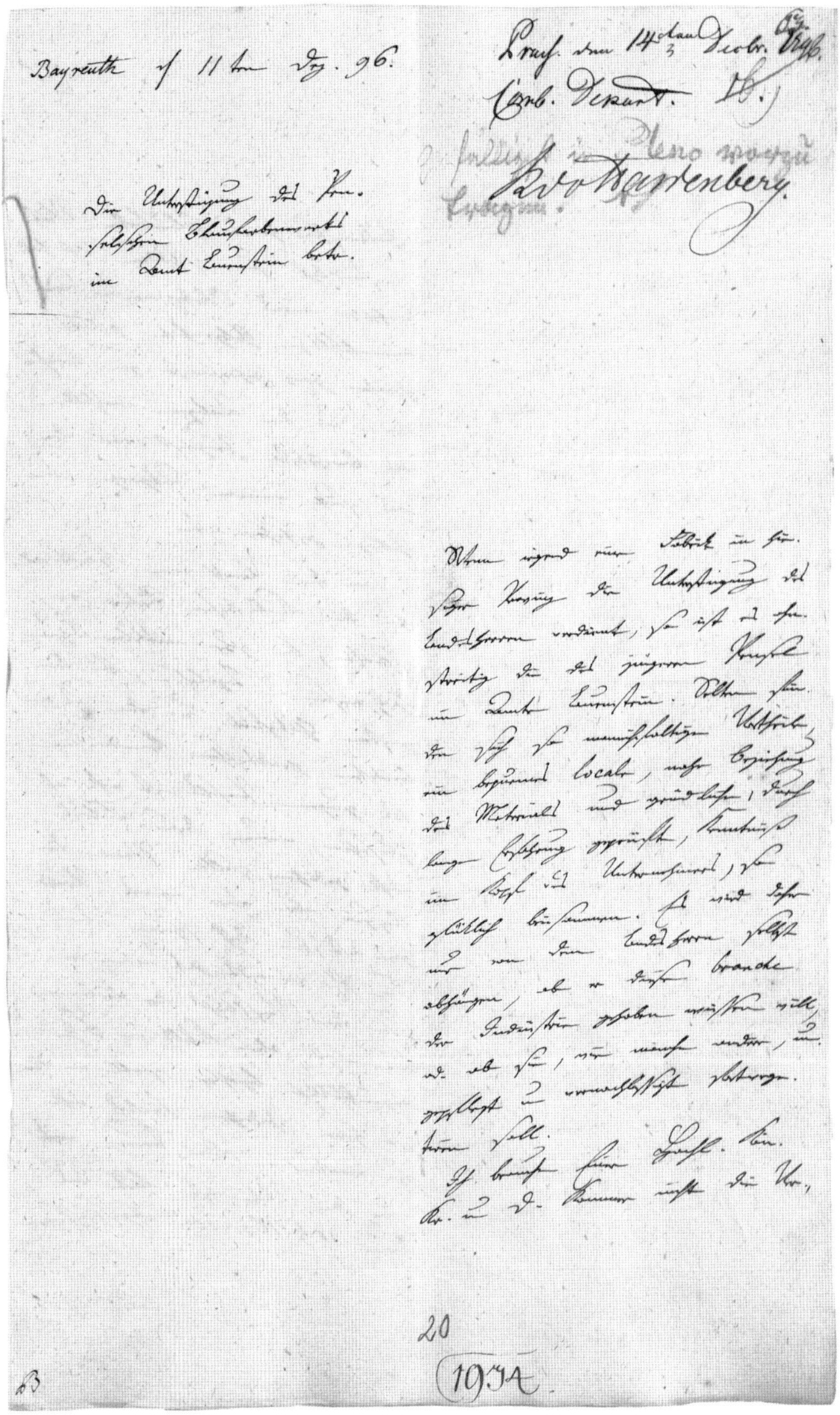
Bayreuth d. 11ten Dez. 96.

Praes. den 14ten Decbr. 96.

Dokument 11
Alexander von Humboldt: Über die Unterstützung des Pensel'schen Blaufarbenwerkes
Bayreuth, 11.12.1796

H: Bamberg, StABa, Kriegs- und Domänenkammer, Nr. 4131, Bl. 16r–17v.
D: Humboldt 1973, S. 556–557.

Praes[entatum] den 14ten Dec[em]b[e]r 1796.
Comb[inirtes] Depart[ement]
[Mit Bleistift:] gefälligst in Pleno vorzutragen.
KvHardenberg.[1]

Bayreuth den 11ten Dez[ember] [17]96

Die Unterstüzung des Penselschen Blaufarbenwerks im Amt Lauenstein betr[effend]

Wenn irgend eine Fabrik in hiesiger Provinz die Unterstüzung des Landesherren verdient, so ist es ohnstreitig die des jüngeren Pensel im Amte Lauenstein. Selten finden sich so mannichfaltige Vortheile, ein bequemes *locale*, nahe Beziehung des Materials und gründliche, durch lange Erfahrung geprüfte, Kenntniß im Kopf des Unternehmers, so glüklich beisammen. Es wird daher nur von dem Landesherrn selbst abhängen, ob er diese *branche* der Industrie gehoben wissen will, od[er] ob sie, wie manche andere, ungepflegt u[nd] vernachlässigt fortvegetiren soll.

Ich brauche Einer Hochl[öblichen] Kön[iglichen] Kr[iegs-] u[nd] D[omänen] Kammer nicht die Ver-

---

[1] Diese Unterschrift ist weder mit der von Carl August noch mit der von Georg Adolph Gottlieb von Hardenberg identisch.

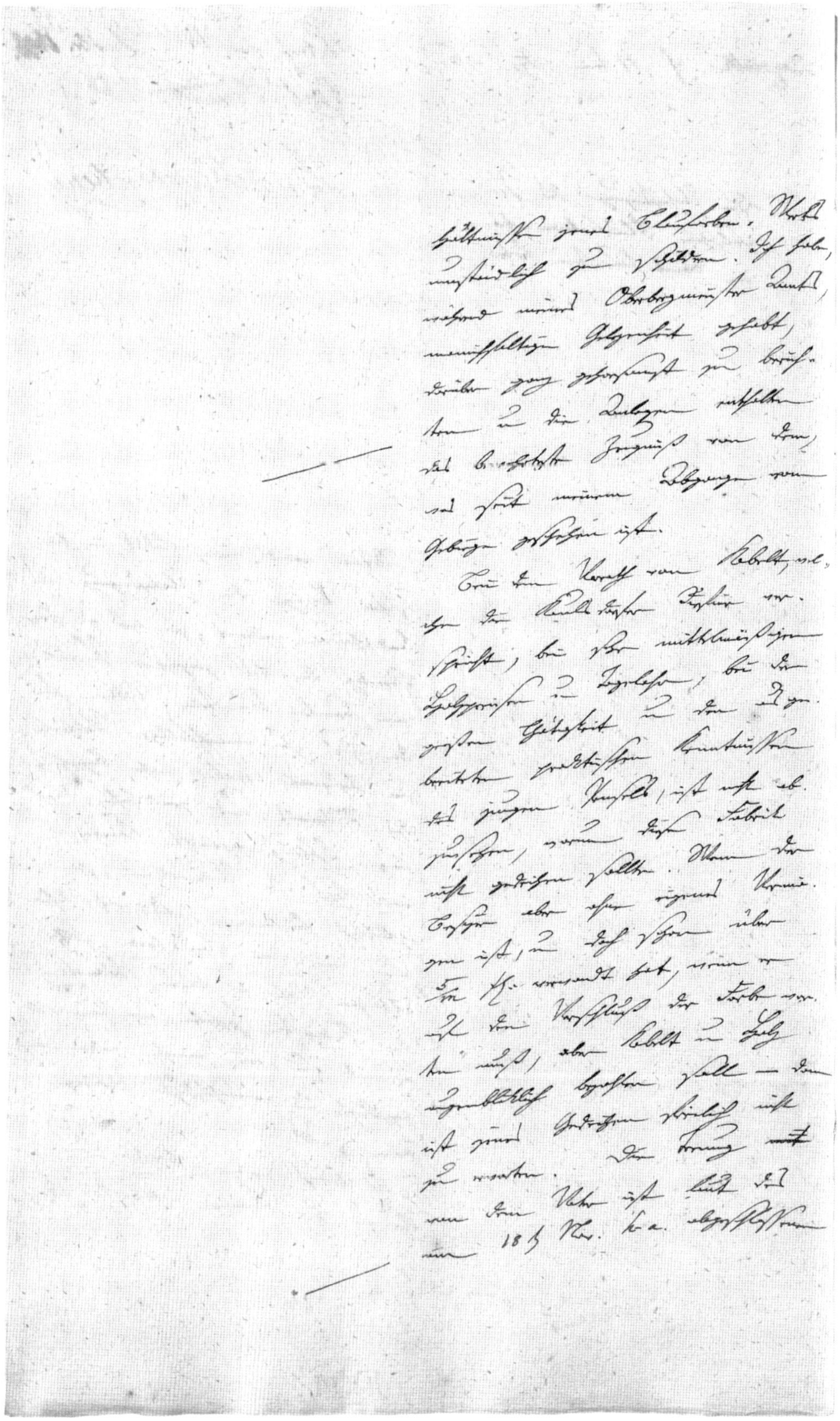

hältnisse jenes Blaufarben-Werks
umständlich zu schildern. Ich habe,
während meines Oberbergmeister Amts,
mannichfaltige Gelegenheit gehabt,
darüber ganz gehorsamst zu berich-
ten u[nd] die Anlagen enthalten
das bewehrteste Zeugniß von dem,
was seit meinem Abgange vom
Gebirge geschehen ist.

Bei dem Vorrath von Kobelt, wel-
chen die Kaulsdorfer Refier ver-
spricht, bei sehr mittelmäßigen
Holzpreisen u[nd] Tagelohn, bei der
großen Thätigkeit u[nd] den ausge-
breiteten praktischen Kenntnissen
des jungen Pensels, ist nicht ab-
zusehen, warum diese Fabrik
nicht gedeihen sollte. Wenn der
Besizer aber ohne eigenes Vermö-
gen ist, u[nd] doch schon über
5/m f.[a] verwandt hat, wenn er
auf den Verschluß der Farbe war-
ten muß, aber Kobelt und Holz
augenbliklich bezahlen soll – dann
ist jenes Gedeihen freilich nicht
zu erwarten. Die Trennung
von[b] dem Vater ist laut des
am 18ten Nov[ember] h[uius] a[nnus] abgeschlossenen

[a] *Lies:* 5000 Gulden [b] (1) mit (2) von *Humboldt*

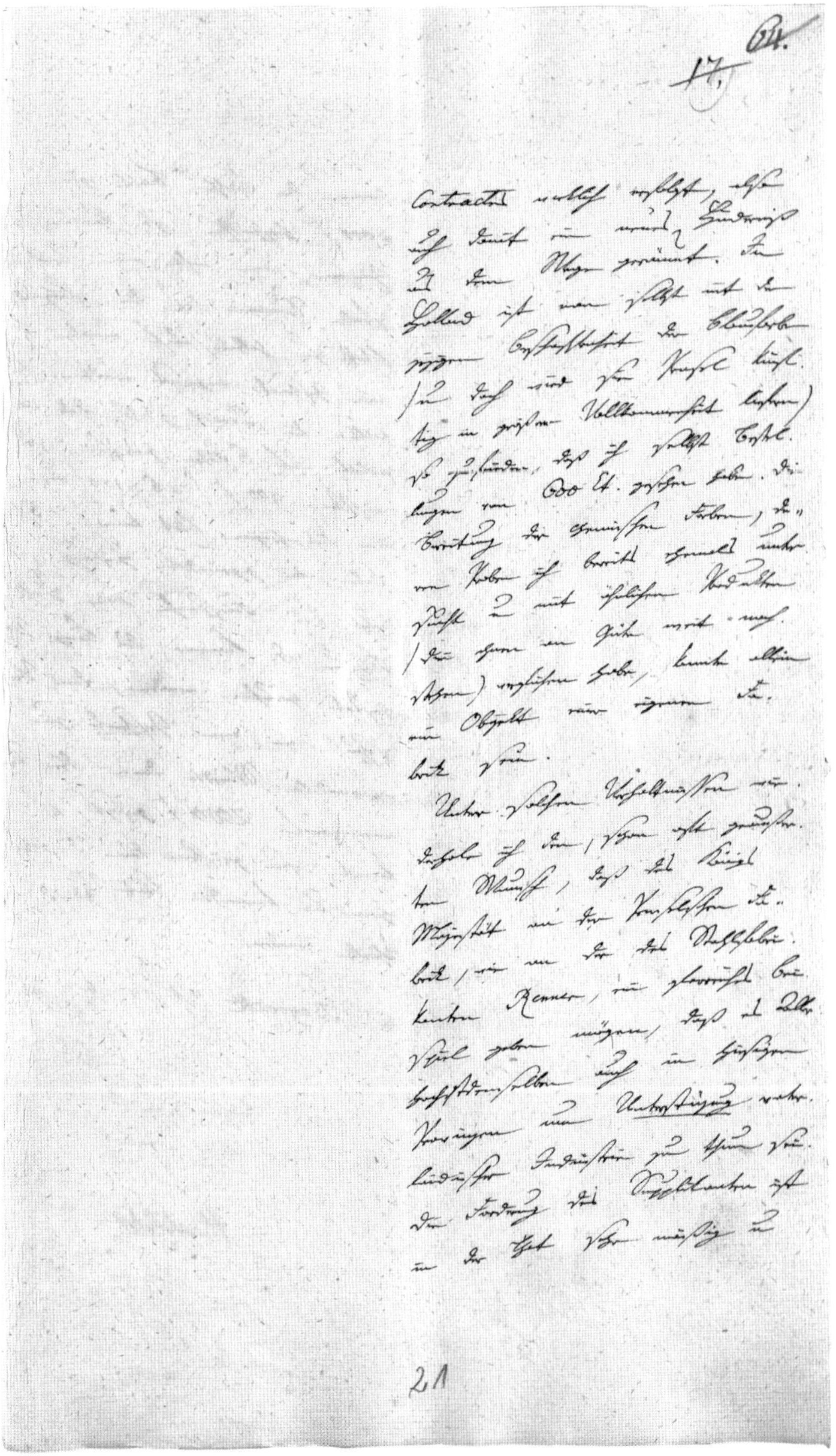

Contractes wirklich erfolgt, also auch damit ein neues Hinderniß aus dem Wege geräumt. In Holland ist man selbst mit der jezigen Beschaffenheit der Blaufarbe /u[nd] doch wird sie Pensel künftig in größerer Vollkommenheit liefern/ so zufrieden, daß ich selbst Bestellungen von 600 Ct. gesehen habe. Die Bereitung der chemischen Farben, davon Proben ich bereits ehemals untersucht u[nd] mit ähnlichen Produkten /die ihnen an Güte weit nachstehen/ verglichen habe, konnte allein ein Objekt einer eigenen Fabrik sein.

Unter solchen Verhältnissen wiederhole ich den, schon oft geäußerten Wunsch, daß des Königs Majestät an der Penselschen Fabrik, wie an der des Stahlfabrikanten *Renner*, ein glorreiches Beispiel geben mögen, daß es Allerhöchstdemselben auch in hiesigen Provinzen um Unterstüzung vaterländischer Industrie zu thun sei. Die Forderung des Supplikanten ist in der That sehr mäßig u[nd]

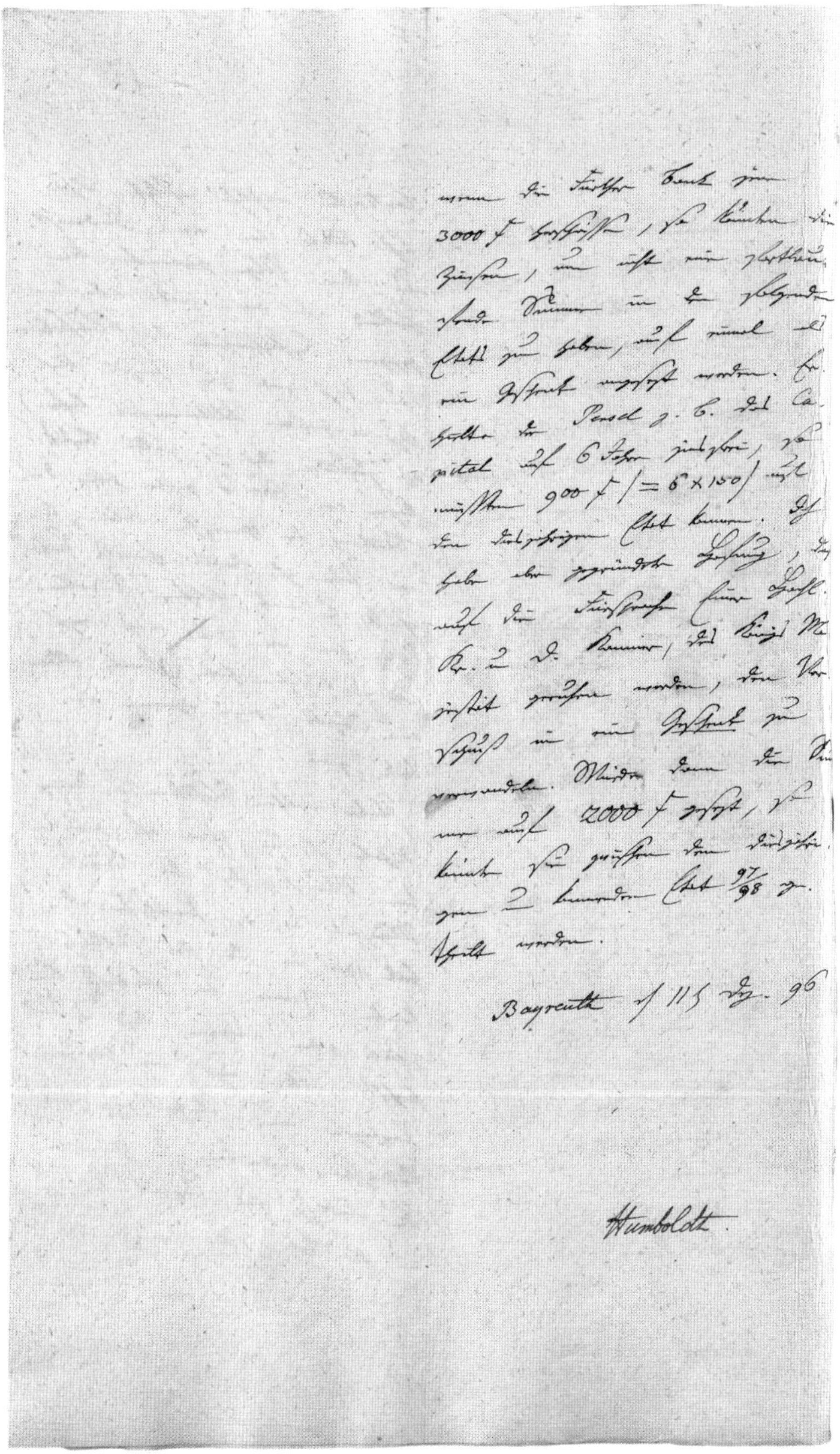
Bayreuth d 11 Dz. 96

Humboldt.

wenn die Fürther Bank jene
3000 F. herschösse, so könnten die
Zinsen, um nicht eine fortlau-
fende Summe in den folgenden
Etats zu haben, auf einmal als
ein Geschenk angesezt werden. Er-
hielte der *Pensel* z. B. das *Ca-
pital* auf 6 Jahre zinsfrei, so
müssen 900. F. / = 6 × 150 / auf
den diesjährigen Etat kommen. Ich
habe aber gegründete Hofnung, daß
auf die Fürsprache Einer Hochl[öblichen]
Kr[iegs-] u[nd] D[omänen] Kammer, des Königs Ma-
jestät geruhen werden, den Vor-
schuß in ein Geschenk zu
verwandeln. Würde dann die Sum-
me auf 2000 F. gesezt, so
könnte sie zwischen dem diesjähri-
gen u[nd] kommenden Etat 97/98 ge-
theilt werden.

Bayreuth den 11ten Dez[ember] [17]96

Humboldt.

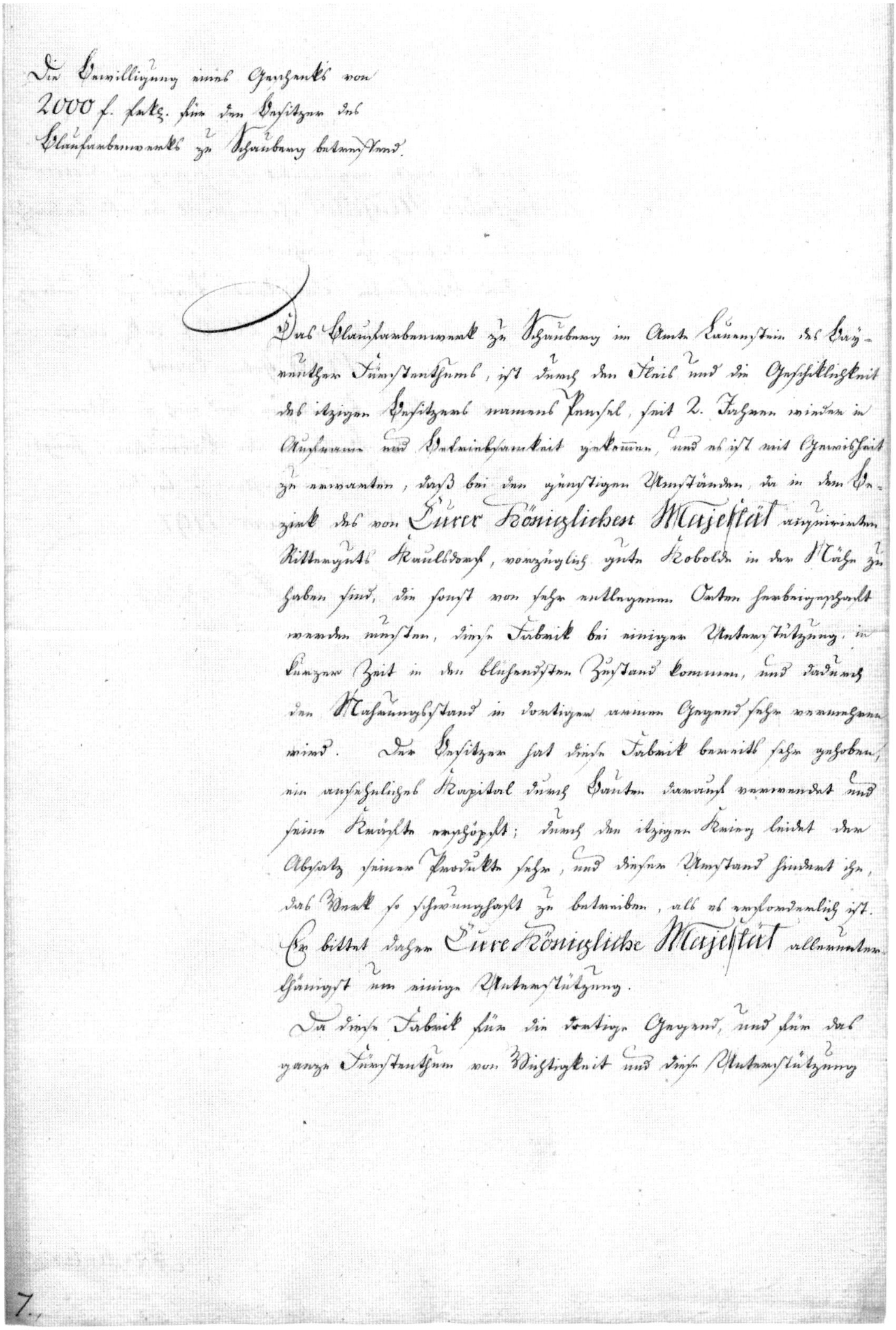

Die Bewilligung eines Geschenks von 2000 f. rhl. für den Besitzer des Blaufarbenwerks zu Schauberg betreffend.

Das Blaufarbenwerk zu Schauberg im Amte Lauenstein des Bayreuther Fürstenthums, ist durch den Fleiß und die Geschicklichkeit des itzigen Besitzers namens Pensel, seit 2. Jahren wieder in Aufnahme und Betriebsamkeit gekommen, und es ist mit Gewißheit zu erwarten, daß bei den günstigen Umständen, da in dem Bezirk des von Eurer Königlichen Majestät acquirirten Ritterguts Kaulsdorf, vorzüglich gute Kobolde in der Nähe zu haben sind, die sonst von sehr entlegenen Orten herbeigeschafft werden mußten, diese Fabrik bei einiger Unterstützung, in kurzer Zeit in den blühendsten Zustand kommen, und dadurch den Nahrungsstand in dortiger armen Gegend sehr vermehren wird. Der Besitzer hat diese Fabrik bereits sehr gehoben, ein ansehnliches Kapital durch Bauten darauf verwendet und seine Kräfte erschöpft; durch den itzigen Krieg leidet der Absatz seiner Produkte sehr, und dieser Umstand hindert ihn, das Werk so schwunghaft zu betreiben, als es erforderlich ist. Er bittet daher Eure Königliche Majestät allerunterthänigst um einige Unterstützung.

Da diese Fabrik für die dortige Gegend, und für das ganze Fürstenthum von Wichtigkeit und diese Unterstützung

7.

[1r] Dok. 12

Dokument 12

Carl August von Hardenberg: Über die Bewilligung eines Geschenks von 2000 fränkischen Gulden für das Blaufarbenwerk zu Schauberg

Gesuch an König Friedrich Wilhelm II.
Ansbach, 21. 1. 1797

h: (mit eigenhändiger Unterschrift), Berlin, GStA PK, I. HA, Rep. 96, Nr. 254A, Bd. 2, Bl. 1r–2r.

Die Bewilligung eines Geschenks von 2000 f. fränkisch für den Besitzer des Blaufarbenwerks zu Schauberg betreffend.

Das Blaufarbenwerk zu Schauberg im Amte Lauenstein des Baÿreuther Fürstenthums, ist durch den Fleis und die Geschiklichkeit des itzigen Besitzers namens Pensel, seit 2. Jahren wieder in Ansehen und Betriebsamkeit gekommen, und es ist mit Gewisheit zu erwarten, daß bei den günstigen Umständen, die in dem Bezirk des von *Eurer Königlichen Majestät* acqurirten Ritterguts Kaulsdorf, vorzüglich gute Kobolde in der Nähe zu haben sind, die sonst von sehr entlegenen Orten herbeigeschaft werden musten, diese Fabrik bei einiger Unterstützung in kurzer Zeit in den blühendsten Zustand kommen, und dadurch den Nahrungsstand in dortiger armen Gegend sehr vermehren wird. Der Besitzer hat diese Fabrik bereits sehr gehoben, ein ansehnliches Kapital durch Bauten darauf verwendet und seine Kräfte erschöpft; durch den itzigen Krieg leidet der Absatz seiner Produkte sehr, und dieser Umstand hindert ihn, das Werk so schwunghaft zu betreiben, als es erforderlich ist. Er bittet daher *Eure Königliche Majestät* allerunterthänigst um einige Unterstützung.
Da diese Fabrik für die dortige Gegend, und für das ganze Fürstenthum von Wichtigkeit und diese Unterstützung

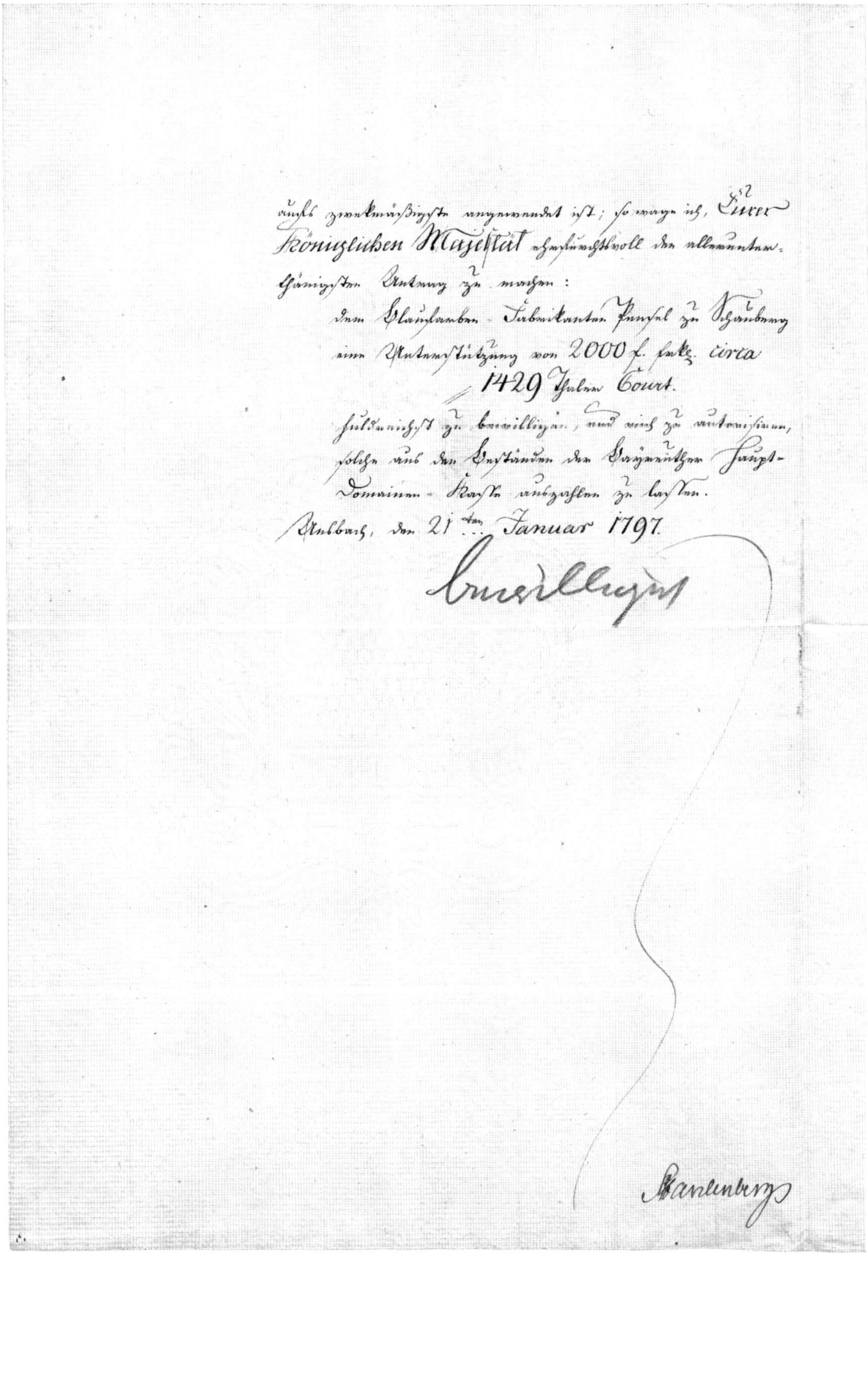
auch zweckmässigste angewendet ist; so wage ich, Euer Königlichen Majestät ehrfurchtsvoll den allerunterthänigsten Antrag zu machen:

dem Blaufarben-Fabrikanten Pensel zu Schauberg eine Unterstützung von 2000 f. frk. circa 1429 Thaler Court.

huldreichst zu bewilligen, und mich zu autorisiren, solche aus den Beständen der Bayreuther Haupt-Domainen-Kasse auszahlen zu lassen.

Ansbach, den 21ten Januar 1797.

bewilligt

Hardenberg

aufs zweckmäßigste angewendet ist; so wage ich, *Eurer Königlichen Majestät* ehrfurchtsvoll den allerunterthänigsten Antrag zu machen:

Dem Blaufarben Fabrikanten Pensel zu Schauberg
eine Unterstützung von 2000 f. fränkisch *circa*
1429 Thaler *Cour[an]t*
huldreichst zu bewilligen, und mich zu autorisiren,
solche aus den Beständen der Baÿreuther Haupt-
Domainen-Kasse auszahlen zu laßen.

Ansbach, den *21ten Januar 1797.*

bewilliget

Hardenberg

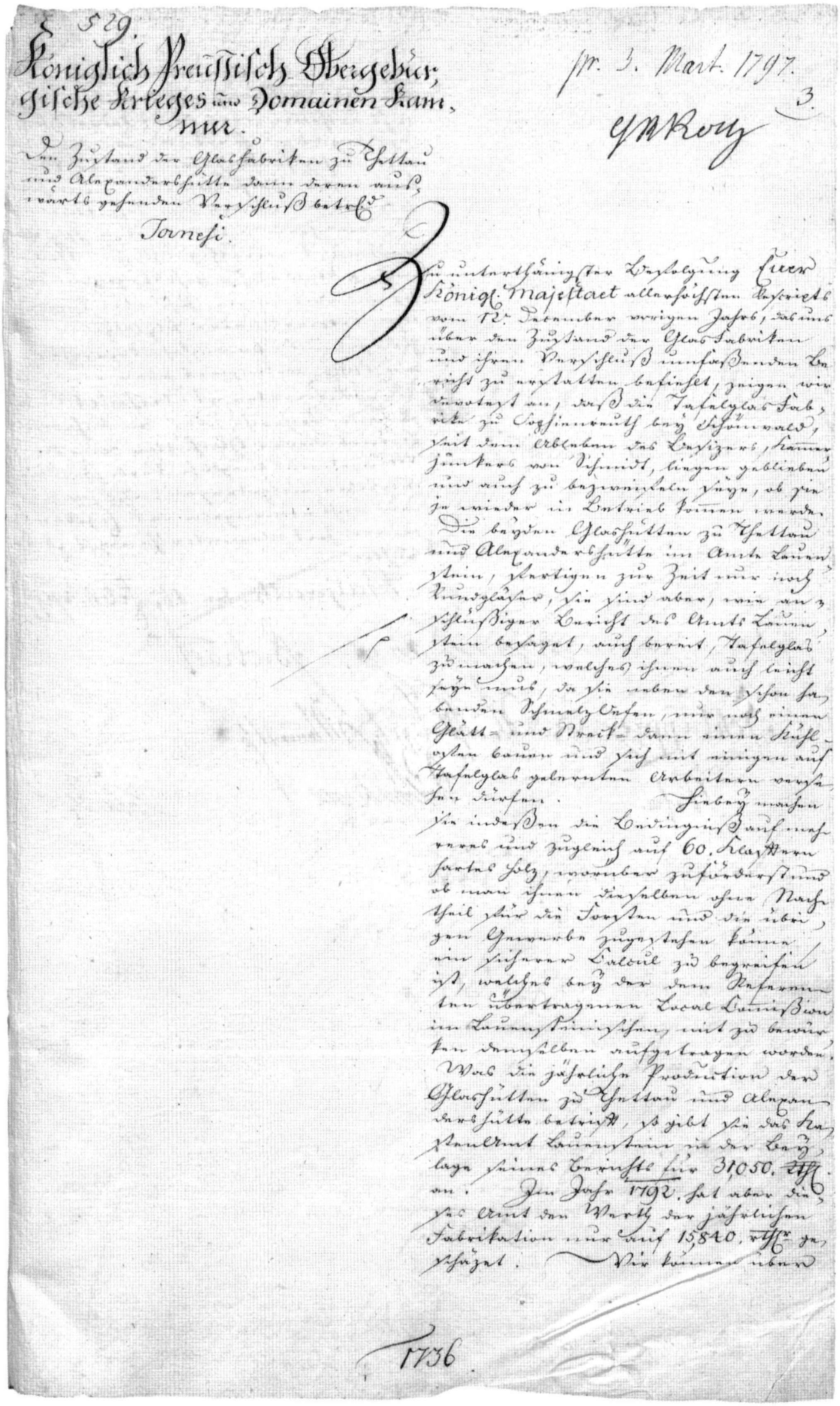

529

Königlich Preussisch Obergebürgische Krieges und Domainen Kammer.

Den Zustand der Glasfabriken zu Schleuse und Alexanderhütte dann deren muthmaßlich gefundenen Verschluß betreffend.

Tornesi.

pr. 3. Mart. 1797.

3.

Zu unterthänigster Befolgung Euer Königl. Majestaet allerhöchsten Rescripts vom 12. December vorigen Jahres, Uns über den Zustand der Glasfabriken und ihren Verschluß umfassenden Bericht zu erstatten befindet, zeigen wir devotest an, daß die Tafelglas Fabrike zu Sophienruh bey Schönwald, seit dem Ableben des Besitzers, Kammer Secretairs von Schmidt, liegen geblieben und auch zu bezweifeln steht, ob sie je wieder in Betrieb kommen werde.

Die beyden Glashütten zu Schleuse und Alexanderhütte im Amte Lauenstein, fertigen zur Zeit nur noch Rundgläser, sie sind aber, wie aus schlüßiger Bericht des Amts Lauenstein besagt, auch bereit, Tafelglas zu machen, welches ihnen auch leicht seyn wird, da sie neben den schon habenden Schmelzofen, nur noch einen Streck- und Breit- dann einen Kühlofen bauen und sich mit einigen auf Tafelglas gelernten Arbeitern versehen dürfen. Hierbey machen sie indeßen die Bedingung daß auf mehreres und zugleich auf 60. Klaftern hartes Holz, worüber zuförderst und ob man ihnen dieselben ohne Nachtheil für die Forsten und die übrigen Gewerbe zugestehen könne ein sicherer Calcul zu begreifen ist, welches bey der dem Referenten übertragenen Local Commission im Lauensteinischen, mit zu bewürken demselben aufgetragen worden.

Was die jährliche Production der Glashütten zu Schleuse und Alexanderhütte betrifft, so giebt sie das Justiz Amt Lauenstein in der Beylage seines Berichts für 31,050. rthl. an. Im Jahr 1792. hat aber dieses Amt den Werth der jährlichen Fabrikation nur auf 15,840. rthlr. geschätzt. Wir können aber

1736

Dokument 13
Erster Bericht der Königlich Preußischen Obergebirgischen Kriegs- und Domänenkammer über den Zustand der Glasfabriken zu Tettau und Alexandershütte
Bayreuth, 15.2.1797

h: (mit neun eigenhändigen Unterschriften), Berlin, GStA PK, II. HA, GD, Abt. 36, Fränk. Dpt. VII, Nr. 182, Bl. 3r–v.

Königlich Preussisch Obergebürgische Krieges und Domainen-Kammer

pr[aesentatum] 3. Mart[ius] 1797.
GKKoch[?]

den Zustand der Glasfabriken zu Thettau und Alexandershütte dann deren auswärts gehenden Verschluß betreffend
Tornesi.

In unterthänigster Befolgung *Euer Königlichen Majestaet* allerhöchsten Rescripts vom 12. December vorigen Jahres, das uns über den Zustand der Glasfabriken und ihren Verschluß umfaßenden Bericht zu erstatten befiehlt, zeigen wir devotest an, daß die Tafelglas Fabrike zu Sophienreuth beÿ Schönwald, seit dem Ableben des Besizers, Kammerjunkers von Schmidt, liegen geblieben und auch zu bezweifeln seÿe, ob sie je wieder in Betrieb kommen werde.

Die beÿden Glashütten zu Thettau und Alexandershütte im Amte Lauenstein, fertigen zur Zeit nur noch Rundgläser, sie sind aber, wie anschlüßiger Bericht des Amts Lauenstein besaget, auch bereit, Tafelglas zu machen, welches ihnen auch leicht seÿn mus, da sie neben den schon habenden Schmelz Oefen, nur noch einen Glätt= und Streck= dann einen Kühlofen bauen und sich mit einigen auf Tafelglas gelernten Arbeitern versehen dürfen. Hiebeÿ machen sie indeßen die Bedingniß auf mehreres und zugleich auf 60. Klaftern hartes Holz, worüber zuförderst und ob man ihnen dieselben ohne Nachtheil für die Forsten und die übrigen Gewerbe zugestehen könne ein sicherer Calcul zu begreifen ist, welches beÿ der dem Referenten übertragenen Local Commißion im Lauensteinischen mit zu bewürken demselben aufgetragen worden.

Was die jährliche Production der Glashütten zu Thettau und Alexandershütte betrift, so gibt sie das KastenAmt Lauenstein in der Beÿlage seines Berichts für 31,050. rthlr. an. Im Jahr 1792. hat aber dieses Amt den Werth der jährlichen Fabrikation nur auf 15,840. rthlr. geschäzet. Wir können über

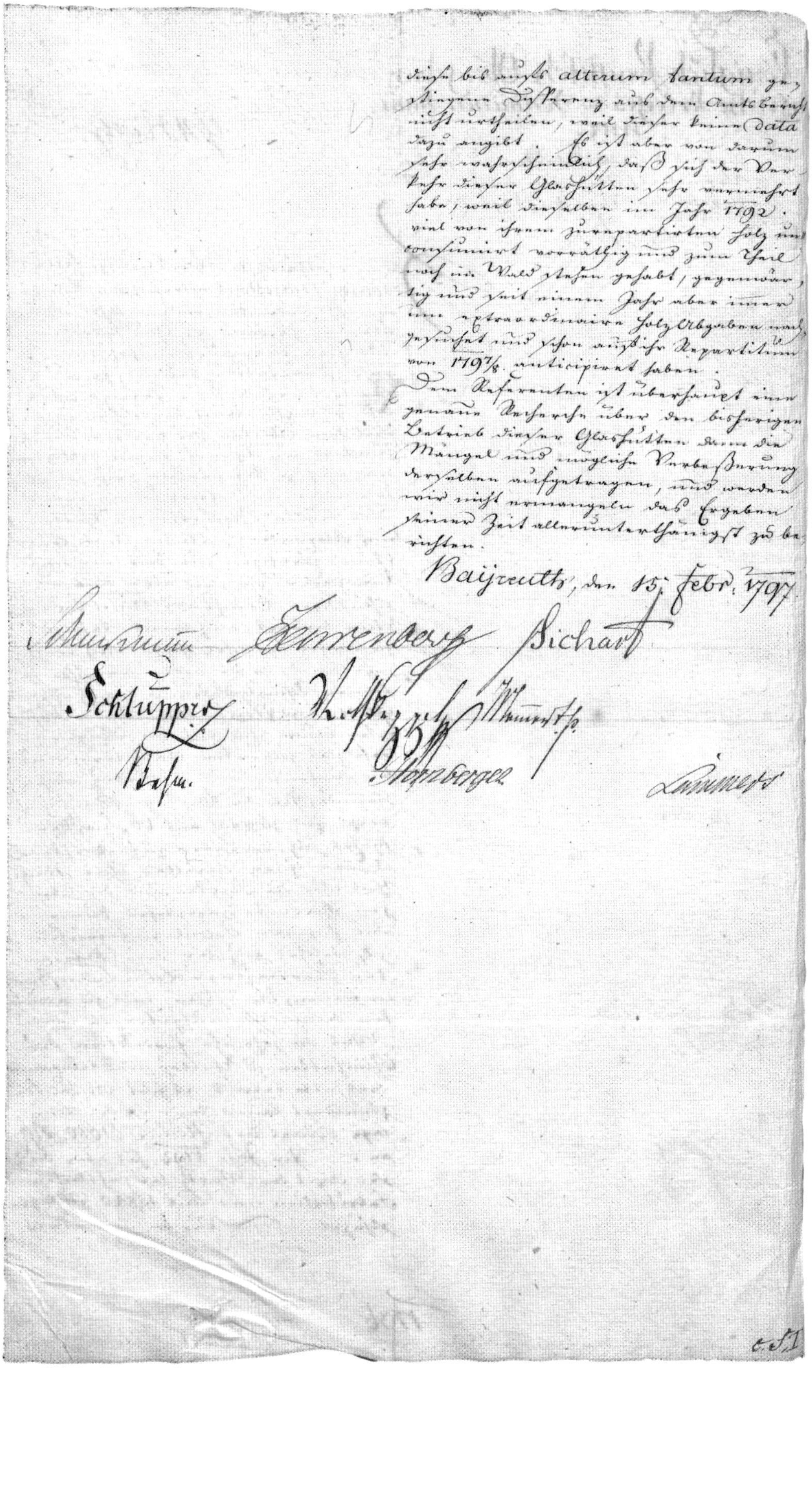

diese bis auf alterum tantum gestiegenen Differenz aus dem Amtsbericht nicht urtheilen, weil dieser keine data dazu angibt. Es ist aber von daraus sehr wahrscheinlich, daß sich der Verkehr dieser Glashütten sehr vermehrt habe, weil dieselben im Jahr 1792. viel von ihrem Zurepartirten Holz unconsumirt vorräthig und zum Theil noch im Wald stehen gehabt, gegenwärtig und seit einem Jahr aber immer um extraordinaire Holzabgaben nachgesucht und schon auf die Repartition von 1797/8 anticipirt haben.

Dem Referenten ist überhaupt eine genaue Recherche über den bisherigen Betrieb dieser Glashütten deren Mängel und mögliche Verbeßerung derselben aufgetragen, und werden wir nicht ermangeln das Ergebnis seiner Zeit allerunterthänigst zu berichten.

Baireuth, den 15. Febr. 1797.

Sichart

diese bis aufs *alterum tantum* gestiegene Differenz aus dem Amts Bericht nicht urtheilen, weil dieser keine *data* dazu angibt. Es ist aber von darum sehr wahrscheilich, daß sich der Verkehr dieser Glashütten sehr vermehrt habe, weil dieselben im Jahr 1792. viel von ihrem zurepartirten Holz unconsumirt vorrähtig und zum Theil noch im Wald stehen gehabt, gegenwärtig und seit einem Jahr aber immer um extraordinaire Holz Abgaben nachgesuchet und schon auf ihr Repartitum von 1797/8 anticipiret haben.

Dem Referenten ist überhaupt eine genaue Recherche über den bisherigen Betrieb dieser Glashütten dann die Mängel und mögliche Verbeßerung derselben aufgetragen, und werden wir nicht ermangeln das Ergeben seiner Zeit allerunterthänigst zu berichten.

Baÿreuth, den 15. *Febr[uar]* 1797

Schuckmann	*Hardenberg*	*Sichart*
Schlupper	*Rothkeppel*	*Memmert*
Behm	*Hornberger*	*Lammers*

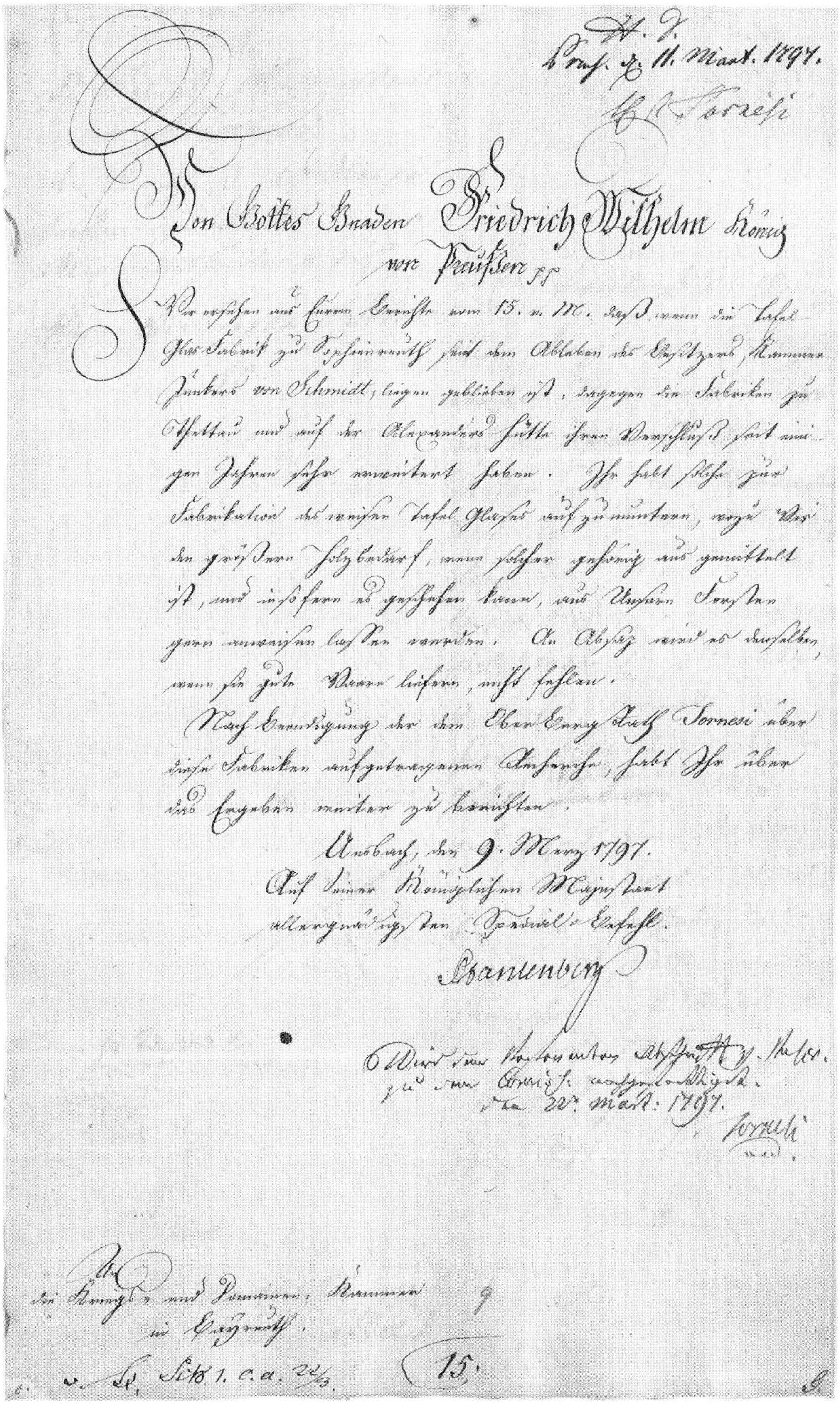
H. J.
pr. d. 11. Maert. 1797.
ch. Tornesi

Von Gottes Gnaden Friedrich Wilhelm König von Preußen pp

Wir ersehen aus Eurem Berichte vom 15. v. M. daß, wenn die Tafel Glas Fabrik zu Tischirnreuth seit dem Ableben des Besitzers, Kammer Junkers von Schmidt, liegen geblieben ist, dagegen die Fabriken zu Schlettau und auf der Alexanders Hütte ihren Verschluß seit einigen Jahren sehr erweitert haben. Ihr habt solche zur Fabrikation des weißen Tafel Glases aufzumuntern, wozu Wir den größern Holzbedarf, wenn solcher gehörig ausgemittelt ist, und insofern es geschehen kann, aus Unseren Forsten gern verweisen lassen werden. An Absatz wird es denselben, wenn sie gute Waare liefern, nicht fehlen.

Nach Beendigung der dem Ober Berg Rath Tornesi über diese Fabriken aufgetragenen Untersuchung, habt Ihr über das Ergebniß weiter zu berichten.

Anspach, den 9. März 1797.
Auf Seiner Königlichen Majestaet allergnädigsten Special-Befehl.
Hardenberg

Wird dem verlangten Abschrift ... zu dem Bericht angeschlossen.
den 22. Mart: 1797.
Tornesi

An die Kriegs- und Domainen-Kammer zu Bayreuth.
9
Sch. 1. c. a. 22/3. 15.

Dokument 14
Carl August von Hardenberg: Über die Flachglasherstellung in Tettau und Alexandershütte
Schreiben an die Königlich-Preußische Kriegs- und Domänenkammer
Ansbach, 9.3.1797

h: (mit eigenhändiger Unterschrift), Bamberg, StABa, Kriegs- und Domänenkammer, Nr. 4158, nicht nummeriertes Blatt.

H. I.
Praes[entatum] den 11. Mart[ius] 1797.
H. Tornesi

Von Gottes Gnaden Friedrich Wilhelm König
von Preußen pp

Wir ersehen aus Eurem Berichte vom 15. v[origen] M[onats] daß, wenn die Tafel-Glas Fabrik zu Sophienreuth seit dem Ableben des Besitzers, Kammer-Junkers von *Schmidt* liegen geblieben ist, dagegen die Fabriken zu Thettau und auf der Alexanders Hütte ihren Verschluß seit einien Jahren sehr erweitert haben. Ihr habt solche zur Fabrikation des weisen Tafel Glases aufzumuntern, wozu Wir den größern Holzbedarf, wenn solcher gehörig aus gemittelt ist, und in sofern es geschehen kann, aus Unsern Forsten gern anweisen lassen werden. An Absaz wird es denselben, wenn sie gute Waare liefern, nicht fehlen.

Nach Beendigung der dem Ober Berg Rath *Tornesi* über diese Fabriken aufgetragenenen Recherche, habt Ihr über das Ergeben weiter zu berichten.

Ansbach, den 9. Merz 1797.
Auf Seiner Königlichen Majestät
allergnädigsten Special=Befehl
Hardenberg

Wird dem Referenten abschriftliches Rescr[ipt]
zu dem Bericht[?] nachgeferttiget.
den 22.[n] Mart[ius] 1797.
Tornesi
vid.

An
die Kriegs- und Domainen-Kammer
in Baÿreuth.

Verzeichnisse

Abkürzungsverzeichnis

Bl.	Blatt
Ct.	Zentner
D	Druck (eines Dokumentes)
f.	Gulden; vgl. fl.
Fdgr.	Fundgrube
GStA PK	Geheimes Staatsarchiv Preußischer Kulturbesitz, Berlin
fl.	florenus: ursprünglich die in Florenz geprägte Goldmünze, später der nach ihrer Vorlage in Deutschland geprägte Gulden
H	Handschrift; eigenhändig
h	Handschrift; von der Hand eines Schreibers
Kl.	Klafter
KPM	Königliche Porzellan-Manufaktur zu Berlin
Kr./X/Xr.	Kreuzer; siehe dazu im Glossar *Gulden, fränkisch* und *Gulden, rheinisc*h
Lr.	Lachter
p / p.	Lat.: praenominatus (der vorgenannte …)
Pf.	Pfund
PSE	Periodisches System der Elemente
r	recto (Vorderseite)
Rtl./Rthl.	Reichsthaler
StABa	Staatsarchiv Bamberg
Thlr.	Thaler
v	verso (Rückseite)
vid.	Lat.: vidimus: wir haben gesehen; videatur: man möge sehen

Glossar

Abbau
Mit bergmännischen Methoden (z. B. Pickern, heute vor allem Sprengen) Loslösen z. B. von *Erzen* oder Steinen und Erden aus dem Gesteinsverbund, Sammeln der Stücke und Transport an die Erdoberfläche bzw. den Verladeort.

Abend
Bergmännische Bezeichnung für Westen.

Abfeimen (auch *Abfehmen* oder *Abfaimen*)
Der Begriff erklärt sich aus „Feim=Schaum". Es handelt sich um das mechanische Entfernen eines Sulfatschaums (*Glasgalle*) von der Oberfläche einer Glasschmelze. Das Abfeimen erfolgt durch Öffnungen in der Wand der *Glasschmelzöfen* mittels eines an einer Stange befestigten Bleches, das man über die Oberfläche des geschmolzenen Glases zieht.

Abseigern siehe *Seigern.*

Abteufen
Einen *Schacht* mit bergmännischen Methoden (heute vor allem Bohren und Sprengen) in die Tiefe treiben.

Accidenzien
Zufällige, auch ungewissen Einnahmen.

Accise (Akzise)
Verbrauchssteuer oder Binnenzoll.

Achat siehe *Quarz.*

Acquiescenz (auch *Acquiescence*)
Schweigen im Rechtsverkehr; beschreibt ein stillschweigendes Verhalten, das eine Person auch ohne ihren ausdrücklichen Willen rechtlich bindet.

Acquisition
Anschaffung, Erwerb.

Ad regem
Lat.: an den König.

Aeschern (Äschern)
Kaliumhaltiges Holz zu Asche verbrennen, in der die Kaliumverbindungen erhalten bleiben. Basis für die Herstellung von *Pottasche.*

Alaun
Unter Alaunen versteht man allgemein Hydrosulfate eines ein- und eines dreiwertigen *Kations.* Bei dem einwertigen Kation handelt es sich meist um das des Kaliums (K^+), aber auch des Natriums (Na^+), bei dem dreiwertigen um das des Aluminiums (Al^{3+}), aber beispielsweise auch des Eisens (Fe^{3+}), Kobalts (Co^{3+}) oder Mischungen daraus. Der „klassische" Alaun weist die Zusammensetzung $KAl(SO_4)_2 \cdot 12\ H_2O$ auf.

Alaunschiefer
Tonschiefer, der das Eisensulfid Pyrit (FeS_2) und Kohle enthält. Durch Verwitterung an der Oberfläche unter Einwirkung von Wasser oxidiert der Pyrit zu Eisenoxid (Fe_2O_3) und Schwefelsäure (H_2SO_4). Sie tritt ihrerseits mit dem Al_2O_3 des Schiefers und meist in ihm enthaltenen Alkalioxiden in Wechselwirkung, so dass sich eine Lösung ergibt, die *Alaun* enthält, das gesondert gewonnen werden kann. Da der Alkalioxidanteil des Alaunschiefers nicht

besonders hoch ist, hat man um 1800 bei der technisch genutzten Verwitterung zunächst *Pottasche* (K_2CO_3), später nur noch Holzasche, die das Kaliumkarbonat ebenfalls enthält, zugesetzt. Der Prozess dauerte über ½ Jahr.

Albit
Es handelt sich um einen Feldspat der Zusammensetzung $Na_2O \cdot Al_2O_3 \cdot 6\ SiO_2$ oder $Na[Al\ Si_3O_8]$. Er wird auch heute noch als *Flussmittel* für die Herstellung von Glas und gelegentlich in Glasuren eingesetzt.

Alkalioxid
Verbindung der *Kationen* der ersten Spalte des Periodischen Systems der Elemente mit Sauerstoffanionen. Beispiele: Lithiumoxid (Li_2O), Natriumoxid (Na_2O) und Kaliumoxid (K_2O).

Alseda
Ort in Schweden, wo 1738 eine Goldmine entdeckt wurde.

Alsheda siehe *Alseda.*

Altenberger Zinnordnung
Bergordnung von 1568; blieb bis zum Regalbergbaugesetz von 1851 in Kraft.

Amethyst siehe *Quarz.*

Amorph
Regellose Anordnung der Elementarteilchen in fester Materie im Unterschied zur geordneten, kristallinen. Sie entsteht, wenn *viskose* Schmelzen in einer kürzeren Zeitspanne abgekühlt werden, als für eine *Kristallisation* notwendig ist. Die bekanntesten amorphen Werkstoffe sind *silikatische Gläser*. Aber auch Porzellan enthält einen amorphen Anteil. Während des Brennens bildet sich partiell Schmelze, die amorph erstarrt. Sie ist ohne besondere Hilfsmittel neben den kristallinen Anteilen nicht sichtbar.

Amusiren
Jemanden amüsieren.

Anbruch
Durch Entfernen von taubem Gestein freigelegter, aber noch nicht gewonnener *Erzgang*.

Anionen
Durch Aufnahme von Elektronen entstehender, elektrisch negativ geladener Zustand von Atomen. Dabei handelt es sich in *Silikatgläsern* stets um Sauerstoffanionen (O^{2-}, Oxide). Es gibt aber auch Gläser beispielsweise auf der Basis von Schwefelanionen (S^{2-}, Sulfide), Arsenanionen (As^{2-}, Arsenide) und Telluranionen (Te^{2-}, Telluride).

Anni passati
Ital.: vergangene Jahre.

Anstehen
Im Sinne von: Bedenken haben, etwas zu tun.

Anstehendes
Durch *Schürfen* oder andere Methoden festgestellter *Erzgang*.

Aperte
Ital.: offen, frei, aufrichtig.

Assessor cum voto
Mitarbeiter in einer staatlichen Dienststelle mit Stimmrecht.

Aufbereitung
Sie umfasst alle Prozessstufen, die erforderlich sind, um aus dem bergmännisch gewonnenen Material ein Produkt herzustellen, das sich für die *Verhüttung* oder den direkten Einsatz z. B. in der *Glas*-, Keramik- oder Baumaterialienindustrie eignet. Die Aufbereitung umfasst im Wesentlichen die Stufen Zerkleinern, Trennen und Klassieren, wobei je nach Gesteinszusammensetzung und Ziel der Aufbereitung die Reihenfolge variieren kann. Meist kommen mechanische, optische, thermische und chemische Verfahren, seltener mit Unterstützung durch magnetische oder elektrische Felder, zur Anwendung.

Aufgeschlossenes Feld
Bergbauanlage, die für den Abbau vorbereitet ist.
Aufziehen
Gewältigen oder *Abteufen* eines Schachtes.
Augit
Ein 1792 durch Abraham Gottlob Werner bezeichnetes Mineral nach dem griechischen Wort „auge" bzw. Glanz. Es handelt sich um ein Erdalkali-Eisen-Alumosilikat der wechselnden Zusammensetzung (Ca, Mg, Fe^{2+}, Fe^{3+}, Ti, Al)[(Si, Al)$_2$O$_6$] mit Glasglanz. Die Farbe ist dunkelgrün bis schwarz.
Ausfall
Hier: Angriff.
Auskeilen
Abnehmen der Mächtigkeit bis zum völligen Verschwinden eines Flözes bzw. Erzganges, der, da er von unten schräg zur Erdoberfläche verläuft, mit nur geringen *Schürfarbeiten* nachgewiesen werden kann.

Basalt
Hartes Ergussgestein, das beim Vulkanausbruch entsteht. Es besteht vorwiegend aus Plagioklasen und Pyroxenen, enthält aber auch einen spürbaren Anteil an Eisenoxiden. Wegen dessen färbender Wirkung im *Glas* und wegen der hohen *Kristallisations*geschwindigkeit der abkühlenden Basaltschmelze eignet sich Basalt nur zur Herstellung von Isolierglasfasern. Sie kühlen extrem schnell ab; die Farbe spielt keine Rolle.
Batterle siehe *Patterle.*
Befahrung siehe *Fahrt.*
Berg-actuarius
Protokollführer, aber auch Rechnungsführer oder Verwalter im Bergamt.
Bergakademist
Hier: Absolvent der Bergakademie Freiberg in Sachsen.
Bergbauhülfs-Casse (Bergbauhilfskasse)
Ende des 18. Jahrhunderts ein gemeinnütziger Fonds in einem Bergbaugebiet, in den gewinnbringende Zechen Abgaben einzahlen und aus dem verlustbringende Zechen, neu aufgeschlossene Zechen oder z. B. bedürftige Witwen von Bergleuten oder erkrankte Bergleute eine Unterstützung erhalten.
Bergmeister
Vorsitzender eines Bergamtes. Er leitet den Bergbau seines Reviers sowohl vor Ort in den *Gruben* als auch aus betriebswirtschaftlicher Sicht in einer staatlichen Dienststelle.
Bergquartal
Der Abrechnungszeitraum im Bergbau seit dem Mittelalter; die Quartale wurden nach christlichen Festen benannt (Reminiscere, Trinitatis, Crucis, Luciae); man rechnete ein Bergquartal mit 13 Wochen.
Bergrefier (die)
Im 18. Jahrhundert lokal eingedeutschte Bezeichnung für (aus dem Französischen) das Revier.
Bergregal
Dem Landesherrn zustehendes Recht, in seinem Land anstehende Minerale abzubauen.
Belag siehe *Besteg.*
Bergfreies (das Bergfreie)
Gelände, in dem Erze vermutet wurden, für das jedoch noch keine Anträge auf *Muthen* gestellt wurden, das also „frei" war.

Berggeschworener (auch *Geschworener* oder *Geschwohrens*)
Beamter des Bergamtes, unter dessen Aufsicht der Bergbau in einem Teil des Bergamtsbezirkes stand. Er war vor allen Dingen für die Redlichkeit des Abbaus verantwortlich. Seine Befugnisse und Aufgaben gingen aber über die eines *Factors* hinaus.

Besteg
Dünne Materialschicht auf und in Gesteinsklüften. Meist handelt es sich um Letten (rote, grüne, braune, schwarze, graue oder manchmal violette, noch nicht verfestigte Schichten von Schiefertonen). Sie sind schmierig-fettig, quellen in Wasser und blättern beim Austrocknen ab.

Bewetterung
Versorgung der gesamten Grubenanlage mit Frischluft.

Blase
Hier: In die Glasschmelze und damit in die abgekühlten Glaserzeugnisse eingeschlossener, mit Gas gefüllter Hohlraum. In Abhängigkeit vom Prozesspunkt der Entstehung und der Art der Formgebung können Blasen rund, oval oder gestreckt sein. Die in ihnen enthaltenen Gase haben ihren Ursprung in den mit Luft gefüllten Zwickeln zwischen den Rohstoffkörnern, den gasförmigen Zersetzungsprodukten beim Aufschmelzen der Rohstoffe und aus *Red/Ox-Reaktionen.*

Blaufarbe siehe *Smalte.*

Bleiglanz (auch Galenit)
Ein Bleisulfid mit der chemischen Formel PbS. Schwarz-metallisch glänzende, würflige oder oktaedrisch abgestumpfte Kristalle. Kann Anteile an Silbersulfid enthalten.

Braunstein (*Pyrolusit,* auch *Glasseife*)
Gruppe von Mineralen, die in erster Linie das Oxid des vierwertigen Mangans (MnO_2) enthalten. Die Farbe ist mehr oder weniger dunkelbraun. Es handelt sich um ein Sedimentgestein, das durch Verwitterung entsteht. In die Glasschmelze eingeführt, entsteht aus dem Mn^{4+} das Mn^{2+} und das für das *Entfärben* der Gläser wichtige Mn^{7+}. Das siebenwertige Mangan*kation* absorbiert die andernfalls durch das Glas hindurchgelassene *Komplementär*wellenlänge des meist als Verunreinigung in den Rohstoffen enthaltenen Eisenoxids und bewirkt damit ein zwar leicht graues (schmutziges), aber farbloses *Glas.*

Brechen
Gewinnung von Erzen, wobei mehrere Erze vergesellschaftet vorkommen können, die dann zusammen „brechen“. Im vorliegenden Fall geht es vor allem um *Kobalterze*, die bei Wunsiedel gemeinsam mit *Braunstein* brechen und sinnvollerweise zu Beginn der *Aufbereitung* abgetrennt wurden.

Brückensauerstoff
Er verbindet in *Silikatgläsern* zwei *Kationen* miteinander, die in der Regel vierwertig (aber auch drei- oder fünfwertig) sind, z. B. zwei Si^{4+}-Kationen. Er baut zwischen ihnen eine Brücke. Das Vorhandensein von Brückensauerstoffen stellt die Basis für *Netzwerkbildner* dar.

Butzen
Hier: Rundliches *Geröll* und *Geschiebe.*

Calciniren (Calcinieren, *Kalzinieren*, bei Humboldt auch *Verkalchen*)
Hochtemperaturprozess, bei dem von Salzen unterschiedlicher Zusammensetzung die Anionenkomplexe und Kristallwasser abgespalten werden. Typisch sind das Brennen von Kalk zur Abspaltung des CO_2 oder das Kochen von Gips mit der Abspaltung des Kristallwassers. Alexander von Humboldt verwendete den Begriff im vorliegenden Fall auch für das *Rösten* von Kobaltrohstoffen.

Calcinirofen siehe *Röstofen.*

Chaar siehe *Char.*

Chalcedon siehe *Quarz*.

Char

Altes schweizerisches Flüssigkeitsmaß (Fuder).

Chromophor

Von griechisch „chroma=Farbe" und „phorus=tragend" abgeleitete Bezeichnung für Atom- oder *Ionen*gruppen, die einem Glas durch selektive Lichtabsorption, - reflexion oder -streuung Farbigkeit verleihen.

Combinirtes Departement

„Combinirtes Fabriken und Commercial- wie auch Accise- und Zoll-Departement des General-Directorii"; eine Behörde, die spezielle Fabrikangelegenheiten in Verbindung mit Akzise- und Zollfragen zu regeln hatte; ihr Chef war bis 1804 Carl August von Struensee.

Concameration

Gewölbe.

Concession (Konzession)

Privileg, Erlaubnis, Recht; hier: Verleihung eines Nutzungsrechts.

Consultiren

Beraten.

Continuiren

Fortsetzen.

Debitiren

Ein Konto belasten; hier im Sinne von „die Produktion ist nicht profitabel".

De dato

Lat.: Mit Datum vom.

Deliberiren

Beratschlagen.

Detaxation

Steuersenkung, Preisnachlass, hier wahrscheinlich Abschätzung.

Detur

Lat.: Man gebe.

Diabas

Basisches, magmatisches Gestein.

District

Verwaltungsbezirk.

Dörren

Trocknen.

Dörrestube

Veralteter Begriff für Trockenkammer.

Drittheil

Drittel.

Einfahren siehe *Fahrt*.

Entfärben

Die meisten für die *Glas*herstellung eingesetzten, bergmännisch gewonnenen Rohstoffe enthalten Verbindungen der sogenannten 3d-Elemente. Die wichtigsten hier zu nennenden sind Eisen, Kupfer, Mangan, Kobalt, Nickel und Chrom. Ihre *Kationen*, die in verschiedenen Wertigkeitsstufen auftreten können, absorbieren aus dem Spektrum des sichtbaren Lichts spezielle Wellenlängen. Die durch das Glas hindurchgelassenen Wellenlängen bewirken den vom Auge wahrgenommenen Farbeindruck. Werden in ein Glas nun gezielt Oxide von 3d-Elementen hinzugegeben, die genau die *Komplementär*wellenlänge absorbieren, tritt zwar insgesamt weniger Licht durch das Glas, aber es wird nicht farbig, sondern leicht grau. Glücklicherweise existiert für jedes der Kationen der 3d-Elemente auch ein solches, das die Komplementärfarbe absorbiert, so dass es theoretisch möglich ist, alle Gläser zu entfärben. Die wichtigste Kombination ist aber die von Eisen- und Manganoxiden. Manganoxid entfärbt alle Gläser, deren Rohstoffe einen störenden Eisenoxidanteil enthalten, der jedoch eine obere Grenze nicht überschreiten darf.

Ephemerisch

Nur einen Tag dauernd; vorübergehend; von kurzer Dauer.

Erdalkalioxid

Oxid der zweiwertigen Kationen der Erdalkalimetalle (2. Spalte im Periodischen System der Elemente). Es handelt sich um die Oxide des Berylliums, Magnesiums, Kalziums, Strontiums und Bariums (BeO, MgO, CaO, SrO, BaO).

Erdkobalt

Ein Hydroxid des Kobalts (Co), Nickels (Ni) und Mangans (Mn) der komplizierten Formel $(Co,Ni)_{1-y}(MnO_2)_{2-x}(OH)_{2-2y+2x} \cdot n\ H_2O$. Durch die gleichzeitige Anwesenheit der Kationen von drei 3d-Elementen (Übergangsmetalle) erhält das Erz eine dunkelbraune bis schwarze Farbe. Je nach den konkreten Werten von x und y sowie dem Verhältnis von Kobalt zu Nickel eignet sich das Erz für die Blaufärbung der *Smalte*.

Erdpech

Ein aus verschiedenen organischen Komponenten bestehendes, natürlich vorkommendes, schwarzes Bitumen.

Erkundung

Hier: Geologische Suche nach Rohstoffen mit technischen Hilfsmitteln und Abschätzung der Qualität, Mächtigkeit sowie von Besonderheiten der Lagerstätte einschließlich von Möglichkeiten der *Gewinnung* und *Aufbereitung*.

Erlängen

Einen Stollen auffahren, d. h. ihn verlängern.

Erz

Feste Mineralmischungen (mindestens eines muss das gewünschte Metall enthalten), die es gestatten, nach Abtrennung von taubem (das gewünschte Metall nicht enthaltendem) Gestein und durch weitere Formen der *Aufbereitung* durch *Verhüttung* reine Metalle, Legierungen oder spezielle Metallverbindungen zu erzeugen.

Erzgang

Durch geologische Prozesse entstandene lokale Konzentration von *Erzen* entweder flächig oder mit linearer Vorzugsrichtung (in Spalten). Erzgänge können ganz unterschiedliche Höhen aufweisen, was ihre Abbauwürdigkeit erheblich beeinflusst. Da man den Erzen in *Stollen* oder Gängen folgte bzw. sie selbst einen Gang bildeten, entstand der Begriff Erzgang.

Espreß

Eilbrief.

Eutektische Schmelze

Schmelze aus mehreren Komponenten, deren gemeinsame Schmelztemperatur sich unter der der am niedrigsten schmelzenden Einzelkomponente befindet. Eutektische Schmelzen sind die Basis für die Wirkung von *Flussmitteln.*

Extradiction

Herausgabe.

Factor

Hier: Vertrauensperson bei der *Gewinnung* und *Aufbereitung* von *Erzen*, die einerseits buchhalterisch den Gesamtdurchlauf der gewünschten Komponenten überwachte und andererseits dafür zu sorgen hatte, dass keine Erze entwendet wurden. Der Factor sollte stets den Gesamtprozess im Blickfeld haben und stelle eine Art „Gewissen“ des Unternehmens dar.

Fahlerz
Es handelt sich um Kupfer-Antimon-Sulfide ($Cu_{12}Sb_4S_{12}$) oder Kupfer-Arsen-Sulfide ($Cu_{12}As_4S_{12}$). Sie weisen einen „fahlen" metallischen Glanz auf und sind wichtige Kupfererze. Sie enthalten gelegentlich auch Silber.

Fahrt
Bergmännischer Begriff im engeren Sinne für Leitern aus Holz oder Metall sowie im weiteren Sinne auch für jegliche Fortbewegung unter Tage. Eine Möglichkeit, in *Schächte* hinabzusteigen und wieder herauszukommen, ohne zu klettern, bestand darin, zwei um jeweils einen halben Sprossenabstand versetzt nach unten bzw. oben bewegte Leitern, die sogenannten Fahrten, zu nutzen. Der Bergmann musste wechselnd seinen Fuß auf die gerade „fußgerechte" Sprosse stellen. Er pendelte von einer bewegten Leiter zur anderen, „fuhr" dadurch nach oben bzw. unten, ohne selbst zu steigen.

Färbende Oxide
Oxide der Übergangsmetalle mit nicht voll besetzten 3d-Elektronenplätzen. Zu ihnen gehören vor allem die Oxide von Chrom, Mangan, Eisen, Kobalt, Nickel und Kupfer. Diese Elemente können in mehreren Wertigkeitsstufen auftreten und dadurch unterschiedliche Oxide erzeugen, z.B. (für Mangan) MnO, Mn_2O_3, MnO_2 und Mn_2O_7 oder (für Kobalt) CoO und Co_2O_3 oder (für Chrom) Cr_2O_3 und CrO_3. Die verschiedenen *Kationen* absorbieren unterschiedliche Wellenlängen des sichtbaren Lichtes. Die verbleibenden, durch das Glas hindurchtretenden Wellenlängen führen zu dem vom menschlichen Auge erfassten Farbeindruck. In Abhängigkeit von der vorherrschenden Wertigkeit eines 3d-Elements und der stofflichen Umgebung innerhalb des Glases ändert sich der Farbeindruck. Die Oxide beeinflussen sich gegenseitig. Die entstehenden Wertigkeitsstufen eines Kations stehen in Abhängigkeit vom *Red/Ox-Verhältnis* in einem temperaturabhängigen thermischen Gleichgewicht zueinander, das zusätzlich durch weitere färbende Oxide modifiziert werden kann. Der mit färbenden Oxiden erzielte Farbeindruck wird auch als Ionenfärbung bezeichnet. In *Silikatgläsern* führt beispielsweise das Vorhandensein von Kobaltoxid (CoO) zu blauer, von Eisenoxid (FeO) zu blaugrüner, von Eisenoxid (Fe_2O_3) zu gelbgrüner, von Kupferoxid (Cu_2O) zu roter, von Kupferoxid (CuO) zu blauer, von Chromoxid (Cr_2O_3) zu grüner, von Chromoxid (CrO_3) zu gelber und von Manganoxid (Mn_2O_7) zu violetter Farbe. Die für die Färbung notwendige Menge schwankt um 1 %, ist also sehr gering. Färbende Oxide basieren aber auch auf 4f-Elementen (Seltene Erden), die im vorliegenden Fall keine Rolle spielen.

Farbglas
Transparente Gläser, die durch Wechselwirkung von in ihnen enthaltenen Kationen mit sichtbarem Licht die vom Auge wahrgenommene Farbe erhalten. Welche Farbe entsteht, hängt von der chemischen Zusammensetzung des Glases ab. Es kann sich z. B. um *Ionenfärbung* oder um optische Wirkungen von Mikrokristallen handeln. Man spricht von *Chromophoren* oder auch von Farbzentren. Im vorliegenden Fall geht es ausschließlich um Ionenfärbung.

Feldort (das)
Eine auf dem *Erzgang* horizontal aufgefahrene Strecke zur Untersuchung bisher unberührter Teile einer Grube, von der aus dann ggf. der *Abbau* weitergeführt werden kann.

Feldspat
Spaltbare Alumosilikate, die vorzugsweise Na_2O (*Albit*), K_2O (*Orthoklas*) oder CaO (Anorthit) sowie eine Mischung aus Na_2O und CaO (Plagioklase) enthalten.

Fiat Decretum
Lat.: Das Beschlossene geschehe.

Flachglas
Es sind ausschließlich aus geometrischer Sicht definierte Glaserzeugnisse, bei denen die dritte Dimension, die Dicke, deutlich kleiner als die Breite und Länge ist. Zu den Flachglaserzeugnissen gehören Fenstergläser, Panzergläser, Spiegelglas, aber auch Diagläser, Objektträger

zum Mikroskopieren oder heute die Bildschirmgläser der Fernsehgeräte, der Laptops oder die Touchscreens der Smart-Phons. Durch entsprechende Adjektive unterscheidet man kontinuierlich zwischen Dickglas (obere Grenze bei etwa 8 cm) und – heute – ultradünnem (untere Grenze bei etwa 20µm) Flachglas.

Flor
Blumenpracht, Fülle; hier: Wohlstand, Gedeihen.

Flussmittel
Rohstoffe, die zusammen mit anderen Rohstoffen eine Schmelze ergeben, deren Schmelztemperatur unter der der einzelnen Rohstoffe liegt (*eutektische Schmelze*). Flussmittel werden vor allen Dingen zur Absenkung der Schmelztemperatur von Erzen eingesetzt. Man findet sie aber auch in der Zusammensetzung von Porzellan (Kaifeldspat) oder in Gläsern. Alle *Netzwerkwandler*oxide sind letztlich Flussmittel.

Flussspat
Häufigstes in der Metallurgie verwendetes *Flussmittel.* Es ist ein Kalziumfluorid der Formel CaF_2. Flussspat wird bergmännisch gewonnen.

Foliefabrik
Hier: Fertigungsstätte für die Herstellung von *Stanniol.*

Fond (Fonds)
Für einen bestimmten Zweck zur Verfügung stehende Geldsumme.

Fossilien
Heute: In geologischen Zeiträumen und durch geologische Prozesse versteinerte pflanzliche und tierische Lebewesen. Im 18. Jahrhundert auch anorganische Minerale.

Freipfahl
Hoheitszeichen für die noch nicht erfolgte Inanspruchnahme eines *Schürf*rechtes auf einer potenziellen Lagerstätte.

Freiverbau
Ertrag eines Bergwerks, der gerade die Kosten trägt.

Fröbershammer
Heute ein Ortsteil der Gemeinde Bischofsgrün in Oberfranken.

Fuchs
Hier: Verbindungskanal aus einem *Hafenofen* zur Esse für den Transport der sich abkühlenden Abgase.

Fundgrube
In einem Bergwerk ein erzführender Gang. Häufig auch in der Abkürzung *Fdgr.* und mit einem Namen versehen die Bezeichnung für die Gesamtanlage.

Galle siehe *Glasgalle.*

Gangquarz siehe *Quarz.*

Gehege
Hier: Gebiet bei Gräfenthal im Thüringer Schiefergebirge.

Gemenge
Lose Mischung der Glasrohstoffe in einem vorgegebenen Masseverhältnis.

Generalgedinge
Längerfristig durch Vertrag festgelegte Entlohnung für bestimmte Arbeitsleistungen im Bergbau.

Geröll
Durch Verwitterungsprozesse abgebrochene Gesteinsbrocken, die – in der Regel – durch Wasser von ihrem Ursprungsort durch „Rollen“ wegtransportiert wurden. Durch den dabei entstehenden mechanischen Abrieb runden die Gesteinsbrocken ab. Sie lassen sich durch „Sammeln“ gewinnen.

Geschiebe
Durch Verwitterungsprozesse oder mechanische Einwirkungen abgebrochenes Gestein, das durch Eis (Eiszeit) oder Bodenbewegungen verschiedenster Art „geschoben“ wird. Es haftet in der Regel nur lose auf dem Untergrund und lässt sich mit wenig Aufwand entfernen.

Geschwohrens (*Geschworener*) siehe *Berggeschworener.*

Gestein
Feste Mischung aus verschiedenen *Mineralen*, die sich durch unterschiedliche Methoden der *Aufbereitung* voneinander trennen lassen.

Gestellstein
Steinmaterial zur Herstellung der Aufsätze (Gestelle) für Ofenherde. Er kann im speziellen Fall verwitterter Glimmerschiefer sein.

Gewältigen
Niederbringen eines Schachtes oder Stollens.

Gewerk
Hier: Begrenzter erzführender Bezirk, für den das Schürfrecht (siehe *Schürfen*) vergeben worden ist. Aber vor allem auch: Gruppe spezieller Handwerker oder Bergleute mit einem Ausbeute- bzw. Gewinnungsrecht an einer Grube.

Gewerkschaft
Zusammenschluss mehrerer *Gewerke* mit dem Ziel, eine Grube auszubeuten. Eine Gewerkschaft ähnelte einer heutigen Genossenschaft.

Gewinnung
Hier: Bergmännischer Abbau von *Gestein* mit technischen Hilfsmitteln, erste visuell/manuelle Trennung des gewünschten *Erz*es vom *tauben Gestein* und Förderung des Erzes an die Oberfläche.

Gezähkosten
Kosten für Werkzeuge und Arbeitsgeräte (Gezähe oder Gezeug).

Glas
Ganz allgemein versteht man unter Glas, unabhängig von seiner chemischen Zusammensetzung, einen Festkörper, dessen Elementarteilchen nicht geordnet, d. h. *amorph*, vorliegen. Es entsteht dadurch, dass eine Schmelze so schnell abgekühlt wird, dass den Elementarteilchen keine Zeit bleibt, durch Diffusion Gitterplätze zu erreichen bzw. zu kristallisieren (*Kristallisation).* Man weiß heute, dass Metalle und Kunststoffe ebenso als Glas erstarren können wie die klassischen *Silikatgläser*. Nur um diese geht es bei den Darlegungen Alexander von Humboldts.

Glasbildner siehe *Netzwerkbildner.*

Glasbutter siehe *Pottasche.*

Glasgalle (auch einfach *Galle*)
Es handelt sich um eine sulfatische Ausscheidung aus *Silikatglas*schmelzen. Diese Schmelzen können bis 1,8 % Schwefeltrioxid (SO_3) lösen. Gelangt, wie es früher durch die verwendeten Rohstoffe und das Brennmaterial durchaus üblich war, mehr SO_3 in die Schmelze, verbindet sich dieses mit den im Glas enthaltenen *Alkalioxiden* zu Sulfatsalzen. Deren Dichte ist geringer als die der Glasschmelze. Die Salze, auch *Galle* genannt, schwimmen auf und können *abgefeimt* werden. Heute gelangen sie in den Sondermüll, Ende des 18. Jahrhundert wurden sie in der *Alaun*herstellung eingesetzt.

Glashüttenmeister
Die manuelle Ausarbeitung der Glasschmelze aus den *Häfen* erfolgte an sogenannten Stühlen. An jedem Stuhl waren mehrere Arbeiter arbeitsteilig beschäftigt. Der Stuhl gehörte einem Glashüttenmeister, wobei jeder von ihnen mehrere Stühle an einem *Glasschmelzofen* besitzen konnte.

Glasschmelzofen
Um 1800: Thermische Anlage zum diskontinuierlichen Schmelzen von Glas in *Häfen*. Die Grundfläche oder Ofensohle, auf der die Häfen standen, konnte eckig oder oval, seltener rund sein. Die Beheizung erfolgte in der Regel mit Holz, seltener schon mit Steinkohle. Es gab gesonderte Feuerungskästen. Die Flammen strichen über die Häfen und an ihren Seitenwänden entlang, erhitzten dadurch die mit Rohstoffen gefüllten Häfen und zogen über einen sogenannten *Fuchs* in den Kamin. Die Häfen wurden über dann zugemauerte Türen auf die Ofensohle geschoben. Die Ausarbeitung des Glases erfolgte durch vor jedem Hafen in der Ofenwand befindliche Arbeitslöcher. Der 24-Stunden-Rhythmus des Ofenbetriebs umfasste die Stufen: Mehrstufiges Einlegen der Rohstoffe, Schmelzprozess im engeren Sinne, Entfernen der Gasblasen (*Läutern*), Homogenisieren der Schmelze (damals bei der höchsten im Ofen erreichbaren Temperatur), Abkühlen der Schmelze auf Arbeitstemperatur (Abstehen auf ca. 900 °C) und Formgebung der Erzeugnisse.

Glasseife siehe *Braunstein.*

Glasstruktur
Sie beschreibt die geometrische Anordnung von *Anionen* und *Kationen* im Glas*netzwerk.* Man unterscheidet die Nahordnung von der Fernordnung der Ionen. Die Kationen umgeben sich geometrisch definiert (z. B. tretraedrisch, oktaedrisch, kubisch) mit 4, 6 oder 8 Sauerstoffanionen. Diese durch *Koordination* entstandenen geometrischen Grundeinheiten sind die Basis für eine Nahordnung in den Gläsern. Sie bilden aber in unendlicher Wiederholung keine geordnete Struktur. Die Bindungswinkel (über Sauerstoffanionen) sind willkürlich-regellos. Die Glasstruktur weist also keine Fernordnung auf. Sie ist *amorph.* In Abhängigkeit von der chemischen Zusammensetzung kann die Glasstruktur „offen“ sein, d. h. sie weist zwischen den geometrischen Grundeinheiten mehr oder weniger große, regellose Hohlräume auf, die keine Vorzugsrichtung besitzen. Werden Glasschmelzen schnell abgekühlt, können sich in Richtung des Temperaturgradienten Spannungen ausbilden, die zur Verzerrung der Hohlräume in einer Koordinatenrichtung führen. Die Glasstruktur ist dann nicht mehr isotrop, sondern leicht anisotrop.

Granat
Meist: Dunkelrote Halbedelsteine. Es handelt sich um *Silikate* von zwei- und dreiwertigen *Kationen* der allgemeinen Zusammensetzung $A_3B_2[SiO_4]_2$. Dabei steht A für die zweiwertigen Kationen des Magnesiums, Kalziums, Eisens und Mangans und B für die dreiwertigen Kationen des Aluminiums, Eisens und Chroms. Die Kristalle sind kubisch.

Grube (auch *Zeche*)
Hier: Bergbauliche Anlage, bestehend aus *Schächten* und *Stollen* sowie technischen Anlagen über und unter Tage.

Grubenbau
Alle unter der Erdoberfläche durch Zimmermannsarbeit und andere handwerkliche Aktivitäten erstellten Anlagen. Dazu gehören vor allem die verbauten *Grubenhölzer* (Holzstämme bzw. Türstöcke und Bretter bzw. *Schwarten*) zur mechanischen Sicherung der Hohlräume generell und vor herabfallendem Gestein, aber auch Frischluftleitungen, Entwässerungsanlagen und Fördereinrichtungen sowie heute die Versorgung mit elektrischem Strom.

Grubenholz
In erster Linie gesunde, trockene Holzstämme, die einen vorgegebenen Umfang besitzen und hohe Knickbelastungen aushalten, aber auch dickere (*Spundbretter*) und schwächere (*Schwarten*) Bretter. Aufgrund der Holzknappheit waren zu Alexander von Humboldts Zeiten Grubenhölzer sehr wertvoll und Objekt der Begierde.

Grünstein (auch *Proterobas*)
Es handelt sich um ein Gestein mit basaltischer Matrix und einer Zumischung von *Augit* oder auch *Feldspat*. Die Zusammensetzung bewegt sich in breiten Grenzen. Basalt ist ein ver-

gleichsweise SiO_2armes Tiefengestein. Er selbst stellt bereits eine Mischung aus hauptsächlich Eisen- und Magnesiumsilikaten dar, z. B. von *Pyroxenen* (sie enthalten auch *Alkalioxide*) mit Plagioklasen (ein *Feldspat*) und auch *Olivin*. Plagioklas ist ein Natrium-Kalzium-Feldspat und Olivin ein reines Eisen-Magnesium-Silikat. Augit weist die Zusammensetzung $(Ca, Mg, Fe, Ti, Al)_2[(Si,Al)_2O_6]$ mit wechselnden Anteilen der *Kationen* auf. Beim eingesprengten Feldspat handelt es sich sowohl um *Albit* (Natriumfeldspat) als auch um *Orthoklas* (Kaliumfeldspat). Die Zusammensetzung kann also extrem schwanken. Man erkennt das eigentlich schwarze Gestein an einem grünen Schimmer durch die Einsprenglinge. Grünstein kommt in der Natur häufig vor, aber nur selten in so einer Zusammensetzung wie am Ochsenkopf oder in der Nähe von Bilin/Böhmen, die Alexander von Humboldt beschrieb. Dieser Grünstein ist gerade so zusammengesetzt (*Netzwerkbildner* und *Netzwerkwandler*), dass nach dem Abkühlen der Schmelze ein *Glas* entsteht. Durch den relativ hohen Anteil an Eisenoxid ist es jedoch tiefschwarz.

Gulden, fränkisch

Der „fränkische Gulden" als Wert von 60 fränkischen Kreuzern, denen 20 Gute Groschen = 75 rheinische Kreuzer = 5⁄6 Rtl. = 1¼ fl. entsprachen.

Gulden, rheinisch

Der „rheinische Gulden" wurde von Humboldt kurz „Gulden" genannt. Diese Rechnungsmünze hatte 60 Kreuzer zu 4 Pfennigen. Durch Erlass vom 25.07.1792 setzte Preußen das Verhältnis Gulden (rheinisch) : Taler (preußisch Kurant) auf 60 : 105 fest.

Hafen

Hier: Aus *Schamotte* bestehendes topfartiges, zylindrisches oder leicht konisches, manchmal auch trogförmiges Gefäß (Pott) zur Schmelze von 80 bis 120 l Glas bei Temperaturen zwischen 1300 und 1450 °C. In einem *Glasschmelzofen* stehen 6 bis 12 solcher Häfen. Man kann parallel Gläser einheitlicher Grundzusammensetzung, aber mit verschiedenen *färbenden Oxiden* schmelzen. Der Schmelzvorgang einschließlich der Verarbeitung der Schmelze durch beispielsweise Blasen, Pressen oder Gießen dauert 24 Stunden und erfolgt demnach diskontinuierlich. Die chemischen Wechselwirkungen (Korrosion) zwischen Hafen und Glasschmelze sollen möglichst gering sein. Heute werden, z. B. für optische Spezialgläser, auch Häfen aus Platin eingesetzt.

Hafenofen

Ein *Glasschmelzofen*, in dem *Glas* diskontinuierlich in feuerfesten Gefäßen (*Hafen* oder *Sätzel*) geschmolzen wird.

Hammerwerk

Frühere Bezeichnung für Betriebe, in denen Eisen oder Kupfer durch in der Regel mit Wasser angetriebene Hämmer weiterverarbeitet wurde.

Haspelgevier

Die Haspel ist ein technisches Hilfsmittel zum Auf- und Abwickeln beispielsweise von Seilen, an deren Enden sich Gefäße zur Aufnahme von gebrochenem Erz befinden. Sie besitzt einen walzen-, spindel- oder kreuzförmigen (4 Arme) Aufbau, der um eine Mittelachse dreht. Die Haspelstützen stehen im vorliegenden Fall auf einem vierkantigen Holzrahmen, dem Haspelgevier.

Hauptrohstoffe

Der Begriff wird bei der Mischung der *Gemenge* für die Glasherstellung gebraucht. Es handelt sich um die Rohstoffe mit den größten Mengenanteilen: *Sand*, *Soda* und *Kalk*.

Hoher Ofen

Vorläufer des heutigen Hochofens zur Schmelze von Eisen und Stahl aus Erzen.

Holzasche siehe *Pottasche*.

Höflich
Hier: Dem königliches Hofe gehörend.
Hofkammer
Einrichtung der Fürstentümer Ansbach und Bayreuth Ende des 18. Jahrhunderts, die im Auftrag des preußischen Königs die obersten Verwaltungsgeschäfte führte. Ihr unterstanden beispielsweise das Oberbergamt mit den drei Bergämtern Naila, Wunsiedel und Goldkronach sowie die Haupt-Forst-Kommission.
Hohlglas (auch *Rundglas*)
Meist runde, aber auch eckige Glaserzeugnisse, die einen Hohlraum besitzen. Sie werden in der Regel durch Blasen der zähviskosen Glasschmelze in eine Form, aber auch durch Pressen oder Schleudern hergestellt. Bekannte Hohlglaserzeugnisse sind Flaschen, Trinkgläser, Vasen, Schalen, Lampenkolben usw.
Hornblende
Ein Alumosilikat wechselnder Zusammensetzung, das in seinen Bestandteilen die zum Schmelzen von Glas notwendigen *Alkali-* und *Erdalkalikationen* enthält. In Abhängigkeit von der tatsächlichen Zusammensetzung kann die Hornblende-Schmelze glasig erstarren. Die weit gefächerte mögliche Zusammensetzung lautet: $Ca_2(Na, K)_{0,5\ \text{bis}\ 1}(Mg, Fe^{2+})_{3\ \text{bis}\ 4}(Fe^{3+}, Al)_{2\ \text{bis}\ 1}[(O, OH, F)_2/Al_2Si_6O_{22}]$.
Hütte
Hier: Ofenanlage für Hochtemperatur-Schmelzprozesse.
Hüttenwesen
Allgemein: Gesamtheit aller Betriebe, in denen durch Schmelzprozesse aus Rohstoffen Werkstoffe hergestellt werden. Der Begriff wird aber häufig nur auf die Schmelze von Metallen aus Erzen angewandt. Für diese letzteren Prozesse trifft aber eher der Begriff Metallurgie zu.
Huius annus
Lat.: Dieses Jahres.
Huius mensis
Lat.: Dieses Monats.

Ilmenit
Bezeichnet nach dem Fundort im Ilmengebirge im südlichen Ural. Es handelt sich um ein Eisentitanat der Formel $FeO \cdot TiO_2$ bzw. $FeTiO_3$. Das Mineral ist tiefschwarz.
Immediate
Lat.: Unmittelbar, sofort.
In puncto iuris
Lat.: Rechtlich.
Ionenfärbung
Durch Absorption definierter Wellenlängen des sichtbaren Lichts mittels spezieller *Kationen* im Glas kann der Farbeindruck des durch das transparente Glas hindurchtretenden Lichts von farblos zu gezielt farbig verändert werden. Es handelt sich um Kationen von sogenannten 3d- bzw. 4f-Elementen, die auf der 3. Elektronenschale d- oder auf der 4. Elektronen-Schale f-Elektronen besitzen. Diese Elektronen ändern durch Absorption spezieller Wellenlängen des sichtbaren Lichtes ihren Energiezustand. Jedes dieser Kationen führt in Abhängigkeit von dessen Wertigkeit (positive elektrische Ladung) zu definierten, unterschiedlichen Farben. Liegen die Kationen in mehreren Wertigkeiten oder gar verschiedene Kationen nebeneinander vor, entstehen Mischfarben.
Isländisches Glas
Eine auf Island anzutreffende Form des *Obsidians.*
Iura cessa
Lat.: Eingeräumte Rechte.

Kalch
Veralteter Begriff für Metalloxide.

Kalk
Kalziumkarbonat $CaCO_3$. In Eisenoxid freier Form natürlich vorkommender Glasrohstoff. In zerkleinerter Form wird er dem *Gemenge* zugemischt. Während des Schmelzvorgangs entweicht das CO_2, während das CaO im Glas verbleibt.

Kalzinieren siehe *Calciniren.*

Kameralistik
Durch den absolutistischen Staat gelenkte Variante der Wirtschaftspolitik und der Wirtschaftslehre vom 16. bis 18. Jahrhundert mit dem Ziel einer prosperierenden Wirtschaft. Sie umfasste technologische Fragen, Betriebswirtschaft, Buchführung, Handel und Geldumlauf.

Kantonpflichtiger Untertan
Für den Militärdienst herangezogener Untertan; Kanton = Aushebungsbezirk.

Kaolin
Nach Mischung mit Wasser bildsamer (durch Drehen und Kneten) formbarer Rohstoff für die Herstellung von verschiedenen Keramikerzeugnissen, vor allem Porzellan und Steingut. Er besteht zu einem großen Teil aus Kaolinit. Dieser wandelt bei 585 °C durch Abspalten von Kristallwasser in die feste Phase Metakaolin um, die dann bei etwa 1000 °C die feuerfeste Mineralphase Mullit bildet. Er reagiert schwer mit Schmelzen. Deshalb wurde er früher auch zur chemischen und thermischen Isolierung bei der Herstellung von Glasperlen genutzt, wenn diese während der Formgebung und zum Abkühlen auf Metallstäbe aufgeschoben wurden.

Karbonate
Salze der Kohlensäure H_2CO_3. Kalk ($CaCO_3$), Magnesit ($MgCO_3$) und Dolomit $(Mg, Ca)_{2-}[CO_4]$ sind gesteinsbildend. *Soda* (Na_2CO_3) und *Pottasche* (K_2CO_3) werden synthetisch hergestellt. Soda und Kalk (in gebrannter Form als CaO), aber auch Pottasche sowie gebrannter Dolomit und gelegentlich Magnesit sind Glasrohstoffe und spielen als *Flussmittel* bzw. *Netzwerkwandler* eine wichtige Rolle.

Kastenamt
Vermessungsamt.

Kation
Durch Abspaltung von Elektronen entstehender, elektrisch positiv geladener Zustand von Atomen. In Abhängigkeit von der Anwesenheit der Elektronen auf den verschiedenen Elektronenschalen und ihrer Fähigkeit zur Abspaltung können Kationen ein- bis siebenfach positiv geladen sein (Wertigkeit).

Kiekämme
Kleine Äxte mit Vorrichtung zum Ziehen von Nägeln.

Kieselglas
Glas, das nur aus SiO_2 besteht. Der Begriff leitet sich von der Kieselsäure H_2SiO_3 ab. Das Si^{4+} umgibt sich im Glas mit 4 Sauerstoff*anionen* in tetraedrischer *Koordination*, wobei die O^{2-}-Anionen die Brücke zwischen zwei SiO_4^{4-}-Tetraedern bilden. Das Glas enthält ausschließlich *Brückensauerstoffe*, die ein vollständig in sich geschlossenes *Netzwerk* bewirken. Das hat eine extrem hohe Stabilität zur Folge. Kieselglas besitzt die höchste Erweichungstemperatur aller Gläser, ist chemisch sehr stabil, weist einen nahezu unendlich hohen spezifischen elektrischen Widerstand auf und lässt die UV- und nahen IR-Strahlen hindurch. Da die vernetzten SiO_4^{4-}-Tetraeder relativ große Hohlräume bilden, die nicht durch *Netzwerkwandler-Kationen* gefüllt sind, ist Kieselglas das spezifisch leichteste *Silikatglas.* Zu seiner Herstellung wird in der Regel hochreiner, zerkleinerter *Bergkristall* oder *Gangquarz* verwendet, so dass man auch von *Quarzglas* spricht – ein etwas irreführender Begriff, da das Glas *amorph* und der Quarz kristallin ist.

Klafter
Hier: Raummaß für *Scheitholz*. Ein Klafter entsprach, je nach Gegend, 1,8 bis 3,9 m^3 Schichtholz bzw. etwa 1,5 bis 3 Festmetern. Ein Festmeter bezeichnet einen Kubikmeter fester Holzmasse. An anderer Stelle wird das Klafter auch als Längenmaß benutzt.

KliplWerk siehe *Klippwerk.*

Klippwerk
Im 18. Jahrhundert vor allem für das Prägen von Münzen verwendete Einrichtung, die hier auch für die Herstellung von Glasknöpfen genutzt wurde. In eine Prägebacke wurden vier Drähte eingelassen, um die vier Löcher des Knopfes zu formen. Das Gegenstück des *Models* enthielt vier Vertiefungen für die Führung der Drähte.

Klüfte
Hier: Eisenstäbe zum Entnehmen bestimmter Mengen an Glasschmelze aus den *Häfen.* Die Stäbe werden in die Glasschmelze eingetaucht. Dann dreht man sie und zieht sie wieder aus der Schmelze heraus. Die Glasschmelze haftet am Stab. In Abhängigkeit von der Eintauchtiefe, der Temperatur der Glasschmelze, der Dreh- und Ziehgeschwindigkeit kann man unterschiedliche Mengen an schmelzflüssigem Glas aufwickeln und außerhalb des Schmelzofens weiterverarbeiten.

Knochenasche
Knochenasche enthält bis zu 85 % Kalziumphosphat, meist in der Form des Minerals Apatit, z. B. Fluorapatit $Ca_5[F/(PO_4)_3]$. Sie entsteht durch die Verbrennung von Tierknochen, häufig Rinderknochen.

Kobalt
Im 18. Jahrhundert auch Kobelt, Kobold, Cobold, Cobelt usw. geschrieben. Formelzeichen Co. Der Name leitet sich davon ab, dass Kobaltverbindungen in Erzen wie ein Kobold die *Verhüttung* erheblich erschwerten. Kobalt gehört zu den Übergangsmetallen oder 3d-Elementen und ist im *PSE* als Nebengruppenelement in der 4. Reihe mit der Ordnungszahl 27 zu finden. Es handelt sich um ein Metall, dessen Atome auf der 4. Elektronenschale über 2s-Elektronen und auf der 3. Elektronenschale über 7d-Elektronen verfügen. In Verbindung mit Sauerstoff oder auch Schwefel oder Arsen gibt das Kobaltatom Elektronen an den Sauerstoff bzw. den Schwefel oder das Arsen ab. Das sind in der Regel die beiden s-Elektronen auf der äußeren 4. Elektronenschale (Co^{2+}) und oft zusätzlich noch ein d-Elektron von der 3. Elektronenschale (Co^{3+}). Die verbleibenden d-Elektronen wechselwirken auf unterschiedliche Weise mit dem sichtbaren Licht – und zwar mit ganz speziellen Wellenlängen, die sie absorbieren –, so dass die verbleibenden, durch das *Glas* hindurchtretenden Wellen die Farbwirkung hervorrufen.

Kobaltblüte
Es handelt sich um ein Kobalt-Arsen-Hydroxid, in dem Arsen als *Kation* vorkommt. Die Formel lautet $Co_3(AsO_4)_2 \cdot 8\ H_2O$. Die Farbe ist blassrosa bis violett. Das Co^{2+} verleiht Gläsern eine blaue Farbe, während das Arsenoxid zur Entfernung von Gasblasen beiträgt.

Kobaltglanz
Auch Glanzkobalt oder Cobaltit. Kobaltglanz (silberweiß metallisch glänzend) ist ein Kobaltarsenidsulfid (CoAsS), enthält also als Anionen die des Arsens und Schwefels. Um in der Glasschmelze eingesetzt werden zu können, muss das Erz durch *Rösten* in ein Oxid umgewandelt werden. Erfolgt das nicht schon vor der Glasschmelze, entstehen während dieser die giftigen Gase Arsenoxid und Schwefeloxid, was unbedingt zu vermeiden ist. Meist enthält Kobaltglanz auch Eisensulfid. Um dennoch ein blaues Glas (im vorliegenden Fall die *Smalte*) herstellen zu können, muss die Schmelze mit *Braunstein* (MnO_2) entfärbt werden.

Koboltmelen siehe *Melan.*

König
Hier: Für das *Rösten* aufbereitetes (*Aufbereitung*) *Erz.* Kobaltkönig beispielsweise enthält Kobaltsulfid CoS.

Kohlegelb-Glas
Das Glas weist eine gelblich-braune Farbe auf. Sie entsteht dadurch, dass sich im Glas neben Fe^{2+} und Fe^{3+} in definiertem Verhältnis auch Schwefel als S^{2-} und $S^{+/-0}$ befindet. Das wird durch Zumischung geringer Mengen an Ruß (Kohle) erreicht. Der Komplex aus Fe^{2+}, Fe^{3+}, O^{2-}, S^{2-} und $S^{+/-0}$ wird auch *Chromophor* genannt. Ist seine Konzentration gering, erhält das Glas eine Bernstein-Färbung.

Koktur
Das Kochen.

Komplementärfarbe
Farbe, die nach spektraler Zerlegung des sichtbaren Lichtes eine gegebene Farbe wieder zu „weiß" ergänzt, z. B. rot und grün oder blau und gelb. Im vorliegenden Fall ist die Paarung violett und gelbgrün von Interesse.

Komplex
Hier: Sich in wässrigen Lösungen ergebende enge Koordination (siehe *Koordinationszahl*) von *Kationen* und *Anionen*. Sie hängt von der chemischen Gesamtzusammensetzung der Lösung ab und kann in Abhängigkeit davon wechseln. Beispielsweise kann sich das *Kobalt-Kation* mit 4 oder 6 Sauerstoffanionen umgeben und dabei seine Wertigkeit (2+ oder 3+) ändern. In der Chemie werden diese geometrischen Grundeinheiten als Komplexe bezeichnet.

Kondensation
Wechsel des Aggregatzustands vom gasförmigen in den flüssigen durch Wärmeentzug.

Koordinationszahl
Sie gibt an, mit wie vielen *Anionen* sich ein *Kation* umgeben muss, um seine elektrische Ladung räumlich abzuschirmen. Je größer die Kationen sind, umso mehr Anionen benötigen sie in ihrer direkten Umgebung zur Abschirmung, die ihrerseits (aus Ladungsgründen) gleichzeitig für mehrere Kationen wirksam werden. Typischerweise umgibt sich das vierfach positive Siliziumkation Si^{4+} mit 4 Sauerstoffanionen O^{2-}, während das einfach positive, aber deutlich größere Natriumkation Na^{+} dafür 8 Sauerstoffanionen O^{2-} benötigt.

Kornschreiberei
Schreibstube der landesherrlichen Naturalverwaltung.

Kotig
Braun.

Kristallisation
Unter Kristallisation versteht man einen Vorgang, bei dem Atome oder Ionen aus einem vorher ungeordneten in einen geordneten Zustand übergehen. Sie bilden dabei ein Kristallgitter mit unendlich oft wiederholbaren gleichen Abständen und Winkeln. Die Kristallisation kann aus Lösungen, Schmelzen, der Gasphase oder auch der festen Phase heraus erfolgen. Schmelzen kristallisieren durch Absenken der Temperatur, wobei die Verringerung der Temperatur so langsam erfolgen muss, dass die Elementarteilchen durch Diffusion Gitterplätze erreichen.

Kühlofen
Eine für den Nichtfachmann unerwartete Wortkombination: Glaserzeugnisse ändern in Abhängigkeit von der Temperatur ihre *Viskosität.* Sie werden im zähflüssigen Zustand bei Temperaturen in der Regel um 800 °C geformt. Beim Abkühlen ändert sich im sogenannten Transformationsbereich der Zustand vom zähflüssigen in den spröd-elastischen, der bei Raumtemperatur vorliegt. Bei dieser Umwandlung können, wenn sie zu schnell erfolgt, Thermospannungen auftreten, die zum Zerspringen des Glaserzeugnisses führen. Die Abkühlung muss also im Transformationsbereich gezielt langsam erfolgen. Die Erzeugnisse werden deshalb bei einer Temperatur wenig über dem Transformationsbereich in einen Ofen, den Kühlofen, gelegt, der dann selbst langsam seine Temperatur verringert. Diese diskontinuierlich betriebenen Kühlöfen können gesondert aufgestellt werden oder direkt an den *Glasschmelzofen* anschließen und die Restwärme der Verbrennungsgase, die dem Schornstein

zuströmen, nutzen. Heute setzt man meist kontinuierlich arbeitende Kühlkanalöfen mit entsprechendem Temperaturprofil über der Kanallänge ein.

Kunstgezeug

Einrichtung zum Heben vor allem von Wasser, aber auch von anderem Fördergut. Wichtige Baugruppen waren zu Humboldts Zeiten Kunstrad, erste Dampfmaschinen, Röhren und Pumpen.

Kupferkies

(Auch Chalkopyrit) Es handelt sich um ein Kupfer-Eisen-Sulfid mit der chemischen Formel $CuFeS_2$. Die Farbe ist messinggelb bis bräunlich mit hohem Metallglanz.

Kupfernickel (auch *Kupfernikkel*)

Ein Sulfid des Kupfers, Nickels und Eisens. Aus Kupfernickel kann man *Nickelspeise* herstellen.

Lachter

Längenmaß u. a. im Bergbau. Das (Berg-)Lachter entsprach in etwa der Länge der ausgestreckten Arme eines Mannes; Beispiele: in Bayern: 1,97 m (ab 1830: 2 m); in Böhmen: 2,37 m; in Freiberg: 2,03 m; im Harz: 1,92 m.

Läutermittel

Substanz, die einer Glasschmelze zugegeben wird, um bei sehr hoher Temperatur die eingeschlossenen Gasblasen zu entfernen. Die hohe Temperatur ist erforderlich, damit die dann niedrigere *Viskosität* der Schmelze ein Aufsteigen der Blasen im *Hafen* ermöglicht. Die Blasen benötigen dennoch eine bestimmte Größe, um überhaupt aufsteigen zu können. Das beeinflussen die Läutermittel. Sie zersetzen sich beispielsweise bei dieser hohen Temperatur und bilden dabei relativ große Gasblasen, die die kleineren, in der Schmelze befindlichen mitreißen, oder sie setzen durch thermisch beeinflusste *Red/Ox-Reaktionen* Sauerstoffblasen frei, die analog wirken. Hier spielte das Arsenik As_2O_3 eine wichtige Rolle.

Lava

Eruptierte *Magma*. Die *Viskosität* der Gesteinsschmelze hängt von ihrer chemischen Zusammensetzung ab. Hohe Gehalte an SiO_2 bewirken, wie beim *Glas*, bei gegebener Temperatur einen hochviskosen Lavastrom, der langsam talwärts fließt. Während der Abkühlung erstarrt die Lava und bildet meist kristallines Gestein, aber auch *amorphen Obsidian*.

Legi

Lat.: Ich habe gelesen.

Lichtloch

Ein von der Erdoberfläche in die Tiefe zu einem *Stollen* getriebener Schacht mit geringem Querschnitt. Er diente nicht der Erz- und Personenbeförderung, sondern der *Bewetterung*. Dass auch in geringen Mengen Licht in den Stollen fällt, ist dabei nebensächlich.

Los

Hier: In *einem* Zyklus ökonomisch sinnvoll hergestellte, kleinste Menge eines speziellen Erzeugnisses.

Loth

Hier: Ein Lot in Sachsen-Meinigen vor 1856 = 15,9 g.

Lydischer Stein

Es handelt sich um einen durch Metamorphose umkristallisierten Kieselstein. Er enthält sehr viel SiO_2 und auch, meist in geringen Mengen, Fe_2O_3. Er ist feinkristallin, dicht sowie hoch verschleißfest.

Lyoner Gold

Kupfer, mit einer Legierung aus Kupfer und reinem Zink überzogen. Bei der Herstellung wurden rund geschmiedete Kupferstücke glühend dem Zinkdampf ausgesetzt, wobei eine goldfarbene Oberfläche entstand.

Magma
In der Erdkruste und im Erdinneren befindliche Gesteinsschmelze unterschiedlicher Zusammensetzung. Bei vulkanischen Vorgängen wird sie ausgeworfen.

Magnetit
Ein dem Spinell ($MgO \cdot Al_2O_3$) kristallografisch analoges Mineral auf der Basis von einem Mischoxid des zwei- und dreiwertigen Eisen*kations* mit der Formel $FeO \cdot Fe_2O_3$. Die verkürzte Schreibweise führt zu dem bekannteren Fe_3O_4. Das Mineral kristallisiert kubisch und ist hoch magnetisch (speziell antiferrimagnetisch).

Mandel
Hier: Altes Zählmaß, 15 Stück.

Mandelstein
Gasblasenreiches, poröses, *basalt*isches Mineral. In den häufig mandelförmigen Hohlräumen, die die Gasblasen umgeben, haben sich andere Minerale abgelagert, meist Karbonate, aber auch Silikate und Zeolithe. Häufig findet man darin auch Halbedelsteine, wie Amethyst, Chalzedon und Opal. Da der Anteil an *Flussmitteln* (Kalzium-, Magnesium-, aber auch Eisenoxide) in der basaltischen Matrixphase hoch ist, schmelzen Mandelsteine in Abhängigkeit von der konkreten Zusammensetzung schon bei etwa 1000 °C.

Mansfeldische Lehen
Ehemalige Besitzungen der Grafen von Mansfeld, deren direkte männliche Linie 1780 erloschen war. Sie waren beispielsweise an Kursachsen oder Preußen gefallen.

Marginalien
Handschriftliche Bemerkungen auf dem Rand einer beschriebenen Seite. Es kann sich auch um einen längeren Kommentar handeln.

Melan (Melanit)
Ein Kalzium-Eisen-Silikat mit Anteilen z.B. an Kobaltverbindungen. In dem durch einen Schreiber abgeschriebenen Original von Dok. 1 hatte Alexander von Humboldt aber wahrscheinlich *Mulm* zur Bezeichnung einer Sonderform des *Erdkobalts* geschrieben.

Melen siehe *Melan* oder hier *Mulm.*

Mergel
Ein Sedimentgestein, das *Kalk*, Ton und *Quarz* in den Korngrößen von Kies über Sand bis Schluff enthält.

Meridies
Mittag; Süden auf dem Bergkompass.

Messing
Eine Kupferlegierung.

Meßing siehe *Messing.*

Mettel siehe *Mittl* und *Mittel.*

Mineral
In der Regel: Einheitlich chemisch zusammengesetzte und im gleichen geometrischen System kristallisierte (*Kristallisation*) Bestandteile der uns umgebenden anorganischen Materie. Neben den kristallisierten Mineralen existieren auch einige wenige *amorphe.*

Mittag
Bergmännische Bezeichnung für Süden.

Mittel (auch *Mittl* und *Mettel*)
Die Mittel: eine bergmännische Bezeichnung für einen erzführenden *Gang.*

Mitternacht
Bergmännische Bezeichnung für Norden.

Mitternacht Abend
Bergmännische Bezeichnung für Nord-West.

Mitternacht Morgen
Bergmännische Bezeichnung für Nord-Ost.
Mittl siehe *Mittel,* auch *Mettel.*
Model (der)
Hier: Formenwerkzeug zur Herstellung von Glasknöpfen.
Modeln
Einen Gegenstand formen.
Modifikationswechsel
Änderung der Kristallart, d. h. der Anordnung der Atome oder *Ionen* in einem Kristall zueinander, bei einer definierten Temperatur.
Morgen
Bergmännische Bezeichnung für Osten.
Morgendlicher Abhang
Östlicher Abhang.
Mulm
Erdiger, lockerer *Kobaltglanz.*
Mundierung
In der frühzeitlichen Kanzleipraxis: Vorgang, bei dem der festgelegte Text eines Schriftstücks in seiner endgültigen Form zu Papier gebracht wurde und damit besiegelt und ausgehändigt werden konnte.
Muthen (auch muten)
Einerseits Antrag von Interessenten auf Erkundung von Rohstofflagerstätten, andererseits aber auch Verleihung oder Kauf einer erkundeten Lagerstätte.

Neptunisten
Geologen, die die Auffassung vertraten, dass alle Gesteine durch Ablagerung aus dem Meer entstanden sind. Der bekannteste Vertreter dieser Auffassung war Abraham Gottlob Werner.
Netzwerk
Hier: Dreidimensionale, räumlich verknüpfte, aber regellose Anordnung von *Anionen* und *Kationen* in einem Festkörper im Unterschied zu einem Kristallgitter mit regelmäßiger Anordnung der Elementarteilchen.
Netzwerkbildner (auch *Glasbildner*)
Es handelt sich in der Regel um Oxide vierfach positiv geladener *Kationen*, z. B. des Siliziums (Si^{4+}) oder des Germaniums (Ge^{4+}), die sich zur Abschirmung ihrer positiven Ladung in tetraedrischer *Koordination* mit Sauerstoff*anionen* (O^{2-}) umgeben. Da aber die Sauerstoffanionen zweifach negativ geladen sind, kann *ein* Siliziumkation jeweils nur *eine* negative Ladung der *vier* Sauerstoffkationen kompensieren. Die *zweite* negative Ladung muss durch ein benachbartes Siliziumkation kompensiert werden, das seinerseits selbst von vier Sauerstoffanionen umgeben ist. Die Sauerstoffanionen bilden jeweils eine Brücke zwischen den Siliziumkationen. Da das dreidimensional erfolgt, entsteht ein Netzwerk. Es erreicht die höchste Stabilität (auch bei sehr hohen Temperaturen), wenn das Glas nur aus Siliziumkationen und Sauerstoffanionen besteht. Solche Gläser (*Kiesel-* oder *Quarzglas*) erfordern Schmelztemperaturen um 2000 °C. Sie lässt sich deutlich durch Zumischung von *Netzwerkwandlern* reduzieren.
Netzwerkwandler
Oxide der *Alkali-* und *Erdalkalikationen*, aber auch von höherwertigen *Kationen*. Aufgrund ihrer Größe benötigen sie zur elektrischen Abschirmung der positiven Ladung der Kationen sechs, acht oder auch zwölf *Anionen*, wobei sich mehrere Kationen die negative Ladung der Anionen teilen. Dadurch brechen sie die Brücken, die ein Sauerstoffanion zwischen zwei Siliziumkationen bildet, auf und setzten sich in die „Löcher“ des Netzwerkes. Dadurch wird

dieses instabiler im Vergleich zur Situation, wenn nur *Netzwerkbildner* vorliegen. Das bedeutet u. a., dass die Schmelztemperatur einer Rohstoffmischung aus Netzwerkbildnern und Netzwerkwandlern deutlich unter 2000 °C sinkt. Meist sind es zwischen 1300 und 1500 °C in Abhängigkeit von der konkreten Zusammensetzung. Würde man nur Netzwerkwandler schmelzen, führte das zu einer überaus schnellen *Kristallisation* der abkühlenden Schmelze, also nicht zu einem *Glas*. In der Praxis wählt man – und das war auch schon zu Alexander von Humboldts Zeit so – eine Zusammensetzung, die eine Schmelze bei nicht allzu hoher Temperatur bei gleichzeitig sicherer Glasbildung während der Abkühlung erlaubt.

Nickelspeise
Ein Nickelsulfid.

Nuper
Lat.: Neulich.

Oberbergmeister
Bergmeister über alle Bergämter, hier im Fürstentum Bayreuth, d. h. über die Bergämter Naila, Wunsiedel und Goldkronach.

Oberbergrat
Für besondere Leistungen im Bergbau oder generell im Staatswesen verliehener Titel. Er kann mit besonderen finanziellen Zuwendungen und Aufgaben verbunden sein.

Obsidian
Bei der Abkühlung von flüssigem *Magma* entstandenes Glas. Es besitzt einen hohen Anteil an SiO_2, so dass die natürliche Abkühlgeschwindigkeit hoch genug ist, um eine *Kristallisation* zu verhindern. Aufgrund des spürbaren Gehaltes an Oxiden des zwei- bzw. dreiwertigen Eisen*kations* weist Obsidian eine dunkelbraune bis schwarze, glänzende Farbe auf.

Olivin
Ein grünliches Magnesium-Eisen-Silikat (Mischkristall wechselnder Anteile an zweiwertigem Magnesium und Eisen) der Formel $(Mg, Fe)_2[SiO_4]$. Olivin zählt zu den Halbedelsteinen.

Olonez
Gouvernement im europäischen Teil Russlands.

Opal siehe *Quarz*.

Orthoklas
Es handelt sich um einen *Feldspat* der Zusammensetzung $K_2O \cdot Al_2O_3 \cdot 6\ SiO_2$ bzw. $K[Al\ Si_3O_8]$. Er wird vor allen Dingen in Porzellan als *Flussmittel* eingesetzt.

Oxidierende Atmosphäre
Zusammensetzung von Verbrennungsgasen, in denen sich ungebundener Sauerstoff befindet, der grundsätzlich zur Oxidation anderer Elemente zur Verfügung steht. *Polyvalente Elemente* befinden sich durch die Möglichkeit der Bindung mit Sauerstoff*anionen* in einer höheren Wertigkeitsstufe als in *reduzierender Atmosphäre.*

Oxygène (franz., Sauerstoff, auch *respirable Luft*)
Am Ende des 18. Jahrhunderts stellte man fest, dass ein Bestandteil der Luft, der Sauerstoff, für das Atmen (Respiration) notwendig ist. Lavoisier erkannte außerdem, dass die Verbrennung nichts anderes als eine Reaktion von Substanzen mit Sauerstoff ist.

Paternoster
Vaterunser.

Patterle
Ursprünglich: Schwarze Glasperlen, die auf der Basis von hoch Eisenoxid-haltigem *Grünstein* oder *Proterobas* hergestellt wurden. Man verkaufte sie für Rosenkränze. Von „Pater noster“ bzw. „Pater“ leitete sich ursprünglich „Patterle“ ab, aus dem der Dialekt „Batterle“ machte. Später übertrug man den Begriff auch auf farbige Glasperlen.

Periodisches System der Elemente

Es stellt auf der Basis von Gesetzmäßigkeiten alle bekannten chemischen Elemente in einer Matrix aus Zeilen und Spalten dar. Die Gesetzmäßigkeiten wurden von Dmitrij Ivanovič Mendeleev erkannt.

Plutonisten (auch *Vulkanisten*)

Geologen, die der Auffassung waren, dass alle Gesteine das Ergebnis vulkanischer Aktivitäten sind. Als Schüler von Abraham Gottlob Werner war Alexander von Humboldt zunächst *Neptunist,* bevorzugte aber in späteren Jahren die Auffassung der Plutonisten.

Pochgänge

Auf Pochwerken durch Zerschlagen (Zerpochen) mittels sich hebender und plötzlich fallender Stempel grob zerkleinerte Gesteine und Erze. Häufig handelte es sich um Gesteine, in denen das Erz fein verteilt vorlag und nun ausgelesen werden konnte. Die Erzbrocken wurden anschließend meistens z. B. in Mühlen weiter zerkleinert.

Polirtisch (Poliertisch)

Früher mit Gips, später mit Filz belegter Tisch, auf den die geschliffene Spiegelglasscheibe für das Polieren gelegt wurde. Die beim Schleifen entstandenen Kratzer wurden dadurch entfernt, dass man sehr fein gesiebten Sand mit einem in der Hand liegenden, aus weichem Holz bestehenden Brett so lange mit ungleichmäßigem Drehen über die Scheibe bewegte, bis sie wieder durchsichtig wurde.

Polyvalente Elemente

Elemente, deren Atome auf der 3. Eletronenschale d-Elektronen oder auf der 4. Elektronenschale f-Elektronen besitzen und diese in Abhängigkeit davon, ob *reduzierende* oder *oxidierende Atmosphäre* vorliegt, mehr oder weniger in einer Verbindung abgeben können. Zu ihnen gehören Übergangsmetalle und Seltene Erden.

Porphyr

Saures (silikatisches), vulkanisches Gestein, das aus einer feinkristallinen Matrix mit groben Einsprenglingen besteht. Häufig enthält die Matrix viel *Quarz*, und die Einsprenglinge bestehen aus *Orthoklas* oder *Albit.*

Pottasche

Synthetisch erzeugtes Kaliumkarbonat K_2CO_3. Es besitzt eine hervorragende Wasserlöslichkeit und ist dadurch sehr hygroskopisch. Beim Erhitzen spaltet sich CO_2 ab. Wird Pottasche als Glasrohstoff verwendet, reagiert das im *Gemenge* verbleibende K_2O mit den anderen Glasbestandteilen und führt schon bei relativ niedrigen Temperaturen zu einer Schmelze. Die *Läuterung* (Entfernen von Gasblasen aus der Schmelze) kann schon bei etwa 1200 °C erfolgen. Pottasche wirkt demnach als *Flussmittel.* Das K^+ wird in das *Glas* als *Netzwerkwandler* eingebaut. Die *Viskositäts*-Temperatur-Kurve dieser Gläser ist relativ flach, so dass sich das Glas gut verarbeiten lässt. Pottasche wurde deshalb auch als *Glasbutter* bezeichnet. Pottasche stellte man aus Holz her. Es musste auf Böden gewachsen sein, die K_2O enthielten. Dieses wurde mit dem Wasser über die Wurzeln durch die Bäume aufgenommen. Verbrannte man die Bäume, verblieb das K_2O als K_2CO_3 in der Asche. Aufgrund der guten Wasserlöslichkeit konnte es aus der Asche ausgelaugt werden. Das Wasser wurde in „Pötten“ verdampft, worauf der Name beruht. Zurück blieb die Pottasche. Bevor dieser Prozess verstanden wurde, gab man die *Holzasche* direkt zu den Glasrohstoffen, was aber zu deutlichen Verunreinigungen der *Gläser* führte.

Präponderanz

Vorherrschen, überwiegen.

Praesentatum

Lat.: Vorgelegt.

Pralliges Gebirge

In der Sprache der Bergleute: Ein jäh steigendes und abrupt abfallendes Gebirge.

Proterobas siehe *Grünstein.*

Puchig

Alte Zinngrube in der Nähe der Stadt Berg in Oberfranken.

Pyrolusit siehe *Braunstein.*

Quartaliter

Quartalsweise.

Quarz

Allgemein: Kristalline Form des Siliziumdioxids SiO_2. Man unterscheidet eine Tieftemperaturform, die bei 575 °C in den Hochquarz umwandelt. Beide Quarzarten (-modifikationen) kristallisieren trigonal und entstehen durch eine regelmäßige Anordnung der SiO_4^{4-}-Tetraeder im Kristallgitter. Die Tetraeder binden sich in beiden Modifikationen untereinander über *Brückensauerstoffe*, aber mit unterschiedlichen Winkeln. Die Kristallform Quarz stellt die Basis sowohl für den durch Erosion und Abrasion entstandenen körnigen Quarz*sand* als auch den kompakten *Gangquarz* oder *Quarzit* dar. Letzterer wird häufig – auch durch Alexander von Humboldt – verkürzt als Quarz bezeichnet. Das Kristallgitter des Quarzes kann unterschiedlich durch *färbende Oxide* verunreinigt sein. Es enthält dadurch unterschiedliche Farben. Gangquarze weisen aufgrund der hydrothermalen Entstehung mikroskopisch kleine Einschlüsse an Wasserdampf auf. Sie erscheinen dadurch weiß-undurchsichtig. Liegen keine Verunreinigungen vor und besitzt das Kristallgitter keine Fehler, entsteht der einkristalline, völlig farblos-transparente Bergkristall. Der *Amethyst* wird durch Spuren von Eisen und eine natürliche radioaktive Strahlung lila, der rötliche *Achat* enthält Eisenoxid, der *Chalcedon* ist extrem feinkristallin und kann Nickeloxid enthalten. Der *Opal* ist ein nanokristallines bis *amorphes* (Nanokügelchen) Siliziumdioxid mit erheblichen Einschlüssen an Wasser. Das Opaleszieren entsteht durch Wechselwirkungen der Oberflächen der Nanokristalle bzw. -kügelchen mit den kurzen Wellenlängen des Lichtes, nicht durch *färbende Oxide.*

Quarzglas siehe *Kieselglas.*

Quarzit siehe *Quarz.*

Quaternär

Hier gebraucht für eine *eutektische* Schmelze, die aus 4 Komponenten bzw. Metalloxiden entstanden ist.

Radiciren

Eigentlich die Wurzel aus einer Zahl ziehen. Hier im Sinne von festlegen, begründen.

Raub

Hier: unkontrollierter Abbau von Erzen (Raubbau).

Red/Ox-Verhältnis

Bei diesem Verhältnis handelt es sich um den Anteil an Sauerstoff in den Verbrennungsgasen. Liegt mehr Sauerstoff vor, als für die vollständige Verbrennung nötig ist, spricht man von oxidierender Atmosphäre. Reicht der Sauerstoff für die vollständige Verbrennung nicht aus, enthalten die Verbrennungsgase Kohlenmonoxid (CO), und man spricht von reduzierender Atmosphäre. Beide Vorgänge zusammen bilden das Red/Ox-Verhältnis. Es spielt bei der Herstellung von *Farbgläsern* auf der Basis von *Ionenfärbung* eine ganz wichtige Rolle. Bei polyvalenten Elementen beeinflusst das Red/Ox-Verhältnis das temperaturabhängige Gleichgewicht zwischen höherer und niedrigerer Wertigkeitsstufe der zugehörigen *Kationen.* Mehr Sauerstoff führt zu einem höheren Anteil an Kationen der höheren Wertigkeit. Wie bei einem Gleichgewicht üblich, variiert der Anteil der einzelnen Wertigkeitsstufen zwischen null und hundert Prozent, wird aber nie exakt Null oder Hundert. Da jede Wertigkeitsstufe eines Kations spezielle Wellenlängen des sichtbaren Lichtes absorbiert, ändert sich der resultierende Farbeindruck des Glases in Abhängigkeit vom Verhältnis der Kationen verschiedener Wertigkeit zueinander, also in Abhängigkeit vom Red/Ox-Verhältnis.

Reduzierende Atmosphäre
Man spricht von reduzierender Atmosphäre, wenn der Sauerstoff in einer Mischung aus Luft und Brenngasen nicht ausreicht, um Wasserstoff und Kohlenstoff aus den Brennstoffen vollständig zu oxidieren, d.h. den Heizwert voll auszunutzen. Die Verbrennungsgase enthalten CO. Dadurch liegen in einer solchen Glasschmelze die *polyvalenten Elemente* hauptsächlich in der niedrigsten Wertigkeitsstufe der zugehörigen Ionen (oder gelegentlich sogar in atomarer Form) vor.

Rendant
Rechnungsführer.

Renthey
Behörde um 1790, die die Einkünfte des Landesherrn verwaltete. Die genaue Abgrenzung zur *Hofkammer* gestaltete sich lokal unterschiedlich.

Renthey-casse
Finanzabteilung innerhalb einer *Renthey.*

Rentsekretär
Sekretär in einer *Renthey.*

Respirable Luft siehe *Oxygène.*

Resolution
Hier: Entscheidung.

Restitution
Hier: Rückerstattung geraubter Werkzeuge und *Grubenhölzer.*

Retradition
Rückgabe.

Richtschacht
Senkrecht von der Oberfläche nach unten auf die Erzgänge führender Schacht. Er kann einerseits der Hauptschacht zur Förderung von Erzen und zur Beförderung von Personen sein, andererseits aber lediglich der Verbindung verschiedener Erzgänge dienen. In jedem Fall dient er auch der *Bewetterung.*

Riss
Hier: Grubenzeichnung.

Rösche
Ein Graben oder ein niedriger Stollen, der in erster Linie der Wasserableitung oder für die Zuleitung von Aufschlagwasser für eine Maschine dient.

Rösten
Hochtemperaturbehandlung von aufbereiteten *Erzen* in Luft, wobei sie von Nichtoxiden in Oxide umgewandelt werden. Die Schmelztemperatur der Erze wird noch nicht erreicht.

Röstofen
(Im vorliegenden Fall auch *Calcinirofen*) Anlage zur Umwandlungen von nichtoxidischen Materialien in oxidische. Die Öfen wurden im 18. Jahrhundert in der Regel mit Holz betrieben. Die Verbrennung erfolgte mit Luftüberschuss, so dass im eigentlichen Ofenraum *oxidierende Atmosphäre* herrschte. Das zu röstende Material wurde lose auf Roste (daher der Name) geschüttet.

Rother Berg (Roter Berg)
Flächige Erhebung mit mehreren kleineren Gipfeln zwischen Saalfeld, Kamsdorf und Kaulsdorf gelegen. Diese drei Orte befinden sich heute alle in Südost-Thüringen. Ende des 18. Jahrhunderts gehörte der westliche und nördliche Teil des Berges zum Herzogtum Sachsen-Coburg-Saalfeld mit einem zu Schwarzburg-Rudolstadt gehörenden Einsprengling zwischen Saalfeld und Kamsdorf, im Süden und Osten zum Fürstentum Bayreuth und damit zum Königreich Preußen, und ein ganz kleines Stück im Westen zwischen Saalfeld und Kaulsdorf gehörte den Grafen von Gräfenthal. Der gesamte Rote Berg war reich an Erzen,

insbesondere solche, die Eisen, Kupfer, Kobalt und teilweise Silber enthielten. Das erklärt die Begehrlichkeiten für die *Bergregale.*

Rüdersdorfer Kalksteinbrüche

Die Gemeinde Rüdersdorf befindet sich östlich von Berlin. Der in den Steinbrüchen gewonnene Kalk wurde einerseits direkt als kompaktes Baumaterial u. a. in Berlin verwendet, andererseits als zerkleinerter Rohstoff zu Zement verarbeitet. Der Abbau begann im 12. Jahrhundert; Freiherr von Heinitz ordnete um 1800 technische Neuerungen an, und heute befindet sich dort ein hochmodernes Zementwerk.

Rundglas siehe *Hohlglas.*

Saalband (heute Salband)

Seitliche tonige Grenzfläche plattenförmiger *Erzgänge.* Ganz allgemein auch Trennlinie zwischen Erzgang und umgebendem, taubem Gestein.

Sänftiges Gebirge

In der Sprache der Bergleute: Ein Gebirge, das sich sanft, d. h. allmählich erhebt.

Sätzel siehe unter *Hafenofen.*

Säubern

Hier: Eindeutig vermessene Stollen und Schächte anlegen statt zufälligem, unkontrolliertem Abbau.

Safflor

Die Verwendung des Begriffs erfolgte Ende des 18. Jahrhunderts in mehrfacher Weise. Einerseits stellte er – neben *Smalte* – einen weiteren Begriff für dunkelkornblumenblaues Farbglas oder *Blaufarbe* dar. Andererseits entstand aufgrund der wechselnden chemischen Zusammensetzungen der Ausgangsrohstoffe häufig nicht das gewünschte blaue Farbglas (*Smalte*), sondern irgend eine andere mehr oder weniger definierte Farbe. Man findet den Begriff Safflor dann sowohl für ein Glas mit undefinierter Mischfarbe als auch für Färbgläser einer anderen, definierten, nur nicht der blauen Farbe. Alexander von Humboldt nutzte den Begriff für fehlfarbiges bzw. Mischfarbenglas. Heute wird der Begriff nicht mehr verwendet.

Sand

Allgemein: Körnung zwischen 0,1 und 1,0 mm, unabhängig von der chemischen Zusammensetzung. Hier: Rohstoff der angegebenen Körnung auf SiO_2-Basis mit geringen Teilen an Verunreinigungen vor allen Dingen an Fe_2O_3. Wenn dagegen bei der Oberflächenbearbeitung von Werkstücken von Sandstrahlen gesprochen wird, besteht dieser „Sand" meist aus Ferro-Silizium.

Schacht

Von der Erdoberfläche meist senkrecht in die Tiefe führender, röhrenförmiger Hohlraum. Von ihm gehen die waagerechten *Stollen* ab. Durch verschiedenste Vorrichtungen (früher sogenannte *Fahrten*, aber auch an über Rollen geführten Seilen befestigte Förderkörbe, heute Aufzüge) ermöglicht der Schacht die Beförderung von Bergleuten und von Erzen sowie technischen Hilfsmitteln. Neben diesen Fahr- und Förderschächten unterscheidet man Wetter- und *Richtschächte* für die Bewetterung (Versorgung mit Luft) der Stollen und Vermessungsaufgaben.

Schamotte

Werkstoff auf der Basis von einem *Flussmittel* armen Ton. Je nach Lagerstätte enthält der Ton zwischen 25 und 45 % Al_2O_3. Der Rest besteht aus SiO_2 und den eben genannten Flussmitteln. In der Regel wird etwa die Hälfte des Tons bei etwa 1350 °C vorgebrannt, dann mit der verbleibenden Hälfte des Tons vermischt, zu einem Erzeugnis (z. B. *Häfen* für die Schmelze von Glas oder Steine zum Mauern der *Glasschmelzöfen*) geformt, getrocknet und nochmals gebrannt. In Abhängigkeit vom Anteil an Flussmitteln hält Schamotte Temperaturen bis etwa 1450 °C ohne Deformation aus. In Abhängigkeit vom Gehalt an SiO_2 unterscheidet man saure und basische Schamotte. Zu Alexander von Humboldts Zeiten wurden in erster Linie Häfen aus saurer Schamotte zum Schmelzen der Gläser verwendet.

Scheibenschacht

Oberer und unterer Scheibenschacht: erzführende Schächte am Goldberg bei Brandholz/Goldkronach.

Scheidekunst

Verfahren (Kunst) zur Trennung (Scheiden) der Metalle aus den *Erzen* oder der edlen von den unedleren Metallen (Beispiel: DEGUSSA = Deutsche Gold- und Silberscheideanstalt).

Scheitholz

Mit einer Axt in Stücke zerkleinerte Holzstämme. Die Länge ist deutlich größer als die größte Abmessung in der Fläche.

Schichtmeister

Bergarbeiter, der die praktische bergmännische Tätigkeit vor Ort in einer *Grube* leitete.

Schlacke

Bei der Verhüttung entstehende, meist *silikatische* Schmelze, die spezifisch leichter als das geschmolzene Metall ist, deshalb aufschwimmt, sich durch Abfließen separieren lässt und beim Abkühlen als sprödes Material, das kristalline und *amorphe* Anteile enthält, erstarrt.

Schlämmen

Eine Form der *Aufbereitung* bergmännisch gewonnener (*Gewinnung*) Rohstoffe. Sie werden so weit zerkleinert, dass bei Mischung mit einem deutlichen Wasserüberschuss die feinen Partikeln (meist Tone und *Kaoline*) in der Schwebe bleiben, und die gröberen, schwereren Bestandteile auf den Boden des Schlämmgefäßes absinken. Die überstehende Trübe wird abgezogen und ggf. eingetrocknet. Den Bodensatz entfernt man durch Kratzen.

Schliere

Meist langgezogene Inhomogenität des Glases, die aus lokal unterschiedlicher chemischer Zusammensetzung im Ergebnis schlechter Homogenisierung der Schmelze entsteht. Schlieren sind sichtbar, gelegentlich auch fühlbar und analytisch nachweisbar.

Schmalte siehe *Smalte.*

Schmelzatmosphäre

Zusammensetzung der Gase über der Oberfläche der Glasschmelze. Es kann sich um *oxidierende* oder um *reduzierende Atmosphäre* handeln, die die Wertigkeit von *polyvalenten Elementen* und damit die Farbe des *Glases* beeinflusst.

Schmelztemperatur

Hier: Bei *Glas* wird nicht von einem Schmelzpunkt, sondern von einer Schmelztemperatur gesprochen. Ein Schmelzpunkt ist physikalisch definiert und gibt einen exakten Temperaturwert an. Darunter ist das Material fest, darüber flüssig. Bei Gläsern ist das anders. Sie schmelzen nicht bei einer definierten Temperatur, sondern sie erweichen während des Erhitzens in einem Temperaturbereich. Welche Temperatur die höchste bei der Schmelze gewählte ist, hängt natürlich auch von der chemischen Zusammensetzung, aber vor allen Dingen vom *Läuter*verhalten (siehe auch *Läutermittel*) und der Homogenisierung der Schmelze ab. Die Schmelztemperatur eines Glases ist somit in erster Linie technisch bedingt und nicht physikalisch definiert.

Schmergelstämpfe

Lokal gebräuchlicher Begriff zum Zerstampfen von Körnung so weit, dass sie als Schmirgel zum Schleifen von Spiegelglas verwendet werden konnte. Wahrscheinlich war noch ein Mahl- und Siebvorgang zwischengeschaltet.

Schnur

Hier: Altes Zählmaß, entspricht 20 Dutzend oder 240 Stück.

Schock

Hier: Altes Zählmaß, entspricht 4 *Mandeln* oder 60 Stück.

Schönes Bauernmädel
Zeche bei Lichtenberg in Oberfranken.

Schürfen
Suchen bei gleichzeitigem, vorläufigem Abbau von Mineralen oder Erzgängen mit bergmännischen Methoden, um durch Beprobung deren Abbauwürdigkeit einzuschätzen. Einen Schurf werfen bedeutet: auf einem vermuteten Erzgang zur Probe ein Loch schlagen und ausarbeiten.

Schwarte siehe *Grubenholz.*

Schwefelchromophor
Chromophor, der elementaren Schwefel enthält.

Seidel
Angabe für ein Volumen. Ein (Berg-)Seidel entsprach 8050 Nürnberger Kubikzoll.

Seigern
Entmischung einer Schmelze vor allem bei der Herstellung von Metalllegierungen, die zu unterschiedlich zusammengesetzten Mischkristallen führt. Hier: Entmischung einer Schmelze mit dem Ziel der Entfernung einer Substanz durch Nutzung der Nichtlöslichkeit einer Phase in der Schmelze.

Serenissimus
Anrede für einen regierenden Fürsten oder Herzog.

Silikate
Salze der Kieselsäure (H_2SiO_3). Sie sind in Wasser, Säuren oder Laugen schwer lösliche Verbindungen, so dass sie aus entsprechenden, übersättigten Lösungen gesteinsbildend kristallisieren (*Kristallisation*). Die meisten in der Natur vorkommenden Silikate sind Salze ein- und zweiwertiger *Kationen*. Aber auch höhere Wertigkeiten der Kationen treten auf.

Silikatgläser
Sie sind die seit Jahrtausenden gefertigten Gläser. Sie enthalten als Hauptbestandteil und damit *Netzwerkbildner* Siliziumdioxid (SiO_2). Zusammen mit den *Netzwerkwandlern* (*Alkali-* und *Erdalkalioxide*) bilden sie das Glasnetzwerk. Dabei handelt es sich um eine regellose Anordnung der *Kationen* und *Anionen*, d. h. um einen *amorphen*, transparenten Festkörper.

Smalte (auch *Schmalte* und *Blaufarbe*)
Tief kornblumenblau gefärbtes Pulver auf der Basis eines Kalium*silikatglases.* Die tiefblaue Farbe wird durch Zugabe von Kobaltoxid (CoO, *Farboxid, Ionenfärbung*) in die Schmelze erreicht. Als Rohstoffe kamen um 1800 bergmännisch gewonnener und zerkleinerter *Quarz* (SiO_2), in den Glashütten selbst erzeugte *Pottasche* (K_2CO_3) und gerösteter *Kobaltglanz*, *Erdkobalt* oder *Kobaltblüte* zum Einsatz. Die Smalte wurde meist als zerkleinertes Glaspulver (*Blaufarbe*) verkauft, das zum Einfärben von (nicht ganz so tief-)blauen Gläsern und Glasuren auf Porzellan, Steingut und Steinzeug sowie zum Bleichen von Textilien und Papier sowie für Dekorationszwecke benutzt wurde.

Soda
Natriumkarbonat Na_2CO_3. Hier: Glasrohstoff. Durch Festphasenreaktionen spaltet die Soda schon bei Temperaturen wenig über 600 °C das CO_2 ab. Das verbleibende Na_2O bildet mit *Erdalkalioxiden* (hier Kalzium- und/oder Magnesiumoxid) und *Sand* (Siliziumdioxid) eine *eutektische Schmelze*, die es gestattet, *Silikatgläser* in Abhängigkeit von der konkreten Zusammensetzung bei Temperaturen unterhalb 1400 °C zu schmelzen. Die Soda gehört also zu den *Flussmitteln.* Das verbleibende Na_2O wird als *Netzwerkwandler* in das *Glas* eingebaut. In Abhängigkeit von der Korngröße der Soda und dem daraus resultierenden Schüttgewicht unterscheidet man schwere und leichte Soda. Schwere Soda besitzt den Vorteil, beim Einlegen des *Gemenges* in die *Häfen* weniger zu verstauben und schmilzt leichter ein. Dafür ist sie aber teurer.

Solnhofener Stein
Feinkörniger Kalkstein des Altmühljura; die Erfindung der Lithographie durch Alois Senefelder im Jahr 1796 führte zu einer vergrößerten Nachfrage nach Steinplatten aus Solnhofen.

Sorger
Gebiet nordwestlich Wunsiedel zwischen den Straßen nach Bayreuth (westlich) und Hof (nördlich).

Sothan (Adjektiv)
Dergestalt; so beschaffen.

Specialiter
Besonders.

Speckstein (Talkschiefer, auch Seifenstein)
Eine Gruppe von Natursteinen, die hauptsächlich aus dem Magnesium-Silikat Talk in massig-dichter Ausbildung bestehen.

Spiegelglas
Extrem verzerrungsfrei reflektierendes Glas konstanter Dicke, ohne Wellen und mit einer Oberflächenrauigkeit von nur wenigen Nanometern. Um 1800 wurde das Spiegelglas in sogenannten *Häfen* geschmolzen, auf eine vorgewärmte Eisenplatte gegossen, gewalzt, spannungsfrei gekühlt und dann beidseitig geschliffen und poliert. Die Zusammensetzung der Spiegelgläser unterschied sich kaum von üblichen *Silikatgläsern*, war also ein Alkali-Erdalkali-*Silikatglas*. Enthielten sie Bleioxid, wurde von Kristallglas gesprochen, was sich nicht auf die Struktur (es handelt sich nach wie vor um ein *amorphes* Glas), sondern auf die optische Wirkung wie ein Kristall bezog.

Spiegelschleife
Werkstätte zum Schleifen von Spiegelglas.

Spießglas (auch Spießglanz)
Sehr komplex zusammengesetzte Minerale, die als *Kationen* vor allen Dingen Schwermetalle, aber auch z. B. Silber sowie Quecksilber, und als *Anionen* vor allen Dingen Schwefel, aber auch Selen, Arsen oder Antimon, enthalten können. In Spießglaskönig sind die gewünschten metallischen Anteile bereits durch technische Vorgänge aufkonzentriert. Seine Farbe ist im Allgemeinen schwarzgrau; die Struktur strahlend glänzend, daher die Benennung (Glas bedeutet eigentlich glänzender Körper). Spießglas wird teilweise direkt in der Natur gefunden, teilweise aus den Erzen separiert. Das Mineral hat nichts mit dem *amorphen,* durch Schmelzen hergestellten *Silikatglas* zu tun.

Spitzberg
Berg bei Gräfenthal im Thüringer Schiefergebirge, Höhe 605 m.

Spundbretter
1½ Zoll dicke Dielen und Bretter zum Falzen und schließen von Fugen. Sie sind ½ Zoll dicker als gewöhnliche Tischlerdielen.

Stanniol
Ursprünglich: Blei-Silber-Legierung. Später: Durch Hämmern von Zinn hergestellte Folie.

Status quo
Lat.: Der bestehende (unveränderte) Zustand.

Steft
Eine Drahtschlinge, mit der der Glasmacher eine kleine Menge von flüssigem Glas zur weiteren Verarbeitung zu Ösenknöpfen aus einem Tiegel entnimmt.

Stollen
Hier: Entweder direkt von der Oberfläche aus in den Berg oder von *Schächten* mehr oder weniger horizontal in den Berg führende *Grubenbaue*, die (hier) zu *Erzgängen* führen oder ihnen möglichst nahe folgen. Am Ende der Stollen erfolgt der *Abbau* der *Erze*. Sie werden durch die Stollen zu den Schächten transportiert.

Stufe (auch Stuffe)
Allgemein: Mineralbrocken; speziell: Aus den Gängen gebrochenes Erz. Heute: Besonders schön kristallisiertes *Mineral*stück.

Sublimation
Direkter Übergang eines Stoffes vom (beim Erhitzen) festen in den gasförmigen Zustand und (beim Abkühlen) vom gasförmigen in den festen Zustand. Ein typisches Beispiel ist elementarer Schwefel.

Suite
Hier: Stücke, Gesteinsbrocken.

Supplicant
Bittsteller, Antragsteller.

Taler
Ein Taler preußisch Kurant hatte 24 Groschen zu 12 Pfennigen.

Taubes Gestein
Bergmännisch zwangsläufig mit der Gewinnung von *Erzen* anfallendes Gestein, das nicht die gewünschten Komponenten enthält. Es wird nach Möglichkeit bereits unter Tage ausgesondert.

Teufe
Bergmännisch für Tiefe. Es geht um den senkrechten Abstand von bestimmten *Schacht*positionen und *Stollen* von der aktuellen Erdoberfläche.

Thermisches Gleichgewicht
Hier: Durch die Temperatur beeinflusstes Verhältnis zwischen den verschiedenen Wertigkeitsstufen *polyvalenter Elemente.*

Tarnowitz
Polnisch: Tarnowskie Góry; oberschlesische Stadt in der polnischen Woiwodschaft Schlesien.

Trennstellensauerstoff
Ein Trennstellensauerstoffanion bindet eine negative *Wertigkeit* an ein meist vier-, aber auch drei- oder fünfwertiges *Kation* und die zweite negative Wertigkeit an ein in der Regel ein- oder zweiwertiges Kation. Damit kann es keine Brücke zu einem weiteren vierwertigen Kation schlagen. Es trennt die denkbare Brücke, schafft Trennstellen und ist somit die Basis für *Netzwerkwandler.*

Trübe
Aufschlämmung fester Stoffe in Wasser oder einer anderen Flüssigkeit.

Trümmer
Auf natürlichem Wege entstandenes oder gezielt durch mechanische Einwirkungen oder schnellen Temperaturwechsel gebrochenes Gestein. Häufig identisch mit *Geschiebe.*

Übergangsmetalle siehe *polyvalente Elemente.*

Überrüsten
Einen *Schacht* mit *Wasserkunst, Haspeln* und *Fahrten* versehen (ausrüsten).

Übersichbrechen
Ein Schacht, der von unten nach oben von einer Stollensohle ausgehend getrieben wird. Eine neuere Bezeichnung: Aufhauen.

Übertage
Bergbauliche Aktivitäten von der Erdoberfläche aus, z. B. der Braunkohlen- sowie der Steine- und Erdenbergbau.

Umgehen
Wenn an einem Ort bergbaulich Rohstoffe gewonnen werden, spricht man davon, dass der Bergbau „umgeht“.

Unterkriechen
Einen Erzgang oder ggf. ein Hindernis durch einen mit bergbaulichen Mitteln angelegten *Stollen* unterqueren.

Unterschleif
Entwendung, Diebstahl.

Untertage
Bergbauliche Aktivitäten unter der Erdoberfläche, z. B. der Erz- und Steinkohlenbergbau.

Unze
Eine Unze entsprach ca. 28 g.

Verhüttung
Sie beinhaltet alle Verfahren, bei denen über Schmelzprozesse aus den *Erzen* die gewünschten Metalle und Legierungen bei gleichzeitigem Anfall von *Schlacken* erzeugt werden. In Abhängigkeit vom Metall liegen die benötigten Temperaturen meist zwischen 1000 und 1600 °C.

Verkalchen (auch verkalgen)
Zu Alexander von Humboldts Zeiten: Verschiedenste Reaktionen zwischen Metallen und anderen Substanzen, vor allem Gasen. Hier: Die Oxidation beim *Rösten* von sulfidischen und arsenidischen *Mineralen*, hier besonders der kobalthaltigen. Es entsteht Kobaltoxid.

Versall
Hier für Vasall.

Verschleiß (auch *Verschluß*)
Hier: Absatz von produzierten Glaserzeugnissen im In- und Ausland.

Verstrecken
Hier: Erfassen der auf eine Metallunterlage gegossenen Glasschmelze mit Haken und Zangen und Auseinanderziehen derselben, so dass ein *Flachglas* entsteht. Dieser Vorgang dauert eine gewisse Zeit, so dass die zähviskose Glasschmelze abkühlt. Mit fallender Temperatur wird durch steigende *Viskosität* das Verstrecken aber immer schwieriger bis letztlich unmöglich. Darum erfolgt eine Zwischenerwärmung, indem die auf Rollen montierte Metallunterlage in einen *Verstreckofen* geschoben wird. Diese Technik wird nicht mehr angewendet.

Verstreckofen siehe *Verstrecken.*

Via facti
Lat.: Mit Hilfe des Tatbestandes.

Viskosität
Richtiger: Viskositätskoeffizient als Ausdruck der inneren Reibung oder Zähigkeit eines Körpers. Er gibt die Kraft an, die notwendig ist, um zwei Flächen eines Materials in einem gegebenen Abstand mit einer bestimmten Geschwindigkeit gegeneinander zu verschieben. Im vorliegenden Fall geht es um die Viskosität von Schmelzen, speziell *Glas*schmelzen. Die Viskosität einer Glasschmelze hängt vom Verhältnis von *Netzwerkbildnern* zu *Netzwerkwandlern* im Glas und von der Temperatur ab. Je höher der Anteil an Netzwerkbildnern, umso höher ist bei gegebener Temperatur die Viskosität. Eine hohe Temperatur bewirkt eine niedrige Viskosität. Während des Abkühlens von Glasschmelzen erhöht sich also deren Viskosität, bis nach Durchlaufen des Transformationsbereichs bei Raumtemperatur ein spröd-elastischer Werkstoff vorliegt.

Vitriol
Hydrosulfate von zweiwertigen Metall*kationen.* In Abhängigkeit von diesen erhält Vitriol eine intensive Färbung. Meist ist der durch das zweiwertige Kupferkation entstandene, kräftig blaue Vitriol ($CuSO_4 \cdot 5\ H_2O$) bekannt. Grüner Vitriol ($FeSO_4 \cdot 7\ H_2O$) ergibt sich mit zweiwertigen Eisenkationen, weißer ($ZnSO_4 \cdot 7\ H_2O$) mit zweiwertigen Zinkkationen. Vitriol wurde früher im Zusammenhang mit *Alaun* gewonnen.

Vulkanisten siehe *Plutonisten.*

Waldglas
Glas, das durch Verwendung natürlicher, in der Regel Eisenoxid haltiger Rohstoffe einen grünlichen Farbstich besitzt und meist Blasen enthält.

Walzen
Hier: Eine horizontal gelagerte, längliche Rolle formt durch gleichzeitiges Drücken und im rechten Winkel dazu Ziehen eine gegebene Menge Glasschmelze in ein *Flachglas* um.

Wasserkunst
Hier: Technische Anlagen, die genutzt wurden, um Bergwerksanlagen zu entwässern. Sie umfassten die Vorgänge Erfassen, Heben und Befördern des Wassers in Schöpfrädern und Wasserleiteinrichtungen. Die Schöpfräder wurden durch Wasserkraft (oberschlächtiges, mittelschlächtiges oder unterschlächtiges Wasserrad) oder durch im Kreis laufende Tiere (z. B. Pferdegöpel) betrieben.

Wasserschleifstand
Der Begriff bezog sich im vorliegenden Fall darauf, dass die Schleifvorrichtung für Spiegelglas durch ein Wasserrad angetrieben wurde. Natürlich benötigt man zum Schleifen selbst Wasser, worauf aber hier nicht Bezug genommen ist. Die Schleifanlagen wurden deshalb meist an Wasserläufen installiert. Gelegentlich sprach man sogar von Schleifmühlen.

Weislich
Hier: weisungsberechtigt.

Werfen siehe *Schürfen.*

Wertigkeit
Atome werden durch Aufnahme oder Abgabe von Elektronen in *Anionen* oder *Kationen* gewandelt. In Abhängigkeit davon, wie viele Elektronen sie aufnehmen oder abgeben, erhalten sie eine elektrische Ladung oder Wertigkeit. Sie kann, je nach Ion, zwischen 1 bis 7 liegen.

Wiedergewältigen
Verstürzte oder abgesoffene (mit Wasser vollgelaufene) Grubenbaue wieder für den Abbau freilegen.

Zainhammer
Eisenhammer, sowohl die Maschine als auch die Produktionsstätte, in der unter schnell schlagenden mechanischen Hämmern grobes Stabeisen zu stabförmigen Zainen (das sind Eisenstangen oder Eisenbänder) geschmiedet wurde.

Zeche siehe *Grube.*

Zeolithe
Gruppe von Aluminatsilikathydraten mit breit gefächerter Zusammensetzung. In den Kristallen befinden sich röhrenartige Hohlräume, die sich durch systematische Wiederholung von SiO_4^{4-}-Tetraedern und AlO_6^{9-}-Oktaedern in 4er, 5er und 6er Ringen ergeben. Bekannt ist beispielsweise der Natrolith mit der chemischen Zusammensetzung $Na_2[Al_2Si_3O_{10}] \cdot 2\ H_2O$. Die Kanäle bewirken, dass Zeolithe als Filtermaterial eingesetzt werden können. Heute werden sie auf synthetischem Wege erzeugt.

Ziegelofen
Ofen, in dem Ziegel gebrannt werden. Die Temperatur beträgt etwa 1000 °C. Diesen Wert konnte man um 1800 problemlos mit einer Holzfeuerung erreichen.

Zimmerung
Absicherung der *Grube* vor dem Einfall durch Holzstämme und vor herabfallendem Gestein durch Holzbretter.

Zwillig (Zwillich)
Ein grober Leinenstoff.

Zwitter
Hier: Bezeichnung für Zinnstein (Kassiterit), ein häufig vorkommendes Mineral, das meist in Form winziger Körnchen von Zinndioxid (SnO_2) im Gestein auftritt; Kassiterit ist das wirtschaftlich bedeutendste Erz zur Gewinnung von Zinn. Nach alten Vorstellungen hatte der Zinnstein eine Zwitterstellung zwischen Gestein und Erz.

Personenverzeichnis

Die Zahlen nach dem Eintrag beziehen sich auf die Seite, auf der die Person genannt wird.

Quellen- und Literaturverzeichnis

Die Zahlen am Ende des Eintrags verweisen auf die Seite, auf denen die Literaturstelle erwähnt wird.

Anonym 1796
Anonym: *Acta. Die jährlichen* *General-Recherchen* sämtlicher Berg- und *Hüttenwercker des Obergebürg. Fürstenthums auf Organisation der Berg Aemter. Bayreuth 1796, 1797, 1798.* Bamberg: StABa, Kriegs- und Domänenkammer, Nr. 7108, 92 Blätter. Geschrieben in einer Kanzlei; für die Ablage bestätigt durch Tornesi. Die Blätter selbst tragen keine Nummerierung. Es fehlen aus Sicht des Inhalts Blätter im laufenden Text, andere Seiten sind anscheinend vertauscht, so dass auch nachträgliche Nummerierungen keinen Sinn ergeben. Die Angabe 92 entstand durch Zählung. 53, 56

Beck 2010
Beck, Hanno: *Ideen zu Johann Christian Kunth, den Brüdern Humboldt und ihrer Mutter.* In: Abhandlungen der Humboldt-Gesellschaft für Wissenschaft, Kunst und Bildung e.V., Bd. 25. Roßdorf 2010, S. 99–122. 9

Beyersdorfer 1964
Beyersdorfer, Paul: *Glashüttenkunde.* 2. Aufl. Leipzig 1964. 55, 57

Biermann 1983
Alexander von Humboldt – Chronologische Übersicht über wichtige Daten seines Lebens, bearb. von Kurt-R[einhard] Biermann, Ilse Jahn und Fritz G[ustav] Lange. 2. Aufl. Berlin 1983 (Beiträge zur Alexander-von-Humboldt-Forschung, Bd. 1). 11

Bruhns 1872
Bruhns, Karl (Hrsg.): *Alexander von Humboldt: Eine wissenschaftliche Biographie.* Im Verein mit R[obert] Avè-Lallement, J[ulius] V[ictor] Carus, A[lfred] Dove, H[einrich] W[ilhelm] Dove, J[ulius] W[ilhelm] Ewald, A[ugust] H[einrich] R[udolf] Grisebach, J[ulius] Löwenberg, O[scar] Peschel, G[ustav] H[einrich] Wiedemann, W[ilhelm] Wundt bearb. und hrsg. Bd. 1–3. Leipzig 1872. 9, 12

Emons 1999
Emons, Hans-Heinz; Emons, Maria: *Cobalt-Blaufarben.* In: Sitzungsberichte der Leibniz-Sozietät, Bd. 33. Berlin 1999, S. 111–135. 18, 20, 26, 304

Flurl 1792
Flurl, Mathias: *Beschreibung der Gebirge von Baiern und der oberen Pfalz: mit darinn vorkommenden Fossilien, aufläßigen und noch vorhandenen Berg- und Hüttengebäuden, ihrer älteren und neueren Geschichte, dann einigen Nachrichten über das Porzellan- und Salinenwesen, und anderen nützlichen Bemerkungen und Vorschlägen, wie dem verfallenen Bergbau wieder aufzuhelfen wäre.* München 1792. 61–65, 68, 70, 71

Fränckel 1797a
Fränckel, Johann Valentin: *Protocoll der Beratung mit den Glashüttenmeistern, Actum Lauenstein, den 9ten Januar 1797.* Berlin, GStA PK, II. HA, GD, Ab. 36, Fränk. Dpt. VII, Nr. 182, Bl. 8r–8v. 76

Fränckel 1797b

Fränckel, Johann Valentin: *Amt Lauenstein – Die Glaß-Fabrication auf denen Glaßhütten Kleintettau und Alexandershütte betrf.* Bericht vom 19. Januar 1797. Berlin: GStA PK, II. HA, GD, Abt. 36, Fränk. Dpt. VII, Nr. 182, Bl. 4r–7v. 76

Freudel 1799

Freudel, Johann Adam Wilhelm; Lammers, Johann Friedrich Wilhelm: *Bericht an den König vom 13. November 1799 zur Beilegung der Beschwerden der Glashüttenmeister von Kleinthettau und Alexandershütte.* Der Bericht wurde über Staatsminister von Hardenberg eingereicht. Berlin: GStA PK, II. HA, GD, Abt. 36, Fränk. Dpt. VII, Bl. 12r–20v. 58, 78

Füssel 1976

[Füssel, Johann Michael:] *Unser Tagbuch oder Erfahrungen und Bemerkungen eines Hofmeisters und seiner Zöglinge auf einer Reise durch einen grossen Theil des Fränkischen Kreises nach Carlsbad und durch Bayern und Passau nach Linz.* Teil 1–2. Erlangen 1787/1788. Reprint: Erlangen 1976. 75

Hardenberg 1796

Hardenberg, Karl August Graf von: *An die Kriegs- und Dom.Kammer in Bayreuth betr. die bayreuthische Glashütten Fabrick.* Auftrag vom 12. Dezember 1796. Berlin: GStA PK, II. HA, GD, Abt. 36, Fränk. Dpt. VII, Nr. 182, Bl. 2r. 76

Hardenberg 1797

Hardenberg, Karl August Graf von: *An die Kriegs- und Domänen-Kammer, die Aufnahme der Flachglasproduktion in Thettau und Alexandershütte betr.,* Auftrag vom 9. März 1797. Berlin: GStA PK, II. HA, GD, Abt. 36, Fränk. Dpt. VII, Nr. 182, Bl. 9r–10v. 78

Hein 1992

Hein, Wolfgang-Hagen; Arnold, Eberhard; Zürl, Fritz: *Alexander von Humboldts Generalbefahrungsberichte der fränkischen Gruben im Jahre 1795. Teil I: Bericht über das Nailaer Bergamts-Revier.* In: Archiv für Geschichte von Oberfranken, Bd. 72. Bayreuth 1992, S. 343–398. 41–46

Hein 1993

Hein, Wolfgang-Hagen; Arnold, Eberhard; Zürl, Fritz: *Alexander von Humboldts Generalbefahrungsberichte der fränkischen Gruben im Jahre 1795, Teil II: Bericht über das Wunsiedler und das Goldkronacher Bergamts-Revier.* In: Archiv für Geschichte von Oberfranken, Bd. 73. Bayreuth 1993, S. 147–171. 41, 50

Heinitz 1792

Heinitz, Friedrich Anton Freiherr von: *Erteilung des Patents vom 29. Februar 1792 als Bergassessor cum voto an Alexander von Humboldt.* Berlin: GStA PK, I. HA, Rep. 121, Ministerium für Handel und Gewerbe, Berg-, Hütten- und Salinenverwaltung, Nr. 2085, Bl. 4r–5v. 10

Hochgesang 1780

Hochgesang, Georg Ludewig: *Historische Nachricht von Verfertigung des Glases.* Gotha 1780. 55–57, 62

Holleman 1960

Holleman, A[rnold] F[rederik]; Wiberg, Egon: *Lehrbuch der anorganischen Chemie.* 47. bis 56. sorgfältig durchgesehene, verbesserte und erweiterte Aufl. Berlin 1960. 24

Hülsenberg 2008

Hülsenberg, Dagmar; Harnisch, Alf; Bismarck, Alexander: *Microstructuring of Glasses.* Berlin, Heidelberg, New York 2008. 65

Hülsenberg 2013

Hülsenberg, Dagmar: *Wurzeln der Humboldt-Brüder in Neustadt an der Dosse.* In: Abhandlungen der Humboldt-Gesellschaft für Wissenschaft, Kunst und Bildung e.V., Bd. 30. Roßdorf 2013, S. 99–120. 9, 75

Humboldt 1791
Humboldt, Alexander von: *Brief an Friedrich Anton von Heinitz vom 14. Mai 1791 bezüglich der Aufnahme seines Studiums an der Bergakademie Freiberg und seiner späteren Anstellung.* Berlin: GStA PK, I. HA, Rep. 121, Ministerium für Handel und Gewerbe, Berg-, Hütten- und Salinenverwaltung, Nr. 2085, Bl. 1r–2r. 12
Humboldt 1792a
Humboldt, Alexander von: *Der B. A. v. Humboldt berichtet über den gegenwärtigen technischen Betrieb der Steingutfabrik zu Rheinsberg, Berlin, den 17. Juni 1792,* Berlin: Stiftung Stadtmuseum Berlin, Archiv, Reg.-Nr. IV 74/804Q, Bl. 4r–19v. 12, 72, 73
Humboldt 1792b
Humboldt, Alexander von: *Bericht. Über den Zustand des Bergbaus und Hütten-Wesens in den Fürstenthümern Bayreuth und Ansbach nebst Beylagen über die Saline zu Gerabronn und Schwäbischhall, die Porzellan Fabrike zu Brukberg, das Vitriolwerk am Schwefelloch, die Natur des Eisens, der Schmalte und die Entstehung der Schwefel-Säure bey der Alaun- und Vitriol-Fabrication (vom 12. Juli bis 5. August 1792). Eingereicht von dem Ober-Bergmeister A. v. Humboldt mittelst Berichts vom 17. April 1793.* Berlin: GStA PK, I. HA, Rep. 121, Ministerium für Handel und Gewerbe, Berg-, Hütten- und Salinenverwaltung, Nr. 6970. 13, 19, 30, 54, 55, 57, 59, 78
Humboldt 1794a
Humboldt, Alexander von: *G. G. Pr. Mem. die Errichtung einer Königlichen freien Bergschule zu Steeben betr., Steeben auf Nailaer Refier d. 13ten Merz 94.* Bamberg: StABa, Oberbergdepartement, Nr. 28; 15 teilweise nummerierte Seiten. 50
Humboldt 1794b
Humboldt, Alexander von: *Eine Darstellung von dem Zustande des Bergbaues in den Fränkischen Fürstenthümern.* 1794, mit Aktualisierungen 1795, 1796 und 1797. Berlin: GStA PK, II. HA, GD, Abt. 36, Fränk. Dpt. VII, 34a, Bl. 1r–30r. 41
Humboldt 1959
Humboldt, Alexander von: *Über den Zustand des Bergbaus und Hüttenwesens in den Fürstentümern Bayreuth und Ansbach im Jahre 1792.* Eingeleitet und bearb. von Herbert Kühnert in Verbindung mit O[scar] Oelsner. Berlin 1959 (Freiberger Forschungshefte, Bd. D 23). 7, 9, 12–14, 26, 30, 41, 87, 107, 151
Humboldt 1973
Humboldt, Alexander von: *Die Jugendbriefe Alexander von Humboldts 1787–1799.* Hrsg. und erläutert von Ilse Jahn und Fritz G[ustav] Lange. Berlin 1973 (Beiträge zur Alexander-von-Humboldt-Forschung, Bd. 2). 7, 9–13, 28, 30–42, 45–47, 51, 59, 73, 119, 123, 151, 241, 243, 251
Humboldt 1987
Alexander von Humboldt. *Aus meinem Leben. Autobiographische Bekenntnisse.* Zusammengestellt und erläutert von Kurt-R[einhard] Biermann. Leipzig, Jena, Berlin 1987. 9
Humboldt 2012
Humboldt, Alexander von: *Gutachten zur Steingutfertigung in Rheinsberg 1792.* Mit Kommentaren hrsg. von Dagmar Hülsenberg und Ingo Schwarz unter Mitarbeit von Eberhard Knobloch und Romy Werther. Berlin 2012 (Beiträge zur Alexander-von-Humboldt-Forschung, Bd. 35). 12, 72
Humboldt 2014
Humboldt, Alexander von: *Gutachten und Briefe zur Porzellanherstellung 1792–1795.* Hrsg. von Dagmar Hülsenberg und Ingo Schwarz. Berlin, Boston 2014 (Beiträge zur Alexander-von-Humboldt-Forschung, Bd. 42). 10, 12, 13, 51, 72

Humboldt-Dachroeden 2015
Humboldt-Dachroeden, Georg Freiherr von: *Der preußische Bergbeamte Alexander von Humboldt in seiner fränkischen Zeit. Eine kommentierte Zeitleiste.* In: Abhandlungen der Humboldt-Gesellschaft für Wissenschaft, Kunst und Bildung e.V., Bd. 35. Roßdorf 2015, S. 9–70. 13, 40, 49

Illig 1991
Illig, Hans-Joachim: *ABC Glas.* 2., stark überarbeitete und erweiterte Aufl. Leipzig 1991. 57, 62

Kapff 1792
Kapff, Friedrich: *Beyträge zur Geschichte des Kobolts, Koboltbergbaues und der Blaufarbenwerke.* Breslau 1792. 14, 20, 23, 26, 44, 56

Klein 2015
Klein, Ursula: *Humboldts Preußen – Wissenschaft und Technik im Aufbruch.* Darmstadt 2015. 14, 41

Kunckel 1977
Kunckel, Jochannis: *Ars Vitraria Experimentalis oder Vollkommene Glasmacher-Kunst.* Leipzig 1679; Reprint im Auftrag des VEB Volkseigener Außenhandelsbetrieb Glas Keramik. Berlin 1977. 27, 57

Lange 2008
Lange, Peter: *Das Blaufarbenwerk Saalfeld.* In: Beiträge aus dem Landkreis Saalfeld-Rudolstadt. Rudolstädter Heimathefte, 54. Jg. (2008), Heft 9/10, S. 228–231. 14, 28

Lehrberger 1992
Lehrberger, Gerhard (Hrsg.): *Beschreibung der Gebirge von Baiern und der Oberen Pfalz von Mathias von Flurl.* München 1992. 64

Meyer 1965
Meyer, Christian: *Preussens innere Politik in Ansbach und Bayreuth in den Jahren 1792–1797: enthaltend die Denkschrift des Staatsministers Karl August v. Hardenberg.* (Reprint der Ausgabe: Berlin 1904) Vaduz 1965. 41

Rawson 1980
Rawson, Harald: *Properties and Applications of Glass; Glass Science and Technology 3.* Amsterdam, Oxford, New York 1980. 17

Römpp 2009
Chemie-Lexikon RÖMPP, Online-Version. Stuttgart: Thieme 2007 (–2013); hier 2009. 68

Rösler 1987
Rösler, Hans Jürgen: *Lehrbuch der Mineralogie.* 4., durchgesehene und erweiterte Aufl. Leipzig 1987. 20, 21, 58, 61

Schleucher 1986
Schleucher, Kurt: *Der Schreib- und Druckmensch Alexander von Humboldt.* In: Abhandlungen der Humboldt-Gesellschaft für Wissenschaft, Kunst und Bildung e.V., Bd. 9, Roßdorf 1986, S. 223–241. 41

Schwarz 2015
Schwarz, Ingo: *Alexander von Humboldt als Kameralist.* In: Abhandlungen der Humboldt-Gesellschaft für Wissenschaft, Kunst und Bildung e.V., Bd. 35. Roßdorf 2015, S. 93–108. 9

Tornesi 1795
Tornesi, Otto Heinrich: *Die GeneralRecherchirung der Berg-Reviere im Obergebürgi. Fürstenthum, dann die generelle Oeconomie und Betriebs Plane derselben betr., Bayreuth, 13. Oct. 1795.* Fotokopie in Bamberg: StABa, Markgraftum Bayreuth, Hofkammer, Nr. 9501, 16 Bl. 43, 45

Vogel 1992
Vogel, Werner: *Glaschemie.* 3. völlig überarbeitete und aktualisierte Aufl. Heidelberg, New York 1992. 55

Worch 2011
Worch, Hartmut; Pompe, Wolfgang; Schatt, Werner: *Werkstoffwissenschaft.* 10. vollständig überarbeitete Aufl., Weinheim 2011. 17

Zedler 1731–1754
Zedler, Johann Heinrich: *Großes vollständiges Universal-Lexicon Aller Wissenschafften und Künste.* Bd. 1–64; 4 Suppl.-Bde. Halle, Leipzig 1731–1754. 15, 16, 21, 45